MICROBIOLOGIA MÉDICA BÁSICA

PATRICK R. MURRAY, PhD

Senior Worldwide Director, Scientific Affairs
BD Diagnostics Systems
Sparks, Maryland;
Adjunct Professor, Department of Pathology
University of Maryland School of Medicine
Baltimore, Maryland

gen GUANABARA KOOGAN

ISBN: 978-85-352-9036-3
ISBN versão eletrônica: 978-85-352-9037-0

BASIC MEDICAL MICROBIOLOGY 1st EDITION

This translation of Basic Medical Microbiology 1st Edition, by Patrick R. Murray was undertaken by Elsevier Editora Ltda. and is published by arrangement with Elsevier Inc.

Esta tradução de Basic Medical Microbiology 1st Edition de Patrick R. Murray foi produzida por Elsevier Editora Ltda. e publicada em conjunto com Elsevier Inc

ISBN: 978-0-323-47676-8

Capa
Bruno Gomes

Editoração Eletrônica
Thomson Digital

Elsevier Editora Ltda.
Conhecimento sem Fronteiras

Rua da Assembleia, n° 100 – 6° andar – Sala 601
20011-904 – Centro – Rio de Janeiro – RJ

Rua Quintana, n° 753 – 8° andar
04569-011 – Brooklin – São Paulo – SP

Serviço de Atendimento ao Cliente
0800 026 53 40
atendimento1@elsevier.com

Consulte nosso catálogo completo, os últimos lançamentos e os serviços exclusivos no site www.elsevier.com.br

Nota
Esta tradução foi produzida por Elsevier Brasil Ltda. sob sua exclusiva responsabilidade. Médicos e pesquisadores devem sempre fundamentar-se em sua experiência e no próprio conhecimento para avaliar e empregar quaisquer informações, métodos, substâncias ou experimentos descritos nesta publicação. Devido ao rápido avanço nas ciências médicas, particularmente, os diagnósticos e a posologia de medicamentos precisam ser verificados de maneira independente. Para todos os efeitos legais, a Editora, os autores, os editores ou colaboradores relacionados a esta tradução não assumem responsabilidade por qualquer dano/ou prejuízo causado a pessoas ou propriedades envolvendo responsabilidade pelo produto, negligência ou outros, ou advindos de qualquer uso ou aplicação de quaisquer métodos, produtos, instruções ou ideias contidos no conteúdo aqui publicado.

CIP-BRASIL. CATALOGAÇÃO NA PUBLICAÇÃO
SINDICATO NACIONAL DOS EDITORES DE LIVROS, RJ

M962m

Murray, Patrick R.
Microbiologia médica básica / Patrick R. Murray ; [tradução Luiz Queiroz , Luiz Frazão , Tatiana Robaina]. - 1. ed. - Rio de Janeiro : Elsevier, 2018.
248 p. : il. ; 25 cm.

Tradução de: Basic medical microbiology
Inclui bibliografia e índice

ISBN 978-85-352-9036-3

1. Microbiologia. 2. Microbiologia médica. I. Queiroz, Luiz. II. Frazão, Luiz. III. Robaina, Tatiana. IV. Título.

18-49320 CDD: 616.9041
CDU: 579.61

REVISÃO CIENTÍFICA E TRADUÇÃO

REVISÃO CIENTÍFICA

Josias Rodrigues
Doutorado em Microbiologia pelo Instituto de Ciências Biomédicas da USP
Professor Adjunto do Departamento de Microbiologia e Imunologia do Instituto de Biociências da UNESP em Botucatu, SP

TRADUÇÃO

Ana Lucia Fachin (Caps. 18, 19 e 20)
Graduada em Ciências Biológicas pela Faculdade de Filosofia, Ciências e Letras de Ribeirão Preto da USP
Mestrado e doutorado em Genética e Biologia Molecular de Micro-Organismos pelo Departamento de Genética da Faculdade de Medicina de Ribeirão Preto (USP)
Pós-doutorado pelo Departamento de Genética da FMRP-USP na área de mutagênese
Professora Titular da Unidade de Biotecnologia pela Universidade de Ribeirão Preto (UNAERP)

Eduardo Carneiro Clímaco (Caps.1, 7, 8 e 21)
Professor Doutor da Universidade de Ribeirão Preto (UNAERP)

Luiz Frazão Filho (Caps. 12, 15, 17, 25 e 26)
Tradutor/intérprete pela Universidade Estácio de Sá e Brasillis Idiomas – Rio de Janeiro – RJ
Certificado de proficiência em inglês, University of Michigan, Ann Arbor, Michigan, USA

Luiz Queiroz (Caps. 3 a 6, 9 a 11)
Tradutor técnico

Marina Santiago de Mello Souza (Caps. 14 e 16)
Professora Assistente da Escola de Medicina Souza Marques
Professora Assistente da Universidade Castelo Branco (UCB)
Doutoranda em Radioproteção e Dosimetria pelo IRD – CNEN
Mestrado em Fisiopatologia Clínica pelo Hospital Universitário Pedro Ernesto da Universidade do Estado do Rio de Janeiro (UERJ)
Especialização em Anatomia Funcional pela AVM

Rene de Oliveira Beleboni (Caps. 22, 23, 24 e 27)
Mestre e Doutor em Bioquímica, Produtividade em Pesquisa CNPq (1D)
Professor Titular-Pesquisador da Unidade de Biotecnologia e Faculdade de Medicina da Universidade de Ribeirão Preto

Tatiana Ferreira Robaina (Caps. 2, 13 e Índice)
Doutora em Ciências pela UFRJ
Mestre em Patologia pela UFF
Especialista em Estomatologia pela UFRJ
Cirurgiã-dentista pela UFPel

PREFÁCIO

Qual é a maior dificuldade de estudantes e professores para saber o que é importante na Microbiologia Médica? Há muitos anos, quando fiz meu primeiro curso de Microbiologia Médica, li milhares de páginas sobre o assunto, assisti a cinco horas de aulas teóricas e seis de práticas de laboratório por semana, durante um ano. Tive uma excelente base de Microbiologia, mas sempre me fazia a seguinte pergunta, verbalizada por todos os estudantes: Preciso realmente saber tudo isto? A resposta certamente é não, mas o desafio é saber quais informações são de fato necessárias. Anos mais tarde, quando comecei a escrever meu primeiro livro acadêmico sobre Microbiologia, meu objetivo era apenas dar aos estudantes o que eles precisavam saber, redigido de uma maneira que fosse informativa, atual e concisa. Acho que atingi meu objetivo, porém acredito que a disciplina de Microbiologia continua a mudar, assim como a forma de ministrar as informações aos estudantes. Estou ainda plenamente convicto de que os esforços dedicados na primeira e outras edições de meu livro acadêmico, *Microbiologia Médica*, foram importantes, como base de conhecimento de Microbiologia para o estudante. Estas informações não podem ser substituídas por uma pesquisa rápida na internet ou por um artigo de revisão, porque muito do conteúdo deste livro – epidemiologia, virulência, manifestações clínicas, técnicas de diagnóstico, tratamento – é uma síntese de vários artigos de pesquisa e de minha experiência clínica e acadêmica. Desse modo, os estudantes frequentemente passam a ler livros que consistem em resumos condensados, ilustrações (eu diria cartuns) e vários recursos de memorização para dominar a matéria. Como tenho assistido à evolução das formas de aprendizado em Microbiologia, surpreende-me o sacrifício que tem sido feito. Considero a Microbiologia uma matéria atraente, em que se nota o equilíbrio entre saúde e doença, definido pela biologia dos microrganismos, em particular, e das comunidades microbianas. Sem compreender a biologia, listas de fatos logo são esquecidas. Mas sou realista e sei as dificuldades que os estudantes enfrentam, tendo que dominar não só a Microbiologia, mas também várias outras matérias. Então, a questão pessoal que coloquei foi a seguinte: Há uma maneira melhor de fornecer ao estudante uma síntese de informações que seja compreensível e fácil de lembrar? Este livro é a forma que encontrei para resolver esta questão. Primeiramente, quase que por definição, ele não é abrangente. Assim como selecionei cuidadosamente alguns microrganismos e doenças a serem apresentados neste livro, também intencionalmente, não mencionei outros – não por serem insignificantes, mas pelo fato de serem menos comuns. Também não apresentei uma discussão detalhada sobre a biologia e virulência dos microrganismos ou sobre a resposta imune do paciente frente às infecções, mas simplesmente apresentei a associação entre microrganismos e doenças. Novamente, senti que essas discussões deveriam ficar reservadas para o livro *Microbiologia Médica*. Finalmente, a organização deste livro é focada nos microrganismos – bactérias, vírus, fungos e parasitas – e não nas doenças. Fiz assim porque acho mais fácil para o estudante se lembrar de um pequeno número de doenças associadas a um dado microrganismo, do que uma longa lista (ou uma lista bem incompleta) de microrganismos implicada em uma doença específica, tal como a pneumonia. Além disso, os pacientes podem apresentar certa doença e o observador terá que elaborar uma relação de microrganismos eventualmente suspeitos de sua causa; então, para auxiliar o estudante, apresento o tópico diagnóstico diferencial nos capítulos introdutórios das seções sobre cada um dos microrganismos discutidos neste livro (Capítulos 2, 12, 18 e 22). Também apresento, nestes capítulos introdutórios, uma visão geral sobre a classificação dos microrganismos (um esquema para se lembrar de cada microrganismo) e uma lista de antimicrobianos que são utilizados para tratar as infecções que eles causam. Os capítulos individuais das Seções 1 a 4 são organizados em torno de um tema comum: uma discussão sucinta sobre cada microrganismo, um resumo de dados relativos a eles (propriedades, epidemiologia, doenças, diagnóstico e tratamento) apresentados em uma tabela concisa, figuras para serem utilizadas como auxílio visual da aprendizagem visual e casos clínicos para reforçar a importância clínica dos microrganismos. Finalmente, são apresentadas questões de revisão para auxiliar o estudante a avaliar sua capacidade de assimilação do conhecimento adquirido. Mais uma vez, ressalto que o conteúdo deste livro não deve ser considerado uma revisão abrangente de Microbiologia. Por outro lado, acredito que, se o estudante dominá-lo, terá uma base sólida sobre os princípios e aplicações da Microbiologia. Naturalmente, todos os comentários sobre quão proveitoso foi meu empenho para a elaboração desta obra são bem vindos.

Gostaria de agradecer o apoio e orientação dos editores da Elsevier que ajudaram a tornar este projeto uma realidade, particularmente Jim Merritt, Katie DeFrancesco, Nicole DiCicco e Tara Delaney. Além disso, sou grato a muitos estudantes que me desafiaram a pensar sobre o vasto mundo dos microrganismos e, de modo conciso, transformá-lo no conteúdo essencial que eles precisam dominar e aos meus colegas de profissão, que me estimularam a explicar informações complexas da Microbiologia em um texto preciso, porém compreensível, para principiantes no assunto.

SUMÁRIO

SEÇÃO I Introdução

SEÇÃO II Bactérias

SEÇÃO III Vírus

SEÇÃO IV Fungos

SEÇÃO V Parasitos

SEÇÃO VI Questões de Revisão

1

Visão Geral da Microbiologia Médica

A Microbiologia certamente pode ser fascinante para o estudante confrontado com a difícil tarefa de aprender sobre centenas de microrganismos de importância médica. Eu me lembro bem da primeira aula da disciplina de Introdução à Microbiologia Médica em minha graduação. O professor entregou a cada aluno o programa contendo 1.000 páginas, consistindo em resumo de aulas, anotações e referências bibliográficas. Este material veio as ser conhecido, com certa reverência, como *o livro do sofrimento*. Entretanto, a Microbiologia poderá não ser assim tão difícil se o tema em questão – no caso, os microrganismos – for dividido em grupos e subgrupos relacionados. Deixe-me dar um exemplo neste capítulo introdutório.

Os microrganismos são classificados nos seguintes grupos:

- Vírus
- Bactérias
- Fungos
- Parasitos

A complexidade estrutural aumenta de vírus (de estrutura mais simples) para os parasitos (os mais complexos). Normalmente, não dá para confundir o grupo onde um dado microrganismo deve ser incluído, embora alguns fungos tenham sido classificados, no passado, como parasitos. Cada grupo de microrganismos é, ainda, subdividido com base em determinadas características.

Classificação dos Microrganismos

Microrganismos	Classificação Primária	Classificação Secundária
Vírus	Vírus de DNA	Ácido nucleico de fita simples ou dupla Envelopado ou não envelopado
	Vírus de RNA	
Bactérias	Gram-positivas	Cocos ou bacilos Aeróbios ou anaeróbios Esporulados ou não esporulados (somente para bactérias Gram-positivas)
	Gram-negativas	
	Álcool-acidorresistentes	De coloração fraca e de coloração intensa
	Miscelânea	Espiraladas Intracelulares obrigatórias
Fungos	Leveduras (unicelulares)	
	Filamentosos (pluricelulares)	Pigmentados ou não pigmentados Núcleos separados por parede (septos) ou não separados
	Dimórficos (formas de levedura e filamentosa)	

(Continua)

Classificação dos Microrganismos *(Cont.)*

Microrganismos	Classificação Primária	Classificação Secundária
Parasitos	Protozoários	Amebas
		Flagelados
		Sporozoa
	Vermes (helmintos)	Vermes cilíndricos (nematoides)
		Vermes achatados em forma de folha (trematódeos)
		Vermes achatados em forma de fita (cestoides)
	Artrópodes	Mosquitos
		Carrapatos
		Pulgas
		Piolhos
		Ácaros
		Moscas

VÍRUS E BACTÉRIAS

Vírus

Os vírus são microrganismos muito simples, compostos de ácido nucleico, algumas proteínas e, em alguns casos, de um envelope lipídico. Esses microrganismos dependem totalmente da célula que eles infectam para sobreviver e replicar. Os vírus de importância médica são subdivididos em 20 famílias, definidas pelas características estruturais de seus membros. A característica mais importante a ser considerada é o tipo de ácido nucleico. Os vírus contêm DNA ou RNA, mas não ambos ao mesmo tempo. As famílias de vírus de DNA e de RNA são subdivididas naqueles que contêm ácidos nucleicos de fita simples ou de fita dupla. Por fim, há ainda uma subdivisão entre vírus que contêm um envelope externo e vírus nus ou não envelopados. A esta altura, o estudante mais atento diria que o número de famílias seria oito e não 20, como citado anteriormente. Na verdade, os vírus podem ser classificados de acordo com sua forma (esférica ou de bastão) ou tamanho (grandes ou pequenos ["pico"]). Desse modo, a chave para o conhecimento dos vírus é incluí-los em uma dada família, com base em suas características estruturais.

Bactérias

As bactérias são um pouco mais complexas que os vírus, possuindo tanto RNA quanto DNA, uma maquinaria metabólica para autorreplicação e uma parede celular de estrutura complexa. Bactérias são seres **procariotos**, isto é, organismos unicelulares simples, sem membrana nuclear, mitocôndrias, complexo de Golgi ou retículo endoplasmático e se reproduzem assexuadamente, por divisão binária. As características fundamentais utilizadas para a classificação da maioria das bactérias são suas propriedades tintoriais, determinadas principalmente por meio das técnicas de coloração de Gram e álcool-acidorresistente. A maioria das bactérias é **Gram-positiva** (aquelas que retêm corante azul) ou **Gram-negativa** (as que perdem o corante azul e são coradas pelo corante vermelho). As bactérias são ainda classificadas quanto à morfologia (esférica [cocos] ou bastonete), de acordo com seu crescimento em ambiente aeróbio ou anaeróbio (muitas crescem em ambas as condições e são denominadas **anaeróbias facultativas**), formação ou não formação de esporos de resistência (somente bacilos Gram-positivos formam esporos). Outra técnica de coloração bacteriana importante é a que utiliza corante juntamente com **álcool e ácido**, sendo o corante retido apenas por algumas bactérias que apresentam uma parede celular característica, rica em lipídios. Bactérias deste grupo são ainda classificadas com base na dificuldade de remoção do corante de suas células (o nome da técnica deve-se ao fato de a mistura álcool-ácido remover o corante da maioria das outras bactérias). Por fim, há algumas bactérias que não são coradas por estas técnicas, de modo que elas são classificadas com base em outras características, como a forma (bactérias espiraladas) ou necessidade de crescimento no interior de células hospedeiras (p. ex., leucócitos) ou de células cultivadas em laboratório.

FUNGOS E PARASITOS

Os fungos e parasitos são os **eucariotos** mais complexos que se conhece, apresentando núcleo, mitocôndrias, complexo de Golgi e retículo endoplasmático bem definidos. Ambos os grupos contêm organismos uni- e pluricelulares. Como pode ser notado, a linha que separa esses organismos não é tão bem definida quanto aquela que os distingue das bactérias ou vírus, mas este esquema de classificação é ainda bem reconhecido.

Fungos

Os fungos são classificados em unicelulares (**leveduras**) e pluricelulares (**fungos filamentosos**), sendo que alguns que são de interesse médico apresentam estas duas formas (**fungos dimórficos**). Os fungos filamentosos são organismos complexos, contendo células organizadas em estruturas tubulares (**hifas**) que formam filamentos e estruturas especializadas na reprodução assexuada (**conídios**). Os fungos filamentosos são, ainda, classificados conforme os tipos de hifas (pigmentadas ou não pigmentadas; células individualizadas [septadas] ou não individualizadas) e quanto ao arranjo dos conídios.

Parasitos

Os parasitos também são classificados em unicelulares (**protozoários**) e pluricelulares (**vermes** e **artrópodes**). Os protozoários podem também classificados em amebas, flagelados (imagine-os como protozoários contendo cabelos) e coccídeos (alguns são esféricos, mas muitos não o são). Os vermes (formalmente denominados **helmintos**) são facilmente classificados com base na morfologia em: vermes cilíndricos (nematoides), vermes achatados (trematódeos) e vermes em forma de fita (cestoides). Bem simples, embora vários helmintos tenham ciclos de vida muito complexos que, de qualquer modo, são importantes para entender como eles causam doenças. Os **artrópodes** são os chamados "*bugs*". Estes incluem mosquitos, carrapatos, pulgas, piolhos, ácaros e moscas. São importantes por serem vetores de uma série de vírus e bactérias (mas não de fungos) responsáveis por diferentes tipos de doenças. Evidentemente que existem outros grupos de artrópodes (como as aranhas), mas que normalmente não são vetores de microrganismos patogênicos.

MICRORGANISMOS BONS E MAUS

Os microrganismos, principalmente as bactérias, têm injustamente uma má reputação. Em sua maioria, são considerados ruins e conhecidos apenas por sua capacidade de causar doenças. Nós criamos o termo depreciativo ***germes*** e há grande preocupação em se evitar o contato com eles. O fato é que a maioria dos microrganismos não é apenas benéfica, mas essencial para a nossa saúde. As superfícies de pele, nariz, boca, intestino e trato geniturinário são colonizadas por bactérias, fungos e parasitos. Esses microrganismos são fundamentais para a maturação do nosso sistema imune, para a realização de importantes funções metabólicas, como a digestão dos alimentos, e para a proteção contra o estabelecimento de patógenos. Esse conjunto de microrganismos é considerado nosso **microbioma** ou **microbiota normal**. Se esses microrganismos forem mantidos em equilíbrio, a saúde é preservada. Entretanto, se sofrerem algum tipo de perturbação natural ou através de intervenção humana (p. ex., uso de antibióticos, esfoliação da pele ou uso de enemas), haverá o risco de doenças. As doenças infecciosas também surgem quando membros do microbioma são introduzidos em locais do corpo normalmente estéreis (p. ex., cavidade abdominal, tecidos, pulmões e trato urinário), através de ferimentos ou doenças. Nesses casos, tais doenças são referidas como infecções **endógenas** ou infecções causadas por membros da microbiota normal. Por fim, as infecções também podem ser causadas por microrganismos **exógenos**, isto é, introduzidos do meio externo. Apenas alguns dos microrganismos encontrados no ambiente são patógenos; porém, algumas das infecções humanas mais graves são causadas por esses patógenos exógenos. Portanto, a lição principal que aprendemos é que a maioria dos microrganismos é benéfica e não está associada a doenças. Um subgrupo de microrganismos endógenos pode provocar doenças, quando introduzido em áreas normalmente estéreis de nosso corpo; contudo, a maioria dos microrganismos endógenos não possui as características de virulência necessárias para causar doenças. Do mesmo modo, a maioria dos microrganismos exógenos com os quais temos contato não provoca nenhum tipo de problema, mas alguns podem causar doenças importantes. É fundamental saber quais microrganismos possuem as características necessárias (**virulência**) para causar doenças e em quais circunstâncias isso pode ocorrer. É também importante saber quais microrganismos devem ser ignorados pelo fato de não causar doenças.

CONCLUSÃO

A complexidade que se observa na Microbiologia pode ser simplificada, se entendermos as relações entre os membros de cada um dos quatro grupos de microrganismos conhecidos. Pode ser ainda mais simplificada, se fizermos uma separação entre patógenos e não patógenos e entendermos as condições sob as quais os patógenos são capazes de provocar doenças. Os capítulos seguintes foram organizados de modo que estes tópicos possam ser discutidos dentro de cada grupo de microrganismo.

2 Introdução às Bactérias

ATENÇÃO

Tudo bem, existem muitas informações nas próximas páginas. Certamente não espero que o aluno domine esses detalhes, antes de passar para os próximos capítulos de bacteriologia. Contudo, é importante que se faça, antes, uma leitura rápida dessas informações. Então, conforme cada capítulo de bacteriologia for assimilado, este poderá ser usado como base de associação entre eles.

VISÃO GERAL

As bactérias são organismos procariotos (*pro*, antes, *karyon*, núcleo) que apresentam uma estrutura relativamente simples. São seres unicelulares e não possuem membrana nuclear, mitocôndrias, complexos de Golgi ou retículo endoplasmático e se reproduzem por divisão assexuada. A parede da célula bacteriana é complexa, constituída por uma de duas formas básicas, definidas pela **coloração de Gram**: uma parede celular Gram-positiva, composta por uma espessa camada de peptidoglicano, e uma Gram-negativa, composta por uma fina camada de peptidoglicano e uma **membrana externa** sobrejacente. Algumas bactérias não apresentam estrutura de parede celular deste tipo, e conseguem sobreviver somente dentro das células hospedeiras, em um ambiente hipertônico. O corpo humano é habitado por milhares de espécies bacterianas diferentes (referidas como "**microbioma**"), algumas vivendo transitoriamente, outras em uma relação sinérgica permanente. Do mesmo modo, o ambiente que nos rodeia, incluindo o ar que respiramos, a água que bebemos e a comida que comemos, é ocupado por bactérias, muitas das quais relativamente inofensivas e algumas capazes de causar doenças potencialmente fatais. As doenças podem resultar de efeitos tóxicos de produtos bacterianos (p. ex., toxinas) ou da invasão bacteriana dos tecidos e fluidos estéreis do corpo.

CLASSIFICAÇÃO

O tamanho (1 a 20 µm ou maior), a forma (esferas [cocos], bacilos ou espirais) e o arranjo espacial (como células isoladas, aos pares, em cadeias ou agrupamentos) das células, bem como as propriedades específicas de crescimento (p. ex., **aeróbios** [requerem oxigênio], **anaeróbios** [não podem crescer na presença de oxigênio], ou **anaeróbios facultativos** [crescem na presença ou ausência de oxigênio]) são utilizados para uma classificação preliminar das bactérias. Esta é uma tarefa de grande importância que põe certa ordem numa lista de nomes de bactérias que, de outra forma, seria confusa. As tabelas a seguir não são abrangentes; na verdade, representam uma relação das bactérias mais comumente isoladas ou clinicamente importantes.

Bactérias Gram-Positivas

Cocos Aeróbios Gram-Positivos
- *Staphylococcus*
- *Streptococcus*
- *Enterococcus*

Bacilos Aeróbios Gram-Positivos
- *Bacillus*
- *Listeria*
- *Corynebacterium*

Cocos Anaeróbios Gram-Positivos
- Muitos gêneros

Bacilos Anaeróbios Gram-Positivos
- *Clostridium*
- *Actinomyces*
- *Lactobacillus*
- *Propionibacterium*

Bacilos Aeróbios Acidorresistentes
- *Mycobacterium*
- *Nocardia*
- *Rhodococcus*

Bactérias Gram-Negativas

Cocos e Cocobacilos Aeróbios Gram-Negativos

- *Neisseria*
- *Moraxella*
- *Eikenella*
- *Kingella*
- *Haemophilus*
- *Acinetobacter*
- *Bordetella*
- *Brucella*
- *Francisella*

Bacilos Aeróbios Gram-Negativos

- *Enterobacteriaceae* (muitos gêneros)
- *Vibrio*
- *Pseudomonas*
- *Burkholderia*
- *Stenotrophomonas*

Cocos Anaeróbios Gram-Negativos

- *Veillonella*

Bacilos Anaeróbios Gram-Negativos

- *Bacteroides*
- *Fusobacterium*

Outras Bactérias

Bactérias em Forma de Espiral

- *Campylobacter*
- *Helicobacter*
- *Treponema*
- *Borrelia*
- *Leptospira*

Bactérias Intracelulares Obrigatórias

- *Rickettsia*
- *Orientia*
- *Ehrlichia*
- *Anaplasma*
- *Coxiella*
- *Chlamydia*
- *Chlamydophila*

PAPEL NAS DOENÇAS

Ocasionalmente, algumas doenças manifestam-se de modo característico e estão associadas a uma única bactéria. Infelizmente, múltiplas bactérias podem provocar um quadro clínico semelhante (p. ex., sepse, pneumonia, gastroenterite, meningite, infecção do trato urinário ou infecção genital). O controle das infecções, em termos clínicos, é antecipado pela capacidade de se estabelecer um **diagnóstico diferencial** preciso, tendo por base as bactérias mais comumente associadas ao quadro clínico, a escolha de testes adequados ao diagnóstico e o início do tratamento empírico efetivo. Uma vez que o diagnóstico é confirmado, o tratamento empírico pode ser modificado para uma terapia direta, de menor espectro. A seguir, é apresentada uma lista das bactérias mais comumente associadas a sintomas específicos.

Bactérias Comuns e Doenças Correspondentes

Doenças	Patógenos mais Frequentes
Sepse	
Sepse generalizada	*Staphylococcus aureus, Staphylococcus* coagulase-negativo, *Escherichia coli, Klebsiella pneumoniae*
Sepse relacionada a cateteres	*Staphylococcus* coagulase-negativo
Tromboflebite séptica	*S. aureus, Bacteroides fragilis*
Infecções Cardiovasculares	
Endocardite	*Streptococcus Viridans, Staphylococcus* coagulase-negativo
Miocardite	*S. aureus*
Pericardite	*S. aureus*
Infecções do Trato Respiratório Superior	
Faringite	*Streptococcus pyogenes* (grupo A)
Sinusite	*Streptococcus pneumoniae, Haemophilus influenzae, Moraxella catarrhalis,* aeróbios mistos e anaeróbios
Infecções do Ouvido	
Otite externa	*Pseudomonas aeruginosa, S. aureus*
Otite média	*S. pneumoniae, H. influenzae, M. catarrhalis*

(Continua)

Bactérias Comuns e Doenças Correspondentes *(Cont.)*

Doenças	Patógenos mais Frequentes
Infecções do Olho	
Conjuntivite	*S. aureus, S. pneumoniae, Haemophilus aegyptius*
Ceratite	*S. aureus, S. pneumoniae, P. aeruginosa*
Endoftalmite	*Bacillus cereus, S. aureus, P. aeruginosa*
Infecções Pleuropulmonares e Brônquicas	
Bronquite	*M. catarrhalis, H. influenzae, S. pneumoniae*
Empiema	*S. aureus, S. pneumoniae, S. pyogenes* (grupo A)
Pneumonia	*S. pneumoniae, S. aureus, K. pneumoniae,* outras Enterobacteriaceae
Infecções do Sistema Nervoso Central	
Meningite	*Streptococcus agalactiae* (grupo B), *E. coli, H. influenzae, S. pneumoniae, Neisseria meningitidis, Listeria monocytogenes*
Encefalite	Raramente bacteriana
Abscesso cerebral	*S. aureus,* espécies de *Fusobacterium,* cocos anaeróbios
Empiema subdural	*S. aureus, S. pneumoniae*
Infecções Intra-abdominais	
Peritonite	*E. coli, B. fragilis,* espécies de *Enterococcus*
Peritonite associada à diálise	*Staphylococcus* coagulase-negativo
Infecções Gastrintestinais	
Gastrite	*Helicobacter pylori*
Gastrenterite	*Salmonella* spp, *Shigella* spp, *Campylobacter jejuni, Campylobacter coli, E. coli, Vibrio cholera, Vibrio parahaemolyticus, B. cereus, P. aeruginosa*
Diarreia associada a antibióticos	*Clostridium difficile*
Intoxicação alimentar	*S. aureus, B. cereus*
Proctite	*Neisseria gonorrhoeae*
Infecções Genitais	
Úlceras genitais	*Treponema pallidum, Haemophilus ducreyi*
Uretrite	*N. gonorrhoeae, Chlamydia trachomatis, Mycoplasma genitalium*
Vaginite	*Mycoplasma hominis,* espécies de *Mobiluncus, outras espécies anaeróbias*
Cervicite	*N. gonorrhoeae, C. trachomatis, M. genitalium*
Infecções do Trato Urinário	
Cistite e pielonefrite	*E. coli, Proteus mirabilis,* outras Enterobacteriaceae, *Staphylococcus saprophyticus*
Cálculo renal	*P. mirabilis, S. saprophyticus*
Abscesso renal	*S. aureus*
Prostatite	*E. coli*
Infecções Cutâneas e de Tecidos Moles	
Impetigo	*S. pyogenes* (grupo A), *S. aureus*
Foliculite	*S. aureus, P. aeruginosa*
Furúnculos e carbúnculos	*S. aureus*
Paroníquia	*S. aureus, S. pyogenes* (grupo A), *P. aeruginosa*
Erisipelas	*S. pyogenes* (grupo A)
Celulite	*S. pyogenes* (grupo A), *S. aureus*
Celulite e fascite necrosante	*S. pyogenes* (grupo A), *Clostridium perfringens, B. fragilis*
Angiomatose bacilar	*Bartonella henselae, Bartonella quintana*
Infecções de queimaduras	*P. aeruginosa,* espécies de *Enterococcus*
Feridas cirúrgicas	*S. aureus, Staphylococcus* coagulase-negativo
Feridas por mordidas	*Eikenella corrodens, Pasteurella multocida,* aeróbios mistos e anaeróbios
Traumatismos	Espécies de *Bacillus, S. aureus*

Bactérias Comuns e Doenças Correspondentes *(Cont.)*

Doenças	Patógenos mais Frequentes
Infecções Ósseas e Articulares	
Osteomielite	*S. aureus*, espécies de *Salmonella*
Artrite	*S. aureus, N. gonorrhoeae*
Infecção associada à prótese	*S. aureus, Staphylococcus* coagulase-negativo
Infecções Granulomatosas	
Gerais	*Mycoplasma tuberculosis*, espécies de *Nocardia, T. pallidum*

AGENTES ANTIBACTERIANOS

Esta seção apresenta uma visão geral dos agentes antibacterianos mais utilizados, seu modo de ação e espectro de atividade. Por sua natureza, este não é um resumo abrangente sobre terapia antibacteriana. Além disso, nos capítulos seguintes, serão apresentadas as terapias recomendadas para cada bactéria em particular.

Agentes Antibacterianos Comumente Usados, Seu Modo de Ação e Espectro de Atividade

Modo de Ação	Antibiótico	Espectro de Atividade
	ROMPIMENTO DA PAREDE CELULAR	
Liga-se a proteínas (proteínas que se ligam a penicilinas) e enzimas responsáveis pela síntese de peptidoglicano	Penicilinas naturais (penicilina G, penicilina V)	Ativos contra todos os estreptococos β-hemolíticos e a maioria dos outros estreptococos; atividade limitada contra estafilococos; ativos contra meningococos e a maioria dos anaeróbios Gram-positivos; atividade fraca contra bacilos Gram-negativos
	Penicilinas resistentes à penicilinase (meticilina, nafcilina, oxacilina, cloxacilina, dicloxacilina)	Semelhantes às penicilinas naturais, exceto maior atividade contra estafilococos
	Penicilinas de amplo espectro (ampicilina, amoxicilina)	Ativos contra cocos Gram-positivos, atividade equivalente às penicilinas naturais; ativos contra alguns bacilos Gram-negativos
	Cefalosporinas de espectro reduzido e cefamicinas (cefalexina, cefalotina, cefazolina, cefapirina, cefradina)	Atividade equivalente à oxacilina contra bactérias Gram-positivas; alguma atividade contra Gram-negativos (p. ex., *E. coli, Klebsiella, P. mirabilis*)
	Cefalosporinas de espectro expandido e cefamicinas (cefaclor, cefuroxima, cefotetano, cefoxitina	Atividade equivalente a oxacilina contra bactérias Gram-positivas; melhor atividade contra Gram negativas, incluindo-se *Enterobacter, Citrobacter*, e espécies de *Proteus*
	Cefalosporinas de espectro amplo (cefixima, cefotaxima, ceftriaxona, ceftazidima, cefepima, cefpiroma)	Atividade equivalente à oxacilina contra bactérias Gram-positivas; melhor atividade contra Gram-negativas, incluindo-se *Pseudomonas*
	Carbapenems (imipenem, meropenem, ertapenem, doripenem)	Antibióticos de amplo espectro ativos contra a maioria das bactérias Gram-positivas e Gram-negativas aeróbias, exceto estafilococos resistentes à oxacilina, *Enterococcus faecium* e bacilos Gram-negativos selecionados (*Pseudomonas, Stenotrophomonas, Burkholderia*
	Monobactâmicos de espectro reduzido (aztreonam)	Ativos contra bacilos aeróbios Gram-negativos, mas inativos contra cocos anaeróbios Gram-positivos

(Continua)

Agentes Antibacterianos Comumente Usados, Seu Modo de Ação e Espectro de Atividade *(Cont.)*

Modo de Ação	Antibiótico	Espectro de Atividade
	ROMPIMENTO DA PAREDE CELULAR *(Cont.)*	
Liga-se a β-lactamases e evita inativação enzimática do β-lactâmico	Penicilinas com inibidores de β-lactamases (ampicilina-sulbactam, amoxicilina-clavulanato, ticarcilina-clavulanato, piperacilina-tazobactam)	Atividade semelhante às penicilinas naturais e melhor atividade contra estafilococos produtores de β-lactamases e bacilos Gram-negativos selecionados
Inibe a ligação cruzada das camadas de peptidoglicano	Glicopeptídeos (vancomicina)	Ativos contra todos os estafilococos e estreptococos; inativos contra muitos enterococos, bacilos Gram-positivos e todas as bactérias Gram-negativas
Inibe a membrana plasmática bacteriana e o movimento dos precursores do peptidoglicano	Polipeptídio (bacitracina)	Ativo contra estafilococos e estreptococos; inativo contra bactérias Gram-negativas
Compromete a permeabilidade da membrana externa das bactérias	Polipeptídio (colistina)	Ativo contra a maioria das bactérias Gram-negativas, mas não contra as Gram-positivas (sem membrana externa)
Inibe a síntese de ácido micólico	Isoniazida, etionamida	Ativos contra micobactérias
Inibe a síntese de arabinogalactana	Etambutol	
Inibe ligações cruzadas de precursores do peptidoglicano	Cicloserina	
	INIBIÇÃO DA SÍNTESE DE PROTEÍNAS	
Causa liberação precoce das cadeias peptídicas da subunidade 30S dos ribossomos	Aminoglicosídeos (estreptomicina, canamicina, gentamicina, tobramicina, amicacina)	Usados principalmente para tratar infecções por bacilos Gram-negativos; canamicina tem atividade limitada; tobramicina um pouco mais ativa do que gentamicina contra *Pseudomonas*; amicacina mais ativa
Evita o alongamento da cadeia polipeptídica nasubunidade 30S dos ribossomos	Tetraciclinas (tetraciclina, doxiciclina, minociclina	Antibióticos de amplo espectro, ativos contra bactérias Gram-positivas e algumas Gram-negativas (*Neisseria*, algumas Enterobacteriaceae), micoplasmas, clamídias e riquétsias
Liga-se à subunidade 30S dos ribossomos e impede o início da síntese proteica	Glicilciclinas (tigeciclina)	Espectro semelhante ao das tetraciclinas, porém mais ativos contra bactérias Gram-negativas e micobactérias de crescimento rápido
Evita o início da síntese proteica na subunidade 50S dos ribossomos	Oxazolidinona (linezolida)	Ativos contra *Staphylococcus*, *Enterococcus*, *Streptococcus*, bacilos Gram-positivos, *Clostridium* e cocos anaeróbios; inativos contra bactérias Gram-negativas

Agentes Antibacterianos Comumente Usados, Seu Modo de Ação e Espectro de Atividade *(Cont.)*

Modo de Ação	Antibiótico	Espectro de Atividade
	INIBIÇÃO DA SÍNTESE DE PROTEÍNAS *(Cont.)*	
Evita o alongamento da cadeia polipeptídica na subunidade 50S dos ribossomos	Macrolídeos (eritromicina, azitromicina, claritromicina, roxitromicina)	Antibióticos de amplo espectro ativos contra bactérias Gram-positivas e algumas Gram-negativas, *Neisseria, Legionella, Mycoplasma, Chlamydia, Chlamydophila, Treponema* e *Rickettsia*; claritromicina e azitromicina ativas contra algumas micobactérias
	Lincosamida (clindamicina)	Amplo espectro de atividade contra cocos aeróbios Gram-positivos e anaeróbios
	Estreptograminas (quinupristina-dalfopristina	Ativos principalmente contra bactérias Gram-positivas; boa atividade contra estafilococos resistentes e sensíveis à meticilina, estreptococos, *E. faecium* (nenhuma atividade contra *Enterococcus faecalis*), *Haemophilus, Moraxella* e anaeróbios; não ativos contra Enterobacteriaceae ou outros bacilos Gram-negativos
	INIBIÇÃO DA SÍNTESE DE ÁCIDOS NUCLEICOS	
Liga-se a subunidade α do DNA girase	Quinolonas de espectro reduzido (ácido nalidíxico)	Ativos contra bacilos Gram-negativos selecionados; sem atividade útil contra Gram-positivos
	Quinolonas de amplo espectro (ciprofloxacina, levofloxacina)	Antibióticos de amplo espectro com atividade aumentada contra bactérias Gram-positivas e Gram-negativas
	Quinolonas de espectro estendido (moxifloxacina)	Antibióticos de amplo espectro com atividade aumentada contra bactérias Gram-positivas; atividade contra bacilos Gram-negativos semelhante à da ciprofloxacina
Impede a transcrição ao se ligar à RNA polimerase dependente de DNA	Rifampina, rifabutina	Ativos contra bactérias Gram-positivas aeróbias, incluindo micobactérias; sem atividade contra Gram-negativos
Quebra DNA bacteriano	Metronidazol	Ativos contra bactérias anaeróbicas, mas não contra anaeróbios aeróbios ou facultativos
	ANTIMETABÓLITOS	
Inibe a di-hidropteroato sintetase e interrompe síntese de ácido fólico	Sulfonamidas	Eficazes contra uma ampla gama de bactérias Gram-positivas e Gram-negativas e droga de escolha para infecções do trato urinário
Inibe a di-hidropteroato redutase e interrompe a síntese de ácido fólico	Trimetoprim	
Inibe a di-hidropteroato sintetase	Dapsona	Ativos contra micobactérias

3

Cocos Gram-positivos Aeróbios

DADOS INTERESSANTES

- O *Centers for Disease Control and Prevention* (CDC) estima que ocorram 80 mil casos de infecções por *Staphylococcus aureus* resistentes à meticilina (MRSA) nos Estados Unidos e que haja anualmente mais de 11 mil mortes relacionadas com esta bactéria
- O *Streptococcus pyogenes* (estreptococos do grupo A) é a causa mais comum de faringite bacteriana
- O *Streptococcus agalactiae* (estreptococos do grupo B) é a causa mais comum de septicemia e meningite em recém-nascidos
- O *Streptococcus pneumoniae* é responsável por 3 mil a 6 mil casos de meningite, 50 mil casos de septicemia, 400 mil internações hospitalares por pneumonia e 7 milhões de casos de otite média, por ano, nos Estados Unidos, apesar da disponibilidade de vacinas eficazes.
- A resistência à vancomicina nos enterococos foi descrita pela primeira vez em 1986, espalhou-se globalmente e atualmente cerca de 10% dos *Enterococcus faecalis* e mais de 90% dos *Enterococcus faecium* são resistentes a esta droga.

Os cocos aeróbios Gram-positivos formam um conjunto heterogêneo de bactérias esféricas normalmente encontrado na boca, no trato gastrintestinal, no trato geniturinário e na pele. Os gêneros mais importantes deste grupo são *Staphylococcus*, *Streptococcus* e *Enterococcus*.

Staphylococcus, Streptococcus e _Enterococcus_

Gênero	Origem Histórica
Staphylococcus	*Estafilo*, cacho de uvas; *cocos*, grão ou baga; células redondas, parecidas com bagas, dispostas em agrupamentos parecidos com cachos de uva
Streptococcus	*Estrepto*, flexível; *cocos*, grão ou baga; refere-se à aparência de cadeias de cocos, longas e flexíveis
Enterococcus	*Enteron*, intestino; *cocos*, baga; cocos intestinais

Os estafilococos, estreptococos e enterococos são cocos Gram-positivos, geralmente dispostos em grupos (*Staphylococcus*), cadeias (*Streptococcus*) ou pares (*S. pneumoniae, Enterococcus*) e, geralmente, crescem bem tanto em condições anaeróbias quanto aeróbias. A estrutura espessa e reticulada de sua parede celular permite que essas bactérias sobrevivam em superfícies secas, como lençóis dos hospitais, mesas e maçanetas das portas. A virulência bacteriana é determinada pela capacidade de evitar o sistema imune, aderir e invadir as células do hospedeiro e produzir toxinas e enzimas hidrolíticas. As espécies com o maior potencial para provocar doenças são *S. aureus, S. pyogenes* e *S. pneumoniae*, marcadas por uma ampla variedade de fatores de virulência que elas expressam. São particularmente importantes as seguintes toxinas: enterotoxinas, toxinas esfoliativas e toxinas do choque tóxico de estafilococos, bem como as exotoxinas pirogênicas de *S. pyogenes*. Estas toxinas são denominadas "**superantígenos**" porque estimulam a liberação maciça de citocinas pelo paciente, resultando no quadro patológico.

Embora os estafilococos, estreptococos e enterococos estejam entre as bactérias mais frequentemente associadas com doenças, é importante lembrar que elas são comuns no corpo humano. O simples isolamento de uma destas bactérias de uma amostra clínica não significa que há doença. As doenças ocorrem em grupos específicos de pacientes, em condições bem definidas, sendo então importante compreender sua epidemiologia.

O diagnóstico das infecções por *S. aureus* geralmente não é difícil porque a bactéria cresce prontamente em cultura e os testes de amplificação de ácido nucleico são amplamente utilizados para a rápida detecção, em amostras clínicas, tanto de *S. aureus* suscetíveis à meticilina (MSSA), quanto dos resistentes à meticilina (MRSA). Igualmente, não é difícil diagnosticar as infecções causadas por estreptococos e enterococos; no entanto, como muitas destas bactérias fazem parte da população microbiana normal do corpo, deve-se ter cuidado para coletar amostras não contaminadas.

O tratamento das infecções por estafilococos é difícil porque eles consistem, em sua maioria, em cepas MRSA. Estas cepas não são apenas resistentes à meticilina, mas também a todos os antibióticos β-lactâmicos (incluindo penicilinas, cefalosporinas e carbapenens). A maioria das infecções estreptocócicas pode ser tratada com penicilinas, cefalosporinas ou macrolídeos, embora a resistência a estas drogas seja observada em *S. pneumoniae* e algumas outras espécies de estreptococos. As infecções graves por enterococos são difíceis de controlar pelo fato de ser comum a resistência a antibióticos nestas bactérias.

A prevenção das infecções por todas essas bactérias é difícil porque a maioria delas tem origem na população microbiana do próprio paciente ou através de interações do dia a dia. A única exceção é a doença causada por *S. agalactiae,* em recém-nascidos, em que o bebê adquire a infecção da própria mãe. As gestantes são avaliadas, um pouco antes do parto, quanto à possibilidade de serem portadoras desta bactéria na vagina, sendo que aquelas que estiverem colonizadas serão submetidas a tratamento profilático com antibióticos. Atualmente, vacinas polivalentes só estão disponíveis para infecções por *S. pneumoniae.*

A espécie de *Staphylococcus* mais frequentemente associada a doenças humanas é *S. aureus*, a qual será o centro da discussão sobre este gênero. Outras espécies normalmente referidas como **estafilococos coagulase-negativos**, são geralmente patógenos oportunistas, sendo, porém, três delas dignas de nota: *Staphylococcus epidermidis, Staphylococcus saprophyticus* e *Staphylococcus lugdunensis.*

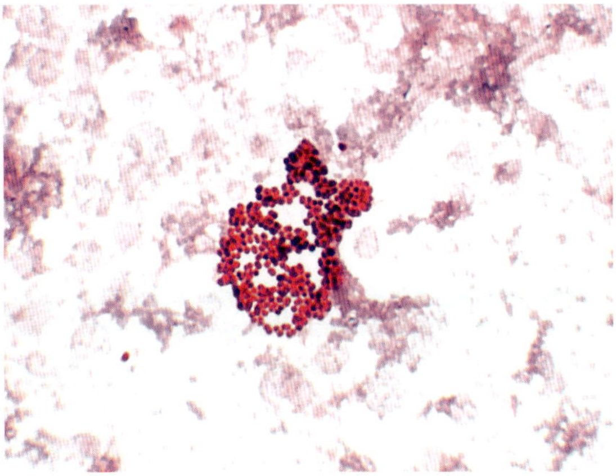

Staphylococcus aureus em uma cultura de sangue. Observe o agrupamento dos cocos Gram-positivos semelhantes a cachos de uva.

Estafilococos Importantes

Espécie	Origem Histórica	Doenças
S. aureus	*Aureus*, dourado ou amarelo; as colônias de *S. aureus* podem ficar amarelas com o tempo	Infecções piogênicas; infecções mediadas por toxinas
S. epidermidis	*Epidermidis*, epidermidis (pele)	Infecções oportunistas (p.ex., infecções associadas ao uso de cateteres, infecção em um local onde foi introduzido um corpo estranho, como por exemplo uma válvula cardíaca artificial [endocardite subaguda])
S. saprophyticus	*Saprophyticus*: *sapros*, pútrido; *phyton*, planta (saprofítico ou que cresce em tecido morto)	Infecções do trato urinário, particularmente em mulheres jovens e ativas sexualmente
S. lugdunensis	*Lugdunensis*: *Lugdunun,* nome de leão em latim, animal onde a bactéria foi inicialmente isolada	Endocardite aguda em pacientes com válvulas cardíacas naturais

A classificação dos estreptococos é confusa porque têm sido utilizados três esquemas diferentes: padrões hemolíticos, propriedades sorológicas e propriedades bioquímicas. A seguir, uma explicação bem simplificada, mas que pode ajudar a desfazer a confusão. Os estreptococos podem ser divididos em dois grupos: (1) espécies **β-hemolíticas** (hemólise completa em ágar sangue), que são subdivididas conforme suas propriedades sorológicas (agrupadas de A a W) e (2) o grupo ***viridans*** que consiste em espécies α-hemolíticas (causam hemólise parcial no ágar sangue) e espécies γ-hemolíticas (não causam hemólise). Algumas espécies de estreptococos *viridans*, como aquelas do grupo *Streptococcus anginosus* (com três espécies) são classificadas tanto no grupo β-hemolítico quanto no grupo *viridans* porque são iguais em termos bioquímicos, mas têm padrões hemolíticos diferentes. As doenças causadas pelas espécies do grupo *S. anginosus* são as mesmas, independentemente de suas propriedades hemolíticas. As espécies a seguir são as mais importantes dos grupos β-hemolítico e *viridans*.

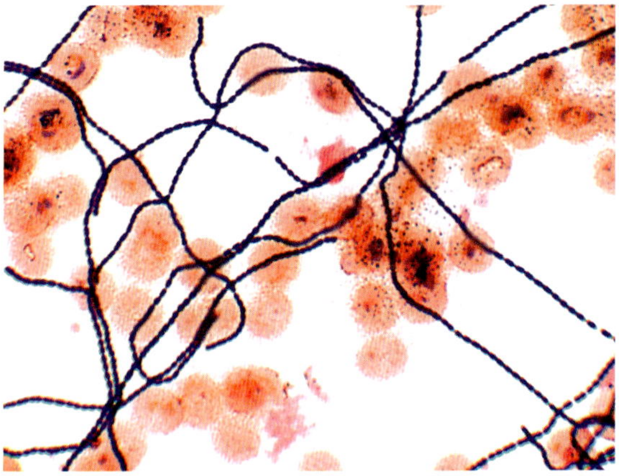

Streptococcus mitis (grupo *viridans*) em uma cultura de sangue. Observe a longa cadeia de cocos Gram-positivos.

Estreptococos β-hemolíticos Importantes

Grupo	Espécie Representante	Origem Histórica	Doenças
A	*S. pyogenes*	*Pyus*, pus; *gennaio*, que produz (produtora de pus)	Faringite, infecções da pele e dos tecidos moles, febre reumática, glomerulonefrite aguda
	Grupo *S. anginosus*	*Anginosus*, relativo à angina	Abscessos
B	*S. agalactiae*	*Agalactia*, que quer leite (Bactéria original associada à mastite bovina)	Doença neonatal, endometrite infecções de feridas, infecções do trato urinário, pneumonia, infecções da pele e dos tecidos moles
C	*S. dysgalactiae*	*Dys*, doente; *galactia*, relativo a leite (associada a mastite bovina e perda de leite)	Faringite, glomerulonefrite aguda

Estreptococos *Viridans* Importantes

Grupo	Espécie Representante	Origem Histórica	Doenças
Anginosus	Grupo *S. anginosus*	*Anginosus*, relativo à angina	Abscessos
Mitis	*Streptococcus mitis*	*Mitis*, branda (erroneamente considerada causadora de manifestação branda)	Endocardite subaguda, sepse em pacientes neutropênicos
	S. pneumoniae	*Pneumon*, pulmões (causa pneumonia)	Pneumonia, meningite, sinusite, otite média, septicemia fulminante
Mutans	*S. mutans*	*Mutans*, que muda (cocos que podem se parecer com bacilos)	Caries dentárias, endocardite subaguda

Estreptococos *Viridans* Importantes *(Cont.)*

Grupo	Espécie Representante	Origem Histórica	Doenças
Salivarius	*Streptococcus salivarius*	*Salivarius*, salivar (encontrado na saliva, na boca)	Endocardite subaguda
Bovis	*Streptococcus gallolyticus*	*Gallatum*, galata; *lyticus*, quebrar (capaz de digerir ou hidrolisar o galato de metila)	Bacteremia associada a câncer gastrintestinal e meningite

O *Enterococcus* era classificado como *Streptococcus*, mas foi reclassificado em 1984. Duas espécies de enterococos são particularmente importantes porque provocam doenças semelhantes e, frequentemente, são resistentes à maioria dos antibióticos.

Enterococos importantes

Espécies Representantes	Origem Histórica	Doenças
E. faecalis *E. faecium*	*Faecalis*, relativo a fezes *Faecium*, das fezes	Infecções do trato urinário, peritonite, infecções de ferida, endocardite

A seguir, é apresentado um resumo dos principais grupos de cocos Gram-positivos.

STAPHYLOCOCCUS AUREUS

As doenças causadas pelo *S. aureus* são classificadas em dois grupos: (1) Piogênicas localizadas ou "produtoras de pus", que são caracterizadas por destruição tecidual, provocada por enzimas hidrolíticas e citotoxinas; e (2) Causadas por toxinas, que funcionam como superantígenos que provocam manifestações sistêmicas.

STAPHYLOCOCCUS AUREUS

Propriedades	• Capacidade para crescer em condições aeróbias e anaeróbias, em um amplo intervalo de temperaturas e na presença de altas concentrações de sal; esta última característica é importante porque essas bactérias frequentemente causam intoxicação alimentar
	• **Cápsula** polissacarídica que protege as bactérias da fagocitose
	• Proteínas de superfície celular (**proteína A,** proteínas que são fatores de aglutinação bacteriana) responsáveis pela adesão das bactérias aos tecidos do hospedeiro
	• **Catalase,** que protege os estafilococos dos peróxidos produzidos pelos neutrófilos e macrófagos
	• **Coagulase,** converte o fibrinogênio em fibrina insolúvel que forma coágulos e pode proteger o *S. aureus* da fagocitose
	• **Enzimas hidrolíticas e citotoxinas:**
	  • Lipases, nucleases e hialuronidase que causam destruição tecidual
	  • Citotoxinas (alfa, beta, delta, gama, leucocidina), que lisam hemácias, neutrófilos, macrófagos e outras células do hospedeiro
	• Toxinas:
	  • **Enterotoxinas** (muitas antigenicamente distintas) são termo-estáveis e ácido-resistentes, responsáveis por intoxicação alimentar
	  • **Toxinas esfoliativas A e B,** provocam descamação da pele (síndrome da pele escaldada)
	  • **Toxina da síndrome do choque tóxico,** é resistente ao calor e a proteases e responsável por uma patologia envolvendo múltiplos órgãos.

Epidemiologia	• Causa comum de infecções, tanto na comunidade como nos hospitais, pois as bactérias se propagam facilmente por meio de contato interpessoal direto e indireto, ou por meio de lençóis contaminados, roupas e outros meios • Cepas resistentes a antibióticos (p.ex., MRSA) são amplamente distribuídas tanto na comunidade como nos hospitais

(Continua)

STAPHYLOCOCCUS AUREUS (Cont.)	
Doenças	**Doenças Piogênicas provocadas por *S. aureus*** • **Impetigo:** infecção cutânea localizada, caracterizada por vesículas cheias de pus sobre uma base avermelhada ou eritematosa; observada principalmente na face e nos membros, em crianças • **Foliculite:** impetigo envolvendo os folículos pilosos, como os da barba • **Furúnculos (abscessos) e carbúnculos:** grandes nódulos cheios de pus; podem avançar para camadas mais profundas da pele e se espalhar para o sangue e outras áreas do corpo • **Infecções de ferida:** caracterizadas por eritema e pus em locais de trauma ou cirurgia; mais difícil de tratar se houver um corpo estranho (p.ex., tala, sutura cirúrgica); a maioria das infecções, tanto na comunidade quanto nos hospitais, é causada por MRSA; surtos recorrentes de infecções são comuns • **Pneumonia:** formação de abscessos nos pulmões; observada principalmente em indivíduos muito jovens ou muito velhos, frequentemente após infecções virais do trato respiratório • **Endocardite:** infecção do endotélio cardíaco; pode progredir rapidamente e está associada a uma alta taxa de mortalidade • **Osteomielite:** destruição óssea, particularmente nas áreas altamente vascularizadas dos ossos longos, em crianças • **Artrite séptica:** infecção das articulações, caracterizada por inchaço, vermelhidão, com acúmulo de pus; é a causa mais comum de artrite séptica em crianças **Doenças provocadas por toxinas de *S. aureus*** • **Intoxicação alimentar:** após o consumo de alimento contaminado com a enterotoxina termo-estável, manifesta-se rapidamente (de 2 a 4 horas), por meio de vômito frequente, diarreia e dores abdominais, mas regride em 24 horas. A intoxicação é rápida porque a toxina já é pré-formada no alimento, diferentemente de uma infecção, onde as bactérias teriam que crescer e produzir toxina no intestino • **Síndrome da pele escaldada:** bactérias em uma infecção localizada produzem a toxina que se espalha pelo sangue, provocando a formação de bolhas e descamação da epiderme; manifestação quase que exclusivamente observada em crianças muito novas • **Síndrome do choque tóxico:** bactérias em uma infecção localizada produzem a toxina que afeta vários órgãos; caracterizada inicialmente por febre, hipotensão e uma erupção eritematosa macular difusa. Altas taxas de mortalidade podem estar associadas a esta doença, a menos que antibióticos sejam administrados imediatamente e a infecção local seja controlada.

Diagnóstico	• **Microscopia:** útil no caso de infecções piogênicas, mas não em casos de bacteremia (muito poucas bactérias presentes), intoxicação alimentar ou síndrome da pele escaldada e síndrome do choque tóxico (produção de toxina em um determinado sítio de infecção e geralmente sem bactérias nos tecidos dos órgãos afetados)
	• **Cultura:** bactérias recuperadas na maioria dos meios de cultura de laboratório
	• **Testes de amplificação de ácido nucleico:** método sensível para detecção rápida de MSSA e MRSA em amostras clínicas
	• **Testes de identificação:**
	  • **Catalase:** separa *Staphylococcus* (+) de *Streptococcus* e *Enterococcus* (−)
	  • **Coagulase:** separa *S. aureus* (+) de outras espécies de *Staphylococcus* (−)
	  • **Proteína A:** separa *S. aureus* (+) de outras espécies de *Staphylococcus* (−)

Tratamento, controle e prevenção	• Infecções localizadas controladas por incisão ou drenagem
	• Antibioticoterapia indicada no caso de infecções sistêmicas; a terapia empírica deve incluir antibióticos ativos contra MRSA
	  • A terapia oral pode incluir trimetoprim-sulfametoxazol, clindamicina ou doxiciclina
	  • A vancomicina é a droga de escolha para terapia endovenosa
	• O tratamento é sintomático para os pacientes com intoxicação alimentar, embora a fonte da infecção deve ser identificada, para que outros indivíduos não tenham contato com a bactéria
	• A limpeza adequada das feridas e o uso de desinfetantes ajudam a prevenir infecções
	• A lavagem completa das mãos e cobertura da pele exposta ajudam os profissionais médicos a prevenirem a infecção ou transmissão para outros pacientes
	• Não existe vacina

CASO CLÍNICO

Endocardite por *Staphylococcus aureus*

Chen e Li[1] *descreveram o caso de uma mulher de 21 anos com um histórico de abuso de drogas endovenosas, HIV e uma contagem de CD4 de 400 células/mm*^{3}*, que desenvolveu endocardite por* S. aureus. *A paciente tinha histórico de 1 semana de febre, dor no peito e hemoptise. O exame físico revelou murmúrio e roncos pansistólicos de 3/6 nos dois campos pulmonares. Foram observadas várias lesões cavitárias bilaterais pela radiografia torácica, sendo que culturas de sangue e escarro foram positivas para MSSA. A paciente foi tratada com oxacilina por 6 semanas, com regressão da endocardite e dos abscessos pulmonares. Este caso ilustrou uma manifestação aguda de endocardite por* S. aureus *e a frequência das complicações causadas por embolia séptica.*

CASO CLÍNICO

Choque Séptico Estafilocócico após Tratamento de Furúnculo

Moellering e colaboradores[2] *descreveram o caso de uma mulher de 30 anos que se apresentou no hospital com hipotensão e insuficiência respiratória. Um mês antes, a paciente, previamente saudável, tinha ido a uma clínica de tratamentos de urgência devido a um furúnculo avermelhado, firme ao apalpar e dolorido que surgiu na parte inferior de sua perna direita, 3 dias antes. O furúnculo foi removido e feita uma drenagem no local, sendo que a mulher foi submetida a um tratamento com cefalexina e trimetoprim-sulfametoxazol por 10 dias. Em uma cultura de amostra do furúnculo, houve crescimento de* S. aureus *resistente à oxacilina, penicilinas, cefalosporinas, levofloxacina e eritromicina; a bactéria se mostrou também sensível a vancomicina, clindamicina, tetraciclina e trimetoprim-sulfametoxazol. Ao chegar ao setor de emergência, a paciente estava agitada, tinha uma temperatura de 39,6°C, pressão arterial de 113/53 mmHg, pulsação 156 batimentos/minuto e uma frequência respiratória de 46 respirações/minuto. Foram observadas pequenas vesículas cutâneas em sua fronte e abdome. Rapidamente sua condição se deteriorou e ela foi transferida para a unidade de cuidados intensivos, onde foi tratada para choque séptico. Apesar dos esforços clínicos, a hipoxemia, hipercardia, acidose e hipotensão pioraram e ela faleceu menos de 12 horas após a sua chegada ao hospital. As radiografias torácicas, que foram obtidas na internação, mostraram infiltrados pulmonares difusos, com pequenas áreas de cavitação em ambos os pulmões; uma tomografia computadorizada (TC) do abdome e da pelve revelou ascite e aumento dos linfonodos; uma TC do cérebro revelou vários focos de hiperintensidade nos lobos frontal, temporal, parietal e occipital. Uma cepa de* S. aureus, *com o mesmo perfil de suscetibilidade a antibióticos apresentado por aquela que foi isolada do furúnculo da perna, foi cultivada do sangue e de várias amostras de tecido. A causa da morte foi considerada como sepse devido à infecção por MRSA, adquirido na comunidade, que progrediu de um furúnculo localizado para pneumonia necrosante e, depois, para sepse fulminante, com múltiplos êmbolos sépticos disseminados. Esta infecção ilustra a patogênese potencial de* S. aureus *resistente a drogas, em uma pessoa saudável.*

CASO CLÍNICO

Síndrome Estafilocócica do Choque Tóxico

Todd e colaboradores[3] *foram os primeiros pesquisadores a descrever uma doença de crianças que eles chamaram de "síndrome do choque tóxico". A paciente deste caso ilustra a evolução clínica desta doença. Uma menina de 15 anos foi internada em um hospital com um histórico de dois dias de faringite e vaginite associadas a vômito e diarreia. Ela estava febril, hipotensa e com manchas eritematosas difusas em todo o corpo, quando foi internada. Os exames laboratoriais indicavam acidose, oligúria e coagulação intravascular disseminada, com trombocitopenia grave. Sua radiografia torácica mostrou infiltrados bilaterais sugestivos de "pulmão em choque". Ela foi transferida para a unidade de cuidados intensivos do hospital, onde apresentou um quadro estável, vindo a melhorar gradualmente no transcorrer de 17 dias. No terceiro dia, apareceram pequenas descamações em seu rosto, tronco e extremidades do corpo, que espalharam para as palmas das mãos e solas dos pés, no 14° dia. Todas as culturas realizadas foram negativas, exceto da garganta e vagina, de onde* S. aureus *foi isolado. Este caso ilustra a manifestação inicial da síndrome do choque tóxico, toxicidade de múltiplos órgãos e longo período de recuperação.*

CASO CLÍNICO

Intoxicação Alimentar por Estafilococos

Um relato publicado no CDC Morbity and Mortality Weekly Report[4] *ressalta muitas características importantes da intoxicação alimentar por estafilococos. Um total de 18 pessoas que participava de uma festa de aposentadoria ficou doente cerca de 3 a 4 horas após terem se alimentado. Os sintomas mais comuns foram náusea (94%), vômito (89%) e diarreia (72%). Relativamente poucos indivíduos tiveram febre ou cefaleia (11%). Os sintomas duraram 24 horas, em média. A doença foi associada à ingestão de presunto, na festa. Uma amostra do presunto cozido deu resultado positivo em teste para a enterotoxina estafilocócica do tipo A. A pessoa responsável pelo preparo dos alimentos havia cozido o presunto em casa, transportado para o seu local de trabalho, fatiado quando ainda estava quente e, depois, o manteve resfriado em um grande recipiente de plástico coberto com papel-alumínio. O presunto foi servido frio no dia seguinte. O cozimento deveria matar qualquer* S. aureus *presente no alimento de modo que é provável que ele tenha sido contaminado posteriormente. Os atrasos envolvidos na refrigeração do presunto e o fato de ele ter sido armazenado em um único recipiente permitiram que a bactéria proliferasse e produzisse a enterotoxina. A toxina do tipo A é a mais frequentemente associada com doenças humanas. O início rápido e a curta duração de náuseas, vômitos e diarreia são típicos desta doença. Deve-se ter cuidado no sentido de se evitar a contaminação de carnes salgadas como o presunto, porque seu reaquecimento não inativa a toxina, que é termoestável.*

STREPTOCOCUS β-HEMOLÍTICOS

Duas espécies de *Streptococcus* β-hemolíticos serão discutidas aqui: *S. pyogenes* e *S. agalactiae*. Outras espécies importantes deverão ser mencionadas apenas brevemente. *S. anginosus* e bactérias relacionadas são incluídas tanto entre *Streptococcus* β-hemolíticos como entre os *Streptococcus viridans*, e serão discutidas a seguir; no entanto, é preciso reconhecer que tais bactérias são causas importantes de abscessos em tecidos profundos. *Streptococcus dysgalactiae* é causa incomum de faringite. No entanto é aqui mencionado porque tal manifestação se assemelha à faringite provocada por *S. pyogenes* e pode ser complicada pelo surgimento de glomerulonefrite aguda, mas não por febre reumática (duas complicações ligadas a *S. pyogenes*).

As doenças causadas por *S. pyogenes* são subdivididas em supurativas (caracterizadas pela formação de pus) e não supurativas. As **doenças supurativas** variam de faringite a infecções localizadas da pele e de tecidos moles, até fascite necrosante (infecção por bactéria "comedora de carne") e síndrome estreptocócica do choque tóxico.

As **doenças não supurativas** são complicações autoimunes que ocorrem após a faringite estreptocócica (febre reumática e glomerulonefrite aguda) e infecções piodérmicas (apenas glomerulonefrite aguda). Nas doenças não supurativas, anticorpos dirigidos contra proteínas M específicas reagem cruzadamente com tecidos do hospedeiro.

STREPTOCOCCUS PYOGENES

Propriedades

- **Cápsula** externa de ácido hialurônico (sorotipo único) protege *S. pyogenes* da fagocitose (não é imunogênica)
- **Proteínas M**, proteínas semelhantes a ela (*M-like proteins*) e peptidase de C5a, situadas na parede celular, bloqueiam a fagocitose mediada pelo complemento
- Proteínas M e proteína F facilitam a adesão e invasão das células epiteliais
- **Enzimas hidrolíticas:**
  - Estreptolisina S e estreptolisina O lisam hemácias, leucócitos, plaquetas e células cultivadas em laboratório
  - Estreptoquinase lisa coágulos sanguíneos e depósitos de fibrina, promovendo uma rápida disseminação bacteriana
  - DNases lisam DNA presente nos abscessos, promovendo uma rápida disseminação bacteriana
- **Toxinas:**
  - Quatro **exotoxinas pirogênicas estreptocócicas** termolábeis aumentam a liberação de citocinas pró-inflamatórias responsáveis pelas manifestações clínicas das doenças estreptocócicas graves

***STREPTOCOCCUS PYOGENES* (Cont.)**	
Epidemiologia	• Transmissão interpessoal por meio de gotículas respiratórias (faringite) ou de rupturas na pele, após contato direto com pessoas infectadas, fômites ou vetor artrópode • Faringite e infecções dos tecidos moles causadas geralmente por cepas que possuem proteínas M diferentes • Colonização transitória do trato respiratório superior e da pele, sendo que a doença é causada por cepas recém-adquiridas (antes da produção de anticorpos protetores) • **Causa mais comum de faringite bacteriana** • Os indivíduos com maior risco de adquirir as doenças incluem crianças de 5 a 15 anos (faringite), e de 2 a 5 anos com maus hábitos de higiene (pioderma), pacientes com infecção de tecidos moles (síndrome do choque tóxico estreptocócica) e pacientes que tiveram faringite estreptocócica (febre reumática, glomerulonefrite) ou infecção dos tecidos moles (glomerulonefrite), no passado • A faringite é mais comum nos meses frios; a incidência das infecções dos tecidos moles não é sazonal
Doenças	• **Faringite**: faringe avermelhada, geralmente apresentando exsudatos; linfadenopatia cervical pode se tornar evidente • **Escarlatina**: complicação da faringite estreptocócica; manchas eritematosas difusas, irradiando a partir do tórax para as extremidades do corpo • **Pioderma**: infecção cutânea localizada, com vesículas se transformando em pústulas; sem evidência de manifestação sistêmica • **Erisipela**: infecção cutânea localizada, com dor, inflamação, aumento dos linfonodos e sintomas sistêmicos • **Celulite**: infecção cutânea envolvendo os tecidos subcutâneos • **Fascite necrosante**: infecção profunda da pele que envolve a destruição das camadas muscular e de gordura • **Síndrome estreptocócica do choque tóxico**: infecção sistêmica de múltiplos órgãos, parecida com a síndrome estafilocócica do choque tóxico; entretanto, a maioria dos pacientes apresenta bacteremia, com evidência de fascite
	• **Febre reumática**: complicação não supurativa da faringite estreptocócica, caracterizada por reações inflamatórias no coração (pancardite), articulações (de artralgias a artrite), vasos sanguíneos e tecidos subcutâneos • **Glomerulonefrite aguda**: complicação não supurativa da faringite estreptocócica ou de infecções dos tecidos moles, caracterizada por inflamação aguda dos glomérulos renais, com edema, hipertensão, hematúria e proteinúria
Diagnóstico	• A microscopia é útil nas infecções dos tecidos moles, mas não na faringite ou nas complicações não supurativas • Testes diretos para determinação do antígeno do grupo A são úteis no diagnóstico da faringite estreptocócica • Isolados identificados pela prova da catalase (resultado negativo), com reação positiva para L-pirrolidonil arilamidase, suscetibilidade à bacitracina e presença de antígeno específico de grupo (antígeno do grupo A) • O teste anti-estreptolisina O (ASO) é útil para confirmar a associação de febre reumática ou glomerulonefrite com faringite estreptocócica; o teste anti-Dnase B (mas não o anti-estreptolisina O) deve ser feito nos casos de glomerulonefrite associados à faringite ou infecções dos tecidos moles
Tratamento, controle e prevenção	• Penicilina V ou amoxicilina utilizadas para tratar faringite; cefalosporina ou macrolídeos, por via oral, para pacientes alérgicos à penicilina; penicilina por via endovenosa, junto com clindamicina, utilizadas para o tratamento de infecções sistêmicas • A condição de portador da bactéria na orofaringe, que ocorre após o tratamento, pode ser novamente tratada; no entanto o tratamento não é indicado nos casos em que esta condição de portador assintomático é prolongada, porque os antibióticos provocam desequilíbrio na flora normal protetora • Iniciar o tratamento com antibióticos dentro de 10 dias após o surgimento dos sintomas previne a febre reumática, em pacientes com faringite • Para os pacientes com histórico de febre reumática, a profilaxia com antibióticos é necessária antes de procedimentos (p.ex., dentários) que possam induzir bacteremias que levem à endocardite • Para a glomerulonefrite, não é indicado um tratamento ou profilaxia com um antibiótico específico

CASO CLÍNICO

Fascite Necrosante e Síndrome Estreptocócica do Choque Tóxico

Filbin e colaboradores[5] descreveram o curso clínico dramático de uma doença causada por Streptococcus *do grupo A em um homem, previamente saudável, de 25 anos. Dois dias antes da internação hospitalar, ele notou uma lesão no dorso de sua mão direita e pensou que era uma picada de inseto. Um dia depois, a mão ficou inchada, dolorida e ele se sentiu mal. Na manhã seguinte, ele teve calafrios e uma temperatura de 38,6°C. Naquela noite, sua mãe o encontrou debilitado, vomitando e incontinente sendo ele levado às pressas para o setor de emergência do hospital. Quando da internação, sua pressão arterial foi de 73/25 mmHg, temperatura de 37.9°C, pulsação com 145 batimentos/minuto e frequência respiratória de 30 respirações/minuto. Sua mão direita estava mosqueada, inchada e com uma escara negra de 1 cm no dorso e seu antebraço estava inchado. A movimentação dos dedos causava dor extrema. Uma radiografia da mão revelou inchaço proeminente dos tecidos moles e a radiografia torácica exibiu achados compatíveis com edema intersticial. O diagnóstico foi de sepse grave, tendo sido administradas vancomicina e clindamicina, por via endovenosa. O paciente foi submetido a uma cirurgia, 4 horas após a chegada ao hospital, tendo sido necessário o desbridamento completo da pele e da fáscia, até o cotovelo direito. O exame patológico dos tecidos revelou necrose liquefativa envolvendo os planos fasciais e o tecido adiposo superficial. Trombos intraluminais de pequenos vasos sanguíneos e infiltrados de células mononucleares e neutrófilos também foram observados nos tecidos, assim como uma abundância de cocos Gram-positivos, identificados posteriormente como Streptococcus do grupo A. Durante a internação, o paciente apresentou manifestações sistêmicas graves de hipotensão, coagulopatia, insuficiências renal e respiratória, compatíveis com diagnóstico de síndrome do choque tóxico estreptocócica. Ele foi tratado intensivamente com penicilina G, clindamicina, vancomicina e cefepima, tendo melhorado lentamente até receber alta, 16 dias após a internação.*

Este caso ilustra a progressão rápida da doença, de uma lesão cutânea superficial relativamente inócua à fascite necrosante, choque séptico e envolvimento de múltiplos órgãos. A mortalidade por fascite necrosante e síndrome do choque séptico se aproxima de 50% e é controlada, com sucesso, apenas através de desbridamento cirúrgico intensivo e antibioticoterapia.

CASO CLÍNICO

Febre Reumática Aguda Associada à Infecção por *Streptococcus pyogenes*

A febre reumática aguda é relativamente rara nos Estados Unidos, o que pode complicar seu diagnóstico. Casey e colaboradores[6] descreveram o caso de uma mulher de 28 anos que apresentou histórico de dor e inchaço articulares, inicialmente no pé e tornozelo direitos, que regrediram após alguns dias, vindo depois a se manifestar em outras articulações. O exame físico com palpação revelou sensibilidade difusa, mas não inchaço ou eritema. O exame cardiovascular indicou taquicardia, mas não sopro cardíaco. O diagnóstico foi de uma "infecção viral", tendo ela recebido alta, com prescrição de drogas anti-inflamatórias não esteroidais. Após 5 dias, a paciente voltou ao hospital com falta de ar progressiva e dor persistente no joelho. O exame físico revelou uma febre baixa, taquicardia e um novo sopro cardíaco com regurgitação mitral. O joelho esquerdo estava quente, ao toque, com limitação de movimentos e dor ao flexionar. O diagnóstico foi considerado como endocardite bacteriana, mas todas as culturas de sangue foram negativas. O histórico médico revelou que, quando criança, ela ficava facilmente com falta de ar e não conseguia brincar com outras crianças. O histórico de dispneia da paciente é compatível com doença cardíaca reumática, assim como a combinação de febre, regurgitação mitral e artrite migratória. A evidência recente de infecção com Streptococcus *do grupo A é necessária para confirmar o diagnóstico, mas a cultura de garganta não é sensível nesta fase, pois os sintomas de febre reumática aguda aparecem 2 a 3 semanas após a infecção. O diagnóstico se confirmou pela demonstração de níveis elevados de anticorpos anti-estreptolisina e anti-DNase B elevados.*

As infecções por *S. agalactiae* são mais comuns em recém-nascidos, adquiridas na gestação ou durante a primeira semana de vida e estão associadas a uma alta mortalidade ou sequelas neurológicas importantes.

STREPTOCOCCUS AGALACTIAE	
Propriedades	• **Cápsula** polissacarídica (vários sorotipos) protege da fagocitose • **Ácido siálico** impede a fagocitose mediada pelo complemento
Epidemiologia	• Colonização assintomática do trato respiratório superior e trato geniturinário • Doença de início precoce que os recém-nascidos adquirem da mãe durante a gravidez ou na hora do parto • As mulheres com colonização genital correm risco de apresentar a doença após o parto • Os recém-nascidos terão um risco maior de infecção se: (1) houver rompimento prematuro da bolsa amniótica, trabalho de parto prolongado, parto prematuro ou infecção generalizada por *Streptococcus* do grupo B na mãe e (2) se esta não apresentar anticorpos sorotipo-específicos e tiver níveis de complemento baixos • Homens e mulheres não gestantes com diabetes melito, câncer ou alcoolismo correm um risco maior de apresentar a doença • A incidência não é sazonal
Doenças	• **Doença neonatal de início precoce:** em 7 dias após o parto, os recém-nascidos infectados desenvolvem sinais e sintomas de pneumonia, meningite e sepse • **Doença neonatal de início tardio:** mais de 1 semana após o parto, os recém-nascidos desenvolvem sinais e sintomas de bacteremia com meningite • **Infecções em gestantes:** manifestam-se mais frequentemente como endometrite pós-parto, infecções de ferimentos e infecções do trato urinário; podem ocorrer complicações disseminadas • **Infecções em outros pacientes adultos:** as doenças mais comuns incluem pneumonia, infecções nos ossos e articulações e infecções na pele e tecidos moles
Diagnóstico	• A microscopia é útil no caso de meningite (exame do fluido cerebrospinal), pneumonia (análise de secreções do trato respiratório inferior) e infecções de ferimentos (observação de exsudatos) • Testes antigênicos são menos sensíveis do que a microscopia e não devem ser utilizados
	• A cultura é sensível para detecção bacteriana na vagina de gestantes, se for utilizado um meio líquido seletivo (p. ex., o caldo LIM) • Testes de amplificação de ácido nucleico são comercialmente disponíveis e tão sensíveis quanto e mais rápidos que a cultura • Os isolados são identificados pela demonstração de carboidratos grupo-específicos na parede celular ou pelo teste de amplificação de ácido nucleico
Tratamento, controle, prevenção	• A penicilina G é a droga de escolha; a combinação de penicilina e aminoglicosídeo é utilizada nos pacientes com infecções graves; cefalosporina ou vancomicina são utilizadas em pacientes alérgicos à penicilina. • Para casos de bebês de alto risco, a penicilina é administrada à gestante pelo menos 4 horas antes do parto • Não existe vacina disponível

CASO CLÍNICO

Doença Provocada por *Streptococcus* do Grupo B em um Recém-nascido

A seguir temos a descrição de um caso de doença, de início tardio, provocada por Streptococcus *do grupo B, em um recém-nascido.*[7] *Um bebê do sexo masculino pesando 3.400 g nasceu espontaneamente a termo. Seus exames físicos foram normais na primeira semana de vida; entretanto, a criança começou a se alimentar de modo irregular na segunda semana. No 13° dia, o bebê foi internado com convulsões generalizadas. Uma pequena quantidade de fluido cerebrospinal turvo foi coletada por punção lombar e o sorotipo III de* S. agalactiae *foi isolado de respectiva cultura. Apesar do início imediato do tratamento, o bebê desenvolveu hidrocefalia, necessitando da implantação de uma derivação atrioventricular. Ele recebeu alta quando tinha 3,5 meses de idade, com retardo no desenvolvimento psicomotor. Este caso ilustra a meningite neonatal provocada pelo sorotipo de* Streptococcus *do grupo B, mais implicado com manifestações de início tardio e as complicações associadas a estas infecções.*

STREPTOCOCCUS PNEUMONIAE

S. pneumoniae é o membro mais importante do grupo *viridans*, sendo, em geral, considerado separadamente porque é uma das causas mais comuns de um espectro de doenças: pneumonia, meningite, otite e sinusite. São comuns infecções recorrentes por esta bactéria, pois a imunidade à infecção é mediada por anticorpos contra a cápsula polissacarídica, da qual quase 100 sorotipos únicos foram descritos.

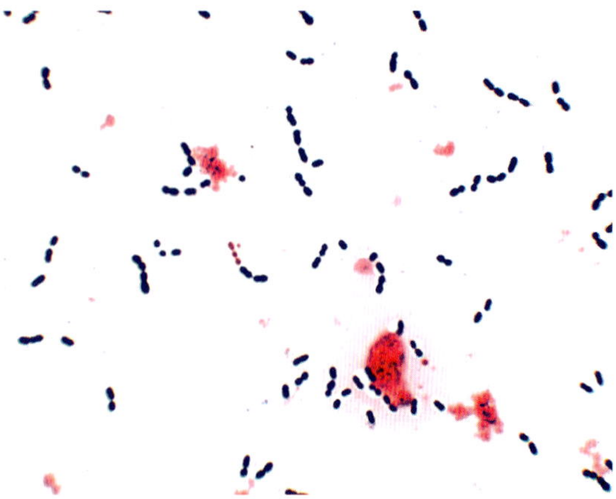

Streptococcus pneumoniae em cultura de sangue. Observe o agrupamento dos cocos em pares e em cadeias curtas.

STREPTOCOCCUS PNEUMONIAE	
Propriedades	• **Cápsula polissacarídica** (vários sorotipos) protege da fagocitose • Adesinas proteicas de superfície ligam as bactérias a células epiteliais • A fosforilcolina liga-se a receptores na superfície das células endoteliais, leucócitos e plaquetas; ao entrarem nas células, as bactérias são protegidas contra opsonização e fagocitose • A protease de IgA impede a inativação das bactérias retidas no muco pela IgA secretória • Pneumolisina é uma citotoxina semelhante à estreptolisina O; liga-se ao colesterol, formando poros na parede da célula hospedeira, vindo a destruir células epiteliais e fagocíticas
Epidemiologia	• Membro mais virulento do grupo *Streptococcus viridans* • A maioria das infecções é causada pela disseminação endógena a partir da nasofaringe ou orofaringe colonizadas, para sítios distais (p.ex., pulmões, seios paranasais, ouvidos e meninges) • A transmissão interpessoal, através de gotículas infecciosas, é rara • A colonização é maior entre crianças mais jovens e nas pessoas com as quais elas têm contato • Indivíduos com histórico de doença viral do trato respiratório ou outras condições que interfiram na eliminação da bactéria deste local correm um maior risco de adquirirem pneumonia, otite média (crianças pequenas) e sinusite (todas as idades) • Crianças e idosos correm risco maior de desenvolver meningite • Pessoas com doenças hematológicas (p.ex., câncer maligno, anemia falciforme) ou asplenia funcional correm risco de adquirirem sepse fulminante • Embora a bactéria seja ubíqua, as doenças que ela causa são mais comuns nos meses frios
Doenças	• **Pneumonia**: início agudo, com calafrios e febre contínua; tosse produtiva com escarro, apresentando manchas de sangue; há consolidação lobar • **Meningite:** infecção grave que afeta as meninges, com cefaleia, febre e sepse; alta mortalidade e deficiências neurológicas graves nas pessoas que sobrevivem à doença • **Sinusite e otite média:** causa comum de infecções agudas dos seios paranasais e ouvidos; precedida tipicamente por uma infecção viral do trato respiratório superior, com infiltrado de leucócitos e obstrução dos seios paranasais e canal auditivo • **Sepse fulminante:** a bacteremia é mais comum nos pacientes com pneumonia e meningite do que naqueles com sinusite ou otite média; sepse fulminante em pacientes asplênicos

STREPTOCOCCUS PNEUMONIAE (Cont.)	
Diagnóstico	• A microscopia, assim como a cultura, são altamente sensíveis, a menos que o paciente tenha sido tratado com antibióticos • Para o diagnóstico de meningite, testes antigênicos específicos para o polissacarídeo C de pneumococos, feitos no fluido cerebrospinal, são sensíveis, mas não devem ser utilizados em outros tipos de amostras ou no caso de outros tipos de infecções • Testes de amplificação de ácidos nucleicos não são comumente utilizados no diagnóstico, exceto para meningite • A cultura requer o uso de meios nutricionalmente ricos (p.ex., ágar acrescido de sangue de carneiro); a bactéria é susceptível a muitos antibióticos, de modo que a cultura pode dar resultado negativo se for de pacientes parcialmente submetidos à antibioticoterapia • Isolados identificados pelo teste da catalase (resultado negativo), susceptibilidade à optoquina e bile-solubilidade
Tratamento, controle, prevenção	• A penicilina é a droga de escolha para cepas susceptíveis a ela, embora a resistência apresentada por estas bactérias seja cada vez mais comum • Vancomicina combinada com ceftriaxona é utilizada no tratamento empírico; a monoterapia com cefalosporina, fluoroquinolona ou vancomicina pode ser utilizada em pacientes portadores de cepas susceptíveis a elas • A imunização com **vacina conjugada** 13-valente é recomendada para todas as crianças com menos de 2 anos de idade; uma **vacina polissacarídica** 23-valente é recomendada para adultos com risco de adquirir a doença

CASO CLÍNICO

Pneumonia Causada por *Streptococcus pneumoniae*

Costa e colaboradores[8] descreveram o caso de uma mulher de 68 anos que gozava de boa saúde até 3 dias antes de uma internação hospitalar. Ela teve febre, calafrios, fraqueza crescente e tosse produtiva com dor torácica pleurítica. Na internação, ela estava febril, tinha pulso e frequência respiratória elevados e sofria de angústia respiratória moderada. Dados dos primeiros exames laboratoriais mostraram leucopenia, anemia e insuficiência renal aguda. A radiografia torácica demonstrou infiltrados nos lobos inferiores direito e esquerdo do pulmão, com efusões pleurais. Terapia com fluoroquinolona foi iniciada e as culturas de amostras do sangue e do trato respiratório foram positivas para S. pneumoniae. *Testes adicionais (eletroforese de proteínas do soro e da urina) revelaram que a paciente tinha mieloma múltiplo. A infecção da paciente regrediu após 14 dias de tratamento com antibióticos. Esta paciente ilustra um quadro típico de pneumonia lobar pneumocócica e maior sensibilidade à infecção nos pacientes com defeitos em sua capacidade para eliminar bactérias que possuem cápsulas*

ESTREPTOCOCCUS VIRIDANS

Os *estreptococcus viridans* são considerados um conjunto homogêneo de estreptococos, mas, na realidade, cada espécie deste grupo está associada a infecções distintas (p. ex., formação de abscesso, cárie dentária, endocardite subaguda, septicemia e meningite), de modo que é importante conhecer as associações entre doenças e espécies de bactéria.

ESTREPTOCOCCUS VIRIDANS	
Propriedades	• Embora relativamente não virulentas, cada espécie tem uma tendência em causar doenças em regiões específicas do corpo (formação de abscesso, endocardite, meningite)
Epidemiologia	• Colonizadores ubíquos de superfícies de mucosas (boca, trato gastrintestinal, trato geniturinário); não são comumente encontrados na superfície da pele • Patógeno oportunista • Incidência não sazonal

(Continua)

STREPTOCOCCUS VIRIDANS (Cont.)	
Doenças	• Formação de abscessos nos tecidos profundos: associada ao grupo *S. anginosus* • Septicemia em pacientes neutropênicos: associada a *S. mitis* • Endocardite subaguda; associada a *S. mitis, S. mutans* e *S. salivarius* • Cárie dentária: associada a *S. mutans* • Tumores malignos do trato gastrintestinal: associadas à *S. gallolyticus* subsp. *gallolyticus* • Meningite: associada à *S. gallolyticus* subsp. *pasteurianus* e *S. mitis*
Diagnóstico	• O diagnóstico da maioria das infecções provocadas por estreptococos do grupo *viridans* se baseia na apresentação clínica e no isolamento da bactéria do sangue ou de amostras obtidas em cirurgias • A identificação bioquímica da maioria das espécies não é precisa, de modo que o sequenciamento ou espectrometria de massa devem ser realizados
Tratamento, controle, prevenção	• Com a exceção do grupo *S. mitis*, a maioria dos estreptococos *viridans* é altamente susceptível às penicilinas e cefalosporinas • A vancomicina deve ser utilizada no caso de bactérias a ela resistentes ou nos pacientes alérgicos à penicilina

CASO CLÍNICO

Endocardite causada por *Streptococcus mutans*

Greka e colaboradores[9] descreveram o caso de um homem de 50 anos, internado no hospital em que eles trabalhavam, queixando-se de dor aguda no lado esquerdo do corpo que surgiu quando ele andava de bicicleta. O histórico médico do paciente incluía o diagnóstico de linfoma de Hodgkin, 15 anos antes, que foi tratado com quimioterapia, radioterapia e esplenectomia. Ao ser examinado, o paciente apresentou uma temperatura de 37,3°C, pressão arterial de 158/72 mmHg, pulsação de 76 batimentos/minutos e uma frequência respiratória de 20 respirações/minuto. Um sopro holossistólico leve, grau 2/6, foi ouvido no ápice cardíaco, com irradiação para a axila (compatível com regurgitação mitral) e um sopro sistólico do tipo crescendo-decrescendo, grau 2/6, também foi ouvido na borda (compatível com estenose aórtica). Sete horas após sua apresentação, a temperatura do paciente subiu para 37.8°C,sendo ele internado no hospital. Urinálise,culturas de sangue e urina foram feitas. A urinálise foi negativa, o que é incompatível com dor no flanco lateral relacionada à pielonefrite. A isquemia renal é compatível com início agudo e dor grave, sendo que as análises de imagem revelaram uma área renal hipodensa. Febre, sopros cardíacos recentes e infarto renal são fortemente sugestivos de um processo infeccioso, especificamente a endocardite. Esta suspeita pode ser confirmada por meio do isolamento de S. mutans *de múltiplas culturas de amostras de sangue coletadas na primeira semana de internação do paciente. O* S. mutans*, que é uma causa bem conhecida de endocardite bacteriana, é capaz de se espalhar da boca para a válvula cardíaca, aderir e se multiplicar aí, formando vegetações liberando microcolônias, que podem provocar embolia. Este paciente estava sob risco particular, pois estava asplênico e incapaz de eliminar efetivamente as bactérias quando introduzidas* na corrente *sanguínea. Ele foi tratado com êxito através do uso de ceftriaxona, por 4 semanas,.*

ENTEROCOCCUS

Os enterococos são uma das causas mais comuns de infecções nosocomiais (adquiridas em hospital), particularmente nos pacientes tratados com cefalosporinas de amplo espectro (antibióticos que são essencialmente inativos contra enterococos).

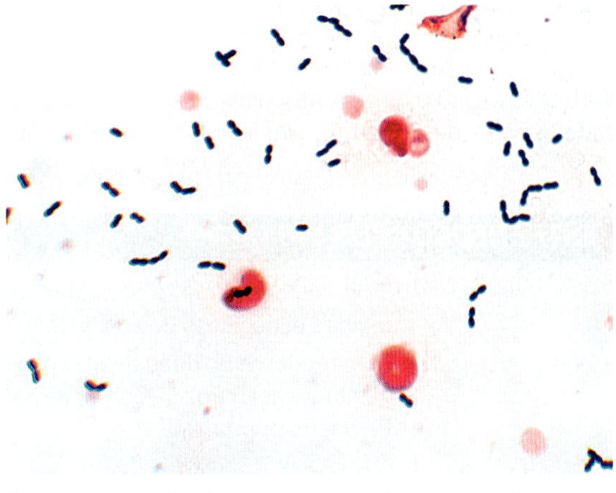

Enterococcus faecium em cultura de sangue. Observe o agrupamento de cocos aos pares semelhante a *Streptococcus pneumoniae*.

ENTEROCOCCUS FAECALIS* E *ENTEROCOCCUS FAECIUM	
Propriedades	• A **resistência,** desta bactéria, a **antibióticos** dificulta uma antibioticoterapia eficaz
Epidemiologia	• Coloniza o trato gastrintestinal de seres humanos e de animais; espalha-se para outras superfícies de mucosas, quando os antibióticos de amplo espectro eliminam a população bacteriana normal • Estrutura de parede celular típica de bactérias Gram-positivas, o que permite a sobrevivência no ambiente por longos períodos de tempo • A maioria das infecções é endógena (a partir da flora bacteriana do paciente); algumas são devido à transmissão entre pacientes • Os pacientes em maior risco incluem os hospitalizados por longos períodos e tratados com antibióticos de amplo espectro (particularmente cefalosporinas, às quais os enterococos são naturalmente resistentes)
Doenças	• **Infecção do trato urinário:** disúria e piúria, comuns nos pacientes hospitalizados que usam cateteres urinários permanentes e que tomam cefalosporinas de amplo espectro • **Peritonite:** inchaço e sensibilidade abdominal após trauma ou cirurgia nesta região; os pacientes tipicamente têm doença aguda com febre; a maioria das infecções é polimicrobiana • **Bacteremia e endocardite:** bacteremia associada a infecção localizada ou endocardite; a endocardite pode ser aguda ou crônica, afetando o endotélio ou válvulas cardíacas
Diagnóstico	• Cresce facilmente em meios de cultura comuns e não seletivos • Diferenciados de bactérias relacionadas, através de testes simples (são catalase negativas, L-pirrolidonil arilamidase-positivas e resistentes a bile e optoquina)
Tratamento, controle, prevenção	• O tratamento para infecções graves exige a combinação de um aminoglicosídeo com um antibiótico com ação na parede celular (penicilina, ampicilina ou vancomicina); os agentes mais recentes utilizados para bactérias resistentes a antibióticos incluem linezolida, daptomicina, tigeciclina e quinupristina/dalfopristina • A resistência a cada uma dessas drogas está ficando cada vez mais comum e as infecções por muitos isolados (particularmente *E. faecium*) não são tratáveis com quaisquer antibióticos • A prevenção e controle das infecções requerem a restrição rigorosa do uso de antibióticos e implementação de práticas adequadas de controle de infecções

CASO CLÍNICO

Endocardite Enterocócica

Zimmer e colaboradores[10] descreveram a epidemiologia das infecções enterocócicas e as dificuldades de se tratar um paciente com endocardite. Trata-se de um homem de 40 anos com hepatite C, hipertensão e doença renal em estágio terminal, que apresentou febre e calafrios durante a hemodiálise. Nos dois meses anteriores a esse episódio, ele foi tratado com ampicilina, levofloxacina e gentamicina para endocardite por estreptococos do grupo B. Em culturas feitas durante a hemodiálise, houve crescimento de E. faecalis *resistente a levofloxacina e gentamicina. Como o paciente teve uma reação alérgica à ampicilina, ele foi tratado com linezolida. A ecocardiografia mostrou vegetação nas válvulas mitral e tricúspide. Em 3 semanas, o débito cardíaco do paciente deteriorou, de modo que o mesmo foi dessensibilizado para ampicilina e o tratamento mudou para ampicilina e estreptomicina. Após 25 dias de internação, as válvulas cardíacas danificadas do paciente foram substituídas e o tratamento foi prolongado por mais 6 semanas. Desse modo, o uso de antibióticos de amplo espectro predispôs este paciente com válvulas cardíacas previamente danificadas à endocardite por* Enterococcus *e o tratamento foi complicado pela resistência do isolado a muitos antibióticos utilizados normalmente.*

REFERÊNCIAS

1. Chen JY, Li YH. Images in clinical medicine. Multiple pulmonary bacterial abscesses. *N Engl J Med.* 2006;355:e27.
2. Moellering Jr RC, Abbott GF, Ferraro MJ. Case records of the Massachusetts General Hospital. Case 2-2011. A 30-year-old woman with shock after treatment of a furuncle. *N Engl J Med.* 2011;364:266-275.
3. Todd J, Fishaut M, Kapral F, Welch T. Toxic-shock syndrome associated with phage-group-I staphylococci. *Lancet.* 1978;2:1116-1118.
4. Centers for Disease Control and Prevention. Outbreak of staphylococcal food poisoning associated with precooked ham—Florida. *MMWR Morb Mortal Wkly Rep.* 1997;1997(46):1189-1191.
5. Filbin MR, Ring DC, Wessels MR, Avery LL, Kradin RL. Case records of the Massachusetts General Hospital. Case 2-2009. A 25-year-old man with pain and swelling of the right hand and hypotension. *N Engl J Med.* 2009;360:281-290.
6. Casey JD, Solomon DH, Gaziano TA, Miller AL, Loscalzo J. Clinical problem-solving. A patient with migrating polyarthralgias. *N Engl J Med.* 2013;369:75-80.
7. Hammersen G, Bartholomé K, Oppermann HC, Wille L, Lutz P, Group B. streptococci: a new threat to the newborn. *Eur J Pediatr.* 1977;126:189-197.
8. Costa DB, Shin B, Cooper DL. Pneumococcemia as the presenting feature of multiple myeloma. *Am J Hematol.* 2004;77:277-281.
9. Greka A, Bhatia RS, Sabir SH, Dekker JP. Case records of the Massachusetts General Hospital. Case 4-2013. A 50-year-old man with acute flank pain. *N Engl J Med.* 2013;368:466-472.
10. Zimmer SM, Caliendo AM, Thigpen MC, Somani J. Failure of linezolid treatment for enterococcal endocarditis. *Clin Infect Dis.* 2003;37:e29-30.

4

Bacilos Gram-positivos Aeróbios

DADOS INTERESSANTES

- O antraz é uma doença principalmente de herbívoros (p. ex., bovinos e ovinos) adquirida pela ingestão ou inalação de esporos de *Bacillus anthracis*. Os seres humanos são vítimas acidentais, com infecções adquiridas na maioria das vezes pelo contato com produtos de origem animal contaminados.
- Estima-se que o *Bacillus cereus* seja responsável por quase 65 mil episódios de intoxicação alimentar aguda, caracterizada por náuseas e vômitos e indistinguível da intoxicação alimentar por *Staphylococcus aureus*.
- Os alimentos mais comumente associados às infecções por *Listeria monocytogenes* são as carnes processadas, incluindo salsichas e coxas de peru, queijos, leite não pasteurizado e vegetais não cozidos. As bactérias toleram o sal e crescem nas temperaturas de geladeira, até a de congelamento.
- Antes da vacinação, entre 100 mil e 200 mil pessoas nos Estados Unidos foram infectadas por *Corynebacterium diphteriae;* atualmente, apenas um caso foi notificado desde 2002.

Os bacilos Gram-positivos aeróbios podem ser subdivididos entre formadores (o *Bacillus* é o mais comum) e não formadores de esporos (*Listeria* e *Corynebacterium* são os mais comuns). Este capítulo focará em quatro espécies clinicamente importantes, reconhecendo que muitas outras espécies podem ser isoladas de amostras clínicas.

Espécies Clinicamente Importantes

Espécie	Origem histórica	Doenças
B. anthracis	*Bacillum*, pequeno bastão; *anthrax*, carvão (refere-se à ferida negra, necrótica, associada ao antraz cutâneo)	Antraz (cutâneo, gastrintestinal, inalação)
B. cereus	*Cereus*, ceroso (refere-se à superfície opaca das colônias)	Gastrenterite; infecções oculares; doença pulmonar semelhante ao antraz
L. monocytogenes	*Listeria*, nome dado em homenagem ao cirurgião inglês Lord Joseph Lister; *monocytum*, monócito; *gennaio*, produz (estimula a produção de monócitos em coelhos, embora não seja vista em infecções humanas)	Doença neonatal com abscessos, granulomas e meningite; doença semelhante à gripe em adultos saudáveis; septicemia primária e meningite em mulheres grávidas e adultos imunocomprometidos.
C. diphtheriae	*Coryne*, clava (bastões claviformes); *diphthera*, couro ou pele (referência à membrana coriácea que se forma na faringe)	Difteria (respiratória, cutânea)

BACILLUS ANTHRACIS E BACILLUS CEREUS

Devido a sua natureza de produzir endósporos (formas bacterianas dormentes e resistentes ao calor), o *Bacillus* pode sobreviver por anos nos ambientes mais severos, de modo que muitas espécies deste gênero podem ser isoladas na natureza. Neste grupo diversificado, duas espécies são clinicamente importantes por razões bem diferentes: *B. anthracis*, por causar o antraz, e *B. cereus*, por ser um patógeno oportunista. Para provocar doença, o *B. anthracis* deve possuir genes para produção de cápsula e três proteínas distintas (antígeno protetor, fator edema e fator letal) que se associam para formar duas toxinas (toxina do edema e toxina letal). O *B. cereus* possui genes para enterotoxinas termoestáveis e termolábeis, que são responsáveis por infecções gastrintestinais, bem como para enzimas citotóxicas que causam destruição tecidual, em casos de infecções oportunistas.

O antraz ocorre principalmente em animais, de modo que podemos chamá-la de **doença zoonótica** e reconhecer que os seres humanos são vítimas acidentais. Os rebanhos animais nos países industrializados são vacinados contra antraz; portanto, esta doença é basicamente dos países com recursos limitados. Isto é, até que se reconhecesse que é uma arma biológica ideal. Por esse motivo, nunca podemos considerar que esta doença seja exclusivamente de interesse histórico. A intoxicação alimentar por *B. cereus* também é muito comum porque a bactéria é ubíqua no ambiente. Então, é importante reconhecer os sintomas da doença e as implicações de saúde pública envolvendo alimentos incorretamente preparados e armazenados.

O diagnóstico de *B. anthracis* e *B. cereus* é difícil, mas cada um por motivos diferentes. O *B. anthracis* raramente é visto, de modo que ele pode não ser inicialmente suspeito e o microbiologista geralmente teria pouca ou nenhuma experiência na sua identificação. Obviamente, isso mudaria se houvesse um surto de bioterrorismo reconhecido. Por outro lado, o *B. cereus* é comumente isolado em laboratório e fácil de identificar; entretanto, como a maioria dos isolados consiste em contaminantes clinicamente insignificantes, a importância desta bactéria pode não ser percebida inicialmente.

BACILLUS ANTHRACIS	
Propriedades	• **Cápsula polipeptídica** consistindo em ácido poli-D-glutâmico; inibe a fagocitose • **Toxina do edema** (fator antígeno protetor + fator edema) com atividade de adenilato ciclase que é responsável pelo acúmulo de líquido • **Toxina letal** (fator antígeno protetor + fator letal) estimula os macrófagos a liberarem TNF-α, IL-1β e outras citocinas pró-inflamatórias
Epidemiologia	• *B. anthracis* infecta principalmente os herbívoros, sendo que os humanos são hospedeiros acidentais • Raramente isolado nos países industrializados, mas é prevalente nas áreas pobres, onde a vacinação dos animais não é praticada • O maior perigo do antraz nos países industrializados é o uso de *B. anthracis* como agente de bioterrorismo
Doenças	• **Antraz cutâneo** (mais comum nos seres humanos): pápula indolor progride para ulceração com vesículas circundantes e depois formação de escara; linfadenopatia dolorida, edema e sinais sistêmicos podem se desenvolver • **Antraz gastrintestinal** (mais comum em herbívoros): formam-se úlceras no local de invasão (p. ex., boca, esôfago, intestino), levando a linfadenopatia regional, edema e sepse • **Antraz por inalação (bioterrorismo)**: sinais iniciais inespecíficos seguidos por manifestação rápida de sepse com febre, edema e linfadenopatia (linfonodos mediastinais); sintomas meníngeos em metade dos pacientes, sendo que a maioria deles pode morrer, a menos que o tratamento seja iniciado imediatamente
Diagnóstico	• Microscopia de amostras de ferida e de sangue tipicamente positivas; cresce rapidamente em cultura • A identificação preliminar se baseia na morfologia microscópica (bacilos Gram-positivos imóveis) e das colônias (aderentes não hemolíticas); confirmada pela demonstração de cápsula e pelo teste de imunofluorescência direta positiva para o polissacarídeo específico da parede celular ou pelo teste de amplificação de ácido nucleico positivo para os genes das toxinas

***BACILLUS ANTHRACIS* (Cont.)**	
Tratamento, controle e prevenção	• O antraz por inalação ou gastrintestinal deve ser tratado com ciprofloxacina ou doxiciclina, combinada com um ou dois outros antibióticos (p. ex., rifampina, vancomicina, penicilina, imipenem, clindamicina, claritromicina) • O antraz cutâneo naturalmente adquirido pode ser tratado com amoxicilina • A vacinação dos rebanhos animais e pessoas nas áreas endêmicas pode controlar a doença, mas os esporos são difíceis de eliminar dos solos contaminados • A vacinação dos rebanhos animais e dos seres humanos em risco é eficaz, embora seja desejável o desenvolvimento de uma vacina menos tóxica

CASO CLÍNICO

Antraz por Inalação

Bush e colaboradores[1] relataram o primeiro caso de antraz por inalação no ataque bioterrorista de 2001 nos Estados Unidos. O paciente foi um homem de 63 anos que morava na Flórida e que tinha um histórico de 4 dias de febre, mialgias e mal-estar, sem sintomas localizados. Sua esposa o levou ao hospital regional porque ele acordou com febre, vômito e desorientação. No exame físico, ele tinha uma temperatura de 39ºC, pressão arterial de 150/80 mmHg, pulsação de 110 batimentos por minuto e frequência de 18 respirações/minuto. Não foi observada insuficiência respiratória. O tratamento foi iniciado para uma suposta meningite bacteriana. Infiltrados basilares e um mediastino dilatado foram observados na radiografia torácica inicial. A coloração de Gram do fluido cerebrospinal (FCS) revelou muitos neutrófilos e grandes bacilos Gram-positivos. Suspeitou-se de antraz e foi iniciado tratamento com penicilina. Dentro de 24 horas, após a internação, as culturas do FCS e do sangue foram positivas para B. anthracis. *No 1° dia de internação, o paciente teve uma convulsão generalizada e foi entubado. No 2° dia, desenvolveram-se hipotensão e azotemia, com subsequente insuficiência renal. No 3° dia, desenvolveu-se hipotensão refratária e o paciente teve uma parada cardíaca fatal. Este caso ilustra a rapidez com que os pacientes com antraz por inalação se deterioram, apesar de um diagnóstico rápido e da terapia antimicrobiana adequada. Embora a exposição seja pelo trato respiratório, os pacientes não apresentam pneumonia; a radiografia torácica anormal se deve à mediastinite hemorrágica.*

CASO CLÍNICO

Doença intestinal pelo *Bacillus anthracis* com Sepse

Klempner e colaboradores[2] descreveram uma apresentação incomum do antraz. A paciente era uma mulher de 24 anos que foi transferida para o hospital em que eles trabalhavam por apresentar dor abdominal grave, vômito, ascite e choque. A paciente estava saudável até 9 dias antes da internação, quando teve fadiga, febre, cefaleia e dores difusas no corpo. Subsequentemente, ela desenvolveu uma tosse progressiva e, 3 dias antes da internação, náuseas e vômito. Quando da internação, foram coletadas amostras de sangue para cultura e administrados fluido endovenoso e ertapenem. Uma laparotomia exploradora revelou ascite, lesões hemorrágicas no mesentério e intestino delgado necrótico. Embora culturas do fluido ascítico tenham sido negativas, bacilos Gram-positivos foram recuperados de várias culturas do sangue. Estes foram inicialmente descartados como contaminantes, mas depois foram identificados como sendo B. anthracis. *O tratamento foi ajustado para incluir ciprofloxacina. Sua evolução clínica foi turbulenta, exigindo internação por quase 2 meses, seguida por 3 semanas de reabilitação. Ela continuou a ter ascite, náuseas, vômito e dor abdominal que regrediram muito lentamente. Esta paciente morava em Massachusetts e não tinha saído da região, de modo que a descoberta da infecção por* B. anthracis *provocou alarme. A exposição da paciente à bactéria foi identificada como sendo através de instrumentos de percussão importados, feitos de peles de animais. Neste caso, as formas mais comuns de adquirir antraz seriam a exposição cutânea (manifestação de antraz em ferida) ou por inalação (através de esporos de antraz em aerossóis). A doença desta paciente foi atribuída à ingestão de esporos, presumivelmente quando estes, na forma de aerossóis, contaminaram sua comida ou bebida. É preciso observar que espécies de* Bacillus *são contaminantes incomuns de culturas de sangue, de modo que todo isolado deve ser cuidadosamente investigado. Em minha experiência, se ele não estiver associado a alguma doença do paciente, deve ser considerada a possibilidade de contaminação comercial dos frascos de cultura de sangue.*

BACILLUS CEREUS	
Propriedades	• A **enterotoxina termoestável** produz a forma emética da doença (vômito) e a **enterotoxina termolábil** produz a forma diarreica • **Cereolisina e fosfolipase C** com atividade de hemolisina e lecitinase, respectivamente; responsáveis por patologias associadas às infecções oculares e destruição tecidual
Epidemiologia	• Ubíquos nos solos do mundo todo • As pessoas em risco incluem as que consomem alimento contaminado com a bactéria (p. ex., arroz, carne, vegetais e condimentos), as com lesões penetrantes (p. ex., no olho), as que recebem injeções endovenosas e os pacientes imunocomprometidos expostos ao *B. cereus*
Doenças	• **Gastrenterite**: forma emética caracterizada por manifestação rápida (poucas horas) de vômito e dor abdominal e uma curta duração (geralmente < 24 horas); a forma diarreica é caracterizada por manifestação mais demorada (8 a 12 horas) e maior duração (1 a 2 dias) de diarreia e dores abdominais • **Infecção ocular traumática**: destruição rápida e progressiva após a introdução traumática das bactérias no olho • **Infecções oportunistas**: sepse associada a cateter endovenoso contaminado • **Doença pulmonar semelhante ao antraz**: doença pulmonar grave nos pacientes imunocompetentes infectados com cepas que adquiriram genes para formação de cápsula e para as toxinas do edema e letal (rara, mas importante por questões de biossegurança).
Diagnóstico	• Isolamento da bactéria do alimento implicado ou em amostras não fecais (p. ex., dos olhos e feridas)
Tratamento, controle e prevenção	• As infecções gastrintestinais são tratadas sintomaticamente • As infecções oculares ou outras doenças invasivas requerem a remoção dos corpos estranhos e o tratamento com vancomicina, clindamicina, ciprofloxacina ou gentamicina • A doença gastrintestinal é prevenida por meio de preparo adequado dos alimentos (p. ex., os alimentos devem ser consumidos imediatamente ou refrigerados após a preparação)

CASO CLÍNICO

Endoftalmite Traumática por *Bacillus cereus*

Infelizmente, a endoftalmite causada pela introdução traumática do B. cereus *nos olhos não é incomum. Este é um caso típico. Um homem de 44 anos sofreu uma lesão ocular traumática quando trabalhava em uma horta, ao ser atingido por um pedaço de metal em seu olho esquerdo, danificando a córnea e as cápsulas anterior e posterior do cristalino. Nas 12 horas seguintes, ele apresentou dor crescente e purulência no olho. Submeteu-se a uma cirurgia para aliviar a pressão ocular, drenar a purulência e introduzir antibióticos (vancomicina, ceftazidima) e dexametasona na cavidade vítrea. A cultura do fluido aspirado do olho foi positiva para* B. cereus. *Ciprofloxacina foi adicionada ao seu regime terapêutico, no pós-operatório. Apesar da intervenção médico-cirúrgica imediata e das subsequentes injeções intravítreas de antibiótico, a inflamação intraocular persistiu, sendo necessária a evisceração. O caso deste paciente ilustra os riscos envolvidos nas lesões oculares penetrantes e a necessidade de se intervir intensivamente para recuperar o olho.*

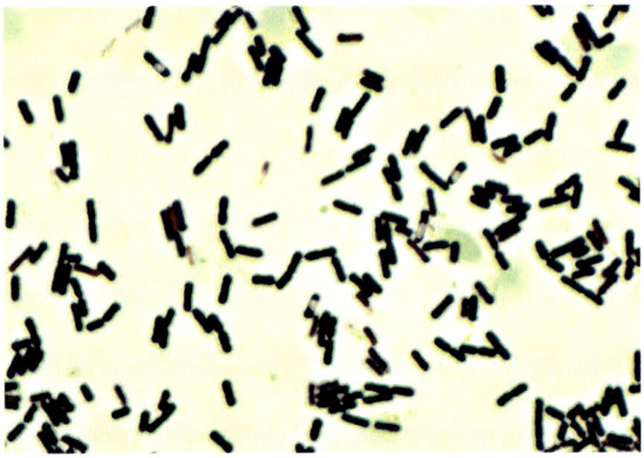

Bacillus cereus. Os esporos geralmente não absorvem o corante de Gram e aparecem como áreas claras nos bacilos.

LISTERIA MONOCYTOGENES

A *L. monocytogenes* é um bacilo Gram-positivo curto que cresce em condições aeróbias e anaeróbias, em um amplo intervalo de temperaturas (incluindo as temperaturas de geladeira) e em altas concentrações de sal. O contato humano com a bactéria se dá principalmente pela ingestão de alimentos contaminados, de modo que é importante para este patógeno sobreviver ao pH gástrico, enzimas digestivas e sais biliares. Trata-se de um patógeno intracelular facultativo, que também deve penetrar nas células, sobreviver à morte intracelular, replicar intracelularmente e migrar de célula para célula, evitando a resposta imune do hospedeiro.

A *Listeria* é uma preocupação em termos de saúde pública, pois a maioria das infecções que ela causa na verdade são surtos envolvendo muitos indivíduos, em geral, com uma distribuição geográfica ampla (p. ex., surtos em mais de um estado, envolvendo alimentos comercializados preparados inadequadamente).

A identificação da *Listeria* é difícil porque são bactérias de crescimento lento que podem, em princípio, parecer com estreptococos ou espécies não patogênicas de *Corynebacterium*. Estas outras bactérias são normalmente isoladas em cultura e consideradas parte da população bacteriana normal da pele; por isso, o significado do isolamento de *Listeria* pode também não ser reconhecido.

LISTERIA MONOCYTOGENES	
Propriedades	• **Proteínas da superfície** bacteriana (internalinas A e B) interagem com receptores de superfície no hospedeiro • **Hemolisinas** (listeriolisina O e duas fosfolipases C) permitem a sobrevivência e o crescimento intracelular das bactérias
Epidemiologia	• Isolada do solo, água e vegetação e de vários animais, incluindo o homem (presença transitória no trato gastrintestinal) • Doença associada ao consumo de alimentos contaminados (p. ex., leite e queijo, carnes processadas como salsichas de peru, vegetais crus [especialmente repolho]) ou transmissão transplacentária da mãe para o bebê; casos esporádicos e epidemias ocorrem durante todo ano • Neonatos, idosos, mulheres grávidas e pacientes com defeitos na imunidade celular correm risco de adquirir a doença
Doenças	• **Doença neonatal de início precoce** – adquirida por via transplacentária no útero e caracterizada por abscessos e granulomas em vários órgãos • **Doença neonatal de início tardio** – adquirida ao nascimento ou logo depois e manifesta-se como meningite ou meningoencefalite com septicemia • Doença nas mulheres grávidas ou adultos, com defeitos na imunidade mediada por célula – pode manifestar-se como uma bacteremia febril primária ou como doença disseminada com hipotensão e meningite • Doença em adultos saudáveis – geralmente semelhante a uma gripe, com ou sem gastrenterite
Diagnóstico	• A microscopia não é sensível; a cultura pode exigir incubação por 2 a 3 dias ou enriquecimento a 4°C (coloca-se a amostra na geladeira, sendo que a *Listeria* crescerá lentamente, enquanto outras bactérias sem relevância morrerão) • As propriedades características incluem motilidade à temperatura ambiente, β-hemólise fraca e crescimento a 4°C e em altas concentrações de sal
Tratamento, controle e prevenção	• O tratamento preferido para casos graves da doença é a penicilina ou ampicilina, associada ou não à gentamicina • As pessoas em risco devem evitar a ingestão de alimentos de origem animal crus ou parcialmente cozidos, queijo fresco e vegetais crus não lavados

CASO CLÍNICO

Meningite por *Listeria* em um Homem Imunocomprometido

O caso do seguinte paciente, descrito por Bowie e colaboradores,[3] *ilustra a manifestação clínica de meningite por* Listeria. *Um homem de 73 anos com artrite reumatoide refratária foi levado ao hospital local por sua família, pois apresentava nível reduzido de consciência e um histórico de 3 dias de cefaleia, náuseas e vômito. Suas medicações no momento eram infliximab, metotrexato e prednisona para o tratamento de sua artrite reumatoide. Ao exame físico, o paciente tinha pescoço rígido e estava febril, com pulsação de 92 batimentos/minuto e pressão arterial de 179/72 mmHg. Suspeitou-se de meningite; por isso, foram coletados sangue e FCS para cultura. A coloração de Gram do FCS deu resultado negativo, mas cresceu* Listeria *tanto no sangue quanto no FCS. O paciente foi tratado com vancomicina e o uso de infliximab foi descontinuado, tendo*

CASO CLÍNICO *(Cont.)*

Meningite por *Listeria* no Homem Imunocomprometido

ele uma recuperação sem intercorrências, apesar de a terapia antimicrobiana ser subótima. O infliximab tem sido associado à monocitopenia dose-dependente. Os monócitos são células efetoras fundamentais para a eliminação de Listeria, *o que significava que este paciente imunocomprometido estava especificamente sob risco de infecção por esta bactéria. Insucesso em detectar* Listeria *no FCS, através de coloração de Gram, é típico desta doença, pois as bactérias não se multiplicam em níveis detectáveis.*

CASO CLÍNICO

Gastrenterite e Bacteremia por *Listeria*

Um homem de 53 anos, sob medicação imunossupressora para doença de Crohn, chegou ao hospital com diarreia e febre.[4] Ele tinha saúde normal até 2 dias antes da internação, quando acordou com mal-estar e cefaleia graves. Nos 2 dias seguintes, seus sintomas incluíram dor abdominal aguda oscilante e episódios de diarreia persistente não sanguinolenta incontrolável. Como não melhorava e apresentou temperatura de 39,8°C, ele foi para o hospital. As culturas de sangue realizadas no setor de emergência foram positivas em 24 horas para pequenos bacilos Gram-positivos. Embora várias bactérias e vírus possam provocar sintomas clínicos como os deste paciente, as culturas de sangue positivas foram altamente sugestivas de L. monocytogenes, *o que foi confirmado pelos exames bioquímicos e pela espectrometria de massa. Outras bactérias Gram-positivas associadas a doenças gastrintestinais incluem* B. cereus *(muito maior do que a bactéria deste caso) e* Clostridium difficile, *sendo ambas muito maiores do que este isolado e nenhuma delas causadora de bacteremia. O paciente relatou histórico recente de ingestão de melão, que foi sugestivo, porque os melões foram implicados em um surto interestadual de gastrenterite por* Listeria, *na época em que este paciente ficou doente; no entanto, a cepa deste paciente era de um sorotipo diferente do implicado no surto. Este caso ilustra os sintomas de febre e diarreia não sanguinolenta que são típicos das infecções por* Listeria *e o maior risco de bacteremia (bem como de meningite) para grupos de risco específicos: pacientes imunocomprometidos, como neste caso, bem como crianças muito novas, mulheres grávidas e idosos. O histórico alimentar minucioso (como o consumo de vegetais crus, leite e queijos não pasteurizados e comidas de restaurantes) é importante porque um caso individual pode não fazer parte de um surto maior da doença.*

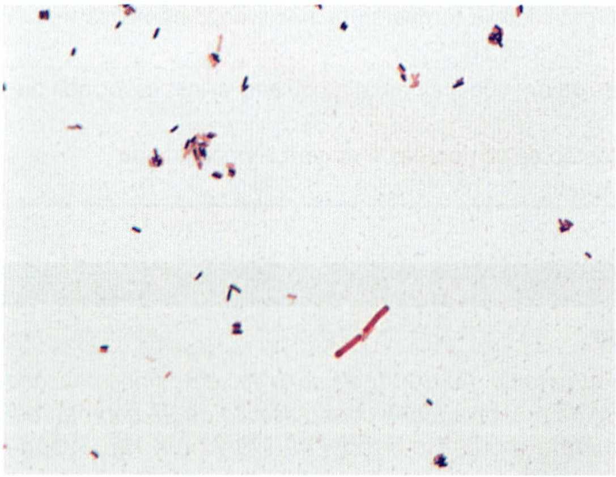

Listeria monocytogenes. Repare que os bacilos Gram-positivos são muito menores em comparação com os dois bacilos Gram-negativos.

CORYNEBACTERIUM DIPHTHERIAE

Existem muitas espécies de corinebactérias na pele e membranas mucosas humanas, a maioria das quais causando apenas infecções oportunistas (p. ex., bacteremia relacionada a cateter). A exceção é o *C. diphtheriae*, um patógeno estritamente humano que normalmente não é detectado por isolamento, mas causa uma doença importante, a **difteria**. Esta doença é mediada pela toxina diftérica, uma **exotoxina A-B**, introduzida em cepas de *C. diphtheriae* por um bacteriófago lisogênico, o fago β (por isso, nem todas as espécies têm a toxina). As toxinas A-B compõem-se de: (1) uma região catalítica (molécula ativa da toxina) na subunidade A; (2) uma região de ligação ao receptor (se liga ao alvo) e uma região de translocação (que move a parte ativa da toxina para dentro da célula) na subunidade B. Veremos que as toxinas A-B são encontradas em outras bactérias, mas esta foi uma das primeiras descritas.

CORYNEBACTERIUM DIPHTHERIAE	
Propriedades	• A **exotoxina diftérica** é uma toxina A-B que inibe a síntese proteica ao inativar o fator 2 de alongamento da cadeia polipeptídica
Epidemiologia	• Distribuição mundial, mantida nos portadores assintomáticos e pacientes infectados • Os seres humanos são o único reservatório conhecido, sendo portadores da bactéria na orofaringe ou na pele • Transmissão interpessoal, por contato com gotículas respiratórias ou contato com a pele • A doença é observada nas crianças não vacinadas ou parcialmente imunes ou nos adultos que viajam para países onde ela é endêmica • A difteria é muito incomum nos Estados Unidos e em outros países com programas de vacinação efetivos
Doenças	• **Difteria respiratória**: início súbito, com faringite exsudativa, dor de garganta, febre baixa e mal-estar; desenvolve-se uma pseudomembrana grossa sobre a faringe; nos pacientes criticamente doentes, complicações cardíacas e neurológicas são mais importantes • **Difteria cutânea**: pode se desenvolver uma pápula na pele, que evolui para uma úlcera que não se cura; podem aparecer sinais sistêmicos
Diagnóstico	• A microscopia é inespecífica • A cultura deve ser feita em meio não seletivo (ágar sangue) e seletivo para *C. diphtheriae* • A identificação precisa é feita através de testes bioquímicos ou por sequenciamento genético • A demonstração da presença da exotoxina é feita pelo teste de Elek ou pelo teste de amplificação de ácido nucleico do gene que a codifica
Tratamento, controle e prevenção	• As infecções são tratadas pela combinação de: (1) antitoxina diftérica para neutralizar a exotoxina; (2) penicilina ou eritromicina para eliminar o *C. diphtheriae* e abolir a produção de toxina; e (3) imunização dos pacientes convalescentes, com toxoide diftérico para estimular a produção de anticorpos protetores • A vacina contra a difteria e as doses de reforço devem ser aplicadas em populações susceptíveis

CASO CLÍNICO

Difteria Respiratória

Lurie e colaboradores[5] *relataram o caso do último paciente com difteria respiratória dos Estados Unidos. Um homem de 63 anos, não vacinado, apresentou uma dor de garganta numa viagem de 1 semana pela zona rural do Haiti. Dois dias depois de voltar para casa, na Pensilvânia, ele foi a um hospital local com queixas de dor de garganta e dificuldade para deglutir. Foi tratado com antibióticos por via oral, mas retornou 2 dias depois com calafrios, sudorese, dificuldade para deglutir e respirar, náuseas e vômito. Ele apresentava diminuição nos sons respiratórios no pulmão esquerdo e as radiografias mostraram infiltrados pulmonares e também aumento da epiglote. A laringoscopia revelou exsudatos amarelos nas tonsilas, faringe posterior e palato mole. Ele foi internado na unidade de cuidados intensivos e tratado com azitromicina, ceftriaxona, nafcilina e esteroides, mas nos 4 dias seguintes ficou hipotensivo, com uma febre baixa. As culturas foram negativas para* C. diphtheriae. *No 8° dia de enfermidade, uma radiografia torácica mostrou infiltrados nas bases direita e esquerda dos pulmões e um exsudato branco, compatível com pseudomembrana por* C. diphtheriae, *foi observado nas estruturas supraglóticas. Até aquele momento, as culturas continuavam negativas para* C. diphtheriae, *mas uma PCR para o gene da exotoxina foi positivo. Apesar do tratamento intensivo, o paciente continuou a piorar e, no 17° dia de internação, desenvolveu complicações cardíacas e faleceu. Este caso ilustra: (1) o risco representado por pacientes não imunizados que viajam para áreas endêmicas; (2) a apresentação clássica da difteria respiratória grave; (3) os atrasos associados ao diagnóstico de uma doença incomum; e (4) as dificuldades que a maioria dos laboratórios teria hoje para isolar a bactéria em cultura.*

A difteria felizmente foi eliminada na maioria dos países industrializados por meio de vacinação, mas ainda é uma doença importante nos países com recursos limitados, onde a vacinação não é difundida. O diagnóstico dessas infecções também é um desafio. O *C. diphtheriae* é um patógeno bem conhecido, mas muitas outras espécies de corinebactérias colonizam a boca, de modo que ele pode não ser inicialmente reconhecido, a menos que haja suspeita de infecção.

REFERÊNCIAS

1. Bush LM, Abrams BH, Beall A, Johnson CC. Index case of fatal inhalational anthrax due to bioterrorism in the United States. *N Engl J Med.* 2001;345:1607-1610.
2. Klempner MS, Talbot EA, Lee SI, Zaki S, Ferraro MJ. Case records of the Massachusetts General Hospital. Case 25-2010. A 24-year-old woman with abdominal pain and shock. *N Engl J Med.* 2010;363:766-777.
3. Bowie VL, Snella KA, Gopalachar AS, Bharadwaj P. Listeria meningitis associated with infliximab. *Ann Pharmacother.* 2004;38:58-61.
4. Hohmann EL, Kim J. Case records of the Massachusetts General Hospital. Case 8-2012. A 53-year-old man with Crohn's disease, diarrhea, fever, and bacteremia. *N Engl J Med.* 2012;366:1039-1045.
5. Centers for Disease Control and PreventionFatal respiratory diphtheria in a U.S. traveler to Haiti—Pennsylvania. *MMWR Morb Mortal Wkly Rep.* 2003;2004(52):1285-1286.

Bactérias Álcool-acidorresistentes

DADOS INTERESSANTES

- Nos últimos 25 anos, o número de novos casos de tuberculose aumentou de 7,5 milhões para 9,6 milhões e as mortes diminuíram de 2,5 milhões para 1,5 milhão, apesar do surgimento de cepas multirresistentes a drogas, responsáveis por 480 mil novos casos da doença em 2014.
- A hanseníase foi eliminada em 119 dos 122 países onde até 1985 era considerada um problema de saúde pública, com um tratamento específico (uma combinação de dapsona, rifampicina e clofazimina) disponível globalmente sem custos através da Organização Mundial da Saúde.
- O risco de infecções por *Mycobacterium avium* em pacientes com HIV é inversamente proporcional à contagem de linfócitos T CD4; esta era a infecção oportunista mais comum entre pacientes com AIDS, antes do uso generalizado da claritromicina ou azitromicina no tratamento destes pacientes.
- A *Nocardia* está presente em solos ricos em matéria orgânica, causando infecções oportunistas em pacientes imunocomprometidos, geralmente manifestando-se como uma pneumonia e depois propagando-se para o cérebro (onde provoca abscessos) ou para a pele.

As bactérias discutidas neste capítulo são bacilos aeróbios Gram-positivos imóveis, que não formam esporos e são álcool-acidorresistentes. Ou seja, estas bactérias são resistentes à descoloração com soluções de ácido que vão de fracas a fortes, devido à presença de cadeias médias a longas de **ácidos micólicos** em sua parede celular. Esta propriedade em relação à coloração é importante porque somente cinco gêneros de bactérias álcool-acidorresistentes têm importância médica: *Mycobacterium*, *Nocardia*, *Rhodococcus*, *Gordonia* e *Tsukamurella*. Micobactérias e a *Nocardia* serão o foco deste capítulo. *Rhodococcus* é um patógeno de pacientes imunocomprometidos, causando principalmente doença pulmonar invasiva. *Gordonia* e *Tsukamurella* são oportunistas incomuns, responsáveis por infecções pulmonares em pacientes imunocomprometidos e infecções em cateteres endovenosos. Os três últimos gêneros não serão discutidos com mais detalhes aqui.

Todas as bactérias álcool-acidorresistentes têm um crescimento relativamente lento, exigindo um tempo de incubação de 3 a 7 dias (*Nocardia* e algumas espécies de micobactérias) até períodos de 4 semanas ou mais (espécies de *Mycobacterium*, tais como *Mycobacterium tuberculosis*). *Mycobacterium leprae*, agente etiológico da hanseníase, não foi até então obtido em cultura. As bactérias álcool-acidorresistentes são capazes de resistir a muitos desinfetantes, sobrevivem em condições ambientais relativamente severas e são resistentes a muitos dos antibióticos utilizados para tratar infecções por outras bactérias. Embora mais de 350 espécies de bactérias álcool-acidorresistentes tenham sido descritas, apenas algumas serão discutidas neste capítulo. Algumas espécies de micobactérias são intimamente relacionadas ao *M. avium* e causam doenças humanas semelhantes, sendo por isso denominadas complexo *M. avium*. Do mesmo modo, não está sendo feita aqui distinção entre as muitas espécies de *Nocardia*.

BACTÉRIAS ÁLCOOL-ACIDORRESISTENTES

Algumas micobactérias de "crescimento rápido" (p. ex., *Mycobacterium fortuitum*, *Mycobacterium chelonae*, *Mycobacterium abscessus* e *Mycobacterium mucogenicum*) são patógenos oportunistas comuns e algumas micobactérias de "crescimento lento" (p. ex., *Mycobacterium kansasii* e *Mycobacterium marinum*) são patógenos relativamente comuns. Não serão discutidas neste capítulo, mas o caso clínico a seguir ilustra uma doença causada por micobactérias de crescimento rápido.

CASO CLÍNICO

Infecções por Micobactérias em um Salão de Beleza

Em setembro de 2000,[1] um médico notificou ao Departamento de Saúde da Califórnia sobre quatro mulheres que apresentaram furunculose na parte inferior do corpo.

Cada uma das pacientes apresentou pequenas pápulas eritematosas que, em algumas semanas, se transformaram em furúnculos roxos, grandes, sensíveis e flutuantes. As culturas bacterianas das lesões foram negativas e as pacientes não responderam à antibioticoterapia empírica. Todas elas frequentaram o mesmo salão de beleza antes do surgimento dos furúnculos. Como consequência de uma investigação do salão, foi identificado um total de 110 pacientes com furunculose. M. fortuitum *foi cultivado a partir das lesões de 32 pacientes, bem como nos recipientes utilizados pelas pacientes para lavagem dos pés, antes do serviço de pedicure. A depilação das pernas foi identificada como fator de risco para a doença. Surtos similares foram relatados na literatura, o que ilustra os riscos associados à contaminação da água com micobactérias de crescimento rápido; as dificuldades de confirmar estas infecções através de culturas bacterianas de rotina, que normalmente ficam incubadas por apenas 1 a 2 dias; e a necessidade de antibioticoterapia eficaz.*

É difícil listar as propriedades de virulência das bactérias álcool-acidorresistentes, pois muito do que se observa nas patologias que elas causam resulta da resposta imune do hospedeiro infectado, dirigida contra elas. O *M. tuberculosis* é um patógeno intracelular capaz de provocar uma infecção que pode durar a vida toda. A existência de infecções persistentes, sem progressão para doença, envolve uma delicada relação entre o hospedeiro e o parasita: balanço entre crescimento bacteriano e controle imunológico do hospedeiro. Quando a regulação feita pelo hospedeiro é cessada, a doença manifesta-se progressivamente. Quando em contato com o hospedeiro, o *M. tuberculosis* entra pelas vias respiratórias, penetrando nos alvéolos, onde é fagocitado por macrófagos alveolares. As bactérias impedem a fusão dos fagossomos com os lisossomos e escapam da morte provocada pelos macrófagos. Entretanto, em resposta à infecção pelo *M. tuberculosis*, os macrófagos secretam as citocinas IL-12 e TNF-α, que, por sua vez, recrutam células T e células *natural killer* para a área dos macrófagos infectados, ativam esses macrófagos e estimulam a morte intracelular. O agrupamento de células necróticas (chamado **granuloma**) resultante vai conter a infecção, mas também permitirá a sobrevivência de algumas bactérias. Estas são as bactérias que vão causar doença depois, quando a resposta imune não ocorrer.

A capacidade do *M. leprae* em provocar doença também é resultante de seu crescimento lento e da reposta imunológica do hospedeiro. Esta bactéria é adquirida pela inalação de aerossóis infeciosos ou pelo contato da pele com secreções respiratórias ou exsudatos de feridas. As bactérias replicam-se muito lentamente e a doença

Bactérias Álcool-acidorresistentes

Espécie	Origem	Doenças
M. tuberculosis	*Myces*, fungo; *bakterion*, pequeno bastão (bastonete semelhante a fungo); *tuberculum*, pequeno nódulo ou tubérculo (caracterizado por tubérculos nos pulmões dos pacientes infectados)	Tuberculose (pulmonar, disseminada)
M. leprae	*Lepra*, de lepra	Lepra, também chamada doença de Hansen ou hanseníase (tuberculoide, lepromatosa)
Complexo M. avium	*Avis*, de aves (isolado original de aves com doença semelhante à tuberculose)	Doença pulmonar em pacientes imunocomprometidos; adenite cervical em crianças; doença disseminada em pacientes imunocomprometidos
Espécies de Nocardia	*Nocard*, designação em homenagem ao veterinário francês Edmond Nocard	Doença pulmonar; infecções cutâneas primárias ou secundárias; meningite; abscessos cerebrais

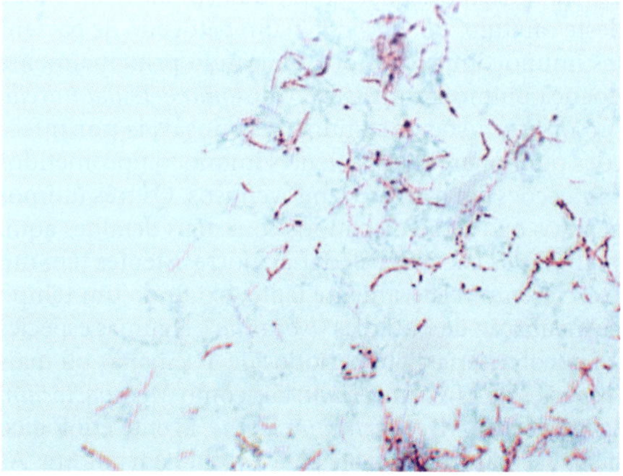

Coloração de *Mycobacterium tuberculosis* em amostra de escarro, utilizando-se corante com mistura de álcool e ácido. Observe a aparência semelhante a "colares" dos bacilos.

pode levar anos, antes de se tornar clinicamente aparente. A doença manifesta-se em duas formas, em reação direta à resposta imune do hospedeiro: (1) **hanseníase tuberculoide**, em que há uma intensa resposta imune celular, com produção de citocinas que levam a ativação de macrófagos, fagocitose e eliminação dos bacilos; e (2) **hanseníase lepromatosa**, em que se observa uma intensa resposta imune do tipo humoral, mas com resposta celular defeituosa. As doenças provocadas por micobactérias são controladas principalmente pela imunidade celular; como consequência, a forma lepromatosa é caracterizada por uma abundância de bactérias álcool-acidorresistentes e extensa destruição tecidual, sendo esta a forma mais conhecida da hanseníase.

M. avium é um patógeno intracelular que causa uma doença de evolução lenta em pacientes com função pulmonar comprometida ou de evolução rápida e disseminada em pacientes com grave declínio da imunidade celular.

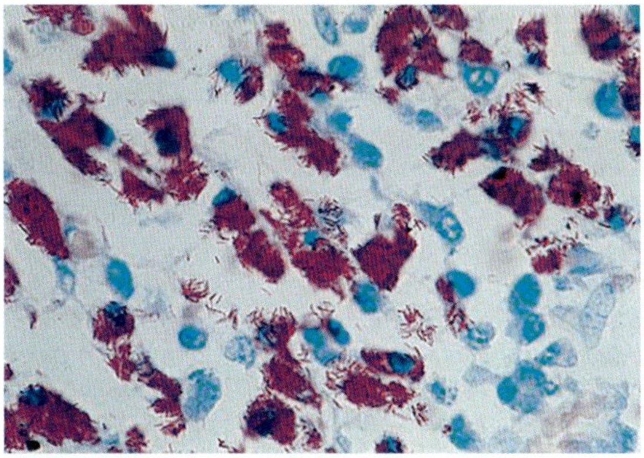

Micobactéria do complexo *Mycobacterium avium* no tecido de um paciente com AIDS. A abundância de bacilos é típica dos tecidos de pacientes imunocomprometidos.

As *Nocardia,* bem como seus parentes, as micobactérias, são patógenos intracelulares que efetivamente provocam doenças, ao evitar a resposta imune do hospedeiro.

As infecções por micobactérias e nocardias são exógenas – causadas por bactérias que normalmente não fazem parte da microbiota humana normal. O *M. tuberculosis* e o *M. leprae* são transmitidos de uma pessoa para outra, enquanto todos os outros membros deste gênero são adquiridos diretamente do ambiente. A detecção de bactérias álcool-acidorresistentes de uma amostra clínica sempre chama a atenção, mas a importância do isolado, com exceção de *M. tuberculosis* e *M. leprae,* precisa ser comprovada; isto é, pode representar uma colonização transitória de contaminante ambiental.

As doenças por estes patógenos são bem caracterizadas, de modo que a demonstração do significado de seu isolamento não deve ser difícil. Uma possível exceção a esta regra seria o *M. avium.* Pode ser necessário seu isolamento de várias amostras de escarro, no caso de pacientes idosos com doença pulmonar crônica.

O diagnóstico destas infecções é pela combinação de microscopia (observação das bactérias álcool-acidorresistentes nas amostras clínicas), cultura e testes moleculares, como a amplificação de ácidos nucleicos. A detecção de resposta imune celular é válida no caso do *M. tuberculosis* e da forma tuberculoide da hanseníase, mas não distingue entre doença ativa e contato prévio com o agente.

MYCOBACTERIUM TUBERCULOSIS

MYCOBACTERIUM TUBERCULOSIS	
Propriedades	• Bacilos álcool-acidorresistentes frequentemente observados em grupos • O crescimento em cultura é lento, sendo necessárias normalmente 2 a 6 semanas de incubação
Epidemiologia	• Distribuição universal: um terço da população mundial está infectado por esta bactéria • Um total de 9,6 milhões de novos casos e 1,5 milhão de mortes em 2014 • A doença é mais comum na China, Índia, Leste Europeu, Paquistão, África Subsaariana e África do Sul • Menos de 10 mil novos casos por ano nos Estados Unidos; a maioria das infecções é observada em imigrantes de países com doença endêmica • As populações com maior risco são os pacientes imunocomprometidos (particularmente os portadores de infecção por HIV), viciados em drogas e álcool, sem teto e indivíduos que entram em contato com doentes • Os seres humanos são o único reservatório natural • A transmissão é interpessoal através de aerossóis infecciosos
Doenças	• **Tuberculose**: infecções em pacientes imunocompetentes restritas principalmente aos pulmões; normalmente se manifestam como sintomas inespecíficos (mal-estar, perda de peso, tosse, suores noturnos) com produção de escarro (sanguinolento e purulento com lesão cavitária) • **Tuberculose extrapulmonar**: doença disseminada após propagação por via hematogênica; rins, ossos, baço e meninges são os focos mais comuns da doença disseminada

(Continua)

MYCOBACTERIUM TUBERCULOSIS (Cont.)	
Diagnóstico	• O **teste intradérmico da tuberculina** e o **ensaio de liberação de interferon-γ** (teste IGRA) são indicadores sensíveis de contato com a bactéria • A microscopia e a cultura são sensíveis e específicos • A detecção direta de *M. tuberculosis* em amostras clínicas é feita geralmente através de testes de amplificação de ácido nucleico • A identificação dos isolados clínicos é feita, na maioria das vezes, usando sondas moleculares específicas para a espécie
Tratamento, controle e prevenção	• O tratamento de longo prazo com múltiplos antibióticos é necessário para impedir o surgimento de cepas resistentes a eles • Isoniazida, etambutol, pirazinamida e rifampina por 2 meses, seguidos por 4 a 6 meses de isoniazida e rifampina ou combinação alternativa de drogas • As cepas resistentes a antibióticos são comuns, de modo que o tratamento de pacientes que não respondem à terapia inicial deve ser guiado por testes de sensibilidade a drogas • A profilaxia para exposição à tuberculose pode incluir isoniazida por 6 a 9 meses ou rifampina por 4 meses; a pirazinamida e o etambutol ou levofloxacina são empregados por 6 a 12 meses após contato com *M. tuberculosis* resistente a antibióticos • A imunoprofilaxia por vacinação com **bacilo de Calmette-Guérin** (BCG) é utilizada em países com doença endêmica, mas sua eficácia é limitada • O controle da doença se dá por meio de vigilância ativa, intervenção profilática e terapêutica e monitoramento rigoroso dos casos

CASO CLÍNICO

Mycobacterium tuberculosis Resistente a Drogas

O risco de tuberculose ativa é muito maior nos indivíduos infectados com HIV. Infelizmente, este problema é complicado pelo surgimento de cepas de M. tuberculosis *resistentes a drogas nesta população. Isto foi ilustrado no relato de Ghandi e colaboradores,*[2] *que estudaram a prevalência da tuberculose na África do Sul de janeiro de 2005 a março de 2006. Eles identificaram 475 pacientes com tuberculose confirmada por cultura, dos quais 39% eram portadores de cepas multirresistentes a drogas (MDR TB) e 6% com cepas extensivamente resistentes a drogas (XDR TB). Todos os pacientes com XDR TB estavam coinfectados com HIV, sendo que 98% deles morreram. A alta prevalência de MDR TB e a evolução da XDR TB representam sérios desafios para os programas de tratamento da tuberculose e ressaltam a necessidade de testes de diagnóstico rápidos.*

MYCOBACTERIUM LEPRAE

MYCOBACTERIUM LEPRAE	
Propriedades	• Bacilos álcool-acidorresistentes
Epidemiologia	• Menos de 300 mil novos casos foram registrados em 2005, a maioria deles na Índia, Nepal e Brasil • 64 novos casos registrados nos Estados Unidos em 2013 • A forma lepromatosa, mas não a forma tuberculoide da doença, é altamente infecciosa • Transmissão interpessoal através de contato direto ou inalação de aerossóis infecciosos
Doenças	• **Hanseníase tuberculoide**: lesões cutâneas caracterizadas por placas fracamente eritematosas ou hipopigmentadas, com centros planos e bordas elevadas e definidas; comprometimento de nervos periféricos, com perda completa do tato; aumento visível dos nervos • **Hanseníase lepromatosa**: lesões cutâneas com muitas máculas, pápulas ou nódulos eritematosos; destruição tecidual considerável (p. ex., cartilagem nasal, ossos e orelhas); envolvimento nervoso difuso com perda sensorial irregular; não há aumento dos nervos
Diagnóstico	• A microscopia é sensível para o diagnóstico da forma lepromatosa, mas não para o diagnóstico da forma tuberculoide • O *M. leprae* **não cresce em cultura**; uso de **teste cutâneo** • O teste cutâneo é necessário para confirmar a hanseníase tuberculoide; pouco reativo na hanseníase lepromatosa
Tratamento, controle e prevenção	• A forma tuberculoide é tratada com rifampicina e dapsona por meses; a clofazimina é adicionada a este regime para tratamento da forma lepromatosa e a terapia estende-se por um mínimo de 12 meses • A doença é controlada por meio do pronto reconhecimento e tratamento das pessoas infectadas

COMPLEXO *MYCOBACTERIUM AVIUM*

COMPLEXO *MYCOBACTERIUM AVIUM*	
Propriedades	• Pequenos bacilos álcool-acidorresistentes
Epidemiologia	• Distribuição mundial, mas a doença é vista com mais frequência nos países onde a tuberculose é menos prevalente • Adquirida principalmente através da ingestão de água ou alimento contaminado; acredita-se que a inalação de aerossóis infecciosos desempenhe um papel menor na transmissão • Os pacientes com maior risco de adquirir a doença são os imunocomprometidos (particularmente aqueles com AIDS) ou os portadores de doença pulmonar de longa duração
Doenças	• **Doença pulmonar** em pacientes imunocompetentes: manifestação pulmonar crônica de evolução lenta, assemelha-se à tuberculose ou pode se apresentar como bronquiectasia crônica • **Adenite cervical** em crianças: surgimento de um linfonodo com tamanho aumentado • **Doença disseminada** em pacientes imunocomprometidos: infecção generalizada fulminante em pacientes com AIDS, que tenham uma contagem de linfócitos T CD4 abaixo de 10 células/mm^3
Diagnóstico	• A microscopia e a cultura são sensíveis e específicas • A identificação dos isolados clínicos é feita, na maioria das vezes, usando sondas moleculares específicas para a espécie
Tratamento, controle e prevenção	• Infecções tratadas por longos períodos com claritromicina ou azitromicina, combinada com etambutol e rifabutina • A profilaxia no caso de pacientes com AIDS que possuem uma contagem baixa de células CD4 consiste no uso de claritromicina, azitromicina ou rifabutina; este tratamento reduziu bastante a incidência da doença

CASO CLÍNICO

Infecções por *Mycobacterium avium* em um Paciente com AIDS

Woods e Goldsmith[3] descreveram o caso de um paciente com AIDS avançada que morreu de infecção generalizada por M. avium. *O paciente era um homem de 27 anos que se apresentou inicialmente, em outubro de 1985, com um histórico de 2 semanas de dispneia progressiva e uma tosse não produtiva. Pneumociste foi detectada em uma lavagem broncoalveolar e a sorologia confirmou infecção por HIV. Ele foi tratado com êxito, usando trimetoprim-sulfametoxazol, e recebeu alta. O paciente permaneceu estável até maio de 1987, quando apresentou febre e dispneia persistentes. Na semana seguinte, ele apresentou dor torácica subesternal grave e atrito pericárdico. O ecocardiograma revelou um pequeno exsudato. O paciente deixou o hospital contrariando o aconselhamento médico, mas voltou 1 semana depois com tosse persistente, febre e dor no peito e braço esquerdo. Foi feita uma pericardiocentese, para fins de diagnóstico, tendo sido aspirados 220 mL de líquido. Suspeitou-se de pericardite tuberculosa, sendo iniciado um tratamento antimicobacteriano conveniente. No entanto, nas 3 semanas seguintes, o paciente apresentou insuficiência cardíaca progressiva e faleceu. O* M. avium *foi recuperado do líquido pericárdico, do baço, fígado, glândulas adrenais, rins, intestino delgado, linfonodos e glândula pituitária. Embora a pericardite por* M. avium *fosse infrequente, a disseminação extensiva de micobactérias em pacientes com AIDS avançada era comum antes de a profilaxia com azitromicina se tornar amplamente utilizada.*

ESPÉCIES DE *NOCARDIA*

ESPÉCIES DE *NOCARDIA*	
Propriedades	• Bactérias **parcialmente álcool-acidorresistentes** dispostas tipicamente em longos filamentos ramificados
Epidemiologia	• Distribuição mundial em solos ricos em matéria orgânica • Infecções exógenas adquiridas por inalação (pulmonar) ou introdução traumática (cutânea) • Patógeno oportunista que normalmente causa doenças em pacientes imunocomprometidos, com deficiência de células T (indivíduos tranplantados, pacientes com câncer, portadores de HIV, pacientes tratados com corticosteroides) ou em indivíduos saudáveis com infecções resultantes de traumas

(Continua)

ESPÉCIES DE *NOCARDIA (Cont.)*

Doenças	• **Doença broncopulmonar**: doença pulmonar indolor, com necrose e formação de abscesso; é comum a disseminação para o sistema nervoso central ou pele • **Micetoma**: doença destrutiva, progressiva e crônica, geralmente afetando as extremidades do corpo, caracterizada por granulomas supurativos, fibrose progressiva e necrose, e formação de trato sinuoso • **Doença linfocutânea**: infecção primária ou disseminação secundária para regiões cutâneas, caracterizada por formação crônica de granuloma e nódulos subcutâneos eritematosos, além de eventual formação de úlcera • **Celulite e abscessos subcutâneos**: formação de úlcera granulomatosa em meio a eritema, mas com pouco ou nenhum envolvimento dos linfonodos regionais • **Abscesso cerebral**: infecção crônica com febre, cefaleia e déficits focais relacionados com o local onde surgem os abscessos, que são de desenvolvimento lento
Diagnóstico	• Microscopia sensível e relativamente específica, quando se observam bactérias ramificadas, parcialmente álcool-acidorresistentes • A cultura é lenta, exigindo incubação por até 1 semana; meio seletivo (p. ex., ágar extrato de levedura e carvão tamponado) pode ser necessário para isolar *Nocardia* em culturas mistas • A identificação em nível de gênero pode ser feita pelo aspecto micro- e macroscópico (bacilos ramificados fracamente álcool-acidorresistentes, formando colônias com hifas aéreas de aspecto algodonoso) • A identificação em nível de espécie requer análise genômica para a maioria dos isolados; a identificação de espécies através de testes bioquímicos não é confiável
Tratamento, controle e prevenção	• As infecções são tratadas com antibióticos e cuidados com as feridas • Trimetoprim-sulfametoxazol utilizado no tratamento empírico inicial de infecções cutâneas em pacientes imunocompetentes; o tratamento para infecções graves e infecções cutâneas em pacientes imunocomprometidos deve incluir trimetoprim-sulfametoxazol, com amicacina, para infecções pulmonares ou cutâneas e trimetoprim-sulfametoxazol com imipenem ou cefalosporina para infecções do sistema nervoso central; recomenda-se um tratamento de longo prazo (até 12 meses) • Não é possível evitar o contato com as nocardias, porque são bactérias ubíquas

CASO CLÍNICO

Nocardiose Disseminada

Shin e colaboradores[4] *descreveram o caso de um homem de 63 anos que se submeteu a um transplante de fígado devido a uma cirrose causada por hepatite C. O paciente foi tratado com drogas imunossupressoras, incluindo tacrolimo e prednisona, por 4 meses, momento em que ele retornou ao hospital com febre e dor na parte inferior da perna. Embora a radiografia torácica tenha sido normal, o ultrassom revelou um abscesso no músculo sóleo. Bacilos Gram-positivos de coloração fraca foram observados no pus aspirado do abscesso, tendo* Nocardia *crescido em amostra deste pus, após 3 dias de incubação. Iniciou-se tratamento com imipinem; entretanto, o paciente apresentou convulsões 10 dias mais tarde e paralisia parcial do lado esquerdo. Os exames de imagem do cérebro revelaram três lesões. O tratamento mudou para ceftriaxona e amicacina. O abscesso subcutâneo e as lesões cerebrais regrediram gradualmente e o paciente recebeu alta após 55 dias de internação. O caso deste paciente ilustra a tendência da* Nocardia *em infectar pacientes imunocomprometidos e disseminar para o cérebro, bem como seu crescimento lento em cultura e a necessidade de tratamento de longo prazo para as infecções que ela causa.*

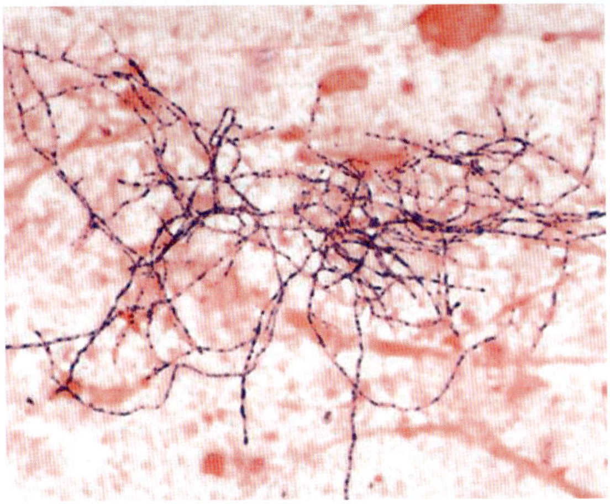

Coloração de Gram da *Nocardia* em escarro. Os longos e delicados filamentos e a coloração irregular são característicos da *Nocardia*.

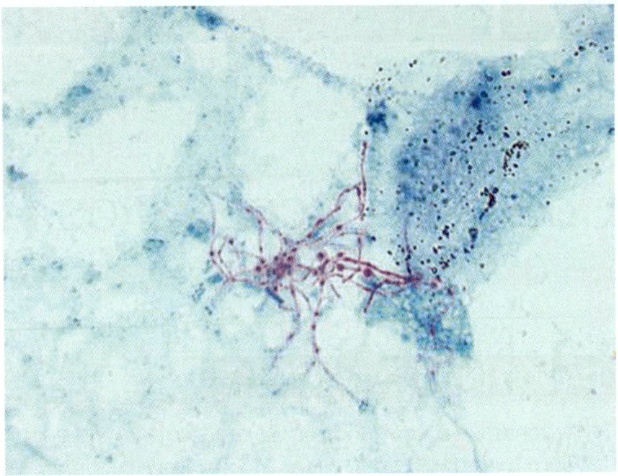

Coloração álcool-acidorresistente *Nocardia* em escarro. Repare os filamentos ramificados que retêm parcialmente o corante.

REFERÊNCIAS

1. Winthrop KL, Abrams M, Yakrus M, et al. An outbreak of mycobacterial furunculosis associated with footbaths at a nail salon. *N Engl J Med.* 2002;346:1366-1371.
2. Gandhi NR, Moll A, Sturm AW, et al. Extensively drug-resistant tuberculosis as a cause of death in patients co-infected with tuberculosis and HIV in a rural area of South Africa. *Lancet.* 2006;368:1575-1580.
3. Woods GL, Goldsmith JC. Fatal pericarditis due to *Mycobacterium avium-intracellulare* in acquired immunodeficiency syndrome. *Chest.* 1989;95:1355-1357.
4. Shin N, Sugawara Y, Tsukada K, et al. Successful treatment of disseminated *Nocardia farcinica* infection in a living-donor liver transplantation recipient. *Transplant Infect Dis.* 2006;8:222-225.

6

Cocos e Cocobacilos Aeróbios Gram-negativos

DADOS INTERESSANTES

- A gonorreia é a segunda causa mais comum de doença notificável nos Estados Unidos (a clamídia é a mais comum), com mais de 350.000 casos em 2014, e a incidência está aumentando, particularmente nos homens de 20 a 24 anos.
- Ao contrário da meningite viral, a meningite bacteriana, causada por *Neisseria meningitidis* e *Haemophilus influenzae,* é contagiosa, de modo que é possível sua transmissão interpessoal com manifestação da doença.
- Embora a meningite infantil por *Haemophilus influenzae* tenha sido praticamente eliminada pela vacina HIB, este patógeno é importante nos países onde a vacinação não é amplamente empregada.
- O *Acinetobacter baumannii* era praticamente ignorado até o surgimento de cepas multirresistentes a drogas nos hospitais militares durante as guerras do Iraque e Afeganistão. Atualmente, essas bactérias são bastante comuns no mundo todo e o tratamento torna-se cada vez mais difícil.
- Embora a maior incidência e complicações da coqueluche seja entre crianças < 1 ano, casos da doença entre crianças mais velhas e adultos frequentemente não são levados em conta, de modo que esses pacientes servem como reservatórios não reconhecidos da *Bordetella pertussis.*

O foco deste capítulo é um grupo grande de bactérias que são cocos ou cocobacilos (bacilos curtos) Gram-negativos. Existem muitas espécies de *Neisseria,* porém as duas mais importantes são *Neisseria gonorrhoeae* e *Neisseria meningitidis.* Dois gêneros, *Eikenella* e *Kingella,* são membros da mesma família de bactérias que a *Neisseria,* com apenas uma espécie relevante em cada gênero, *Eikenella corrodens* e *Kingella kingae.* Ambas as bactérias, assim como os outros dois gêneros, *Moraxella* e *Haemophilus,* são residentes normais da boca. Considerarei *Moraxella catarrhalis* e *H. influenzae* como representantes de seus gêneros e devo ressaltar que *M. catarrhalis* era classificada como *Neisseria,* pois ambos os gêneros compreendem bactérias tipicamente dispostas aos pares (diplococos) com bordas adjacentes achatadas (parecendo grãos de café). Quatro outros gêneros são considerados neste capítulo. O gênero *Acinetobacter* inclui muitas espécies, porém *A. baumannii* é a mais importante entre elas, porque muitas cepas que causam infecções oportunistas em pacientes hospitalizados são multirresistentes a drogas e praticamente impossíveis de serem tratadas. *Bordetella, Francisella* e *Brucella* causam doenças específicas (coqueluche, tularemia e brucelose, respectivamente) que são de especial interesse em saúde pública. Estas bactérias, bem como as doenças que provocam, são distintas entre si; por isso, cada uma delas será considerada separadamente.

Cocos e Cocobacilos Aeróbios Gram-negativos

Bactérias	Origem Histórica
N. gonorrhoeae	Designação em homenagem ao médico alemão Albert Neisser, que descreveu originalmente esta bactéria responsável pela gonorreia; *gone*, semente; *rhoia*, fluxo (fluxo de sementes, em referência ao exsudato purulento produzido na gonorreia)
N. meningitidis	*meningis*, revestimento do cérebro; *itis*, inflamação (inflamação das meninges, como ocorre na meningite)
E. corrodens	Designação em homenagem a M. Eiken, que descreveu esta bactéria pela primeira vez e observou sua capacidade de cavar ou "corroer" o ágar
K. kingae	Designação em homenagem a Elizabeth King, que descreveu esta bactéria
M. catarrhalis	Designação em homenagem a Morax, que descreveu pela primeira vez esta bactéria; *catarrhus*, catarro (refere-se à inflamação das membranas do trato respiratório)

Cocos e Cocobacilos Aeróbios Gram-negativos (Cont.)

Bactérias	Origem Histórica
H. influenzae	*Haemo*, sangue; *hilos*, amante (amante de sangue, precisa de sangue para crescer em cultura); originalmente acreditava-se que era a causa da gripe
A. baumannii	*Akinetos*, incapaz de se mexer; *bactrum*, bastonete (bastonetes imóveis); *baumannii*, em homenagem ao microbiologista Baumann
B. pertussis	Designação em homenagem a Bordet, que foi quem primeiro isolou esta bactéria; *per*, grave; *tussis*, tosse (tosse grave)
F. tularensis	Designação em homenagem a Francis, que foi o primeiro a descrever a doença que a bactéria provoca; *tularensis*, pertencente ao Condado de Tulare, Califórnia, onde a doença foi descrita pela primeira vez
B. melitensis	Designação em homenagem a Bruce, que foi o primeiro a reconhecer esta bactéria como a causa da "febre ondulante" (brucelose)

NEISSERIA GONORRHOEAE

Apesar de a *N. gonorrhoeae* sobreviver com dificuldade em baixas temperaturas e precisar de umidade e dióxido de carbono quando cultivada em laboratório, vem tornando-se a causa mais comum de doenças sexualmente transmissíveis no mundo inteiro. Na verdade, é interessante notar que as três bactérias mais frequentemente responsáveis por doenças sexualmente transmissíveis – *N. gonorrhoeae*, *Treponema pallidum* (agente da sífilis) e *Chlamydia trachomatis* – sobrevivem com dificuldade fora de seus hospedeiros humanos. Isso ilustra o quanto é importante o contato físico com o hospedeiro para a manutenção dessas doenças.

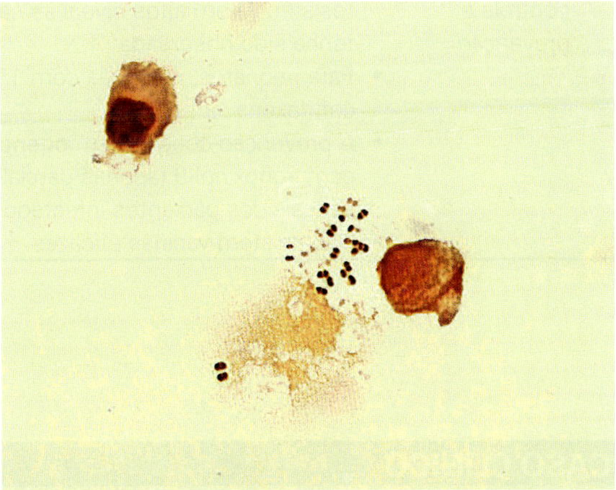

Neisseria gonorrhoeae em secreção uretral. Repare que os cocos Gram-negativos estão dispostos em pares e com bordas achatadas (diplococos Gram-negativos).

NEISSERIA GONORRHOEAE	
Propriedades	• A proteína pilina é responsável pela adesão inicial às células epiteliais não ciliadas da vagina, tuba uterina e cavidade bucal; interfere na ação letal de neutrófilos • As proteínas porinas promovem a sobrevivência intracelular ao impedir a fusão de fagolisossomos e a subsequente morte bacteriana nos neutrófilos • Proteínas de opacidade são responsáveis pela adesão firme às células do hospedeiro • Transferrina, lactoferrina e outras proteínas de ligação à hemoglobina possibilitam a aquisição de ferro para o metabolismo e crescimento bacteriano • Os lipo-oligossacarídeos (LOS) da parede celular têm atividade de endotoxina • A β-lactamase é responsável pela resistência à penicilina
Epidemiologia	• Os seres humanos são os únicos hospedeiros naturais • A presença da bactéria no organismo, particularmente em mulheres, pode ser assintomática, facilitando sua transmissão • A transmissão se dá principalmente pelo contato sexual • Causa mais comum de artrite séptica em adultos sexualmente ativos • Quase 335 mil casos relatados nos Estados Unidos em 2012 (a incidência real deve ser pelo menos o dobro disso); estimam-se em 100 milhões de novos casos por ano no mundo inteiro • A incidência da doença é maior em indivíduos de 15 a 24 anos, negros, moradores do sudeste dos Estados Unidos e pessoas com vários "parceiros sexuais" • Risco mais elevado de disseminação da doença em pacientes com deficiências nos componentes tardios do complemento

(Continua)

NEISSERIA GONORRHOEAE (CONT.)	
Doenças	• **Gonorreia**: caracterizada por descarga purulenta na região afetada (p. ex., uretra, cérvice, epidídimo, próstata, reto) após um período de incubação de 2 a 5 dias • **Infecções disseminadas**: propagação da infecção a partir do trato geniturinário, através do sangue, para a pele ou articulações; caracterizada por erupção pustular com base eritematosa e artrite supurativa nas articulações envolvidas • **Oftalmia neonatal**: infecção ocular purulenta adquirida pelo neonato ao nascer
Diagnóstico	• A coloração de Gram das amostras uretrais (presença de diplococos Gram-negativos) só é precisa em casos de indivíduos do sexo masculino sintomáticos • A coloração de Gram do fluido sinovial é utilizada no diagnóstico de artrite séptica • A cultura das amostras genitais é sensível e específica, mas foi substituída pelos testes de amplificação do ácido nucleico (NAAT) na maioria dos laboratórios • Para outras amostras, utiliza-se a cultura
Tratamento, controle e prevenção	• A ceftriaxona com azitromicina ou doxiciclina atualmente é o tratamento preferido, embora resistência em altos níveis às cefalosporinas, bem como às penicilinas e fluoroquinolonas tenha sido observada • Para neonatos, profilaxia com 1% de nitrato de prata; a oftalmia neonatal é tratada com ceftriaxona • A prevenção consiste em orientação do paciente, uso de preservativos ou espermicidas com nonoxinol-9 (apenas parcialmente eficaz) e acompanhamento intensivo dos parceiros sexuais dos pacientes infectados • Não existem vacinas eficazes

CASO CLÍNICO

Artrite Gonocócica

A artrite gonocócica é uma manifestação comum de infecção disseminada por Neisseria gonorrhoeae. *Fam e colaboradores*[1] *descreveram o caso de seis pacientes com esta doença, incluindo a paciente a seguir, que tem uma manifestação típica. Uma menina de 17 anos foi internada, com um histórico de 4 dias de febre, calafrios, mal-estar, dor de garganta, erupção cutânea e poliartralgia. Ela relatou que era sexualmente ativa e que, havia 5 semanas, apresentava um corrimento vaginal amarelado abundante, não responsivo ao tratamento. Quando da internação, ela tinha lesões maculopapulares eritematosas no antebraço, coxa e tornozelo e sua articulação metacarpofalangeana, pulso, joelho, tornozelo e articulações médio-tarsais estavam agudamente inflamados. Ela teve contagem de leucócitos e taxa de sedimentação elevadas. Culturas de amostras da cérvice foram positivas para* N. gonorrhoeae, *mas as de sangue, exsudatos das lesões cutâneas e de fluido sinovial foram todas estéreis. O diagnóstico foi de uma gonorreia disseminada, com poliartrite, tendo sido tratada de maneira bem-sucedida com penicilina G por 2 semanas. Este caso ilustra as limitações da cultura nas infecções disseminadas e o valor de um histórico meticuloso do paciente.*

NEISSERIA MENINGITIDIS

Raramente um patógeno bacteriano assusta tanto uma comunidade quanto *N. meningitidis*, por sua capacidade de causar meningite e sepse fulminante em crianças e adultos saudáveis, e pela rápida propagação da doença pelo contato com as primeiras vítimas.

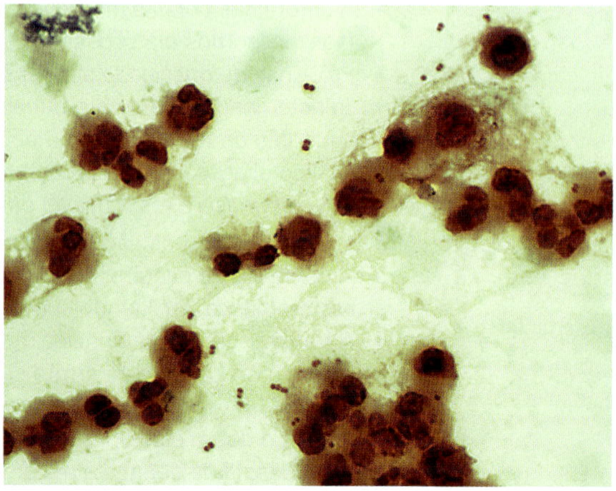

Neisseria meningitidis no fluido cerebrospinal de uma criança com meningite. Repare que a morfologia é idêntica à da *Neisseria gonorrhoeae*.

NEISSERIA MENINGITIDIS	
Propriedades	• A proteína pilina é responsável pela adesão inicial às células do hospedeiro; interfere na ação letal de neutrófilos • A cápsula polissacarídica protege as bactérias da fagocitose mediada por anticorpos; vários sorogrupos distintos foram descritos • LOS da parede celular tem atividade de endotoxina
Epidemiologia	• Os seres humanos são os únicos hospedeiros naturais • A disseminação interpessoal acontece através de aerossóis das secreções do trato respiratório • A incidência da doença é mais alta em crianças com menos de 5 anos (particularmente bebês < 6 meses), adultos jovens em ambiente escolar ou militar, população carcerária ou internados em clínicas de saúde ou casas de repouso e pacientes com deficiências dos componentes tardios do complemento • As manifestações endêmica e epidêmica são causadas na maioria das vezes pelos sorogrupos A, B, C, W135 e Y (meningite pelos sorogrupos A, B, C e pneumonia pelos sorogrupos W135 e Y); infecções pelos sorogrupos A e W135 são mais comuns nos países com recursos limitados, ao passo que as infecções pelo sorogrupo B são mais frequentes nos países industrializados • As doenças ocorrem no mundo inteiro, normalmente nos meses secos e frios
Doenças	• **Meningite**: inflamação purulenta das meninges, associada a cefaleia, sinais meníngeos e febre; alta taxa de mortalidade, a menos que seja imediatamente tratada com antibióticos eficazes • **Meningococcemia**: infecção disseminada, caracterizada por trombose de pequenos vasos sanguíneos e envolvimento de múltiplos órgãos; pequenas petéquias cutâneas coalescem, formando lesões hemorrágicas maiores • **Pneumonia**: forma mais branda das doenças meningocócicas, caracterizada por broncopneumonia nos pacientes com doença pulmonar subjacente
Diagnóstico	• A coloração de Gram do FCS (diplococos Gram-negativos) é sensível e específica, mas de valor limitado nas amostras de sangue (geralmente há muito poucas bactérias, exceto na sepse fulminante) • A cultura é precisa, mas a bactéria é fastidiosa e morre rapidamente quando exposta a condições de baixa temperatura e umidade • Os testes para detectar os antígenos meningocócicos não apresentam sensibilidade e são inespecíficos • Os NAAT ainda não são amplamente utilizados
Tratamento, controle e prevenção	• O tratamento empírico de pacientes com suspeita de meningite ou bacteremia deve começar com ceftriaxona; se o isolado for sensível à penicilina, pode ser mudado para penicilina G • A quimioprofilaxia em caso de contato com portadores da doença é feita com rifampina, ciprofloxacina ou ceftriaxona • Os bebês amamentados com leite materno têm imunidade passiva (nos primeiros 6 meses). Para a imunoprofilaxia, a vacinação é auxiliar à quimioprofilaxia; é utilizada apenas para os sorogrupos A, C, Y e W135; não existe vacina eficaz para o sorogrupo B; a vacinação para o sorogrupo A foi introduzida na África, o que é importante

CASO CLÍNICO

Doença Meningocócica

Gardner[2] descreveu o caso de um homem de 18 anos, previamente saudável, que se apresentou no setor de emergência local com manifestação aguda de febre e cefaleia. Sua temperatura estava elevada (40°C) e ele estava taquicardíaco (pulsação de 140 batimentos/minuto) e hipotensivo (pressão arterial a 70/40 mmHg). Foram observadas petéquias em seu peito. Embora o resultado de uma cultura de fluido cerebrospinal (FCS) não tenha sido informado, foi recuperada N. meningitidis *de culturas de sangue do paciente. Apesar da administração imediata de antibióticos e outras medidas de suporte, ele morreu 12 horas após a chegada ao hospital. Este paciente ilustra a progressão rápida de uma doença meningocócica, mesmo em adultos jovens e saudáveis.*

EIKENELLA CORRODENS

Ao contrário da *N. gonorrhoeae* e *N. meningitidis*, a *E. corrodens* é um patógeno relativamente desconhecido da comunidade médica, apesar de as doenças causadas por esta bactéria, particularmente infecções relacionadas com mordidas/picadas, serem bem documentadas. É importante ter um conhecimento básico sobre esta bactéria, pois o tratamento destas infecções com antibióticos é muito diferente do aplicado às infecções convencionais por Gram-negativos.

EIKENELLA CORRODENS	
Propriedades	• Patógeno oportunista
Epidemiologia	• Residente normal da boca
Doenças	• Em **ferimentos por mordida humana** ou lesões em lutas, na troca de socos • **Endocardite subaguda** em pacientes com doença cardíaca preexistente • **Infecções oportunistas** (pneumonia, abscessos pulmonares ou cerebrais, sinusite) em pacientes imunocomprometidos ou naqueles com trauma da cavidade oral
Diagnóstico	• Anaeróbio facultativo de crescimento lento que requer 2 ou mais dias de incubação • A identificação preliminar da bactéria, após o cultivo, pode ser feita com base na morfologia, por meio de coloração de Gram e se as colônias cavam o ágar ("corroem" o ágar; característica observada em metade dos isolados) e produzem um odor parecido com o de mofo (muito comum) • A identificação precisa é através de testes bioquímicos ou espectrometria de massa
Tratamento, controle e prevenção	• Sensível a penicilina (incomum para as bactérias Gram-negativas), ampicilina, cefalosporinas de espectro estendido, tetraciclina, fluoroquinolonas • Resistente a oxacilina, cefalosporinas de primeira geração, clindamicina, eritromicina

KINGELLA KINGAE

Esta bactéria também continua obscura e desconhecida por muitos profissionais da área médica. Este fato é aqui enfatizado porque, na maioria das vezes, ela provoca doenças que se manifestam de modo inespecífico e sutil e, frequentemente, é difícil recuperá-la em cultura, a menos que seja utilizado um período de incubação estendido.

KINGELLA KINGAE	
Propriedades	• Patógeno oportunista
Epidemiologia	• Residente normal da boca, particularmente em crianças
Doenças	• **Artrite séptica** em crianças • **Endocardite subaguda** em pacientes com doença cardíaca preexistente
Diagnóstico	• Anaeróbio facultativo de crescimento lento que requer 3 ou mais dias de incubação • A identificação precisa é feita por meio de testes bioquímicos ou espectrometria de massa
Tratamento, controle e prevenção	• Sensível a penicilina, eritromicina, tetraciclina, fluoroquinolonas

MORAXELLA CATARRHALIS

Durante muitos anos, a *M. catarrhalis* foi considerada um membro relativamente insignificante do gênero *Neisseria*. Isto mudou quando se percebeu que a única característica em comum dos dois gêneros era a morfologia de diplococos Gram-negativos. Além disso, basta olhar para a coloração de Gram do escarro de um paciente com pneumonia por *M. catarrhalis* para verificar uma abundância de bactérias, em meio a um número igualmente elevado de células inflamatórias. Qualquer bactéria capaz de desencadear uma resposta imune tão intensa quanto esta deve ser considerada importante.

MORAXELLA CATARRHALIS	
Propriedades	• Patógeno oportunista
Epidemiologia	• Residente normal da boca
Doenças	• **Bronquite** ou **broncopneumonia** nos pacientes com doença pulmonar crônica • **Sinusite** e **otite** em indivíduos previamente saudáveis
Diagnóstico	• A coloração de Gram (diplococos Gram-negativos) é sugestiva da presença de *Moraxella*, mas não diferencia de *Neisseria* • Crescimento em condição aerobiose estrita, em 1 a 2 dias, na maioria dos meios não seletivos usados em laboratório • A identificação precisa é feita por testes bioquímicos ou espectrometria de massa
Tratamento, controle e prevenção	• A maioria dos isolados produz β-lactamase e é resistente a todas as penicilinas • Sensível à maioria dos outros antibióticos, incluindo cefalosporinas, eritromicina, tetraciclinas, trimetoprim-sulfametoxazol

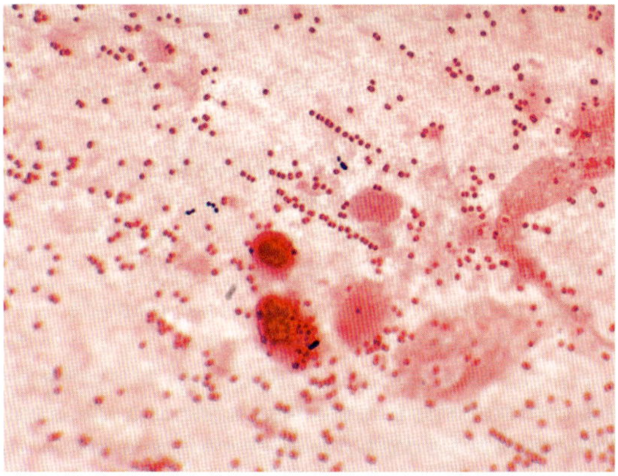

Aparência típica da *Moraxella catarrhalis* em escarro, com grande quantidade de diplococos Gram-negativos e células inflamatórias do hospedeiro. A *M. catarrhalis* se parece e é frequentemente confundida com *Neisseria*.

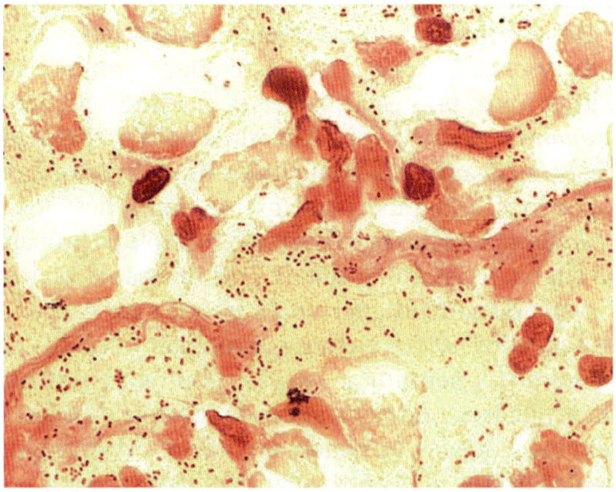

Haemophilus influenzae em escarro. As bactérias aparecem geralmente como cocobacilos muito pequenos, como células individuais ou, ocasionalmente, em pares.

HAEMOPHILUS INFLUENZAE

O *H. influenzae* é uma bactéria quase que relegada a seu valor histórico. Digo "quase" porque, apesar de a doença que ela provoca ter sido praticamente eliminada entre crianças vacinadas, a vacinação não foi extensivamente adotada no mundo inteiro. Continua sendo um desafio – e uma promessa – para o futuro. Algumas outras espécies de *Haemophilus* devem ser mencionadas aqui:

- *Haemophilus aegyptius*, causa importante da **conjuntivite** purulenta aguda ("olho cor-de-rosa"), associada a epidemias durante os meses quentes do ano.
- *Haemophilus ducreyi*, agente etiológico da doença sexualmente transmitida chamada de cancro mole, ou **cancroide**, caracterizada por uma pápula sensível com base eritematosa que evolui para ulceração dolorida e linfadenopatia.
- Outras espécies de *Haemophilus* são patógenos oportunistas principalmente responsáveis por **sinusite**, **otite** ou **bronquite**.

HAEMOPHILUS INFLUENZAE	
Propriedades	• O *H. influenzae* é subdividido sorologicamente com base nos sorotipos de antígenos capsulares (a até f); o **sorotipo b** é o mais virulento • O principal fator de virulência no ***H. influenzae* do sorotipo b** (HIB) é a cápsula polissacarídica antifagocítica, que contém ribose, ribitol e fosfato; referida geralmente como polirribitol fostato ou PRP; antígeno utilizado como vacina • Os anticorpos produzidos contra o PRP são protetores • O lipídio A do lopopolissacarídeo da parede celular bacteriana induz inflamação das meninges
Epidemiologia	• As espécies de *Haemophilus* são residentes normais da boca, embora o *H. influenzae* do sorotipo b seja relativamente incomum • A doença causada por *H. influenzae* do sorotipo b é um problema que acomete principalmente crianças (< 5 anos), embora a vacinação tenha eliminado este patógeno em muitas populações • Os pacientes que correm risco maior de adquirir a doença são aqueles que apresentam baixos níveis de anticorpos protetores, aqueles sem complemento e os que se submeteram à esplenectomia
Doenças	• **Meningite:** causa mais comum de meningite infantil, nas populações não vacinadas; inicia-se como sintomas leves no trato respiratório superior, evoluindo para as meninges • **Epiglotite**: celulite e inchaço dos tecidos supraglóticos; caso de emergência, potencialmente fatal em crianças mais novas, que têm vias aéreas naturalmente estreitas • **Celulite**: surgimento de placas azul-avermelhadas nas bochechas ou áreas periorbitais; acompanhadas por febre • **Artrite**: antes da vacinação, esta bactéria era a causa mais comum de artrite em crianças com menos de 2 anos
Diagnóstico	• Coloração de Gram e cultura do FCS ou do fluido sinovial têm valor diagnóstico • Culturas de sangue geralmente positivas para a maioria das doenças • Imunoensaios para PRP são antígeno-sensíveis nas amostras de FCS ou urina (antígeno concentrado na urina), mas raramente são utilizados hoje em dia, após a introdução da vacina
Tratamento, controle e prevenção	• Cefalosporinas de amplo espectro são utilizadas no tratamento empírico inicial; o uso de antibióticos alternativos deve ser orientado por testes de sensibilidade *in vitro* • A principal maneira de se evitar doenças por *H. influenzae* do sorotipo b é por meio da imunização com a **vacina de PRP conjugada** (combinada com proteínas para estimular a resposta imune em crianças muito novas); a vacina deve ser administrada antes dos 6 meses de idade, seguida por dose de reforço entre os 12 e os 15 anos; é eficaz somente contra as cepas do sorotipo b

CASO CLÍNICO

Pneumonia Causada por *Haemophilus Influenzae*

Holmes e Kozinn[3] descreveram o caso de uma mulher de 61 anos com pneumonia causada por H. influenzae *do sorotipo d. A paciente tinha um longo histórico de tabagismo, doença pulmonar obstrutiva crônica, diabetes melito e insuficiência cardíaca congestiva. Ela se apresentou com pneumonia no lobo superior esquerdo, produzindo escarro purulento, com muitos cocobacilos Gram-negativos. Culturas tanto de escarro quanto de sangue foram positivas para* H. influenzae *do sorotipo d. A bactéria foi sensível à ampicilina, a cujo tratamento a paciente respondeu. Este caso ilustra a suscetibilidade de pacientes com doença pulmonar crônica às infecções por cepas de* H. influenzae *que não as do sorotipo b.*

ACINETOBACTER BAUMANNII

Durante muitos anos, *A. baumannii* e outras espécies de *Acinetobacter* ocuparam o nicho relativamente comum de patógenos oportunistas raramente associados à causa de doenças importantes. Este quadro mudou nos últimos anos, pois estas bactérias, particularmente *A. baumannii*, vieram a apresentar uma nova propriedade: a resistência a praticamente todos os antimicrobianos disponíveis. Esta capacidade não só impôs desafios ao tratamento, mas também limitou o controle da propagação das bactérias nos hospitais. Esta situação ficou mais evidente durante as guerras do Iraque e do Afeganistão. Soldados feridos vieram a apresentar infecções nos ferimentos, pneumonia e sepse fulminante nos hospitais militares, onde as práticas de controle de infecção eram inadequadas, tornando-se então reservatórios dos agentes destas infecções, quando voltaram para seus países. Estas bactérias atualmente persistem em muitos hospitais do mundo inteiro e certamente continuarão sendo um desafio por muitos anos.

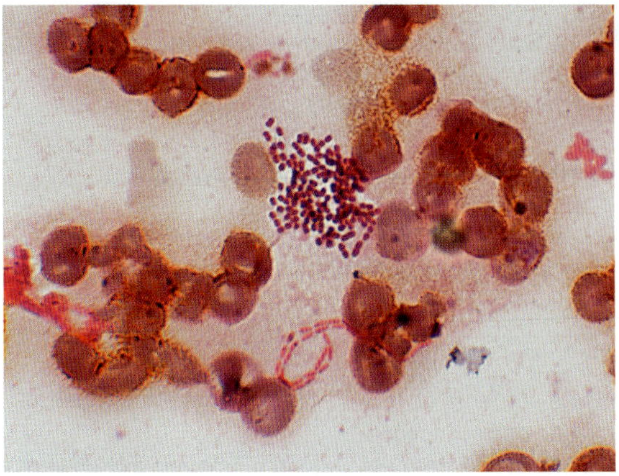

Acinetobacter baumannii em uma cultura de sangue, junto com *Pseudomonas aeruginosa*. Este cocobacilo Gram-negativo se parece com cocos Gram-positivos, de aspecto inflado, dispostos individualmente ou em pares. Por outro lado, as *P. aeruginosa* são bacilos Gram-negativos dispostos em cadeia.

ACINETOBACTER BAUMANNII	
Propriedades	• Patógeno oportunista • Muitas cepas são **multirresistentes** a drogas
Epidemiologia	• As espécies de *Acinetobacter* são saprófitas ubíquas no ambiente, dentro e fora do hospital; capazes de sobreviver tanto em superfícies úmidas, como equipamentos de ventilação mecânica, quanto em superfícies secas, como a pele humana • Embora outras espécies de *Acinetobacter* possam colonizar a boca, *A. baumannii* não é considerado normal na microbiota humana, de modo que seu isolamento de amostras clínicas é considerado significante • Pacientes em risco de adquirirem infecções incluem os que tomam antibióticos de amplo espectro, os que se recuperam de cirurgias ou aqueles submetidos à ventilação respiratória
Doenças	• **Patógeno oportunista** que causa infecções nos tratos respiratório e urinário em feridas e sepse
Diagnóstico	• A morfologia na coloração de Gram é característica – cocobacilos grandes e de aspecto inflado, que podem parecer com Gram-positivos e estão dispostos geralmente aos pares (maiores e mais redondos que *Streptococcus pneumoniae* ou *Enterococcus,* de modo que não dá para confundi-los) • Normalmente se observa o crescimento, em meio não seletivo, após 1 dia de incubação • A identificação de *A. baumannii* pode ser feita por meio de testes bioquímicos, os quais, porém, geralmente não são confiáveis para outras espécies de *Acinetobacter*; o sequenciamento genético é utilizado para identificação dessas bactérias
Tratamento, controle e prevenção	• O tratamento deve ser orientado por testes *in vito* de sensibilidade a drogas, pois a multirresistência a drogas é comum • A colistina pode ser o único antibiótico eficaz • Práticas adequadas de controle da infecção são necessárias para impedir a propagação desta bactéria entre pacientes muito doentes que estão internados, particularmente em relação ao tratamento de ferida e uso de aparelhos de respiração mecânica

BORDETELLA PERTUSSIS

Pode-se questionar por que assistimos ao ressurgimento de infecções por uma bactéria cuja biologia, epidemiologia e patogênese são tão bem conhecidas e cuja doença pode ser controlada com vacina prontamente acessível. O fato é que sabemos muito sobre ela porque trata-se de um patógeno muito importante. O uso de vacinas eficazes e sem efeitos adversos começou apenas recentemente, sendo que a doença persiste entre adultos porque as primeiras vacinas não conferiam imunidade duradoura. A erradicação da coqueluche só será alcançada por meio de um programa de vacinação intensivo e pelo cuidado no monitoramento de manifestações subclínicas da doença. Até isso ser possível, é primordial compreender a importância desta bactéria.

BORDETELLA PERTUSSIS	
Propriedades	• A **hemaglutinina filamentosa** e **pertactina** se ligam às membranas das células ciliadas da traqueia; estas proteínas são altamente imunogênicas, sendo utilizadas nas vacinas atuais • A **toxina pertússica** se liga às células epiteliais da orofaringe, bem como à superfície das células fagocíticas • A toxina pertússica (toxina do tipo A-B) inativa a G1α, uma proteína que controla a atividade da adenilato ciclase, resultando em níveis aumentados de adenosina monofosfato cíclico (AMPc), com consequente elevação na produção de muco e de secreções respiratórias; também inibe a ação letal dos fagócitos e migração dos monócitos • A **toxina adenilato ciclásica/hemolisina** aumenta os níveis cíclicos de AMPc; também inibe a ação letal dos fagócitos e migração dos monócitos • A **citotoxina traqueal** mata as células ciliadas do trato respiratório e estimula a liberação de interleucina-1, levando a uma resposta febril
Epidemiologia	• Patógeno estritamente humano • Distribuição mundial • Indivíduos não vacinados correm maior risco de adquirir a doença • A doença se restringia tradicionalmente às crianças menores de 1 ano; no entanto, é atualmente observada em crianças de maior idade e adultos, muito provavelmente devido à queda na imunidade • A doença é de transmissão interpessoal, através de aerossóis infecciosos
Doença	• **Coqueluche**: manifesta-se após um período de incubação de 7 a 10 dias; caracterizada por: (1) estágio **catarral** (semelhante a um resfriado comum); progredindo para o (2) estágio **paroxístico** (tosses contínuas, seguidas por ruídos inspiratórios); e, depois, (3) estágio de **convalescença** (menos paroxismos e complicações secundárias) • O estágio paroxístico pode ser menos evidente em crianças de maior idade e adultos, pois suas vias aéreas não podem ser obstruídas como as de bebês
Diagnóstico	• A microscopia é inespecífica e não apresenta sensibilidade • A cultura em meio seletivo é específica, mas não sensível • Os NAAT são os testes mais sensíveis e específicos e praticamente substituíram a microscopia e a cultura • A sorologia pode ser utilizada como um teste confirmatório, mas não é amplamente usada
Tratamento, controle e prevenção	• O tratamento com um macrolídeo (p. ex., azitromicina, claritromicina) é eficaz • A azitromicina é utilizada na profilaxia • As vacinas contendo toxina pertússica, hemaglutinina filamentosa e pertactina são altamente eficazes • A vacina para crianças é administrada em cinco doses (aos 2, 4, 6, 15 a 18 meses de idade, e dos 4 aos 6 anos); no adulto, é administrada entre 11 e 12 e entre 19 e 65 anos)

DOENÇA

Surto de Coqueluche em Profissionais de Saúde

Pascual e colaboradores[4] relataram um surto de coqueluche entre os profissionais de saúde de um hospital. O paciente zero, um enfermeiro anestesista, apresentou tosse e paroxismos agudos, seguidos por vômitos e episódios de apneia que levaram à perda de consciência. A equipe do setor de cirurgia, os pacientes expostos e os membros da família foram examinados, tendo sido feitos culturas, testes de PCR e sorologia daqueles que apresentaram sintomas respiratórios. Doze (23%) profissionais de saúde e nenhum de 146 pacientes examinados tinham coqueluche. A ausência da doença nos pacientes foi atribuída ao uso de máscara, cuidado ao tossir e ao fato de se evitar contato cara a cara. Este surto enfatiza a suscetibilidade dos adultos à infecção e a natureza altamente infecciosa da B. pertussis.

FRANCISELLA TULARENSIS

A *F. tularensis* foi alçada ao "alto" nível de **Agente Biológico Especial**, categoria de microrganismos com potencial de uso em bioterrorismo. Sua importância e alto grau de infectividade não foram ignorados por mim quando, como jovem microbiologista, em meu início de carreira, em St. Louis, isolava esta bactéria em cultura todo verão (ela está bem estabelecida na população de coelhos da área). Minha equipe rapidamente se deu conta do quão perigosa ela era, tendo cuidado extremo sempre que cocobacilos Gram-negativos, quase submicroscópicos, eram observados em culturas de sangue. A facilidade de contaminação acidental de técnicos de laboratório é semelhante à de transmissão a partir de tecido animal infectado ou picada de carrapato.

FRANCISELLA TULARENSIS	
Propriedades	• A cápsula polissacarídica protege as bactérias da fagocitose mediada por anticorpo • Patógeno intracelular resistente à ação letal do soro e de fagócitos
Epidemiologia	• O ser humano é um hospedeiro acidental • Mamíferos selvagens, animais domésticos e artrópodes hematófagos são reservatórios da bactéria; **coelhos**, gatos, **carrapatos duros** e moscas que picam são os mais frequentemente associados à causa de doenças humanas • Distribuição mundial, sendo que, nos Estados Unidos, as doenças são mais comuns em Oklahoma, Missouri e Arkansas • A dose infecciosa é pequena quando a contaminação se dá através da introdução na pele por artrópodes ou por inalação; para que a doença seja adquirida por esta via, uma grande quantidade de bactérias deve ser inalada • Os carrapatos devem se alimentar por um longo período de tempo para que as bactérias sejam transmitidas através de suas fezes
Doenças	• **Tularemia ulceroglandular**: caracterizada pela manifestação de uma pápula dolorida observada inicialmente no local de inoculação, evoluindo, em seguida, para uma ulceração com linfadenopatia localizada • **Tularemia oculoglandular**: após inoculação no olho (p. ex., ao esfregar os olhos com o dedo contaminado), a infecção é caracterizada pela manifestação de conjuntivite com linfadenopatia regional • **Tularemia pneumônica**: pneumonite com sinais de sepse manifesta-se rapidamente após a exposição a aerossóis contaminados; alta mortalidade, a menos que a doença seja diagnosticada e tratada rapidamente
Diagnóstico	• A microscopia não apresenta sensibilidade, pois a bactéria é muito pequena (sua morfologia é semelhante à da *Brucella* e é bem característica para as duas bactérias) • O crescimento da bactéria deve ser em meio suplementado com cisteína (p. ex., ágar chocolate, ágar extrato de levedura com carvão tamponado), sendo necessária a incubação prolongada (3 ou mais dias); a cultura não apresenta sensibilidade, a menos que a presença da bactéria seja suspeita, situação em que as placas com as culturas devem ser incubadas por tempo superior ao normal • A *Francisella* é altamente contagiosa, de modo que deve-se ter cuidado se a bactéria for isolada na cultura • A sorologia pode ser utilizada para confirmar o diagnóstico, mas os anticorpos persistem por anos e reagem cruzadamente com *Brucella*, quando há infecções por esta bactéria
Tratamento, controle e prevenção	• A gentamicina é o antibiótico de escolha; as fluoroquinolonas e a doxiciclina têm uma boa atividade; as penicilinas e algumas cefalosporinas são ineficazes • As doenças podem ser prevenidas evitando-se reservatórios e vetores • A remoção imediata dos carrapatos infectados costuma ser eficaz • A vacina viva atenuada está disponível, mas raramente é utilizada para prevenir as doenças

CASO CLÍNICO

Tularemia Transmitida por Gato

Capella e Fong[5] descreveram o caso de um homem de 63 anos que apresentou tularemia ulceroglandular complicada por uma pneumonia, após a mordida de um gato. Inicialmente, ele teve dor e inchaço em seu polegar, 5 dias após a mordida. Foram prescritas penicilinas por via oral, mas a condição do paciente piorou, com aumento da dor, inchaço e eritema no local e manifestações sistêmicas (febre, mal-estar e vômito). Uma incisão foi feita na ferida, mas não foi encontrado abscesso; a cultura de uma amostra clínica do local produziu um crescimento discreto de estafilococos coagulase-negativa. Foram prescritas penicilinas por via endovenosa, mas o paciente continuou a piorar, com desenvolvimento de uma linfadenopatia axilar sensível e sintomas pulmonares. Uma radiografia torácica revelou infiltrados nos lobos central e inferior direito do pulmão. O tratamento do paciente foi modificado para clindamicina e gentamicina, ocorrendo defervescência e melhoria do seu estado clínico. Após 3 dias de incubação, foram observadas colônias diminutas de cocobacilos Gram-negativos de coloração fraca na cultura original da amostra da ferida. A bactéria foi enviada a um laboratório de referência nacional, onde foi identificada como F. tularensis. *Soube-se depois que o gato do paciente vivia fora de casa e se alimentava de roedores selvagens. Este caso ilustra a dificuldade para se fazer o diagnóstico da tularemia e a falta de resposta ao tratamento com penicilina.*

ESPÉCIES DE *BRUCELLA*

Muito semelhante à *Francisella*, as espécies de *Brucella* são cocobacilos Gram-negativos extremamente pequenos, classificados atualmente como **Agentes Biológicos Especiais**. A espécie mais frequentemente envolvida com doenças humanas é a *Brucella melitensis*, bactéria que infelizmente foi introduzida nos Estados Unidos principalmente através de laticínios não pasteurizados importados do México. Esta é também a espécie responsável pelas manifestações sistêmicas mais agudas e graves e complicações relacionadas com a doença.

ESPÉCIES DE *BRUCELLA*	
Propriedades	• Patógeno intracelular do sistema retículo endotelial, capaz de resistir à ação letal do soro e de fagócitos
Epidemiologia	• Os reservatórios animais são caprinos e ovinos (*B. melitensis*), gado e bisão americano (*Brucella abortus*), suínos, renas e caribus (*Brucella suis*), cães, raposas e coiotes (*Brucella canis*). • O homem é um hospedeiro acidental que pode desenvolver a doença com qualquer uma das espécies listadas • Infecção dos tecidos animais ricos em eritritol (p. ex., tecidos da mama, útero, placenta e epidídimo), com liberação de grande quantidade de bactérias no leite, urina e secreções produzidas no parto • Distribuição mundial: a vacinação dos rebanhos tem controlado a doença nos Estados Unidos • A maioria dos casos da doença nos Estados Unidos é observada na Califórnia, no Texas e entre pessoas que viajam para o México • Indivíduos que correm mais risco são aqueles que consomem laticínios não pasteurizados, como leite e queijos, aqueles que têm contato direto com animais infectados e técnicos de laboratório
Doenças	• **Brucelose**: inicialmente apresenta sintomas inespecíficos de mal-estar, calafrios, sudorese, fadiga, mialgia, perda de peso, artralgia e febre; tipicamente evolui para sintomas sistêmicos (envolvimento do trato gastrintestinal, dos ossos ou articulações, do trato respiratório e outros órgãos) • A febre pode ser intermitente (chamada de "**febre ondulante**")
Diagnóstico	• A microscopia não apresenta sensibilidade porque a bactéria é muito pequena, embora característica quando observada ao microscópio • Culturas (de sangue, medula óssea e de tecido infectado) possibilitam a detecção da bactéria, se o tempo de incubação for prolongado (3 dias a 2 semanas) • A sorologia pode ser utilizada para confirmar o diagnóstico clínico, mas altos títulos de anticorpos podem persistir por meses ou até anos, e há reação cruzada com outras infecções
Tratamento, controle e prevenção	• Recomenda-se tratamento com doxiciclina combinada com rifampina por um mínimo de 6 semanas para mulheres adultas não grávidas; trimetoprim-sulfametoxazol para mulheres grávidas e crianças com menos de 8 anos • A doença em humanos é controlada pela sua erradicação nos reservatórios animais, por meio de vacinação e monitoramento sorológico dos animais, em busca de evidências da doença; pasteurização dos laticínios; e observação de práticas seguras nos laboratórios clínicos que trabalham com esta bactéria

CASO CLÍNICO

Brucelose

Lee e Fung[6] descreveram o caso de uma mulher de 34 anos que adquiriu brucelose por B. melitensis. *Ela apresentou cefaleias, febre e mal-estar recorrentes que surgiram após ela ter manipulado placenta de cabra, na China. As culturas de sangue foram positivas para* B. melitensis *após a incubação estendida. Ela foi tratada por 6 semanas com doxiciclina e rifampicina, vindo a ter boa resposta. Este caso foi uma descrição clássica de contato com tecidos contaminados ricos em eritritol, manifestação de febres e cefaleias recorrentes e resposta à combinação de doxiciclina e rifampicina.*

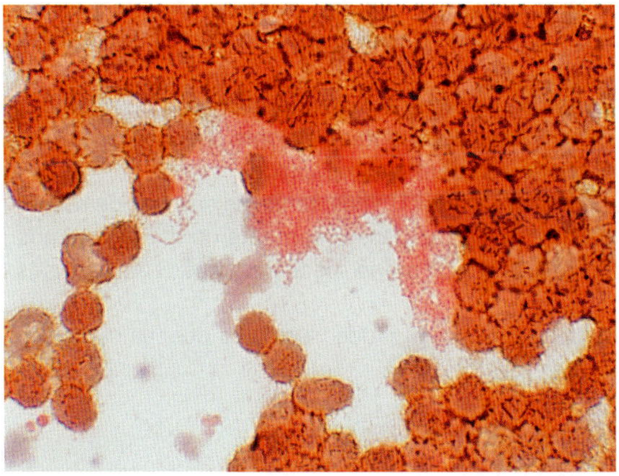

Brucella melitensis em uma cultura de sangue. As bactérias são cocobacilos extremamente pequenos, que se coram fracamente, dispostos em meio a hemácias, que são células muito maiores. Células individuais de bactérias seriam muito difíceis de se detectar em razão de seu tamanho e propriedades de coloração. A *Francisella* tem uma morfologia muito parecida.

REFERÊNCIAS

1. Fam A, McGillivray D, Stein J, Little H. Gonococcal arthritis: a report of six cases. *Can Med Assoc J* 1973;108:319-25.
2. Gardner P. Clinical practice. Prevention of meningococcal disease. *N Engl J Med* 2006;355:1466-73.
3. Holmes RL, Kozinn WP. Pneumonia and bacteremia associated with *Haemophilus influenzae* serotype d. *J Clin Microbiol* 1983;18:730-2.
4. Pascual FB, McCall CL, McMurtray A, Payton T, Smith F, Bisgard KM. Outbreak of pertussis among healthcare workers in a hospital surgical unit. *Infect Control Hosp Epidemiol* 2006;27:546-52.
5. Capellan J, Fong IW. Tularemia from a cat bite: case report and review of feline-associated tularemia. *Clin Infect Dis* 1993;16:472-5.
6. Lee MK, Fung KS. A case of human brucellosis in Hong Kong. *Hong Kong Med J* 2005;11:403-6.

7

Bacilos Gram-negativos Fermentadores Aeróbios

DADOS INTERESSANTES

- O Centers for Disease Control and Prevention (CDC) estima que haja mais de 250 mil casos de infecção por *Escherichia coli* produtora de toxina de Shiga (STEC) por ano, nos Estados Unidos, sendo apenas um terço deles causado por *E. coli* O157.
- O CDC estima que haja aproximadamente 1,2 milhão de casos de doenças e 450 mortes anuais, nos Estados Unidos, devido à *Salmonella* não tifoide. Crianças abaixo dos 5 anos apresentam maiores chances de serem infectadas, tendo os muito jovens e idosos as maiores chances de apresentar complicações.
- Há aproximadamente 500 mil novos casos de shigelose por ano nos Estados Unidos, tendo as crianças de menor idade e homossexuais masculinos um maior de risco de adquirir a infecção. Diferentemente do que ocorre nos Estados Unidos, a *Shigella* é a causa mais comum de diarreia em crianças de menor idade em países com recursos limitados.
- Embora a cólera seja rara nos Estados Unidos e em outros países industrializados, surtos da doença são ainda registrados na África, Sudeste Asiático e Haiti.

Este capítulo discute duas grandes e importantes famílias de bactérias: **Enterobacteriaceae** e **Vibrionaceae**. Os membros da família Enterobacteriaceae estão entre as principais bactérias Gram-negativas que causam doenças no ser humano. Embora menos comum, um dos membros da família Vibrionaceae, o ***Vibrio cholerae*** é responsável por uma das doenças mais temidas e mortais em países em desenvolvimento: a cólera. Essas duas famílias têm em comum a propriedade de fermentarem glicose e o fato de causarem as mesmas doenças, como gastrenterites e infecções de ferimentos. Não seria prático considerar aqui cada membro dessas famílias sem antes entender suas características em comum, que contribuem para a virulência, epidemiologia e doenças que eles causam.

A família Enterobacteriaceae forma o maior e mais heterogêneo conjunto de bacilos Gram-negativos de importância médica conhecidos, sendo composta por mais de 50 gêneros e centenas de espécies e subespécies. Os membros dessa família são **ubíquos**, encontrados universalmente no solo, na água, nas plantas e também como parte da flora normal do intestino da maioria dos animais, incluindo humanos. Todos crescem rapidamente, em condições aeróbias e anaeróbias, em uma variedade de meios de cultura não seletivos (p. ex., ágar sangue) e seletivos (p. ex., ágar MacConkey). As enterobactérias apresentam exigências nutricionais simples, fermentam glicose e são oxidase-negativas. A ausência de atividade da citocromo oxidase é uma característica importante, porque pode ser determinada rapidamente por um teste simples, utilizado para distinguir a família Enterobacteriaceae de muitos outros bacilos Gram-negativos fermentadores (p. ex., *Vibrio*) e não fermentadores (p. ex., *Pseudomonas*). Algumas características das bactérias em meio de cultura têm sido utilizadas para diferenciar os membros mais comuns da família Enterobacteriaceae. Por exemplo, a capacidade de **fermentação da lactose** (detectada pela mudança de coloração da colônia em meios contendo lactose, como o ágar MacConkey, comumente usado em laboratório) tem sido utilizada para diferenciar alguns enteropatógenos desta família, que não fermentam a lactose (p. ex., *Salmonella* e *Shigella*; colônias incolores no ágar MacConkey) de espécies que a fermentam (p. ex., *Escherichia*, *Klebsiella*; colônias de cor rosa-púrpura no ágar MacConkey). A **resistência aos sais biliares** presentes em alguns meios seletivos também tem sido usada para distinguir enteropatógenos bacterianos (p. ex., *Shigella* e *Salmonella*) de bactérias comensais, que são inibidas pelos sais biliares. Neste exemplo, o uso de meios de cultura que demonstram a fermentação da lactose e a resistência aos sais biliares é um teste rápido de seleção e identificação destes enteropatógenos, que dificilmente seriam detectados em fezes diarreicas, onde diferentes tipos de bactérias podem ser encontrados. Alguns membros da família

Enterobacteriaceae, tais como *Klebsiella,* são também tipicamente mucoides (formam aglomerados de colônias úmidas e viscosas, com **cápsulas** bem evidentes), ao passo que outras espécies apresentam uma camada limosa frouxa e difusível.

O **lipopolissacarídeo (LPS),** que é termoestável, é o principal antígeno da parede celular de bactérias da família Enterobacteriaceae, sendo formado por três componentes: **polissacarídeo O somático** externo, polissacarídeo central comum a todas as Enterobacteriaceae (**antígeno comum das enterobactérias**) e **lipídio A**. Este último funciona como uma endotoxina, sendo que muitas das manifestações sistêmicas associadas a infecções por bactérias Gram-negativas são induzidas por endotoxinas – ativação do sistema complemento, liberação de citocinas, leucocitose, trombocitopenia, coagulação intravascular disseminada, febre, diminuição da circulação periférica, choque e morte.

A classificação para fins epidemiológicos (sorológica) das bactérias da família Enterobacteriaceae se baseia em três grupos principais de antígenos: o **polissacarídeo O somático**, o **antígeno capsular K** (polissacarídeos tipo-específicos) e as **proteínas H** dos flagelos bacterianos. Além da importância epidemiológica, a identificação desses antígenos tem também importante significado clínico, visto que algumas espécies patogênicas de bactérias estão associadas a sorotipos O e H específicos (p. ex., *E. coli* O157:H7 está associada à colite hemorrágica).

A família Vibrionaceae também é grande, consistindo em mais de 100 espécies, sendo *V. cholerae* a mais importante. Todas as espécies são capazes de crescer em uma variedade de meios de cultura simples, porém exigem a adição de sal ao meio de cultura para seu crescimento (são halofílicas, ou seja, "amantes de sal"). Essas espécies também podem tolerar uma ampla faixa de temperatura e pH, mas são sensíveis ao ácido gástrico. Por esse motivo, o contato tem que ser com um grande inóculo para que haja manifestação da doença. Assim como na família Enterobacteriaceae, a parede celular das bactérias da família Vibrionaceae contém LPS, consistindo em polissacarídeo O externo, polissacarídeo central e lipídio A internamente. O tipo de polissacarídeo O é utilizado para classificar as espécies de *Vibrio* em sorogrupos. Existem mais de 200 sorogrupos de *V. cholerae*, sendo o mais importante deles o *V. cholerae* O1. Este sorogrupo é o responsável pelas pandemias de cólera.

Apesar de, neste capítulo, a discussão sobre *Vibrio* focar em *V. cholerae,* duas outras espécies precisam ser mencionadas: *Vibrio parahaemolyticus* e *Vibrio vulnificus.* Após a ingestão de frutos do mar contaminados com *V. parahaemolyticus,* ele é capaz de causar **diarreias** que podem variar de autolimitantes, diarreias aquosas até uma forma moderada de cólera. Os sintomas podem durar 3 dias ou mais, mas terminam em recuperação total do paciente. *V. vulnificus,* ao contrário, é uma espécie particularmente virulenta, cuja manifestação mais comum é uma **septicemia primária** após consumo de ostras cruas contaminadas ou **infecções de ferimentos,** de evolução rápida, após contato com a água do mar. A taxa de mortalidade pode alcançar 50% em pacientes com septicemia e 20% a 30% naqueles com infecções de ferimentos. Pacientes imunossuprimidos ou portadores de doenças hepáticas, doenças hematopoéticas e insuficiência renal crônica apresentam um risco particular de adquirir essas doenças.

CASO CLÍNICO

Ostras Cruas e *Vibrio parahaemolyticus*

Um dos maiores surtos conhecidos de V. parahaemolyticus *nos Estados Unidos foi registrado em 2005.*[1] *Em 19 de julho, o Serviço Epidemiológico do Estado de Nevada relatou o isolamento de* V. parahaemolyticus *de um indivíduo que apresentou gastrenterite 1 dia após comer ostras cruas, servidas em um cruzeiro na região do Alasca. A análise epidemiológica identificou 62 indivíduos (taxa de morbidade de 29%) que apresentaram gastrenterite após consumirem apenas uma ostra crua. Além da diarreia, os indivíduos doentes informaram ter tido dores abdominais (82%), calafrios (44%), mialgias (36%), dores de cabeça (32%) e vômito (29%), sendo que estes sintomas duraram em média 5 dias. Nenhum paciente precisou ser internado. Todas as ostras envolvidas no episódio foram adquiridas de uma mesma fazenda de criação, onde a temperatura da água entre julho e agosto foi de 16,6 °C a 17,4 °C. Temperaturas acima de 15 °C são favoráveis para o crescimento de* V. parahaemolyticus. *Desde 1997, a temperatura média da água nos criadouros de ostras tem aumentado 0,21 °C por ano e agora persiste de modo consistente acima de 15 °C. Por isso, esse aquecimento sazonal ampliou o intervalo de ocorrência de* V. parahaemolyticus *e gastrenterites a ele associadas. Este surto demonstra o papel dos moluscos contaminados nas doenças causadas por* V. parahaemolyticus *e respectivos sintomas.*

CASO CLÍNICO

Septicemia Causada por *Vibrio vulnificus*

Septicemia e infecções de ferimentos são complicações bem conhecidas que ocorrem após contato com o V. vulnificus. *Este caso clínico, publicado no* Morbidity and Mortality Weekly Report,[2] *ilustra as características típicas dessas infecções. Um homem de 38 anos com histórico de alcoolismo e diabetes insulino-dependente apresentou febre, calafrios, náuseas e mialgia 3 dias após comer ostras cruas. Ele foi internado no hospital local, no dia seguinte, com febre alta e duas lesões necróticas na perna esquerda. O diagnóstico clínico foi de septicemia, sendo que o paciente foi transferido para a unidade de terapia intensiva. Foi feito um tratamento com antibióticos e, no segundo dia de internação,* V. vulnificus *foi isolado de uma amostra de seu sangue coletada quando o paciente foi internado. Apesar do tratamento médico intensivo, a condição do paciente piorou, vindo ele a falecer no terceiro dia de internação. Esse caso demonstra como é de progressão rápida e frequentemente fatal a infecção causada por* V. vulnificus *e o fator de risco que é a ingestão de mariscos crus, principalmente no caso de indivíduos com doenças hepáticas. A doença poderia evoluir de modo semelhante se o contato deste indivíduo com o* V. vulnificus *tivesse sido por meio de um ferimento superficial.*

Enterobacteriaceae e Vibrionaceae

Bactérias	Origem Histórica
Família Enterobacteriaceae	
E. coli	*Escherichia*, designada em homenagem a Theodor Escherich, que a descobriu; *coli*, de cólon
Klebsiella pneumoniae	*Klebsiella*, designada em homenagem ao microbiologista alemão Edwin Klebs; *pneumoniae*, inflamação dos pulmões
Proteus mirabilis	*Proteus*, um deus capaz de assumir diferentes formas; *mirabilis*, surpreendente (refere-se às formas pleomórficas de suas colônias)
Salmonella typhi	*Salmonella*, designada em homenagem a Daniel Salmon, chefe do departamento onde trabalhou Theobald Smith, que descobriu esta bactéria; *typhi*, de tifoide (referência à doença febre tifoide)
Shigella dysenteriae	*Shigella*, designada em homenagem a quem a descobriu, Kiyoshi Shiga; *dysenteriae*, disenteria
Yersinia pestis	*Yersinia*, designada em homenagem a Yersin, que identificou o primeiro isolado desta bactéria; *pestis*, peste
Família Vibrionaceae	
V. cholerae	*Vibrio*, que vibra ou move rapidamente (movimento rápido causado por flagelos polares); *cholerae*, cólera ou doença intestinal

A discussão feita aqui sobre Enterobacteriaceae e Vibrionaceae pode não ser abrangente, devido ao grande número de espécies destas famílias que causam doenças; entretanto, acredito que aquelas que serão apresentadas a seguir são representativas dessas famílias.

ESCHERICHIA COLI

E. coli é o membro mais comum e importante da família Enterobacteriaceae. Esta bactéria está associada a vários tipos de doenças, incluindo gastrenterites e infecções extraintestinais, tais como cistite e pielonefrite, infecções intra-abdominais, meningite e septicemia. Várias cepas de *E. coli* são capazes de causar doenças, sendo que alguns sorotipos estão associados a uma maior virulência (p. ex., *E. coli* O157 é a causa mais comum de colite hemorrágica e síndrome hemolítica urêmica) do que outros. Cinco grupos diferentes de *E. coli* são responsáveis por manifestações intestinais, cada qual apresentando características de virulência particulares.

ESCHERICHIA COLI	
Propriedades	• ***E. coli*** **enterotoxigênica (ETEC)** adere ao intestino delgado através de fatores de colonização e produz as toxinas termolábil e termoestável • ***E. coli*** **enteropatogênica (EPEC)** adere ao intestino delgado através de adesinas (pili formadores de feixes, intimina), provocando danos à mucosa intestinal • ***E. coli*** **enteroagregativa (EAEC)** adere ao intestino delgado através da fímbria de aderência agregativa (AAF), também provocando danos à mucosa intestinal • ***E. coli*** **produtora de toxina de Shiga (STEC)** adere inicialmente ao intestino através de pili formadores de feixes e intimina e, em seguida, produz as toxinas de Shiga Stx1 e Stx2 que afetam a mucosa do cólon • EIEC invade e destrói a mucosa do cólon • Cepas uropatogênicas se ligam a células da bexiga e do trato urinário superior através de adesinas (fímbria P, AAF e outras) e produzem a hemolisina HlyA que lisa as células, levando à liberação de citocinas, no estímulo da resposta inflamatória. • A maioria das cepas que causa meningite neonatal expressa o antígeno capsular K1.
Epidemiologia	• Representam os bacilos aeróbios Gram-negativos mais comuns do trato gastrintestinal • Infecções do trato urinário, infecções intra-abdominais e septicemias geralmente têm origem endógena (ou seja, são causadas por *E. coli* da própria flora do paciente); cepas causadoras de gastrenterites são geralmente adquiridas de fontes exógenas • Meningites são principalmente restritas aos recém-nascidos • Infecções intra-abdominais são relacionadas com a saída de bactérias do intestino durante trauma ou cirurgias; infecções geralmente polimicrobianas

Doenças	• **Gastrenterites**: causadas por várias cepas apresentando fatores de virulência específicos; os sintomas das doenças são um reflexo do local e patologia das infecções
	  • Infecções do intestino delgado (ETEC, EPEC, EAEC): caracterizadas por diarreia aquosa, vômito, e febre baixa
	  • Infecções do intestino grosso (STEC, EIEC): caracterizadas por diarreia sanguinolenta (colite hemorrágica) e dores abdominais
	• **Síndrome hemolítica-urêmica**: complicação associada à infecção por STEC e EIEC
	• **Infecções do trato urinário**: podem ser restritas à inflamação da bexiga ou podem envolver o trato urinário superior, principalmente os rins, quando associada a febre e dores nos lados do corpo
	• **Infecções intra-abdominais polimicrobianas**: caracterizadas pela formação de abscessos (causados pelas bactérias associadas a estas infecções) e septicemia
	• **Meningite**: em recém-nascidos, não são diferenciadas de meningites de outras causas (p. ex., *Streptococcus* do grupo B)

Diagnóstico	• A coloração de Gram de isolados de Enterobacteriaceae é mais intensa nas extremidades das bactérias, o que dá uma aparência "bipolar" • As bactérias crescem rapidamente na maioria dos meios de cultura • As enterobactérias patogênicas, à exceção de STEC, são detectadas principalmente por testes de amplificação de ácido nucleico (NAATs), que foram recentemente disponibilizados comercialmente • Cepas produtoras de toxina de Shiga são detectadas em meios de cultura seletivos ou por ensaios para a detecção das toxinas ou dos genes que as codificam
Tratamento, controle e prevenção	• Infecções por enterobactérias patogênicas são tratadas sintomaticamente, a menos que haja infecções generalizadas • A antibioticoterapia deve ser orientada por testes de sensibilidade *in vitro*, devido à resistência aumentada a penicilinas, cefalosporinas e carbapenens, mediada por β-lactamases de espectro estendido e carbapenemases • Práticas apropriadas para controle de infecções são utilizadas para reduzir o risco de infecções nosocomiais (p. ex., restringindo-se o uso de antibióticos e evitando o emprego desnecessário de cateteres no trato urinário) • Manutenção de um alto padrão de higiene para reduzir o risco de contato com cepas causadoras de gastrenterites, principalmente no caso de viajantes com destino a regiões menos desenvolvidas • Cozimento adequado de carne e derivados para reduzir os riscos de infecção por STEC

CASO CLÍNICO

Surto de Infecções por STEC em Vários Estados

Em 2006, a E. coli *O157 foi responsável por um grande surto de gastroenterite, que afetou vários estados. Foi provocado pela contaminação de espinafre, havendo um total de 173 casos descritos, em 25 estados, em 18 dias. O surto resultou na internação de mais de 50% dos pacientes nos quais a doença foi oficialmente diagnosticada, tendo sido detectados16% de casos de síndrome hemolítico-urêmica e uma morte. Apesar da ampla distribuição do espinafre contaminado, a divulgação sobre o surto e a rápida identificação do espinafre como sua causa levaram a sua imediata remoção dos mercados e no fim do surto. Esse caso clínico ilustra como a contaminação de um alimento, mesmo em pequena quantidade de microrganismos, pode levar a disseminação de um agente particularmente virulento como é o caso de cepas de STEC.*

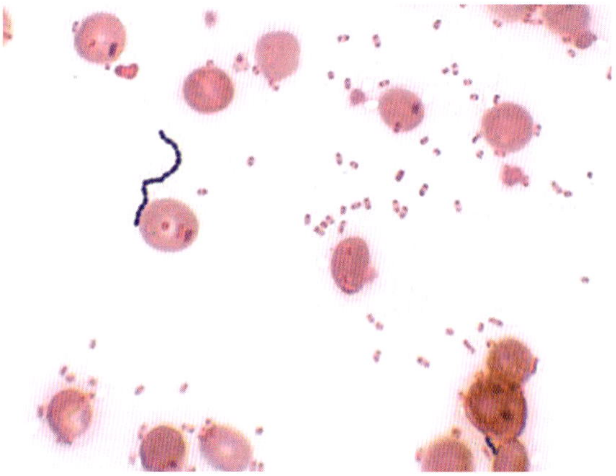

Eschericha coli e *Streptococcus* spp em cultura de sangue. Todos os membros da família Enterobacteriaceae apresentam padrão de "coloração bipolar", ou seja, as extremidades dos bacilos são coradas mais intensamente do que o centro da célula, conferindo aparência de diplococo.

KLEBSIELLA PNEUMONIAE

A espécie mais importante do gênero *Klebsiella* é a *K. pneumoniae*, que é uma causa bem conhecida de **pneumonia**. Bactérias desse gênero apresentam, em sua superfície, uma cápsula mucoide bem evidente, o que torna sua identificação pela coloração de Gram (bacilos grandes envolvidos em uma cápsula abundante) e por cultura relativamente fácil. As bactérias desse gênero causam pneumonia, adquirida tanto na comunidade quanto no ambiente hospitalar, com destruição de espaços alveolares, formação de cavidades e marcada produção de escarro contendo sangue. O tratamento das infecções causadas por essas bactérias também tem sido um desafio, porque muitas delas são resistentes a todos os antibióticos β-lactâmicos conhecidos, devido à produção de carbapenemases. Infelizmente, o termo "**KPC**", ou *K. pneumoniae* produtora de carbapenemase, tem se tornado bastante familiar atualmente em nossas conversas.

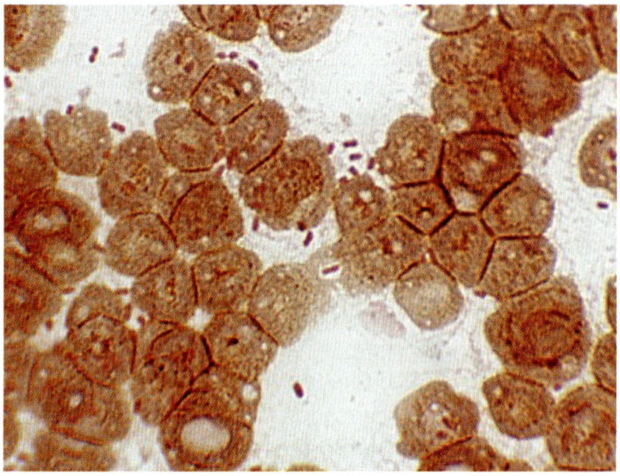

Klebsiella pneumoniae são bacilos grandes, frequentemente envolvidos por uma cápsula bem evidente. Observe, nesta figura, que muitos bacilos apresentam uma área clara à sua volta (notada principalmente naqueles dispostos aos pares no centro). A área clara é a cápsula, que exclui o corante.

KLEBSIELLA PNEUMONIAE	
Propriedades	• Cápsula mucoide de polissacarídeos, bem evidente • Produção de carbapenemases e outras β-lactamases
Epidemiologia	• Amplamente distribuída na natureza e baixo nível de colonização em indivíduos sadios • As doenças se manifestam principalmente em pacientes com comprometimento das funções pulmonar ou de controle das secreções respiratórias (p. ex., alcoólatras, pacientes internados, em estágio terminal).
Doença	• **Pneumonia**: envolvendo significativamente um ou mais lóbulos pulmonares ("pneumonia lobar"), com formação de cavitações e produção de escarro com sangue
Diagnóstico	• A coloração de Gram do escarro apresenta bactérias e uma intensa resposta imune celular características • Crescimento relativamente fácil em cultura

KLEBSIELLA PNEUMONIAE (Cont.)	
Tratamento, controle e prevenção	• O tratamento deve ser orientado por testes de sensibilidade a antimicrobianos *in vitro*, porque cepas multirresistentes são comuns, principalmente em ambientes hospitalares • Práticas apropriadas de controle de infecções são utilizadas para reduzir o risco de infecções nosocomiais, incluindo a identificação de cepas resistentes em portadores assintomáticos, bem como o uso restrito de antibióticos

PROTEUS MIRABILIS

O membro mais comum do gênero *Proteus* é o *P. mirabilis*, que é causa importante de **infecção do trato urinário** em adultos normalmente saudáveis. O *P. mirabilis* produz grande quantidade de urease, uma enzima que quebra a ureia em dióxido de carbono e amônia. Esse processo aumenta o pH da urina, produzindo magnésio e cálcio na forma de cristais de estruvita e apatita, respectivamente, levando à formação de cálculos renais. Outras bactérias que infectam o trato urinário e produzem urease podem causar o mesmo efeito (p. ex., *Staphylococcus saprophyticus*).

PROTEUS MIRABILIS	
Propriedades	• Produção de urease
Epidemiologia	• Presente no trato gastrintestinal, podendo migrar para o trato urinário e causar doença • Pacientes com histórico de infecções por essa bactéria apresentam maior risco de serem infectados do que aqueles que nunca foram infectados pela mesma
Doença	• **Infecções do trato urinário**, incluindo cistite (na bexiga) e pielonefrite (no rim) com formação de cálculos
Diagnóstico	• Cresce prontamente em cultura e apresenta um tipo característico de motilidade, na superfície de ágar em placas, chamado de *swarming* (a colônia rapidamente se espalha e cobre toda a superfície da placa, com uma fina camada de bactérias) • Identificação definitiva por testes bioquímicos ou espectrometria de massa
Tratamento, controle e prevenção	• Geralmente sensível a ampicilina e cefalosporinas; resistente à tetraciclina • A diminuição do uso de sondas no trato urinário reduz o risco de infecções hospitalares

SALMONELLA

São descritos mais de 2.500 sorotipos de *Salmonella*, geralmente considerados como espécies individuais, sendo que as mais comuns são: *S. typhi*, *Salmonella enteritidis*, *Salmonella choleraesuis* e *Salmonella typhimurium*. Na verdade, a maioria desses sorotipos é membro de uma mesma espécie, a *Salmonella enterica*. Não acredito que o estudante tenha interesse particular nesta questão taxonômica, mas deve-se reconhecer que há certa confusão na literatura sobre este tema. Para simplificar esta explicação, vou me ater no membro mais importante deste gênero, a *S. typhi*, fazendo apenas comentários gerais sobre outras espécies.

As espécies de *Salmonella* podem colonizar todos os animais, particularmente as aves e são capazes de provocar doenças em vários hospedeiros, incluindo o ser humano; entretanto, a *S. typhi* é um patógeno exclusivamente de humanos, que pode causar doenças graves e sobreviver na vesícula biliar, estabelecendo-se o estado de portador crônico.

SALMONELLA	
Propriedades	• A virulência de *S. typhi* é regulada por genes localizados em duas grandes ilhas de patogenicidade, que facilitam a aderência, a internalização e a replicação da bactéria dentro das células intestinais e macrófagos • As bactérias são transportadas do intestino ao fígado, baço e medula óssea, pelos macrófagos

(Continua)

SALMONELLA (Cont.)	
Epidemiologia	• Ao contrário da maioria das espécies de *Salmonella*, que são adquiridas pela ingestão de alimentos contaminados (p. ex., carne de aves, ovos e derivados do leite), a *S. typhi* é um patógeno exclusivamente humano, adquirido por contato interpessoal ou ingestão de alimentos ou água contaminados por indivíduos infectados • Anualmente, ocorrem entre 400 e 500 casos de infecção por *S. typhi* nos Estados Unidos, a maioria das quais adquirida em viagens internacionais; mais de 27 milhões de casos, com um número estimado de 200 mil mortes por ano, ocorrem em todo o mundo • A dose infectante é baixa, de modo que a disseminação pelo contato interpessoal é comum • A colonização assintomática por longos períodos é frequente
Doenças	• **Febre entérica**: 10 a 14 dias após a ingestão de *S. typhi*, os pacientes têm aumento gradual de febre, com queixas inespecíficas de dor de cabeça, mialgia, febre e anorexia. Estes sintomas persistem por uma semana ou mais, seguidos por sintomas gastrintestinais. • **Colonização assintomática**: Infecção crônica de baixa intensidade, em que a *S. typhi* se instala na vesícula biliar.
Diagnóstico	• *S. typhi* presente no **sangue** na primeira fase da doença e isolada **das fezes,** após a instalação da bactéria na vesícula biliar • A cultura de fezes geralmente é negativa, porque a fase bacterêmica é transitória e o pequeno número de bactérias presente nas fezes pode dificultar sua detecção • Embora historicamente os testes sorológicos tenham sido utilizados para demonstrar infecções presentes ou passadas, eles são considerados inespecíficos e sem sensibilidade
Tratamento, controle e prevenção	• Infecções por *S. typhi* ou infecções generalizadas por outras bactérias devem ser tratadas com antibióticos eficazes (escolhidos por meio de testes de sensibilidade *in vitro*); podem ser utilizados fluoroquinolonas (p. ex., ciprofloxacina), cloranfenicol, trimetoprim-sulfametoxazol ou cefalosporinas de amplo espectro, mas casos de resistência regionais são comuns devido ao uso irrestrito de antibióticos em alguns locais • Portadores de *S. typhi* devem ser identificados e tratados • Vacinação contra *S. typhi* pode reduzir o risco da doença em viajantes com destino a áreas endêmicas

CASO CLÍNICO

Infecção por *Salmonella typhi*

Scully e colaboradores[3] descreveram o caso de uma mulher de 25 anos que foi internada em um hospital de Boston, com histórico de febre persistente que não respondia ao tratamento com amoxicilina, acetaminofeno ou ibuprofeno. Ela residia nas Filipinas e estava em viagem nos Estados Unidos há 11 dias. O exame físico mostrou que ela tinha febre, fígado palpável, dor abdominal e urinálise anormal. Culturas de sangue coletado na internação foram positivas para S. typhi, *no dia seguinte. A bactéria apresentou sensibilidade para fluoroquinolonas, droga que foi então usada no tratamento deste caso. Em quatro dias, a febre cessou e a paciente foi liberada para retornar às Filipinas. Embora a febre tifoide possa ser uma doença séria, com risco de morte, ela pode se manifestar inicialmente através de sintomas inespecíficos, como os apresentados por essa mulher.*

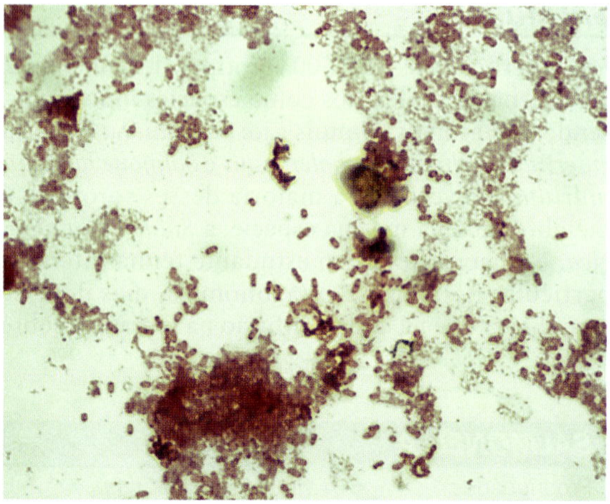

Salmonella typhi em cultura de sangue. Observe a "coloração bipolar" bem evidente

SHIGELLA

As espécies do gênero *Shigella* são, na realidade, variantes bioquímicas (biogrupos) de *E. coli*; entretanto, mantêm-se em um gênero separado por razões históricas. Provavelmente, é mais fácil imaginar as *Shigella* como variantes de *E. coli* Enteroinvasora (EIEC) e STEC. São conhecidas quatro espécies de *Shigella*, sendo que a *Shigella sonnei* é responsável pela grande maioria das infecções nos Estados Unidos e a *Shigella flexneri* predomina nos países em desenvolvimento. Embora as infecções por *Shigella dysenteriae* sejam menos comuns, sendo observadas principalmente na África Ocidental e América Central, *S. dysenteriae* é a espécie mais virulenta de todas e associada a taxas de mortalidade que variam de 5% a 15%. A quarta espécie, *Shigella boydii*, é rara.

SHIGELLA	
Propriedades	• Aderem, invadem e se replicam nas células da mucosa do cólon • Replicam-se no citoplasma de células fagocíticas e movem-se de uma célula para outra sem contato com o meio extracelular, mantendo-se assim protegidas da resposta imune • Induzem a morte celular programada de macrófagos, resultando na liberação de interleucina-1β, levando ao estímulo de resposta inflamatória localizada • A exotoxina A-B (**toxina de Shiga**, semelhante à toxina de STEC), produzida por *S. dysenteriae,* bloqueia a síntese proteica e danifica o endotélio vascular • A toxina de Shiga também pode provocar danos às células endoteliais dos glomérulos, causando falência renal: **síndrome hemolítica urêmica**
Epidemiologia	• São estimados 500 mil casos de infecção por *Shigella* anualmente nos Estados Unidos; 90 milhões de casos em todo o mundo (sendo uma das causas mais frequentes de gastrenterite bacteriana) • **Os seres humanos são os únicos reservatórios** dessa bactéria • A transmissão da doença ocorre de pessoa a pessoa pela via fecal-oral • É uma doença que afeta principalmente crianças, estando em maior risco aquelas de menor idade, em creches, berçários e centros de custódia; estão também sob risco irmãos e pais destas crianças, assim como populações em condições higiênico-sanitárias inadequadas e homossexuais masculinos • Um número relativamente pequeno de bactérias pode provocar doenças (são altamente infecciosas) • Doença de ocorrência mundial e não sazonal (o que explica a transmissão interpessoal com pequeno inóculo)
Doenças	• A **shigelose** se apresenta inicialmente como diarreia evoluindo, em 1 a 2 dias, para dores abdominais e tenesmo (com ou sem fezes sanguinolentas). • **Disenteria bacteriana** é uma forma grave da doença, causada por *S. dysenteriae.* • Condição de **portador assintomático**, que se manifesta em um pequeno número de pacientes (reservatório para infecções futuras).
Diagnóstico	• A microscopia não é válida, porque não diferencia *Shigella* de *E. coli* ou outros bacilos Gram-negativos presentes em fezes de indivíduos saudáveis • A cultura em meios seletivos específicos para o isolamento de *Shigella* é válida, mas deve-se ter cuidado no manuseio destas culturas, visto que a bactéria é altamente infecciosa (infecções adquiridas em laboratório não são incomuns) • Multiplex NAATs (que detecta simultaneamente múltiplos enteropatógenos) estão se tornando frequentes e poderão substituir as culturas nos próximos anos, principalmente em laboratórios que dispõem de recursos
Tratamento, controle e prevenção	• A antibioticoterapia diminui o tempo da infecção sintomática, a eliminação bacteriana nas fezes e a infectividade através de contato interpessoal • O tratamento deve ser orientado por testes de sensibilidade *in vitro* • Tratamento empírico pode ser iniciado com uma fluoroquinolona ou trimetoprim-sulfametoxazol • Medidas apropriadas de controle das infecções devem ser implementadas para impedir a disseminação da bactéria, incluindo lavagem das mãos e destinação adequada de roupas sujas

CASO CLÍNICO

Infecções por *Shigella* em Creches

Em 2005, três estados relataram surtos de infecção por Shigella *multirresistentes a drogas em creches nos Estados Unidos. Um total de 532 casos foi registrado na área de Kansas City, tendo os pacientes uma média de idade de 6 anos.[4] O patógeno predominante foi uma cepa multirresistente de* S. sonnei*, sendo que 89% dos isolados foram resistentes a ampicilina e trimetoprim-sulfametoxazol. A shigelose dissemina-se facilmente em creches devido ao alto risco de contaminação fecal e à baixa dose infectante capaz de provocar a doença. Pais, professores e colegas de turma das crianças têm grande risco de adquirir a doença.*

YERSINIA PESTIS

Os patógenos humanos mais conhecidos deste gênero são *Y. pestis* e *Yersinia enterocolitica*. A *Y. pestis* provoca a infecção sistêmica altamente fatal conhecida como **peste**, que será o foco desta seção. *Y. enterocolitica* provoca **gastrenterites** em regiões de clima frio, como no norte europeu e na América do Norte, e também outras duas doenças: (1) inflamação crônica do íleo terminal, com aumento dos linfonodos mesentéricos, resultando em "**pseudoapendicite**" (doença que afeta principalmente crianças); e (2) **bacteremia relacionada com transfusão sanguínea**. A *Y. enterocolitica* é capaz de crescer a 4°C, podendo se multiplicar e ser encontrada em grande número em hemoderivados estocados sob refrigeração.

YERSINIA PESTIS	
Propriedades	• *Y. pestis* é envolvida em uma cápsula proteica que inibe a fagocitose • Apresenta proteases capazes de degradar: (1) o C3b do sistema complemento, impedindo a opsonização; (2) o C5a, impedindo a migração de fagócitos; e (3) a rede de fibrina, possibilitando a disseminação bacteriana no organismo • Induz a morte de macrófagos e bloqueia a produção de citocinas, resultando em diminuição da resposta inflamatória contra a infecção • A *Y. pestis* é resistente aos efeitos bactericidas do soro
Epidemiologia	• A peste foi uma das doenças mais devastadoras da história, sendo a principal epidemia registrada no Antigo Testamento; de ocorrência mundial entre 540 d.C. até meados dos anos 700 d.C., na Europa nos anos 1320 (30 a 40% da população faleceram) e, a partir da China, nos anos 1860, epidemias e surtos esporádicos continuam a acontecer até hoje • A infecção por *Y. pestis* é uma zoonose, sendo que os humanos são hospedeiros acidentais • Existem duas formas da doença: (1) **peste urbana**, com ratos atuando como reservatórios; (2) **peste silvestre**, com esquilos, coelhos e animais domésticos sendo reservatórios • A doença é transmitida pelas picadas do vetor, a pulga (que leva a bactéria dos reservatórios para humanos), contato direto com tecidos infectados, ou de pessoa a pessoa pela inalação de aerossóis de um paciente com a forma pulmonar da doença (pacientes com a infecção pulmonar são altamente contagiosos) • Menos de 10 casos, principalmente a peste silvestre, são registrados anualmente nos Estados Unidos
Doenças	• Manifestações clínicas: peste bubônica e peste pneumônica • **Peste bubônica**: caracterizada por um período de incubação inferior a 1 semana, seguido por manifestação de febre alta, inchaço com dor ou bulbo dos linfonodos regionais (axilares ou inguinais), com bacteremia. Altas taxas de mortalidade, a menos que o tratamento seja rápido • **Peste pneumônica**: caracterizada pela manifestação de febre e sintomas pulmonares em 1 ou 2 dias após a inalação da bactéria. Altas taxas de mortalidade
Diagnóstico	• A microscopia do bulbo ou das secreções pulmonares é sugestiva se houver alguma suspeita clínica da doença, mas não é específica (a *Y. pestis* assemelha-se a outras enterobactérias) • A bactéria cresce na maioria dos meios de cultura, mas pode exigir 2 dias de incubação • Identificação feita por testes bioquímicos ou por espectrometria de massa

YERSINIA PESTIS (Cont.)	
Tratamento, controle e prevenção	• As infecções por *Y. pestis* são tratadas com estreptomicina; tetraciclinas, cloranfenicol ou trimetoprim-sulfametoxazol podem ser usados como terapia alternativa • Infecções intestinais causadas por outras espécies de *Yersinia* normalmente são autolimitantes. Se houver indicação para terapia antimicrobiana, a maioria dessas bactérias é sensível a cefalosporinas de amplo espectro, aminoglicosídeos, cloranfenicol, tetraciclinas e trimetoprim-sulfametoxazol • A peste é controlada pela redução da população de roedores • As vacinas não estão mais disponíveis nos Estados Unidos

CASO CLÍNICO

Peste Humana nos Estados Unidos

Em 2006, 13 casos de peste humana foram registrados nos Estados Unidos – sete no Novo México, três no Colorado, dois na Califórnia e um no Texas.[5] A seguir, é apresentado o caso de um homem de 30 anos, com uma manifestação clássica de peste bubônica. Em 9 de julho, ele foi ao hospital local tendo um histórico de 3 dias com febre, náuseas, vômitos e linfadenopatia inguinal do lado direito. O paciente foi liberado sem tratamento. Três dias depois, voltou ao hospital e foi internado com septicemia e infiltrados pulmonares bilaterais. Ele foi colocado em isolamento respiratório e tratado com gentamicina, à qual ele respondeu. As culturas de seu sangue e linfonodos inchados foram positivas para Yersinia pestis. *A bactéria também foi isolada de pulgas coletadas próximo à casa do paciente. Tipicamente, os reservatórios para a peste silvestre são pequenos mamíferos e os vetores são as pulgas. Quando estes mamíferos morrem, as pulgas procuram hospedeiros humanos.*

VIBRIO CHOLERAE

À semelhança de *Y. pestis*, *V. cholerae* é responsável por uma das mais temidas doenças da história – a **cólera**. Atualmente, estamos em meio à sétima pandemia (epidemia mundial) de cólera, sendo que a primeira ocorreu em 1817 e a doença é registrada na maioria dos países costeiros com condições de higiene precárias. Diferentemente da *Y. pestis*, *V. cholerae* é encontrado na maioria dos oceanos e mares, de modo que a maioria dos casos de exposição à bactéria é assintomática ou provoca uma diarreia autolimitante. Doença clinicamente significativa ocorre apenas após a ingestão de grande quantidade de bactérias, de modo que o controle de epidemias é a princípio simples, mas difícil de ser realizado.

VIBRIO CHOLERAE	
Propriedades	• A toxina colérica é uma exotoxina do tipo A-B que se liga a receptores das células da mucosa intestinal, levando a uma hipersecreção de eletrólitos e água • O pilus de regulação conjunta com a toxina (TCP) serve como receptor para bacteriófagos, que transferem genes das duas subunidades da toxina para a bactéria, além de mediar a aderência bacteriana às células da mucosa intestinal • A enterotoxina acessória da cólera aumenta a secreção intestinal de fluidos • Toxina da zônula oclusiva aumenta a permeabilidade intestinal
Epidemiologia	• Sete grandes pandemias de cólera ocorreram desde 1817, incluindo a pandemia atual que começou na Ásia e se espalhou mundialmente • São estimados de 3 a 5 milhões de casos de cólera, com 120 mil mortes por ano • O **sorotipo O1** é responsável pelas principais pandemias que têm ocorrido, com mortalidade significativa em países fora dos padrões aceitáveis de higiene • A bactéria é encontrada no mundo todo, em ambiente marinho, associada a mariscos • A população bacteriana aumenta nos meses quentes, de modo que as infecções são sazonais • As infecções são adquiridas principalmente pelo consumo de água ou mariscos contaminados • A transmissão interpessoal é rara porque a dose infectante é alta

(Continua)

VIBRIO CHOLERAE (Cont.)	
Doenças	• **Cólera**: manifesta-se como uma diarreia aquosa e vômito repentinos, podendo rapidamente evoluir para desidratação grave, acidose metabólica, hipocalemia e choque hipovolêmico • **Gastrenterite**: formas mais brandas de diarreia podem ocorrer no caso de cepas dos sorotipos O1 não produtoras de toxina e não O1 de *V. cholerae*
Diagnóstico	• O exame microscópico das fezes pode ser válido em casos de infecções agudas, mas se torna negativo, rapidamente, conforme a doença progride, porque as bactérias são "descarregadas" para fora do intestino junto com a diarreia intensa • Imunoensaios para toxina colérica ou para o antígeno O1 são válidos, embora a performance analítica seja bastante variável • A cultura deve ser realizada na fase inicial da doença, com amostras frescas de fezes; demora no processamento das amostras pode tornar seu pH ácido, levando à perda de bactérias viáveis • Os NAATs (testes simultâneos para múltiplos enteropatógenos) estão se tornando comuns e poderão substituir as culturas nos próximos anos, nos laboratórios que dispõem de recursos
Tratamento, controle e prevenção	• A reposição de fluidos e eletrólitos é fundamental • Antibióticos (p. ex., azitromicina) reduzem a carga bacteriana e a produção de exotoxinas, mas têm papel secundário no manejo do paciente • A melhoria das condições de higiene da população é fundamental para o controle das doenças • Vacinas combinando a bactéria inativada com a subunidade B da toxina colérica conferem pouca proteção

CASO CLÍNICO

Cólera

Harris e colaboradores[6] descreveram o caso de um garoto haitiano, de 4 anos, que foi internado em um hospital de seu país por apresentar vômitos e diarreia persistentes. O garoto estava bem de saúde até 10 horas antes da internação. Ele estava extremamente desidratado, sem urinar e suas fezes eram aquosas e claras no exame inicial. Foi administrada solução de reidratação oral, mas pouco liquido era retido devido aos vômitos e vários episódios de diarreia. Acessos endovenosos foram estabelecidos e dois litros de solução cristaloide isotônica foram infundidos, num período de 2 horas. Aproximadamente 4 horas após a internação, os episódios de diarreia ficaram tão frequentes que não era possível contá-los e o paciente não urinava; entretanto, ele conseguia tomar a solução de reidratação oral e sua capacidade de raciocínio melhorou. Foi administrada azitromicina por via oral, sendo os fluidos ainda administrados por via oral e endovenosa. No restante do dia, a frequência de diarreia diminuiu e os vômitos cessaram; entretanto, o paciente estava desidratado na manhã do segundo dia. Foram administrados mais fluidos, tendo a desidratação desaparecido. Ele permaneceu no hospital por mais 1 dia, sendo os pais orientados sobre a necessidade de hidratação oral adequada. Este paciente ilustra a gravidade da diarreia causada pela cólera e a dificuldade em controlar a perda de fluidos. Ele teve muita sorte em receber tratamento adequado no hospital porque, sem os cuidados médicos, seria muito provável que ele não sobreviveria. Isso pode ser ilustrado pela rapidez com que ele se desidratou na primeira noite de internação.

REFERÊNCIAS

1. McLaughlin JB, DePaola A, Bopp CA, et al. Outbreak of *Vibrio parahaemolyticus* gastroenteritis associated with Alaskan oysters. *N Engl J Med*. 2005;353:1463-1470.
2. Centers for Disease Control and Prevention. *Vibrio vulnificus* infections associated with eating raw oysters—Los Angeles, 1996. *MMWR Morb Mortal Wkly Rep*. 1996;45:621-624.
3. Case records of the Massachusetts General Hospital. Weekly clinicopathological exercises. Case 22-2001. A 25-year-old woman with fever and abnormal liver function. *N Engl J Med*. 2007;345:201-205.
4. Centers for Disease Control and Prevention. Outbreaks of multidrug-resistant *Shigella sonnei* gastroenteritis associated with day care centers—Kansas, Kentucky, and Missouri, 2005. *MMWR Morb Mortal Wkly Rep*. 2006;5:1068-1071.
5. Centers for Disease Control and Prevention. Human plague—four states, 2006. *MMWR Morb Mortal Wkly Rep*. 2006;55:940-943.
6. Harris JB, Ivers LC, Ferraro MJ. Case records of the Massachusetts General Hospital. Case 19-2011. A 4-year-old Haitian boy with vomiting and diarrhea. *N Engl J Med*. 2011;364:2452-2461.

8

Bacilos Gram-negativos não Fermentadores Aeróbios

DADOS INTERESSANTES

- Devido à sua tolerância a altas temperaturas e a muitos desinfetantes, a *Pseudomonas aeruginosa* é uma causa comum da "mancha de banheira", uma dermatite pustular decorrente do uso de banheiras.
- As "pseudomonadas" (como os gêneros *Pseudomonas*, *Burkholderia* e *Stenotrophomonas* são geralmente conhecidos) têm sido responsáveis por infecções associadas ao uso de desinfetantes, enxaguantes bucais e equipamentos hospitalares contaminados, tais como aparelhos de ventilação mecânica.
- Embora a *Stenotrophomonas maltophilia* esteja incluída na lista do Centro de Informações sobre Genética e Doenças Raras do National Institutes of Health, ela é um patógeno comum em pacientes imunossuprimidos, tratados com antibióticos carbapenens, aos quais essa bactéria apresenta resistência natural.

Os bacilos Gram-negativos não fermentadores discutidos neste capítulo são patógenos oportunistas de plantas, animais e humanos. Todos eram originalmente incluídos no gênero *Pseudomonas*, com base na incapacidade de fermentar carboidratos e na morfologia das células bacterianas - pequenos bacilos geralmente agrupados em pares. As *Pseudomonas* foram divididas, com o acréscimo de novos gêneros, dentre os quais a *Burkholderia* e a *Stenotrophomonas* são os patógenos humanos mais comuns. Membros desses gêneros são encontrados no solo, matéria orgânica em decomposição e água, assim como em áreas úmidas do ambiente hospitalar. Essas bactérias podem utilizar vários compostos orgânicos como fonte de carbono e nitrogênio, de modo que elas podem sobreviver e replicar em ambientes onde a disponibilidade de nutrientes é reduzida. Essas bactérias, em particular as *Pseudomonas*, produzem uma variedade impressionante de fatores de virulência e todas são resistentes aos antibióticos mais frequentemente utilizados. Não chega a surpreender o fato de essas bactérias serem patógenos oportunistas importantes de pacientes hospitalizados. Neste capítulo, focaremos nas espécies mais frequentemente isoladas de cada gênero: *P. aeruginosa*, *Burkholderia cepacia* e *S. maltophilia*.

O gênero *Pseudomonas* compõe-se de mais de 200 espécies e várias delas são encontradas no ambiente hospitalar. Além disso, há várias espécies estreitamente relacionadas com a *B. cepacia* (frequentemente referidas, conjuntamente, como complexo *B. cepacia*), bem como a espécie *Burkholderia pseudomallei*, que é uma causa importante de **infecções respiratórias**, as quais variam de uma colonização assintomática a doenças cavitárias semelhantes à tuberculose (**melioidose**). A virulência de *B. pseudomallei* é bem conhecida, sendo que essa bactéria tem sido classificada como um "agente biológico especial", pelo fato de apresentar risco de ser usado em ações de bioterrorismo. Diferentemente

Patógenos Oportunistas de Plantas, Animais e Humanos

Bactérias	Origem Histórica
P. aeruginosa	*Pseudo*, falso; *monas*, unitário (refere-se à aparência dos pares de bactérias como se fossem células únicas, quando observadas na coloração de Gram); *aeruginosa*, cheia de cobre oxidado ou verde (refere-se à coloração verde típica das colônias dessa espécie devido à produção de pigmentos azuis e amarelos).
B. cepacia	*Burkholderia*, designada em homenagem ao microbiologista Burkholder; *cepacia*, semelhante a uma cebola (as primeiras cepas identificadas foram isoladas de cebolas podres).
S. maltophilia	*Steno*, estreito; *trophos*, aquele que se alimenta; *monas*, unitário (referem-se ao fato de que estas bactérias delgadas exigem poucos substratos para crescer); *malto*, malte; *philia*, amigo (amigo do malte [apresenta bom crescimento na presença de malte])

da *Pseudomonas* e *Burkholderia*, que incluem várias espécies associadas a doenças, a *S. maltophilia* é a única espécie de importância médica do seu gênero.

PSEUDOMONAS AERUGINOSA

Esta bactéria corresponde ao bacilo Gram-negativo mais frequentemente associado a infecções oportunistas em pacientes hospitalizados. A *P. aeruginosa* produz vários tipos de adesinas, toxinas e enzimas capazes de destruir tecidos, de modo que seja surpreendente não o fato de esta bactéria causar doenças, mas que tais doenças sejam mais comuns no ambiente hospitalar. Uma explicação para isto é o fato de os fatores de virulência da bactéria não serem suficientes para causar doença (a suscetibilidade do hospedeiro e a probabilidade de contato com a bactéria é o que definem o risco de se adquirir a doença).

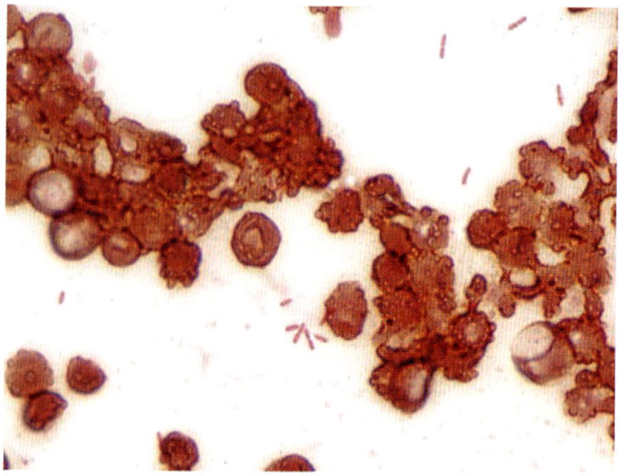

Pseudomonas aeruginosa em cultura de sangue. Bacilos Gram-negativos curtos, tipicamente agrupados em pares.

PSEUDOMONAS AERUGINOSA	
Propriedades	• Componentes da superfície bacteriana (isto é, *pili*, flagelos, lipopolissacarídeo, cápsula mucoide de alginato) aderem a células-alvo • A **cápsula** de alginato protege a bactéria da fagocitose e da ação de antibióticos • A **exotoxina A** bloqueia a síntese proteica das células-alvo (efeito semelhante ao da toxina diftérica) • Os pigmentos (piocianina e pioverdina) produzem formas tóxicas do oxigênio, estimulam a liberação de citocinas e regulam a secreção de toxinas • A elastase, a fosfolipase e as toxinas extracelulares causam destruição tecidual e inibem a atividade de neutrófilos • A **resistência** natural ou adquirida, pela bactéria, aos antibióticos dificulta o tratamento das infecções que provocam
Epidemiologia	• Bactéria ubíqua na natureza e em locais úmidos de ambientes hospitalares (p. ex., em flores, pias, banheiros, aparelhos de ventilação mecânica para respiração, equipamentos de diálise). • A incidência da doença não é sazonal • Pode colonizar transitoriamente os tratos respiratório e gastrintestinal de pacientes hospitalizados, principalmente daqueles em tratamento com antibióticos de amplo espectro, que utilizam aparelhos para respiração ou pacientes internados por longos períodos de tempo • Pacientes com alto risco de adquirir infecções por *P. aeruginosa* incluem indivíduos neutropênicos ou imunossuprimidos, portadores de fibrose cística e pacientes com queimaduras
Doenças	• **Infecções pulmonares**: variam de irritação leve nos brônquios (**traqueobronquite**) à necrose do parênquima pulmonar (**broncopneumonia necrosante**) • **Infecções primárias da pele**: variam de infecções oportunistas de ferimentos existentes (p. ex., por queimaduras) a infecções localizadas dos folículos pilosos (p. ex., infecções associadas à imersão em águas contaminadas, como em banheiras) • **Infecções do trato urinário**: infecções oportunistas em pacientes que se utilizam de cateteres urinários e, também, após o uso de antibióticos de amplo espectro capazes de selecionar cepas resistentes • **Infecções do ouvido**: podem variar de irritação leve no ouvido externo ("**otite do nadador**") à destruição invasiva dos ossos do crânio próximo ao ouvido infectado ("**otite maligna**") • **Infecções oculares**: infecções oportunistas de córneas que apresentam pequenas lesões; podem ser muito agressivas, com perda total da visão • **Bacteremia**: disseminação da bactéria a partir do sítio primário de infecção para outros órgãos e tecidos; pode ser caracterizada por lesões necróticas da pele (**ectima gangrenoso**)
Diagnóstico	• Crescem rapidamente em meios de cultura comuns de laboratório e apresentam morfologia característica na coloração de Gram • A *P. aeruginosa* é identificada pelas características das colônias (apresenta β-hemólise em ágar sangue, pigmento verde e odor parecido com o de uvas) e por testes bioquímicos simples (reação de oxidase positiva, utilização de carboidratos pela via oxidativa)

PSEUDOMONAS AERUGINOSA (Cont.)	
Tratamento, controle e prevenção	• O tratamento consiste principalmente em combinações de antibióticos (p. ex., um aminoglicosídeo com um β-lactâmico ativo); a monoterapia é geralmente ineficaz; a resistência a múltiplos antibióticos é comum • Os esforços para o controle das infecções hospitalares devem se concentrar na prevenção da contaminação de equipamentos médicos esterilizados e da transmissão nosocomial; o uso desnecessário de antibióticos de amplo espectro pode selecionar bactérias resistentes • Não há vacina disponível para pacientes de alto risco de adquirir infecções por esta bactéria

CASO CLÍNICO

Foliculite por *Pseudomonas*

Ratman e colaboradores[1] descreveram um surto de foliculite causado por P. aeruginosa *em hóspedes de um hotel canadense. Alguns destes hóspedes se queixaram de manchas na pele que surgiram como pápulas eritematosas com pruridos e progrediram para pústulas eritematosas, concentradas nas axilas, na região abdominal e nas nádegas. Na maioria dos pacientes, as manchas desapareceram espontaneamente em 5 dias. O departamento de saúde local investigou o surto e constatou que ele teve origem em uma banheira de hidromassagem contaminada com uma alta concentração de* P. aeruginosa. *O surto deixou de existir assim que a banheira foi drenada, limpa e tratada com uma alta dosagem de cloro. Infecções de pele, como essa, são comuns em indivíduos que têm contato constante com água contaminada.*

BURKHOLDERIA CEPACIA

B. cepacia é um complexo de várias espécies estreitamente relacionadas, que colonizam e causam doenças em determinados grupos de pacientes: portadores de fibrose cística, pacientes com doença granulomatosa crônica (DGC, uma imunodeficiência primária na qual os leucócitos têm deficiência na capacidade de eliminação de microrganismos intracelulares), ou cateteres vasculares ou do trato urinário. Diferentemente da *P. aeruginosa*, a *B. cepacia* apresenta relativamente poucos fatores de virulência e as infecções que ela causa costumam ser tratadas com trimetoprim-sulfametoxazol (TMP-SMX; droga para a qual as *Pseudomonas* são uniformemente resistentes).

BURKHOLDERIA CEPACIA	
Propriedades	• Relativamente baixo nível de virulência
Epidemiologia	• Presente em áreas úmidas de ambientes hospitalares • Coloniza pacientes com suscetibilidade aumentada a infecções
Doenças	• **Infecções pulmonares**: a maioria das infecções graves afeta pacientes com doença granulomatosa crônica ou fibrose cística, nos quais podem evoluir para situações em que há destruição significativa do tecido pulmonar • **Infecções oportunistas**: infecções do trato urinário em portadores de cateter; bacteremia em pacientes imunossuprimidos, portadores de cateter intravascular contaminado
Diagnóstico	• Crescem prontamente em meios de cultura de uso comum em laboratório • Podem ser classificados no complexo *B. cepacia* por testes bioquímicos, mas a identificação em nível de espécies requer sequenciamento genético e espectrometria de massa
Tratamento, controle e prevenção	• Geralmente é sensível às sulfas, como trimetoprim-sulfametoxazol; pode apresentar sensibilidade *in vitro* a piperacilina, cefalosporinas de amplo espectro e ciprofloxacina, mas a resposta clínica ao tratamento com estas drogas é baixa • Evitar o contato com indivíduos que tenham risco de infecções pela bactéria e monitorar cuidadosamente pacientes colonizados, quanto à possibilidade de progressão da doença • Não há vacina disponível

CASO CLÍNICO

Doença Granulomatosa Causada por *Burkholderia*

Mclean-Tooke e colaboradores[2] *descreveram o caso de um homem de 21 anos com linfadenite granulomatosa. Ele tinha um histórico de perda de peso, febre, hepatosplenomegalia e linfadenopatia cervical. Nos 3 anos anteriores, ele apresentou em duas ocasiões aumento dos linfonodos, que foram biopsiados, tendo o respectivo exame histológico revelado linfadenite granulomatosa. O diagnóstico clínico foi de sarcoidose, sendo que o paciente teve alta sob tratamento com 20 mg de prednisolona. Nos 24 meses seguintes, ele esteve bem; entretanto, apresentou pancitopenia, sendo observados granulomas em uma biópsia de sua medula óssea. Nesta última internação, ele também teve tosse. A radiografia do tórax revelou consolidação na base dos pulmões. Uma biópsia pulmonar e o lavado broncoalveolar foram submetidos à cultura, sendo que* B. cepacia *foi isolada de ambos os materiais biológicos. Uma análise imunológica, feita em seguida, confirmou que ele apresentava uma patologia genética, a doença granulomatosa crônica (DGC). Este caso ilustra a suscetibilidade de pacientes com DGC a infecções por* Burkholderia.

STENOTROPHOMONAS MALTOPHILIA

Do mesmo modo que a *B. cepacia*, a *S. maltophilia* é um patógeno oportunista de pacientes imunossuprimidos e a droga de escolha para o tratamento das infecções que ela causa é o TMP-SMX.

STENOTROPHOMONAS MALTOPHILIA	
Propriedades	• Sua principal característica de virulência é a resistência a antibióticos
Epidemiologia	• Presentes em áreas úmidas de hospitais • Pacientes imunossuprimidos, tratados com antibióticos de amplo espectro, principalmente carbapenens, têm maior risco de adquirir infecções por esta bactéria • A fonte de infecção é atribuída a cateteres intravenosos contaminados, desinfetantes, equipamentos de ventilação mecânica e máquinas de gelo
Doenças	• **Infecções oportunistas**: diversas infecções (principalmente bacteremias e pneumonias) em pacientes imunossuprimidos
Diagnóstico	• Cresce prontamente em meios de culturas de uso comum em laboratório • Podem ser identificados por testes bioquímicos ou espectrometria de massa
Tratamento, controle e prevenção	• Geralmente são sensíveis às sulfas, como trimetoprim-sulfametoxazol; são uniformemente resistentes aos antibióticos carbapenens • Evitar o contato com pacientes com alto risco de ter infecção pela bactéria e monitorar cuidadosamente aqueles que estão colonizados quanto à possibilidade de progressão da doença • Não há vacina disponível

CASO CLÍNICO

Infecção Disseminada por *Stenotrophomonas* em Paciente Neutropênico

Teo e colaboradores[3] *descreveram o caso de uma menina chinesa de 8 anos, portadora de leucemia mieloide aguda e que tinha um histórico complexo de infecções recorrentes por fungos e bactérias, durante o tratamento de sua leucemia. Estas infecções incluíam aspergilose pulmonar e septicemia por* Klebsiella, Enterobacter, Staphylococcus, Streptococcus *e* Bacillus. *Enquanto era tratada com meropenem (carbapenem) e amicacina (aminoglicosídeo) e durante um período de neutropenia grave, ela teve bacteremia por* S. maltophilia, *que foi sensível a TMP-SMX. Nos dias seguintes, ela desenvolveu lesões nodulares, dolorosas e eritematosas na pele.* S. maltophilia *foi isolada da biópsia de uma destas lesões. Tratamento com TMP-SMX intravenoso resultou em cura gradual destas lesões. Este caso ilustra a tendência de* Stenotrophomonas *em causar doenças em pacientes imunossuprimidos que são tratados com carbapenens.* Stenotrophomonas *é, tipicamente, uma das poucas bactérias Gram-negativas naturalmente resistentes aos carbapenens e sensíveis a TMP-SMX.*

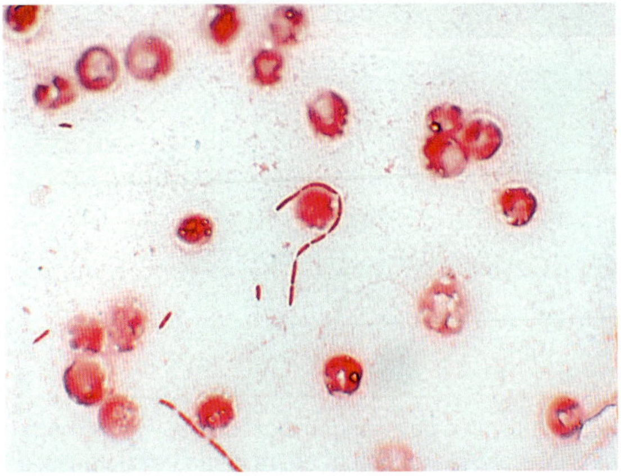

Stenotrophomonas maltophilia em cultura de sangue. Semelhantemente a *Pseudomonas* e *Burkholderia*, a *Stenotrophomonas* geralmente apresenta-se aos pares ou ocasionalmente em cadeias curtas.

REFERÊNCIAS

1. Ratnam S, Hogan K, March SB, Butler RW. Whirlpoolassociated folliculitis caused by *Pseudomonas aeruginosa*: report of an outbreak and review. *J Clin Microbiol*. 1986;23:655-659.
2. Mclean-Tooke APC, Aldridge C, Gilmour K, Higgins B, Hudson M, Spickett GP. An unusual cause of granulomatous disease. *BMC Clin Pathol*. 2007;7:1.
3. Teo WY, Chan MY, Lam CM, Chong CY. Skin manifestation of *Stenotrophomonas maltophilia* infection—a case report and review article. *Ann Acad Med Singapore*. 2006;35:897-900.

Bactérias Anaeróbias

DADOS INTERESSANTES

- Embora os clostrídios, que são responsáveis pelo tétano, pelo botulismo e pela gangrena gasosa, sejam os membros mais notórios do gênero, o *Clostridium difficile* provoca a infecção mais comum deste grupo de bactérias: a diarreia associada ao uso de antibióticos.
- A recuperação do contato com a toxina produzida pelo *Clostridium botulinum*, que causa uma paralisia flácida, pode se dar pela regeneração das terminações nervosas danificadas. É por isso que injeções repetidas desta toxina para fins estéticos, o Botox®, são necessárias.
- Recomenda-se que bebês não comam mel porque pode estar contaminado com esporos de *C. botulinum*. O intestino de crianças com mais idade e adultos, mas não o de bebês, apresenta vários tipos de bactérias que impedem o crescimento de *C. botulinum* e a doença que ele causa.
- Os anaeróbios são bactérias predominantes no intestino que exercem inúmeras funções metabólicas. Estudos com ratos *germ-free* têm demonstrado que estes animais precisam de 30% a mais de calorias para manter sua massa corporal, em comparação a ratos normais.

As bactérias anaeróbias formam a população bacteriana predominante dos seres humanos, superando as aeróbias em 10 a 1.000 vezes, conforme o sítio anatômico. Estas bactérias desempenham um papel importante na manutenção da saúde, ao realizar funções metabólicas essenciais, como a digestão de alimentos, o estímulo à imunidade inata e adaptativa e o bloqueio da colonização por patógenos indesejados. A maioria das infecções por bactérias anaeróbias é **endógena**, resultante da transferência da bactéria de seu local normal de residência, que é a pele ou superfícies de mucosas, para regiões normalmente estéreis, como tecidos profundos e fluidos do corpo (p. ex., fluidos pleural e peritoneal). Como seria de esperar, essas infecções endógenas são geralmente **polimicrobianas**, consistindo de uma mistura de bactérias aeróbias e anaeróbias. As exceções são as infecções causadas por membros do gênero *Clostridium*. Estas bactérias são formadoras de esporos (correspondentes anaeróbios dos *Bacillus*, bactérias aeróbias formadoras de esporos). Devido à sua capacidade para formar esporos, os clostrídios são encontrados no solo e em outros locais do ambiente e normalmente causam infecções exógenas monomicrobianas. Os membros mais conhecidos deste gênero são ***Clostridium tetani*** (agente do **tétano**), ***C. botulinum*** (agente do **botulismo**) e ***Clostridium perfringens*** (agente da **gangrena gasosa**). Mais recentemente, o ***C. difficile*** tem se destacado por ser a causa mais importante de **diarreia associada ao uso de antibióticos,** sendo atualmente conhecido como uma das causas principais de infecções hospitalares (não surpreendentemente, devido ao uso intensivo de antibióticos). Cada um desses patógenos tem mecanismos de virulência bem caracterizados, sendo plenamente capaz de causar doenças importantes. Por outro lado, a maioria dos outros anaeróbios é relativamente não virulenta e provoca doenças mais efetivamente quando é parte de um complexo que inclui outras bactérias. A única exceção é o *Bacteroides fragilis*, que apresenta uma série de fatores de virulência importantes e, quando presente em uma infecção polimicrobiana, é o principal responsável pela mesma.

Bactérias Anaeróbias

Bactérias	Origem Histórica
Clostridium	*closter*, fuso
C. tetani	*tetani*, relacionado à tensão (a doença causada por esta bactéria é caracterizada por espasmos musculares)
C. botulinum	*botulus*, salsicha (o primeiro surto causado por esta bactéria foi associado à salsicha contaminada)

Bactérias Anaeróbias *(Cont.)*

Bactérias	Origem Histórica
C. perfringens	*perfringens*, rompimento (esta bactéria é altamente virulenta e associada à necrose tecidual invasiva)
C. difficile	*difficile*, difícil (refere-se à extrema sensibilidade ao oxigênio desta bactéria, que dificulta seu crescimento)
Bacteroides	*bacter*, vara ou bastão; *idus*, forma (forma de bastão)
B. fragilis	*fragilis*, frágil (acreditava-se que esta bactéria era frágil ou que morria rapidamente pela contato com o oxigênio)

Cabe aqui uma breve discussão sobre outras bactérias anaeróbias. Os **cocos Gram-positivos** consistem de vários gêneros bacterianos que colonizam a cavidade oral, o trato gastrintestinal, o trato geniturinário e a pele. Essas bactérias normalmente estão presentes em infecções polimicrobianas e contribuem para a formação de abscessos e a destruição tecidual, mas todas podem ser geralmente tratadas com antibióticos β-lactâmicos, como a penicilina. Os bacilos Gram-positivos anaeróbios são subdivididos em formadores (*Clostridium*) e não formadores de esporos. Os gêneros mais comumente associados a doenças são ***Actinomyces*** (actinomicose, uma doença supurativa crônica), ***Lactobacillus*** (endocardite) e ***Propionibacterium*** (acne; também um contaminante comum de culturas de sangue). ***Veilonella*** é o coco Gram-negativo mais frequentemente isolado, mas raramente é associado a doenças.

CASO CLÍNICO

Actinomicose Pélvica

Quercia e colaboradores[1] descreveram uma manifestação clássica de actinomicose pélvica associada ao uso de dispositivo contraceptivo intrauterino (DIU). A paciente era uma mulher de 41 anos que apresentou um histórico de 5 meses de dor abdominal e pélvica, perda de peso, mal-estar e corrimento vaginal amarelado. Ela usava DIU desde 1994, tendo o mesmo sido removido em junho de 2004. Seus sintomas começaram logo depois da remoção do dispositivo. Uma tomografia computadorizada revelou uma grande massa pélvica envolvendo a tuba uterina, bem como vários abscessos hepáticos. Foi feita uma biópsia cirúrgica e Actinomyces *foi recuperado de respectiva cultura. Ela se submeteu a um desbridamento cirúrgico e foi tratada com penicilina por via oral durante 1 ano. A equipe médica presumiu que a pelve da mulher estava infectada com* Actinomyces *no momento em que o DIU foi removido. Este episódio ilustra a natureza crônica da actinomicose e a necessidade de drenagem cirúrgica e antibioticoterapia de uso contínuo.*

CASO CLÍNICO

Endocardite por *Lactobacillus*

A descrição seguinte é de um caso clássico de endocardite causada por Lactobacillus.*[2] Uma mulher de 62 anos foi internada devido a uma fibrilação atrial e um histórico de 2 semanas de sintomas parecidos com os da gripe. A paciente se submetera a um tratamento dentário 4 semanas antes da internação, sem fazer profilaxia antibiótica, apesar de um antecedente de febre reumática na infância, que resultou em prolapso da válvula mitral e regurgitação. Ao ser examinada, ela estava afebril, taquicardíaca e com uma leve taquipneia. O exame cardíaco detectou um sopro sistólico importante. Foram feitas três culturas de sangue, nas quais cresceu* Lactobacillus acidophilus. *A paciente foi tratada com uma combinação de penicilina e gentamicina durante 6 semanas, resultando em uma recuperação completa. Este caso ilustra a necessidade de profilaxia antibiótica durante os procedimentos dentários, em casos de pacientes com válvulas cardíacas danificadas, e a necessidade de antibioticoterapia combinada, para o tratamento bem-sucedido de infecções graves por lactobacilos.*

CASO CLÍNICO

Desvio Infectado por *Propionibacterium*

Chu e colaboradores[3] relataram o caso de três pacientes com infecções do sistema nervoso central por Propionibacterium acnes. *A paciente a seguir ilustra os problemas provocados por esta bactéria. Uma mulher de 38 anos portadora de hidrocefalia congênita apresentou histórico de 1 semana com nível reduzido de consciência, cefaleias e êmese. No passado, ela se submetera a vários procedimentos para colocação de desvios ventrículo-peritoneais, sendo o último 5 anos antes de ela apresentar estes sintomas. A paciente estava sem febre e não tinha sinais meníngeos, mas estava sonolenta e despertava apenas com estímulos profundos. O fluido cerebrospinal (FCS) coletado do desvio não apresentava hemáceas, mas tinha 55 glóbulos brancos; os níveis de proteína estavam altos e a glicose ligeiramente baixa. Bacilos Gram-positivos pleomórficos foram observados na coloração de Gram e* P. acnes *cresceu na cultura anaeróbia do FCS. Após tratamento de 1 semana com altas doses de penicilina, o FCS continuou positivo tanto na coloração de Gram quanto na cultura. A paciente foi encaminhada para cirurgia, onde todo o material estranho foi removido, sendo ela tratada, com penicilina, por mais 10 semanas. Esta paciente ilustra a natureza crônica e relativamente assintomática desta doença, a necessidade de remover o desvio e outros corpos estranhos e de tratamento por um espaço de tempo prolongado.*

A seguir, é apresentado um resumo das espécies anaeróbias mais importantes.

CLOSTRIDIUM TETANI

O *C. tetani* é uma bactéria ubíqua, sendo encontrada no solo e transitoriamente no trato gastrintestinal de muitos animais e seres humanos. As formas vegetativas (que se replicam) do *C. tetani* são extremamente sensíveis ao efeito tóxico do oxigênio, mas os esporos podem sobreviver, na natureza, por muitos anos.

A doença que ele causa é atribuída a uma neurotoxina termolábil codificada por um plasmídeo (tetanospasmina). A tetanospasmina é uma toxina A-B que inativa as proteínas que regulam a liberação dos neurotransmissores inibitórios, glicina e ácido gama-aminobutírico. Tal efeito provoca desregulação da atividade sináptica excitatória dos neurônios motores, resultando em paralisia espástica. Como a ligação da toxina aos neurônios é irreversível, a recuperação da doença é demorada, mesmo com terapia intensiva.

CLOSTRIDIUM TETANI	
Propriedades	• A tetanospasmina interfere na liberação dos neurotransmissores inibitórios (glicina, ácido gama-aminobutírico)
Epidemiologia	• Ubíquos, os esporos são encontrados na maior parte do solo e podem colonizar o trato gastrintestinal de seres humanos e animais • O contato com esporos é frequente, mas a doença é incomum, exceto nos países em desenvolvimento onde há um acesso limitado à vacina e aos cuidados médicos • O risco de se adquirir a doença é maior para as pessoas com imunidade insuficiente induzida por vacina • A doença é incomum nos Estados Unidos, mas estima-se que mais de 1 milhão de casos ocorram no mundo inteiro, anualmente, com mortalidade de 30% a 50%, particularmente entre os neonatos • A doença não induz imunidade
Doenças	• **Tétano generalizado:** espasmos musculares generalizados e envolvimento do sistema nervoso autônomo nos casos graves da doença (p. ex., arritmias cardíacas, flutuações na pressão arterial, sudorese profunda, desidratação) • **Tétano localizado:** espasmos musculares restritos à área inicial da infecção • **Tétano neonatal:** infecção neonatal envolvendo principalmente o coto umbilical; mortalidade muito alta
Diagnóstico	• O diagnóstico se baseia na apresentação clínica e não em exames laboratoriais (confirmatórios) • A microscopia e a cultura não apresentam sensibilidade e a toxina tetânica e respectivos anticorpos normalmente não são detectados; a cultura de *C. tetani* é difícil porque a bactéria morre rapidamente após o contato com oxigênio
Tratamento, controle e prevenção	• O tratamento requer desbridamento, antibioticoterapia (penicilina, metronidazol), imunização passiva com antitoxina globulínica para se ligar à toxina livre e vacinação com toxoide tetânico para estimular a imunidade • Prevenção por meio de vacinação, consistindo em três doses de toxoide tetânico seguidas por doses de reforço a cada 10 anos

CASO CLÍNICO

Tétano

O relato a seguir é típico de um paciente com tétano.[4] Um homem de 86 anos foi ao médico para se tratar de um ferimento provocado por material perfurante em sua mão direita, que ocorrera 3 dias antes quando cuidava do jardim. Ele não havia sido tratado nem com o toxoide nem com a imunoglobulina tetânicos. Sete dias depois, ele teve faringite e, após mais 3 dias, foi ao hospital com dificuldade para falar, deglutir e respirar, além de apresentar dor torácica e desorientação. Ele foi internado com diagnóstico de AVC. Em seu 4° dia de internação, ele apresentou rigidez no pescoço e insuficiência respiratória, fazendo-se necessárias uma traqueostomia e ventilação mecânica. Ele foi transferido para a unidade de cuidados médicos intensivos, onde foi diagnosticado com tétano. Apesar do tratamento com toxoide e imunoglobulina tetânicos, o paciente morreu 1 mês após sua internação. Este caso ilustra o fato de que o C. tetani *é ubíquo no solo e pode contaminar feridas relativamente pequenas. Também destaca a progressão implacável da manifestação neurológica em pacientes não tratados.*

CLOSTRIDIUM BOTULINUM

Assim como acontece com o *C. tetani*, o *C. botulinum* é normalmente encontrado nos solos do mundo inteiro. O *C. botulinum* produz uma **toxina do tipo A-B termolábil** que, à semelhança da toxina tetânica, inativa proteínas que regulam a liberação de acetilcolina, bloqueando a neurotransmissão nas sinapses colinérgicas periféricas. A acetilcolina é necessária para excitação muscular; portanto, a manifestação clínica do botulismo é uma **paralisia flácida**. Assim como no tétano, a recuperação das funções normais, após o botulismo, é demorada porque é necessária a regeneração das terminações nervosas. São descritos sete sorotipos antigênicos da toxina botulínica (A a G), sendo que a doença humana está associada aos sorotipos A, B, E e F. Teoricamente, o botulismo pode se manifestar mais de uma vez.

CLOSTRIDIUM BOTULINUM	
Propriedades	• A toxina botulínica bloqueia a neurotransmissão nas sinapses motoras
Epidemiologia	• Os esporos de *C. botulinum* são encontrados nos solos do mundo todo • Classificado como um "agente biológico especial" devido à preocupação com seu uso em bioterrorismo • Relativamente poucos casos de botulismo nos Estados Unidos, porém é prevalente nos países em desenvolvimento • O botulismo infantil é mais comum do que outras formas da doença nos Estados Unidos, mas sua frequência tem diminuído bastante após a recomendação de não se dar mel para bebês, já que este pode estar contaminado com esporos de *C. botulinum* • A toxina botulínica é sensível ao aquecimento, mas é resistente aos ácidos gástricos
Doenças	• **Botulismo de origem alimentar:** manifestação inicial de visão turva, boca seca, constipação e dor abdominal; evolui para fraqueza descendente bilateral dos músculos periféricos, com paralisia flácida • **Botulismo infantil:** sintomas inicialmente inespecíficos (p. ex., constipação, choro fraco, má evolução ponderal) que evoluem para paralisia flácida e parada respiratória • **Botulismo de ferida:** a manifestação clínica é a mesma da doença de origem alimentar, embora o período de incubação seja mais longo e haja menos sintomas gastrintestinais • **Botulismo por inalação:** manifestação rápida dos sintomas (paralisia flácida, insuficiência pulmonar) e alta taxa de mortalidade pela inalação da toxina botulínica
Diagnóstico	• O diagnóstico se baseia na manifestação clínica e não em exames laboratoriais (confirmatórios) • A cultura de *C. botulinum* é difícil porque a bactéria morre rapidamente após contato com oxigênio • O botulismo de origem alimentar é confirmado se a atividade da toxina for demonstrada no alimento implicado ou em soro, fezes ou fluido gástrico do paciente • O botulismo infantil é confirmado se a toxina for detectada nas fezes ou no soro do bebê, ou se a bactéria for cultivada a partir das fezes • O botulismo de ferida é confirmado se a toxina for detectada no soro ou na ferida do paciente, ou se a bactéria for cultivada a partir da ferida
Tratamento, controle e prevenção	• O tratamento envolve a combinação de administração de metronidazol ou penicilina, antitoxina botulínica trivalente e suporte ventilatório • A germinação dos esporos nos alimentos é evitada mantendo os alimentos em um pH ácido, em alto teor de açúcar (p. ex., frutas em conserva) ou armazenando-os a 4°C ou menos • A toxina é termolábil e, portanto, pode ser destruída aquecendo o alimento por 10 minutos a 60°C a 100°C. • Botulismo infantil associado à ingestão de solo ou alimentos contaminados (particularmente o mel)

CASO CLÍNICO

Botulismo de Origem Alimentar provocado por Suco de Cenoura Industrializado

O CDC relatou um surto de botulismo de origem alimentar associado a suco de cenoura contaminado.[5] Em 8 de setembro de 2006, três pacientes deram entrada no hospital do Condado de Washington, GA, com paralisias do nervo craniano e paralisia flácida descendente progressiva, resultando em insuficiência respiratória. Os pacientes tinham compartilhado refeições no dia anterior. Eles foram tratados com antitoxina botulínica porque havia suspeita de botulismo. Não houve evolução de seus sintomas neurológicos, mas eles continuaram hospitalizados e com suporte ventilatório. Uma investigação concluiu que os pacientes tinham consumido suco de cenoura comercial contaminado. Toxina botulínica do tipo A foi detectada no soro e nas fezes dos três pacientes e no suco de cenoura. Um outro paciente na Flórida também foi internado com insuficiência respiratória e paralisia descendente após beber suco de cenoura, vendido localmente. O suco de cenoura é pouco ácido (pH 6,0); portanto, os esporos de C. botulinum *podem germinar e produzir toxina se o suco contaminado for deixado em temperatura ambiente.*

CASO CLÍNICO

Botulismo Infantil

Em janeiro de 2003, o caso de quatro crianças com botulismo infantil foi relatado pelo CDC.[6] A descrição seguinte é de uma destas crianças. Um bebê de 10 semanas com um histórico de constipação no 1° mês de vida foi internado em um hospital, após ter apresentado dificuldade para sugar e deglutir, por 2 dias. O bebê estava irritadiço e tinha perda de expressão facial, fraqueza muscular generalizada e constipação. Foi necessária ventilação mecânica por 10 dias, em virtude da insuficiência respiratória. Vinte e nove dias após a manifestação dos sintomas, o diagnóstico foi definido como sendo de botulismo infantil, tendo por base a detecção de C. botulinum *produtor de toxina do sorotipo B em culturas de enriquecimento feitas com fezes. O paciente foi tratado com imunoglobulina contra o botulismo, por via endovenosa (IGB-EV) e recebeu alta totalmente recuperado 20 dias mais tarde. Diferentemente do que ocorre com o botulismo de origem alimentar, o diagnóstico de botulismo infantil pode ser feito pela detecção da bactéria nas fezes do bebê.*

CLOSTRIDIUM PERFRINGENS

O *C. perfringens* tem uma morfologia característica na coloração de Gram, onde aparece como grandes bacilos Gram-positivos retangulares que raramente formam esporos em amostras de origem clínica. Estas características são importantes porque diferenciam esta espécie dos outros clostrídios e facilitam o reconhecimento de suas células em amostras clínicas, por um microbiologista experiente. Ele também cresce rapidamente em cultura, formando colônias características grandes, difusas e β-hemolíticas. A produção de uma ou mais **toxinas "letais"** pelo *C. perfringens* (toxinas alfa, beta, épsilon e iota) é utilizada como base para subdividir os isolados em cinco tipos (A a E). O tipo A está mais frequentemente associado a doenças humanas, incluindo infecções dos tecidos moles, intoxicação alimentar, enterite necrosante e septicemia.

CLOSTRIDIUM PERFRINGENS

Propriedades	• Toxinas letais:
	  • A **toxina Alfa** é uma lecitinase que lisa hemácias, plaquetas, leucócitos e células endoteliais; provoca extensiva hemólise e destruição tecidual, características de uma doença avassaladora
	  • A **toxina Beta** é responsável pela estase intestinal, perda de mucosa, com formação de lesões necróticas e progressão para enterite necrosante
	  • A **toxina Épsilon** aumenta a permeabilidade vascular da parede gastrintestinal
	  • A **toxina Iota** tem atividade necrótica e aumenta a permeabilidade vascular
	• A **enterotoxina** se liga a receptores na membrana da bordadura em escova do epitélio do intestino delgado, no íleo e no jejuno, levando à alteração de sua permeabilidade e perda de fluidos e íons; age como um superantígeno, estimulando a atividade de linfócitos T e a liberação extensiva de citocinas

***CLOSTRIDIUM PERFRINGENS* (Cont.)**	
Epidemiologia	• Ubíquo no solo, água e trato intestinal do homem e dos animais • As cepas do tipo A são responsáveis pela maior parte das infecções humanas • Infecções dos tecidos moles tipicamente associadas à contaminação bacteriana das feridas ou ao trauma localizado • Intoxicação alimentar associada a carne e derivados contaminados (carne bovina, de aves, molho de carne), mantidos em temperaturas entre 5°C e 60° C, permitindo que as bactérias se multipliquem
Doenças	• **Celulite:** edema e eritema localizados, com formação de gases nos tecidos moles; geralmente não são doloridos • **Miosite supurativa:** acúmulo de pus nos planos musculares, sem necrose muscular ou sintomas sistêmicos • **Mionecrose:** destruição rápida e dolorida do tecido muscular com propagação sistêmica rápida e alta mortalidade • **Intoxicação alimentar:** manifestação rápida de dores abdominais e diarreia sem febre, náusea ou vômito; de curta duração e autolimitante • **Enterite necrosante:** destruição necrosante aguda, do jejuno, com dor abdominal, vômito, diarreia sanguinolenta e peritonite
Diagnóstico	• Bactéria reconhecida com facilidade em materiais corados pelo Gram (bacilos Gram-positivos retangulares grandes), embora esporos não sejam observados • Cresce rapidamente em cultura, formando colônias grandes envolvidas por uma zona de β-hemólise e uma zona mais externa de hemólise parcial
Tratamento, controle e prevenção	• O tratamento rápido é essencial no caso de infecções graves • As infecções graves requerem desbridamento cirúrgico e altas doses de penicilina • Tratamento sintomático para intoxicação alimentar • O cuidado adequado de ferimentos e o uso criterioso de antibióticos profiláticos impedirão a maioria das infecções

CASO CLÍNICO

Gastrenterite por *Clostridium perfringens*

O Centers for Disease Control and Prevention (CDC) relatou dois surtos de gastrenterite por C. perfringens *associados à carne em conserva, servida nas comemorações do Dia de São Patrício.*[7] *Em 18 de março de 1993, o Departamento de Saúde da Cidade de Cleveland recebeu telefonemas de 15 pessoas que ficaram doentes após comer uma carne em conserva comprada em uma loja de frios. Após a divulgação do surto, 156 pessoas entraram em contato com o Departamento de Saúde, relatando caso semelhante. Além de um histórico de diarreia, 88% destes indivíduos se queixaram de dores abdominais e 13% de vômito, que se manifestaram 12 horas, em média, após a ingestão da referida carne. Uma investigação revelou que a loja havia comprado 635 kg de carne "in natura" e curada com sal, e que, a partir de 12 de março, porções desta carne foram fervidas por 3 horas, resfriadas à temperatura ambiente e depois refrigeradas. Em 16 e 17 de março, a carne foi retirada da geladeira, aquecida a 48,8° C e servida. Culturas feitas com amostras da carne produziram mais de 10^5 colônias/g de* C. perfringens. *O Departamento de Saúde recomendou que, se a carne não fosse servida imediatamente após o cozimento, deveria ser colocada rapidamente em gelo e refrigerada. Antes de ser servida, deveria ser aquecida a pelo menos 74°C para destruir a enterotoxina, que é termossensível.*

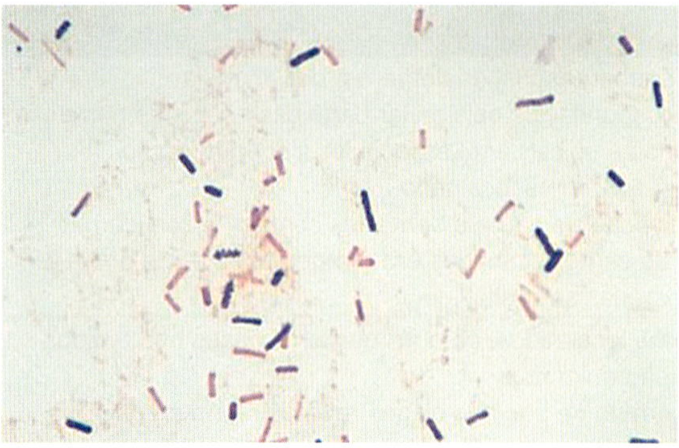

Coloração de Gram de *Clostridium perfringens* em uma amostra de ferida. As células têm um formato uniformemente retangular, podem descolorir e parecer com Gram-negativas; os esporos raramente são observados nesta espécie.

CLOSTRIDIUM DIFFICILE

Atualmente, o *C. difficile* é o clostrídio patogênico mais frequentemente encontrado, sendo responsável por manifestações gastrintestinais associadas ao uso de antibióticos, que variam de diarreia autolimitante até colite potencialmente fatal. Essas manifestações são decorrentes da ação de duas toxinas: uma **enterotoxina** (toxina A) e uma **citotoxina** (toxina B). A enterotoxina tem efeito quimiotático para neutrófilos, estimulando a infiltração de neutrófilos polimorfonucleares no íleo, com liberação de citocinas. A citotoxina causa destruição do citoesqueleto epitelial. A citotoxina sozinha, mas não a enterotoxina, é suficiente para a manifestação de doença. A existência de cepas muito virulentas de *C. difficile* foi inicialmente atribuída a uma maior produção de toxinas. Estudos mais recentes não sustentam esta explicação, embora ela seja amplamente aceita. A doença é comum nos hospitais, particularmente em pacientes tratados com clindamicina, antibióticos β-lactâmicos de amplo espectro e outros antimicrobianos. É atualmente reconhecido que uma parcela significativa das infecções observadas no ambiente hospitalar foi adquirida na comunidade; ou seja, os pacientes já estão colonizados com *C. difficile* no momento da internação. Em muitos casos, tal condição tem a ver com internações anteriores.

CLOSTRIDIUM DIFFICILE	
Propriedades	• A enterotoxina (toxina A) estimula a infiltração de neutrófilos e a liberação de citocinas • A citotoxina (toxina B) causa destruição do epitélio intestinal
Epidemiologia	• Coloniza o intestino de uma pequena parcela dos indivíduos saudáveis • A exposição a antibióticos está associada a eliminação da população bacteriana normal do intestino, proliferação excessiva de *C. difficile* e manifestação subsequente das doenças (infecções endógenas) • Os esporos podem ser detectados nos quartos de hospitais em que há pacientes infectados (particularmente em volta das camas e nos banheiros); estes esporos podem ser uma fonte exógena de infecção • Cepas altamente virulentas circulam periodicamente no ambiente hospitalar e na comunidade
Doenças	• **Diarreia associada ao uso de antibióticos:** diarreia aguda, manifestando-se geralmente de 5 a 10 dias após o início do tratamento com antibiótico (particularmente clindamicina, penicilinas, cefalosporinas, fluoroquinolonas); pode ser breve e autolimitante ou mais protraída • **Colite pseudomembranosa:** forma mais grave de doença por *C. difficile*, com diarreia profusa, dores abdominais e febre; placas esbranquiçadas (pseudomembranas) se formam sobre o tecido colônico intacto (vistas na colonoscopia)
Diagnóstico	• O diagnóstico das doenças por *C. difficile* é feito pela detecção dos genes que codificam as toxinas bacterianas ou pela detecção direta da toxina em amostras fecais • A cultura é lenta e o isolamento de *C. difficile* deve ser confirmado pela demonstração de que a bactéria produz toxina B, de modo que raramente se emprega a cultura em diagnóstico de rotina • Imunoensaios para detecção de toxinas em amostras fecais não apresentam sensibilidade e não são confiáveis • Testes para detecção de antígenos citoplasmáticos de *C. difficile* (i.e., glutamina desidrogenase) são sensíveis, mas inespecíficos, de modo que só devem ser utilizados para triagem • Os testes de amplificação do ácido nucleico para genes da toxina são os mais sensíveis e específicos

CLOSTRIDIUM DIFFICILE (Cont.)	
Tratamento, controle e prevenção	• O antibiótico implicado na manifestação dos sintomas deve ser descontinuado • Tratamento com metronidazol ou vancomicina deve ser utilizado nas manifestações graves; transplantes fecais (restauração da população bacteriana residente do intestino) têm sido utilizados para tratar doenças recorrentes • A recidiva é comum porque os antibióticos não matam os esporos; uma segunda série de tratamento normalmente é bem-sucedida, mas podem ser necessárias várias séries • O quarto do hospital deve ser limpo cuidadosamente após a alta do paciente infectado

CASO CLÍNICO

Colite por *Clostridium difficile*

Limaye e colaboradores[8] *relataram um caso clássico de doença por* C. difficile *em um homem de 60 anos. Ele tinha se submetido a um transplante de fígado 5 anos antes de sua internação hospitalar, para avaliação de dores abdominais e diarreia grave. Três semanas antes da internação, ele teve uma sinusite que foi tratada com trimetoprim-sulfametoxazol, por via oral, durante 10 dias. Ao exame físico, o paciente estava febril e tinha sensibilidade abdominal moderada. Uma tomografia computadorizada abdominal revelou espessamento do cólon direito, mas sem abscesso. A colonoscopia mostrou muitas placas esbranquiçadas e uma mucosa eritematosa friável, compatíveis com colite pseudomembranosa. Iniciou-se um tratamento empírico com metronidazol por via oral e levofloxacina por via endovenosa. Um imunoensaio para toxina A* de C. difficile *feito nas fezes foi negativo, mas a toxina foi detectada tanto em cultura quanto pelo teste de citotoxicidade (demonstração de que o filtrado das fezes causa citotoxicidade em culturas celulares que pode ser neutralizada por antissoro específico contra as toxinas do* C. difficile*). O tratamento foi modificado para vancomicina, por via oral sendo que o paciente reagiu, deixando de apresentar diarreia e dor abdominal. Este é um exemplo de uma manifestação grave por* C. difficile *devido a exposição a antibióticos, em um paciente imunocomprometido, com uma apresentação característica de colite pseudomembranosa. Os problemas de diagnóstico relacionados com os imunoensaios são bem conhecidos, sendo estes testes atualmente substituídos por PCR que detectam os genes da toxina. Tratamento com metronidazol é o atualmente preferido, embora a vancomicina seja uma alternativa aceitável.*

BACTEROIDES FRAGILIS

B. fragilis é o membro mais importante de um complexo de espécies intimamente relacionadas (**grupo *B. fragilis***). São bactérias pleomórficas em tamanho e forma e assemelham-se a uma população mista de bacilos Gram-negativos numa coloração de Gram examinada casualmente. O *B. fragilis* cresce rapidamente em cultura e é favorecido pela presença de bile; ambas as características satisfazem as exigências de crescimento da bactéria *in vivo*, visto ser ele encontrado muito frequentemente no intestino. A característica estrutural mais importante desta espécie é uma **cápsula polissacarídica** antifagocítica que induz a formação de abscessos.

BACTEROIDES FRAGILIS	
Propriedades	• A cápsula polissacarídica é o principal fator de virulência, responsável pelos abscessos característicos das infecções por *B. fragilis* • As fímbrias na superfície celular são responsáveis pela adesão às células do hospedeiro • A produção de ácidos graxos (p. ex., ácido succínico) inibe a fagocitose e a morte intracelular • A catalase e a superóxido dismutase protegem as bactérias, inativando o peróxido de hidrogênio e os radicais livres superóxidos • A toxina termolábil (toxina do *B. fragilis*) provoca a secreção de cloreto e perda de fluido no intestino delgado e induz a secreção de interleucina 8, que contribui para a inflamação do epitélio intestinal

(Continua)

CLOSTRIDIUM DIFFICILE (Cont.)	
Epidemiologia	• Coloniza o trato gastrintestinal de animais e seres humanos, como um membro de menor importância do microbioma; raro ou ausente na orofaringe ou trato genital de indivíduos saudáveis • As infecções endógenas são, na maioria das vezes, polimicrobianas, envolvendo tanto bactérias aeróbias quanto anaeróbias
Doenças	• **Infecções intra-abdominais:** caracterizadas pela formação de abscessos e associadas a vazamento de conteúdo intestinal ou disseminação através de bacteremia • **Infecções de pele e tecidos moles:** associadas a traumas e podem progredir de uma colonização localizada para uma mionecrose potencialmente fatal • **Infecções ginecológicas:** incluem doença inflamatória pélvica, abscessos, endometrite e infecções de ferida cirúrgica; a formação de abscessos é característica das infecções por *B. fragilis* • **Gastrenterite:** manifesta-se como uma diarreia autolimitante, quando causada por *B. fragilis* produtores de enterotoxinas; principalmente em crianças com menos de 5 anos
Diagnóstico	• Coloração de Gram característica (bacilos Gram-negativos pleomórficos) das amostras clínicas • Cresce rapidamente em culturas incubadas anaerobicamente • Facilmente identificado por testes bioquímicos, sequenciamento genético ou espectrometria de massa por dessorção/ionização a *laser*
Tratamento, controle e prevenção	• Resistente à penicilina, de modo que 25% dos isolados são também resistentes à clindamicina; uniformemente suscetível ao metronidazol, sendo a maioria das cepas também suscetível aos carbapenens e à piperacilina-tazobactam • A prevenção é difícil porque as infecções são endógenas • Não há vacina disponível

CASO CLÍNICO

Fascite Necrosante Retroperitoneal

Pryor e colaboradores[9] descreveram o caso de um paciente vitimado por uma fascite polimicrobiana. Um homem de 38 anos, com histórico de 10 anos de infecção pelo HIV, foi submetido a uma hemorroidectomia, sem qualquer tipo de complicação. Nos 5 dias seguintes, apresentou dor nas coxas e nádegas, bem como náusea e vômito. Quando se apresentou ao hospital, ele tinha frequência cardíaca de 120 batimentos/minuto, pressão arterial de 120/60 mmHg, frequência respiratória de 22 respiros/minuto e temperatura de 38,5ºC. O exame físico revelou eritema extenso em torno do sítio cirúrgico, nas laterais do corpo, coxas e parede abdominal. Foi observado gás nos tecidos subjacentes às áreas de eritema, estendendo-se para a região superior do tórax. No local da cirurgia, amplas áreas de necrose tecidual e exsudatos de cor marrom e odor desagradável foram encontrados. Foram necessárias várias cirurgias para completa retirada dos tecidos afetados. Culturas realizadas com amostras destes tecidos apresentaram uma mistura de bactérias aeróbias e anaeróbias, com predomínio de Escherichia coli, *estreptococos β-hemolíticos e* B. fragilis. *Esta doença ilustra as possíveis complicações da cirurgia retal — intensa destruição de tecidos, etiologia polimicrobiana, com predomínio de* B. fragilis *e tecido necrótico com mal cheiro e produção de gás.*

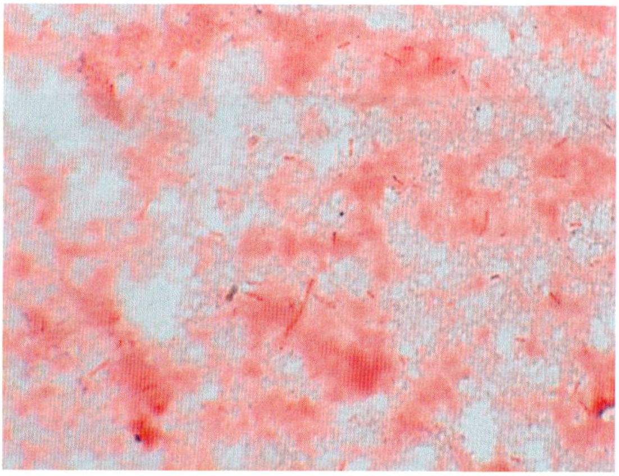

Bacteroides fragilis em cultura de sangue. As células são bacilos Gram-negativos pleomórficos de coloração fraca.

REFERÊNCIAS

1. Quercia R, Bani Sadr F, Cortez A, Arlet G, Pialoux G. Genital tract actinomycosis caused by *Actimyces israëlii*. *Med Mal Infect*. 2006;36:393-395.
2. Salvana EM, Frank M. Lactobacillus endocarditis: case report and review of cases reported since 1992. *J Infect*. 2006;53:e5-10.
3. Chu RM, Tummala RP, Hall WA. Focal intracranial infections due to *Propionibacterium acnes*: report of three cases. *Neurosurgery*. 2001;49:717-720.
4. Centers for Disease Control and PreventionTetanus—Puerto Rico, 2002. *MMWR Morb Mortal Wkly Rep*. 2002;51:613-615.
5. Centers for Disease Control and PreventionBotulism associated with commercial carrot juice—Georgia and Florida, September 2006. *MMWR Morb Mortal Wkly Rep*. 2006;55:1098-1099.
6. Centers for Disease Control and PreventionInfant botulism—New York City, 2001-2002. *MMWR Morb Mortal Wkly Rep*. 2003;52:21-24.
7. Centers for Disease Control and Prevention. *Clostridium perfringens* gastroenteritis associated with corned beef served at St. Patrick's Day meals—Ohio and Virginia, 1993. *MMWR Morb Mortal Wkly Rep*. 1994;43(137):143-144.
8. Limaye AP, Turgeon DK, Cookson BT, Fritsche TR. Pseudomembranous colitis caused by a toxin A(−) B(+) strain of *Clostridium difficile*. *J Clin Microbiol*. 2000;38:1696-1697.
9. Pryor JP, Piotrowski E, Seltzer CW, Gracias VH. Early diagnosis of retroperitoneal necrotizing fasciitis. *Crit Care Med*. 2001;29:1071-1073.

10

Bactérias Espiraladas

DADOS INTERESSANTES

- *Campylobacter jejuni* é a causa mais comum de gastrenterite bacteriana.
- *Helicobacter pylori* é a causa mais comum de gastrite bacteriana e úlcera péptica.
- *Treponema pallidum* é a causa mais comum de úlceras genitais indolores.
- A doença de Lyme, causada pela *Borrelia burgdorferi*, é a mais comum entre as doenças bacterianas transmitidas por artrópodes.

As bactérias discutidas neste capítulo não são cocos nem bacilos; em vez disso, têm forma espiral ou helicoidal. Cinco bactérias serão discutidas em detalhes neste capítulo:

Bactérias com Formato Helicoidal ou em Espiral

Bactérias	Origem Histórica
C. jejuni	*kampylos*, curvado; *bacter*, bacilo; *jejuni*, do jejuno (bacilo curvo do jejuno [local da doença])
H. pylori	*helix*, espiral; *bacter*, bacilo; *pylorus*, parte inferior do estômago (bacilo espiralado na parte inferior do estômago)
T. pallidum	*trepo*, volta; *nema*, cordão; *pallidum*, pálido (refere-se a bacilos espiralados muito finos que não retêm corantes tradicionais)
B. burgdorferi	designação em homenagem a A. Borrel e W. Burgdorfer
Leptospira spp.	*lepto*, fina; *spira*, espiral (refere-se ao formato fino e espiralado destas bactérias)

Há uma série de bactérias relacionadas a estas que devem ser mencionadas porque são importantes patógenos humanos, mas não serão discutidas com mais detalhes aqui:

Bactérias Relacionadas

Bactérias	Doenças
Campylobacter coli	Gastrenterite
Campylobacter upsaliensis	Gastrenterite
Campylobacter fetus	Infecções vasculares (p. ex., septicemia, tromboflebite séptica, endocardite)
Helicobacter cinaedi	Gastrenterite, proctocolite
Helicobacter fennelliae	Gastrenterite, proctocolite
Borrelia afzelii	Doença de Lyme (na Europa e Ásia)
Borrelia garinii	Doença de Lyme (na Europa e Ásia)
Borrelia recurrentis	Febre recorrente epidêmica (transmitida por piolho)
Borrelia, muitas espécies	Febre recorrente endêmica (transmitida por carrapato)

CAMPYLOBACTER JEJUNI

O *Campylobacter*, principalmente *C. jejuni* e *C. coli*, representa a causa mais comum de **gastrenterite bacteriana** tanto em países desenvolvidos quanto em subdesenvolvidos. O papel dessas bactérias Gram-negativas como agentes de doenças humanas foi desconhecido por muitos anos, porque elas são pequenas (0,2 a 0,5 µm de largura e 0,5 a 5 µm de comprimento) e crescem melhor a 42°C, com tensão reduzida de oxigênio e aumentada de dióxido de carbono. Elas foram descobertas quando amostras de fezes estavam sendo preparadas para detecção de vírus, por filtração em filtros de 0,45 µm.

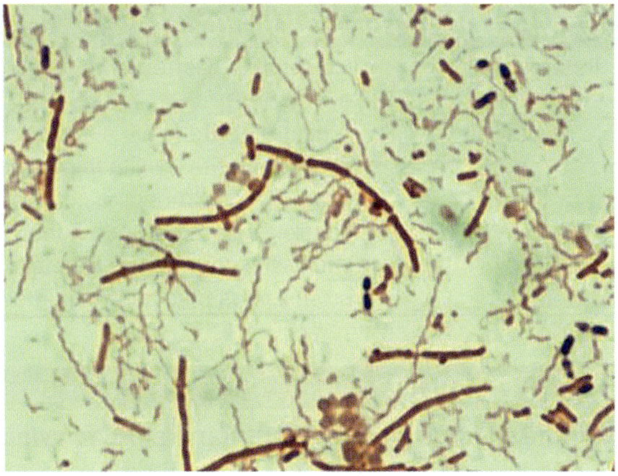

Campylobacter jejuni em amostra de fezes. *C. jejuni* são as bactérias Gram-negativas finas e curvas em meio a bacilos Gram-negativos maiores e diplococos Gram-positivos.

CAMPYLOBACTER JEJUNI	
Propriedades	• A cápsula polissacarídica protege da fagocitose • Os lipopolissacarídeos com endotoxina estão ausentes nestas bactérias Gram-negativas • Adesinas, enzimas citotóxicas e enterotoxinas são detectadas em *C. jejuni*, mas sem um papel bem definido na doença • Apresenta reação cruzada com tecidos do hospedeiro, é responsável por complicações autoimunes das infecções por *Campylobacter* (síndrome de Guillain-Barré, artrite reativa)
Epidemiologia	• É uma zoonose; **carne de aves** inadequadamente preparada é uma fonte comum de infecções humanas • Infecções adquiridas pela ingestão de alimento contaminado, leite não pasteurizado ou água contaminada • A transmissão interpessoal é incomum • A dose necessária para a manifestação da doença é alta, pois a bactéria é sensível à acidez estomacal • A exposição prévia confere imunidade parcial, resultando em manifestações menos graves • De distribuição mundial, podendo ocorrer infecções entéricas o ano inteiro
Doenças	• **Gastrenterite:** destruição de mucosas do jejuno, íleo e cólon; enterite aguda com diarreia, febre e dor abdominal grave; pode parecer com apendicite aguda, particularmente em crianças e adultos jovens • **Síndrome de Guillain-Barré:** complicação bem conhecida da infecção por *Campylobacter*, anomalia autoimune do sistema nervoso periférico caracterizada pela manifestação de uma fraqueza simétrica por vários dias, sendo que a recuperação requer vários meses • **Artrite reativa:** complicação da infecção por *Campylobacter*, caracterizada por dor e inchaço articulares, afetando mãos, tornozelos e joelhos; persiste por 1 semana a vários meses
Diagnóstico	• A detecção, ao microscópio, de bacilos Gram-negativos finos, em forma de S é específica, mas não é sensível • Os testes de amplificação de ácido nucleico comerciais do tipo multiplex são altamente sensíveis e específicos para patógenos entéricos e particularmente úteis para detecção das infecções por *C. jejuni* e *C. coli* • A cultura requer o uso de meio especializado e incubação sob tensão reduzida de oxigênio e aumentada de dióxido de carbono e temperaturas elevadas; requer incubação por 2 dias ou mais e apresenta sensibilidade relativamente pequena, a menos que se utilizem meios de cultura recém-preparados • A detecção dos antígenos de *Campylobacter* em amostras de fezes é moderadamente sensível e muito específica em comparação com a cultura

(Continua)

CAMPYLOBACTER JEJUNI (Cont.)	
Tratamento, controle e prevenção	• No caso de gastrenterite, a infecção é autolimitante e controlada pela reposição de fluidos e eletrólitos • A gastrenterite grave e a septicemia são tratadas com eritromicina ou azitromicina • A gastrenterite é evitada por meio do preparo adequado de alimentos e consumo de leite pasteurizado; Impedir a contaminação das fontes de abastecimento de água também controla a ocorrência de infecções • Vacinas experimentais que têm como alvo polissacarídeos capsulares externos são promissoras para controlar infecções em reservatórios animais

CASO CLÍNICO

Enterite e Síndrome de Guillain-Barré por *Campylobacter jejuni*

Scully e colaboradores[1] *descreveram o histórico clínico de uma mulher de 74 anos que apresentou síndrome de Guillain-Barré após um episódio de enterite por* C. jejuni. *Após 1 semana de febre, diarreia, náusea, dor abdominal, fraqueza e fadiga, a fala da paciente ficou gravemente confusa. Ela foi levada ao hospital, onde se percebeu que estava incapaz de se comunicar, embora estivesse consciente e capaz de escrever compreensivelmente. Ela tinha entorpecimento perioral, ptose bilateral e fraqueza facial, e suas pupilas não reagiam. O exame neurológico revelou fraqueza muscular bilateral em seus braços e tórax. No segundo dia de internação, a fraqueza muscular se estendeu à parte superior das pernas da paciente. No terceiro dia, a condição mental da paciente continuava normal, mas ela só conseguia mover minimamente o polegar e não conseguia erguer as pernas. A sensação ao toque leve era normal, mas os reflexos tendinosos profundos estavam ausentes.* C. jejuni *foi isolado de uma cultura de fezes da paciente, realizada no momento da internação, tendo sido o diagnóstico clínico de síndrome de Guillain-Barré. Apesar do tratamento médico intensivo, a paciente apresentou déficits neurológicos importantes, 3 meses após a alta, para uma clínica de reabilitação. O caso desta mulher ilustra uma das complicações importantes da enterite por* Campylobacter.

HELICOBACTER PYLORI

Assim como *C. jejuni*, *H. pilori* é um patógeno humano que foi levado a sério apenas recentemente. O *Helicobacter* tem tamanho e forma parecidos com os de *Campylobacter* e o crescimento requer meios complexos enriquecidos com sangue, soro, carvão, amido e clara de ovo e condições de microaerofilia. O *H. pylori* foi associado inicialmente à gastrite, em 1983, e depois implicado na causa de úlceras pépticas, adenocarcinomas gástricos e linfomas do tecido linfoide associados à mucosa gástrica. As bactérias do gênero *Helicobacter* são subdivididas em espécies que colonizam principalmente o estômago (**helicobácters gástricos**) e as que colonizam os intestinos (**helicobácters êntero-hepáticos**). O *H. pilori* é um helicobácter gástrico.

HELICOBACTER PYLORI	
Propriedades	• A colonização inicial é facilitada pelo bloqueio da produção de ácido e neutralização dos ácidos gástricos com amônia produzida pela atividade da **urease** bacteriana • Bactéria móvel, o que permite sua migração através da mucosa até as células do epitélio gástrico, onde a adesão é mediada por adesinas bacterianas proteicas • Dano tecidual localizado, causado por subprodutos da urease, mucinase, fosfolipases e pela atividade da citotoxina A vacuolizante. • O sistema de secreção do tipo IV injeta proteínas bacterianas nas células epiteliais, interferindo na estrutura normal do citoesqueleto
Epidemiologia	• As infecções são comuns, particularmente em pessoas de baixa classe socioeconômica ou nos países subdesenvolvidos, e a colonização pode ser para a vida toda • Os **seres humanos** são o reservatório principal • A transmissão interpessoal é importante (geralmente fecal-oral) • Ubíquo e de distribuição mundial, e a incidência das doenças não é sazonal

HELICOBACTER PYLORI (Cont.)	
Doenças	• **Gastrite:** inflamação da mucosa gástrica, caracterizada por sensação de saciedade, náusea, vômito e hipocloridria (menor produção de ácido); pode evoluir para doença crônica • **Úlceras pépticas:** surgimento de úlceras, normalmente na junção entre o corpo e o antro do estômago ou no duodeno proximal (úlcera duodenal) • **Adenocarcinoma gástrico:** progressão de gastrite crônica para câncer de estômago • **Linfomas de células B do tecido linfoide associado à mucosa**
Diagnóstico	• Microscopia: exame histológico de amostras de biópsia é sensível e específico • Teste de urease relativamente sensível e altamente específico; teste do hálito urêmico é não invasivo • O teste para antígeno de *H. pilori* é sensível e específico; feito com amostras de fezes • A cultura requer incubação em condições de microaerofilia; o crescimento é lento; relativamente não sensível, a menos que sejam cultivadas várias biópsias • A sorologia é útil para provar o contato com *H. pylori*, mas não a doença
Tratamento, controle e prevenção	• Vários regimes foram avaliados para o tratamento das infecções por *H. pylori.* Terapia combinada utilizando-se um inibidor de bomba de prótons (p. ex., omeprazol), um macrolídeo (p. ex., claritromicina) e um β-lactâmico (p. ex., amoxicilina) por 2 semanas tem apresentado uma taxa de sucesso elevada • Recomenda-se tratar apenas os pacientes sintomáticos porque o tratamento profilático dos indivíduos infectados não é eficiente e, possivelmente, tem efeitos adversos, como predispor esses pacientes a adenocarcinomas da região inferior do esôfago • Não há atualmente vacina disponível

TREPONEMA PALLIDUM

O *T. pallidum* é a bactéria responsável pela doença sexualmente transmissível **sífilis.** Embora esta doença seja conhecida há séculos, seu diagnóstico pelos testes tradicionais, como microscopia e cultura, não tem valor porque o *T. pallidum* e os treponemas relacionados são espiroquetas pequenas (0,1-0,2 μm × 6-20 μm) densamente espiraladas e finas demais para serem vistas através de microscopia óptica e o *T. pallidum* ainda não foi cultivado em laboratório. A **sorologia** continua a ser o principal teste de diagnóstico para a sífilis, sendo os testes **não treponêmicos** (detecção de anticorpos contra lipídios produzidos nos primeiros estágios da doença, por células do hospedeiro danificadas) utilizados na triagem de pacientes e os testes **treponêmicos** (anticorpos especificamente direcionados contra o *T. pallidum*) usados como testes confirmatórios.

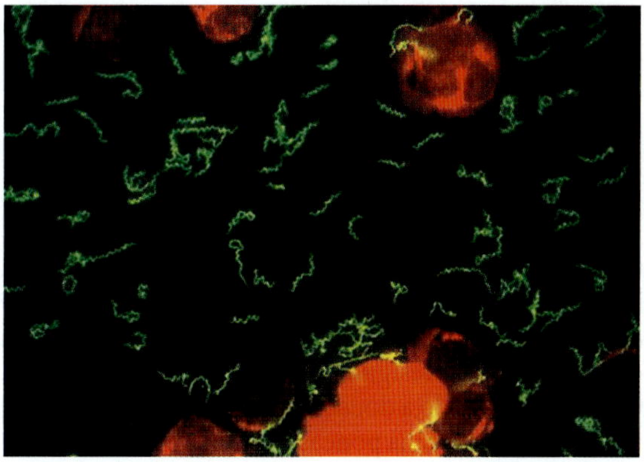

Treponema pallidum observado em uma amostra de úlcera, utilizando-se anticorpos marcados com fluoresceína para *T. pallidum.*

TREPONEMA PALLIDUM	
Propriedades	• Proteínas da membrana externa promovem adesão às células do hospedeiro • Hialuronidase facilita a infiltração perivascular • O revestimento de fibronectina protege contra a fagocitose • Destruição tecidual resulta principalmente da resposta imune do hospedeiro à infecção
Epidemiologia	• Os **seres humanos** são o único hospedeiro natural • Sífilis venérea, transmitida por contato sexual ou congênita, que passa da mãe para o feto • A sífilis ocorre no mundo inteiro e sua incidência não é sazonal • Terceira doença bacteriana transmitida sexualmente mais comum nos Estados Unidos (depois das infecções por *Chlamydia* e *Neisseria gonorrhoeae*) • Pacientes com úlceras genitais correm mais risco de adquirir e transmitir o HIV

(Continua)

TREPONEMA PALLIDUM (Cont.)	
Doenças	• A **sífilis** manifesta-se nos seguintes estágios: • **Primário: úlcera indolor** ou **cancro** no sítio da infecção com linfadenopatia regional e bacteremia • **Secundário:** síndrome parecida com gripe, com erupção muco-cutânea generalizada e bacteremia • **Final:** inflamação crônica e difusa e destruição de qualquer órgão ou tecido • **Neurossífilis:** sintomas neurológicos, **meningite** primária, podem se desenvolver nos estágios inicial ou final da doença • **Sífilis congênita:** pode resultar em morte fetal; as crianças nascem com malformações em vários órgãos; ou a doença é latente, apresentando-se inicialmente como rinite seguida por erupção máculo-papular generalizada com descamação da pele; malformação dentária e óssea, cegueira, surdez e sífilis cardiovascular são comuns nos bebês não tratados
Diagnóstico	• A microscopia de campo escuro ou de imunofluorescência direta é válida se forem observadas úlceras em mucosas, nos estágios primários ou secundários • A sorologia é muito sensível nos estágios secundário e final da sífilis • Testes de amplificação de ácidos nucleicos têm sido desenvolvidos, mas não são amplamente utilizados
Tratamento, controle e prevenção	• A penicilina é a droga de escolha; doxiciclina ou azitromicina podem ser administradas se o paciente for alérgico à penicilina • Práticas sexuais seguras devem ser enfatizadas e os parceiros sexuais dos indivíduos infectados devem ser tratados • Não existe vacina

BORRELIA BURGDORFERI

As borrélias são espiroquetas grandes (0,2-0,5 × 830 μm) que se coram melhor com anilina (p. ex., coloração de Giemsa ou Wright). *B. burgdorferi* e bactérias relacionadas são responsáveis pela **doença de Lyme**, assim designada em homenagem a Lyme, Connecticut, onde a doença foi descrita pela primeira vez. Normalmente, há poucas bactérias nas lesões cutâneas ou no sangue do paciente e elas são microaerófilas, com exigências nutricionais complexas, de modo que o diagnóstico é feito principalmente pela sorologia. Esta, em geral, não é sensível durante o estágio inicial, mas é regularmente positiva nos estágios finais da doença. Como podem ocorrer resultados falso-positivos, os testes devem ser feitos apenas em pacientes com histórico e manifestação clínica relevantes, informação esta frequentemente negligenciada e responsável por diagnósticos equivocados em muitos pacientes.

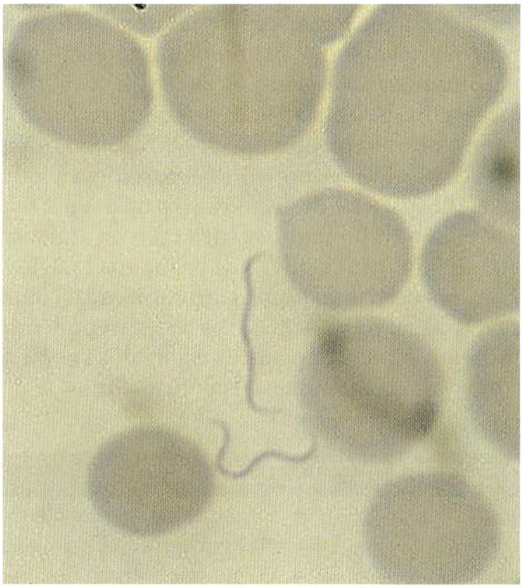

Coloração de Giemsa de *Borrelia* spp. no sangue de um paciente com febre recorrente endêmica. Embora a *Borrelia burgdorferi* observada nos tecidos tenha esta mesma aparência, ela raramente é vista em amostras clínicas.

BORRELIA BURGDORFERI	
Propriedades	• A resposta imune contra os agentes da doença de Lyme pode ser a causa das manifestações clínicas observadas
Epidemiologia	• A *B. burgdorferi* causa doenças nos Estados Unidos e na Europa; a *B. garinii* e a *B. afzelli* causam doenças na Europa e na Ásia • Transmitida de camundongos para o homem através de **carrapatos** duros; reservatórios: camundongos, cervos e carrapatos • Doença mais comum transmitida por carrapatos nos Estados Unidos • O estágio de ninfa do carrapato é responsável por mais de 90% dos casos da doença em humanos, de modo que, embora os carrapatos tenham que se alimentar por mais de 2 dias, podem não ser notados no corpo devido ao seu pequeno tamanho • Nos Estados Unidos, 95% dos casos de doença de Lyme ocorrem em duas regiões principais: estados do nordeste e meso-atlânticos (Maine até a Virgína) e estados do meio-oeste superior (Minnesota, Visconsin) • Tem distribuição mundial • A incidência sazonal corresponde aos padrões de alimentação dos vetores; a maioria dos casos de doença de Lyme nos Estados Unidos ocorre no final da primavera e início do verão (alimentação do estágio de ninfa dos carrapatos); o pico é em junho e julho
Doenças	• A **doença de Lyme** se desenvolve em dois estágios: • **Manifestação inicial localizada:** pequenas máculas e pápulas surgem no local da picada do carrapato, transformando-se em lesões maiores, com bordas vermelhas superficiais e clareamento central (eritema migratório). • **Manifestação inicial disseminada:** disseminação por via hematogênica caracterizada por sintomas sistêmicos (fadiga grave, cefaleia, febre, mal-estar), artrite e artralgia, mialgia, lesões cutâneas eritematosas e sintomas cardíacos e neurológicos • As manifestações do **estágio final** incluem **artrite** e **envolvimento cutâneo crônico**
Diagnóstico	• A microscopia e a cultura têm valor limitado • Existem testes de amplificação de ácido nucleico para o diagnóstico da doença de Lyme, mas em geral não são sensíveis • A sorologia é o teste de escolha para o diagnóstico da doença de Lyme
Tratamento, controle eprevenção	• No caso das manifestações iniciais localizadas ou disseminadas da doença de Lyme, o tratamento é feito com amoxicilina, tetraciclina ou cefuroxima; os sintomas tardios são tratados com penicilina ou ceftriaxona, por via endovenosa • Evitar contato com carrapatos duros por meio do uso de inseticidas, aplicação de repelentes de insetos às roupas e uso de roupas de proteção que reduzem o contato da pele com insetos • Não há vacinas

CASO CLÍNICO

Doença de Lyme em Lyme, Connecticut

Em 1977, Steere e colaboradores[2] relataram uma epidemia de artrite no leste de Connecticut. Os autores estudaram um grupo de 39 crianças e 12 adultos que apresentaram uma doença caracterizada por crises recorrentes de inchaço e dor, em algumas articulações grandes. A maioria das crises durou 1 semana ou menos, mas algumas duraram meses. Vinte e cinco por cento dos pacientes se lembraram que tiveram uma lesão cutânea eritematosa 4 semanas antes do início da artrite. Este foi o primeiro relato sobre a doença de Lyme, designada em homenagem à cidade em Connecticut, onde a doença foi identificada pela primeira vez. Sabemos atualmente que a lesão eritematosa (eritema migratório) é a manifestação característica da doença de Lyme, no estágio inicial. Poucos anos após este relato, a borrélia responsável pela doença de Lyme, B. burgdorferi, *foi isolada.*

DOENÇA CLÍNICA

Surto de Febre Recorrente Transmitida por Carrapato

Em agosto de 2002, o Departamento de Saúde do Novo México foi alertado sobre um surto de febre recorrente transmitida por carrapato.[3] Aproximadamente 40 pessoas frequentaram uma reunião familiar em uma cabana nas montanhas do norte do Novo México. Metade do grupo pernoitou na cabana. Alguns indivíduos haviam chegado 3 dias antes para limpar a cabana que estava desocupada. Quatro dias após o evento, um dos indivíduos que chegou mais cedo procurou atendimento em um hospital local relatando ter apresentado, por 2 dias, febre, calafrios, mialgia e uma erupção elevada nos antebraços, onde sentia pruridos. Um esfregaço de sangue do paciente revelou a presença de espiroquetas. Ao todo, 14 indivíduos que estiveram na reunião tiveram sintomas compatíveis com febre recorrente, tendo apresentado sorologia positiva ou espiroquetas nos seus esfregaços de sangue. A maioria tinha histórico de febre, cefaleia, artralgia e mialgia. Foi encontrado material de ninho de roedores nas paredes do interior da cabana. Este surto de febre recorrente endêmica ilustra os riscos associados ao contato com carrapatos que picam roedores infectados, o fato de que as pessoas não dão conta das picadas dos carrapatos por que têm curta duração à noite e a natureza recorrente desta manifestação febril causada por espécies de Borrelia.

ESPÉCIES DE *LEPTOSPIRA*

A taxonomia deste gênero é confusa na literatura. Basta saber que várias espécies de *Leptospira* podem causar doenças em humanos, a **leptospirose**. As bactérias são muito finas (0,1 μm × 6–20 μm) de modo que a microscopia de campo claro não é válida. Além disso, estas bactérias apresentam exigências nutricionais complexas e crescem lentamente em cultura, de modo que a maioria dos testes diagnósticos se baseia em sorologia.

ESPÉCIES DE *LEPTOSPIRA*	
Propriedades	• A resposta imune contra a *Leptospira* pode ser responsável pela doença
Epidemiologia	• Reservatórios nos Estados Unidos: roedores (particularmente ratos), cães, animais de fazenda e selvagens • **Homem: hospedeiro acidental no estágio final** • A bactéria pode penetrar na pele através de pequenas fissuras na epiderme • As pessoas podem ser infectadas com leptospiras através de contato com água contaminada com urina de animais infectados ou pela manipulação de tecidos destes animais • As pessoas em risco são aquelas que entram em contato com riachos, rios e água parada contaminados com urina; exposição ocupacional de fazendeiros, açougueiros e veterinários a animais infectados • A infecção é rara nos Estados Unidos, mas tem distribuição mundial • A doença é mais comum durante os meses quentes (exposição recreativa)

Doenças	• A maioria das infecções humanas não é evidente clinicamente e detectada apenas por meio da demonstração de anticorpos específicos
	• As infecções sintomáticas **(leptospirose)** manifestam-se em dois estágios:
	  • A fase inicial tem sintomas parecidos com os da gripe, com febre, dor muscular, calafrios, cefaleia, vômito ou diarreia
	  • A segunda fase consiste em uma manifestação mais grave, com aparecimento súbito de cefaleia, mialgia, calafrios e dor abdominal
	• Pode se apresentar como uma **meningite asséptica**
	• A **forma ictérica** da doença **(doença de Weil)** é caracterizada por icterícia, colapso vascular, trombocitopenia, hemorragia e disfunção hepática e renal

Diagnóstico	• A microscopia não é válida porque geralmente há muito poucas bactérias nos fluidos ou tecidos • Cultura: leptospiras são detectadas no sangue ou no fluido cerebrospinal nos primeiros 7 a 10 dias da doença; na urina após 1 semana • Sorologia usando o teste de aglutinação microscópica é relativamente sensível e específico, mas não está amplamente disponível nos países com recursos limitados; testes de ELISA são menos precisos, mas podem ser utilizados para triagem dos pacientes.
Tratamento, controle e prevenção	• Tratamento com penicilina ou doxiciclina • A doxiciclina, mas não a penicilina, é utilizada na profilaxia • Rebanhos de animais e animais domésticos devem ser vacinados • Deve haver controle de infestação por ratos

CASO CLÍNICO

Leptospirose em Participantes de Triatlo

Há vários relatos de casos de leptospirose em atletas que praticam esportes aquáticos. Em 1998, agentes de saúde pública detectaram casos de leptospirose em participantes de um triatlo em Illinois e Wisconsin.[4] Um total de 866 atletas participou do evento em Illinois em 21 de junho de 1998 e 648 participaram do evento em Wisconsin, em 5 de julho de 1998. A definição de caso de leptospirose considerada nesta investigação foi o aparecimento de febre, seguido por pelo menos dois dos seguintes sintomas ou sinais: calafrios, cefaleia, mialgia, diarreia, dor ocular ou olhos avermelhados. Nove por cento dos participantes apresentaram sintomas que satisfaziam essa definição e dois terços procuraram atendimento médico, um terço dos quais foi hospitalizado. A leptospirose foi confirmada em uma parte desses pacientes pelos testes sorológicos. Estes surtos ilustram o perigo em potencial de se nadar em água contaminada, a manifestação da leptospirose em pessoas saudáveis e a gravidade da doença que pode ser contraída.

REFERÊNCIAS

1. Case records of the Massachusetts General Hospital. Case 39-1999. A 74-year-old woman with acute, progressive paralysis after diarrhea for one week. *N Engl J Med.* 1999;341:1996-2003.
2. Steere AC, Malawista SE, Snydman DR, et al. Lyme arthritis: an epidemic of oligoarticular arthritis in children and adults in three Connecticut communities. *Arthritis Rheum.* 1977;20:7-17.
3. Centers for Disease Control and Prevention. Tickborne relapsing fever outbreak after a family gathering—New Mexico, August 2002. *MMWR Morb Mortal Wkly Rep.* 2003;52:809-812.
4. Centers for Disease Control and Prevention. Update: leptospirosis and unexplained acute febrile illness among athletes participating in triathlons—Illinois and Wisconsin, 1998. *MMWR Morb Mortal Wkly Rep.* 1998;47:673-676.

11

Bactérias Intracelulares

DADOS INTERESSANTES

- A *Rickettsia rickettsii,* bactéria responsável pela febre maculosa das Montanhas Rochosas, foi designada em homenagem a Howard Ricketts, que morreu de outra riquetsiose, o tifo.
- Os seres humanos são hospedeiros acidentais de todos os patógenos intracelulares discutidos neste capítulo, com apenas uma exceção: *Chlamydia trachomatis,* o patógeno mais frequentemente transmitido, por via sexual, nos Estados Unidos (por certo, também, os seres humanos não são hospedeiros naturais).
- A incidência de erliquiose e anaplasmose tem aumentado anualmente desde que estas doenças foram descritas em 1998, em consequência do aperfeiçoamento das técnicas de diagnóstico e da disseminação destas bactérias.
- Muitas infecções por clamídia são assintomáticas, o que facilita a transmissão interpessoal.

As bactérias discutidas neste capítulo são parasitas intracelulares aeróbias obrigatórias, com uma estrutura de parede celular Gram-negativa. A não ser por estas características em comum, estas bactérias não têm nenhuma relação de parentesco entre si, sendo classificadas em quatro famílias distintas:

- Rickettsiaceae: *Rickettsia* e *Orientia*
- Anaplasmataceae: *Ehrlichia* e *Anaplasma*
- Coxiellaceae: *Coxiella*
- Chlamydiaceae: *Chlamydia* e *Chlamydophila*

Quatro Espécies Importantes de Bactérias Intracelulares

Bactérias	Origem Histórica
R. rickettsii	*Rickettsia*, designação em homenagem a Howard Ricketts, que identificou o carrapato da madeira como vetor da febre maculosa das Montanhas Rochosas
Ehrlichia chaffeensis	*Ehrlichia*, designação em homenagem ao microbiologista alemão Paul Ehrlich; *chaffeensis*, bactéria isolada pela primeira vez de um soldado no Forte Chaffee, Arkansas
Coxiella burnetii	*Coxiella burnetii*, designação em homenagem a Herald Cox e F.M. Burnet, que isolaram a bactéria de carrapatos em Montana e de pacientes na Austrália, respectivamente
C. trachomatis	*Chlamydis*, capa; *trachomatis*, de tracoma ou rugoso (doença caracterizada por granulações, de aparência rugosa na superfície da conjuntiva, levando à inflamação crônica e cegueira)

CASO CLÍNICO

Febre Maculosa das Montanhas Rochosas

Oster e colaboradores[1] descreveram o caso de vários indivíduos que adquiriram a febre maculosa das Montanhas Rochosas, através de contaminação com R. rickettsii, *em laboratório. Um deles, um técnico em veterinária, de 21 anos, apresentou-se em uma clínica com queixas de mialgia e tosse não produtiva. Foi tratado com penicilina e recebeu alta. Nos dias seguintes, ele teve calafrios e dor de cabeça. Quando voltou para o hospital, tinha uma temperatura de 40ºC e erupções maculares no tronco e nos membros do corpo. Ele foi tratado com tetraciclina por via muscular, mas continuou febril, sendo que as erupções evoluíram para petéquias no tronco, nos membros do corpo e nas solas dos pés. Desenvolveram-se efusões pleurais bilaterais, sendo iniciado o tratamento com tetraciclina por via endovenosa. Nas 2 semanas seguintes, as efusões despareceram e o paciente teve uma recuperação lenta, porém sem intercorrências. Embora este indivíduo não estivesse trabalhando diretamente com a* R. rickettsii, *ele tinha visitado um laboratório, onde a bactéria era manipulada. Este caso ilustra a apresentação característica da febre maculosa das Montanhas Rochosas – dores de cabeça, febre, mialgias e uma erupção macular que pode evoluir para o tipo petequial ou maculosa.*

Existem várias bactérias relacionadas com as riquétsias que devem ser mencionadas por serem importantes patógenos humanos:

Bactérias

Bactérias	Doenças Humanas
Rickettsia akari	Varicela riquetsiana: febre maculosa de áreas urbanas, como Nova York, transmitida por ácaros infectados
Rickettsia prowazekii	Tifo (três formas: epidêmico, recrudescente e esporádico)
Rickettsia typhi	Tifo endêmico ou murino
Orientia tsutsugamushi	O tifo do mato é transmitido por ácaros ("larvas")
Anaplasma phagocytophilum	Anaplasmose granulocítica humana
Chlamydophila psittaci	Psitacose (febre do papagaio): varia de uma colonização assintomática até uma broncopneumonia grave
Chlamydophila pneumoniae	Doença assintomática ou pneumonia atípica, que varia de branda a grave

CASO CLÍNICO

Varicela Riquetsiana na Cidade de Nova York

Koss e colaboradores[2] descreveram o caso de 18 portadores de varicela riquetsiana, atendidos no Columbia Presbyterian Medical Center, *em Nova York, num período de 20 meses, após o ataque bioterrorista com antraz ocorrido no outono de 2001. Os pacientes foram ao hospital porque apresentavam uma escara necrótica e acreditavam que tinham antraz cutâneo. Eles também tinham febre, dor de cabeça e erupções papulovesiculares. Muitos pacientes se queixavam de mialgias, dor de garganta, artralgias e sintomas gastrintestinais. Análise imuno-histoquímica das biópsias da escara e pele confirmou o diagnóstico de varicela riquetsiana e não de antraz cutâneo. O agente etiológico da varicela riquetsiana é a* R. akari, *sendo que a doença é transmitida, dos roedores para o ser humano, por ácaros ("larvas"). Estes pacientes ilustram as dificuldades do diagnóstico de doenças incomuns, mesmo quando a apresentação clínica é característica.*

CASO CLÍNICO

Psitacose em um Homem Previamente Saudável

Scully e colaboradores[3] descreveram o caso de um homem de 24 anos que foi internado em um hospital local com angústia respiratória aguda. Vários dias antes de ser internado, ele apresentou congestão nasal, mialgia, tosse seca, dispneia leve e dor de cabeça. Pouco antes da internação, a tosse se tornou produtiva e ele teve dor pleurítica, febre, calafrios e diarreia. As radiografias demonstraram consolidação do lobo superior direito dos pulmões e infiltrados irregulares no lobo inferior esquerdo. Apesar de seu tratamento incluir eritromicina, doxiciclina, ceftriaxona e vancomicina, sua condição pulmonar não melhorou, em 7 dias, e ele teve que ficar internado por um mês. Um histórico detalhado revelou que o homem teve contato com papagaios na recepção de um hotel onde esteve nas férias. O diagnóstico de pneumonia por Chlamydophila psittaci *foi realizado pelo crescimento da bactéria em cultura de células e por testes sorológicos.*

RICKETTSIA RICKETTSII

O gênero *Rickettsia* é subdividido em dois grupos, conforme as doenças às quais estão associados:

- Grupo da **febre maculosa**: várias espécies de *Rickettsia* incluídas aqui estão associadas a doenças humanas, porém as mais importantes são *R. rickettsii* e *R. akari*. A *R. prowazekii* é o agente etiológico do **tifo epidêmico ou tifo transmitido por piolho**, sendo os **humanos o reservatório principal** e o piolho parasita de humanos, o vetor. A forma recrudescente da doença pode ocorrer anos após a infecção inicial.
- Grupo do **tifo:** a *R. typhi* é responsável pelo **tifo murino endêmico,** sendo os roedores os reservatórios principais e as pulgas do rato e do gato os principais vetores. As bactérias da família Rickettsiaceae são pequenas e crescem apenas no citoplasma de células eucarióticas. Embora tenham uma parede celular característica de bactérias Gram-negativas, elas coram fracamente pela técnica de Gram. A seguir, temos um resumo sobre a *R. rickettsii*.

RICKETTSIA RICKETTSII	
Propriedades	• A proteína A da membrana externa das bactérias é responsável pela adesão às células endoteliais; após a entrada nas células alvo, a *R. rickettsii* é liberada do fagossomo e se multiplica dentro da célula • Ocorre destruição de células endoteliais devido à replicação bacteriana, causando vasculites
Epidemiologia	• A *R. rickettsii* é a riquétsia mas comum nos Estados Unidos • Os carrapatos duros (p. ex., carrapato do cão e carrapato da madeira) são reservatórios principais e vetores • A transmissão requer contato prolongado • Encontrada no hemisfério ocidental; nos Estados Unidos, principalmente na Carolina do Norte, Oklahoma, Arkansas, Tennessee e Missouri • A doença é mais comum de abril a setembro
Doenças	• A **febre maculosa das Montanhas Rochosas** surge, em média, sete dias após a picada do carrapato; os sinais da doença são febre alta e cefaleia, associadas a mal-estar, mialgias, náusea, vômito, dor abdominal e diarreia; as erupções maculares aparecem depois de três dias, evoluindo para as formas petequiais • As complicações incluem manifestações neurológicas, insuficiência pulmonar e renal e anomalias cardíacas
Diagnóstico	• A sorologia (p. ex., testes de microimunofluorescência) é utilizada com mais frequência • A coloração de Gram e a cultura não têm valor para o diagnóstico; a coloração dos tecidos infectados utilizando-se anticorpos marcados com fluoresceína é válida, mas geralmente só está disponível em laboratórios de referência • Os testes de amplificação de ácido nucleico não apresentam sensibilidade
Tratamento, controle e prevenção	• A doxiciclina é a droga de escolha • Deve-se evitar as áreas infestadas por carrapatos, usar vestuário de proteção e inseticidas eficazes • Deve-se remover imediatamente os carrapatos do corpo • Não existe vacina

EHRLICHIA CHAFFEENSIS

Os gêneros *Ehrlichia* e *Anaplasma* (anteriormente pertencentes ao gênero *Ehrlichia*) são pequenas bactérias intracelulares, que parasitam as células do sangue (p. ex., granulócitos, monócitos, eritrócitos e plaquetas). Três espécies de *Ehrlichia* são patógenos humanos importantes: *E. chaffeensis* (infecta monócitos), *Ehrlichia ewingii* (infecta granulócitos) e *A. phagocytophilum* (infecta granulócitos). Ao contrário do que ocorre com as riquétsias, essas bactérias permanecem no fagossomo e impedem a fusão destes com os lisossomos. As massas de bactérias presentes no fagossomo (chamadas de **mórulas**) podem ser detectadas pela coloração das células infectadas com corantes de Giemsa ou Wright. A *E. chaffeensis* é um modelo de infecção entre estas bactérias.

EHRLICHIA CHAFFEENSIS	
Propriedades	• Replica nas células infectadas, protegendo-se da resposta imune do hospedeiro • Provoca a resposta inflamatória do hospedeiro que contribui para a patologia
Epidemiologia	• Infecções predominantemente no meio-oeste dos Estados Unidos (Missouri, Arkansas e Oklahoma) e nos estados da costa atlântica (Maryland, Virginia, Nova Jersey e Nova York) • O cervo de cauda branca é o reservatório principal e o carrapato estrela é o vetor • Os seres humanos não são hospedeiros naturais (hospedeiros acidentais) • Infecta monócitos e fagócitos mononucleares, presentes no sangue, nos tecidos e órgãos
Doença	• **Erliquiose monocítica humana:** 1 a 2 semanas após a picada do carrapato, o paciente apresenta febre alta, dor de cabeça, mal-estar e mialgias; em menos da metade dos pacientes, surgem erupções cutâneas de início tardio e, na maioria deles, há leucopenia, trombocitopenia e altos níveis de transaminases séricas, sendo que a recuperação é lenta

EHRLICHIA CHAFFEENSIS (Cont.)	
Diagnóstico	• A microscopia é de valor limitado; as bactérias coram-se fracamente pelo Gram e as inclusões intracitoplásmicas coradas por Giemsa são detectadas apenas no início da infecção • As bactérias não são cultiváveis • Os testes de amplificação de ácido nucleico são úteis, mas não encontram-se amplamente disponíveis • A sorologia é útil, mas os anticorpos demoram para serem produzidos (de 3 a 6 semanas após a apresentação inicial)
Tratamento, controle e prevenção	• A doxiciclina é a droga de escolha; a rifampina é uma alternativa aceitável • As medidas de prevenção incluem evitar áreas infestadas de carrapatos, usar vestuário de proteção e repelentes de insetos, além da imediata remoção dos carrapatos do corpo • Não existe vacina

DOENÇA CLÍNICA

Anaplasmose Humana

Heller e colaboradores[4] descreveram o caso de um homem de 73 anos que foi ao hospital com febre, fraqueza e mialgias nas pernas. Seis dias antes de sua internação, ele tinha viajado para a Carolina do Sul e, três dias depois, apresentou uma intensa dor nas pernas, febre alta e fraqueza generalizada. Na internação, ele estava febril, taquicardíaco e hipertenso; seu fígado e o baço não eram palpáveis e ele não tinha erupções cutâneas. As culturas para bactérias, fungos e vírus foram negativas. Um esfregaço de sangue periférico mostrou inclusões intracitoplasmáticas raras nos granulócitos, sugestivas de mórulas. A análise por PCR das amostras de sangue coletadas no segundo e terceiro dias de internação foram positivas para DNA de A. phagocytophilum, *confirmando o diagnóstico de anaplasmose. O paciente foi tratado com sucesso administrando-se doxiciclina por 14 dias, embora uma fraqueza muscular e uma dor residual persistissem. O soro coletado durante o período de convalescença foi positivo para* Anaplasma. *Vale notar que o paciente não se lembrava de ter sido picado por carrapatos em sua viagem para a Carolina do Sul, o que tem a ver com a noção de que os estágios iniciais do desenvolvimento do carrapato (larvas e ninfas) são geralmente mais envolvidos na transmissão da doença humana.*

COXIELLA BURNETII

A *C. burnetii* é uma bactéria Gram-negativa que cora fracamente pela técnica de Gram, se replica em células eucarióticas e causa a doença chamada **febre Q** (de ***query***), assim denominada porque o agente responsável pela doença não foi identificado no surto original, que ocorreu na Austrália. A bactéria se apresenta em duas formas estruturais: células pequenas, que são estáveis no ambiente, e células grandes, que são metabolicamente ativas e capazes de replicar. As células pequenas também podem sofrer variações de fase (**fases I** e **II**). Estas formas estruturais se ligam a macrófagos e monócitos e são internalizadas em um vacúolo fagocítico. Quando há a internalização de variantes de fase II, o vacúolo fagocítico se funde com os lisossomos, levando à morte das bactérias. No entanto, a morte não ocorre se a internalização for de variantes da fase I. A maioria das infecções é assintomática, mas, quando sintomáticas, podem se manifestar de forma aguda e se tornar crônicas. A seguir, temos um resumo sobre a *C. burnetii.*

COXIELLA BURNETII	
Propriedades	• As bactérias replicam-se protegidas no interior da célula • Infecções crônicas ocorrem quando as bactérias persistem intracelularmente; estas infecções são mediadas por uma produção excessiva de interleucina 10, que interfere na fusão do fagossomo com os lisossomos

(Continua)

COXIELLA BURNETII (Cont.)	
Epidemiologia	• Possuem muitos reservatórios, incluindo mamíferos, aves e carrapatos • A maioria das infecções humanas está associada ao contato com bovinos, ovinos, caprinos, cães e gatos • Bactérias encontradas em altas concentrações em placentas de animais; o solo fica contaminado por fezes, urina e placentas secas no chão, após o parto dos animais • A maioria das doenças é adquirida através da inalação de bactérias, em aerossóis; possível contato a partir do consumo de leite contaminado; os carrapatos não são vetores importantes da doença humana • Distribuição mundial • A incidência não é sazonal
Doenças	• A maioria das infecções humanas é **assintomática** ou leve, sendo o contato com a bactéria confirmado por sorologia • **Febre Q:** infecção com sintomas inespecíficos, parecidos com os da gripe, de início abrupto, febre alta, fadiga, dores de cabeça e mialgias. A doença pode evoluir para formas mais graves, que incluem hepatite ou pneumonia • **Febre Q crônica:** pode se manifestar meses a anos após o contato inicial com a bactéria, sendo que a **endocardite subaguda** é a manifestação mais comum
Diagnóstico	• A microscopia não é válida e raramente se faz cultura • A sorologia é o teste de escolha e detecta anticorpos contra os antígenos de fase I e fase II; os anticorpos contra os antígenos de fase II estão presentes na doença aguda; os anticorpos contra os antígenos de fase I e II surgem na doença crônica • Os testes de amplificação do ácido nucleico não apresentam sensibilidade e não estão amplamente disponíveis
Tratamento, controle e prevenção	• A doxiciclina é a droga de escolha para infecções agudas; a hidroxicloroquina combinada com doxiciclina é utilizada para tratar infecções crônicas • A vacina feita com antígeno de fase I é protetora e segura, se for administrada em uma dose única, antes de o animal ou ser humano se expor à *Coxiella*; não disponível nos Estados Unidos

CASO CLÍNICO

Endocardite por *Coxiella burnetii*

Karakousis e colaboradores[5] *descreveram o caso de um homem de 31 anos, de* West Virginia*, que teve endocardite crônica causada por* C. burnetii*. Quando da internação, ele informou ter tido febre por 11 meses, suores noturnos, tosse paroxísmica, fadiga e perda de peso. Ele foi tratado com vários antibióticos para bronquite, mas não foi curado. Seu histórico médico passado foi sugestivo de doença cardíaca congênita, com colocação de uma derivação quando ele era bebê. Ele vivia em uma fazenda e presenciou o parto de bezerros. Seu exame cardíaco no momento da internação revelou sopro, ele não apresentou hepatosplenomegalia ou os estigmas periféricos de endocardite não foram observados e os níveis de enzimas hepáticas estavam elevados. Todas as culturas para bactérias e fungos foram negativas; no entanto, a sorologia para anticorpos específicos de antígenos das fases I e II da* Coxiella *estava acentuadamente elevada. Foi iniciado um tratamento com doxiciclina e rifampina, tendo o paciente defervescido rapidamente. Embora tenha sido recomendado um tratamento de longo prazo, o paciente não era confiável, sendo que seus sintomas rapidamente surgiam, sempre que ele deixava de tomar um ou ambos os antibióticos. Ele também se recusou a tomar hidroxicloroquina, com receio de sua toxicidade para a retina. Este caso é um exemplo do risco de pacientes com doenças cardíacas subjacentes em adquirir estas infecções e da dificuldade em tratá-las.*

CHLAMYDIA TRACHOMATIS

Os membros da família Chlamydiaceae são parasitas intracelulares obrigatórios, que têm um ciclo de replicação único, produzindo formas infecciosas metabolicamente inativas (**corpúsculos elementares**, CEs) e metabolicamente ativas, que se replicam (**corpúsculos reticulares**, CRs). Os CEs são extremamente estáveis no ambiente. Os CEs se ligam aos receptores na superfície das células hospedeiras, são internalizados, impedem a fusão dos fagossomos com os lisossomos e se transformam em CRs, os quais se replicam. Após aproximadamente 24 horas de replicação, os CRs convertem-se em CEs, a célula hospedeira é destruída e os CEs infecciosos são liberados. A seguir, temos um resumo sobre *C. trachomatis*.

CHLAMYDIA TRACHOMATIS	
Propriedades	• Os receptores para os corpúsculos elementares são restritos às células epiteliais colunares não ciliadas, cuboides e transicionais • A sobrevivência intracelular é possível porque as bactérias impedem a fusão do fagossomo com os lisossomos
Epidemiologia	• **Bactéria mais frequentemente transmitida por via sexual nos Estados Unidos** • Principal causa evitável de **cegueira** no mundo inteiro • Tracoma ocular comum, principalmente no norte da África e África Subsaariana, Oriente Médio, sul da Ásia e América do Sul • Linfogranuloma venéreo prevalente na África, Ásia e América do Sul
Doenças	• **Tracoma**: processo granulomatoso inflamatório crônico, que surge na superfície do olho, provocando ulcerações na córnea, feridas, formação de "*pannus*" e cegueira • **Conjuntivite de inclusão no adulto:** processo agudo, com secreção mucopurulenta, dermatite e infiltrados corneanos; nas formas crônicas, há vascularização da córnea • **Conjuntivite neonatal:** processo agudo, caracterizado por uma secreção mucopurulenta • **Pneumonia infantil:** após um período de incubação de 2 a 3 semanas, o bebê apresenta rinite, seguida por bronquite, com uma tosse seca característica • **Infecções urogenitais:** processo agudo envolvendo o trato geniturinário, com secreção mucopurulenta característica; infecções assintomáticas são comuns nas mulheres • **Linfogranuloma venéreo:** uma **úlcera indolor** aparece no local da infecção e cura espontaneamente, seguindo-se de inflamação e inchaço dos linfonodos que drenam a área, evoluindo para sintomas sistêmicos
Diagnóstico	• A cultura é altamente específica, mas tem pouca sensibilidade e não é amplamente disponível • Os testes antigênicos não apresentam sensibilidade • Os testes de amplificação do ácido nucleico são atualmente os mais sensíveis e específicos
Tratamento, controle e prevenção	• As infecções oculares e genitais são tratadas com azitromicina ou doxiciclina • A conjuntivite e a pneumonia do recém-nascido são tratadas com eritromicina • Linfogranuloma venéreo tratado com doxiciclina ou eritromicina • As práticas sexuais seguras e o tratamento rápido do paciente e dos parceiros sexuais ajudam a controlar as infecções • Não existe vacina

CASO CLÍNICO

Síndrome de Reiter e Doença Inflamatória Pélvica

Serwin e colaboradores[6] descreveram o caso de um homem de 30 anos que foi a um hospital universitário com queixas de disúria com 3 anos de duração, inflamação peniana, inchaço articular e febre. Também foram observadas lesões na pele e unhas. Havia altos níveis de anticorpos contra Chlamydia, *mas testes antigênicos e de amplificação de ácido nucleico de secreções da uretra e da conjuntiva foram negativos para* C. trachomatis. *O diagnóstico foi de síndrome de Reiter, sendo iniciado o tratamento com ofloxacina. Houve completo desaparecimento das lesões cutâneas e dos sintomas na uretra. A esposa do paciente também foi hospitalizada com um histórico de dor durante 2 anos na parte inferior do abdome, sangramento e corrimento vaginal. Seu diagnóstico foi de doença inflamatória pélvica, sendo confirmada a infecção por* C. trachomatis, *com base em resultados positivos de testes antigênicos (imunofluorescência direta) feitos em amostras da uretra e da cérvice. Análise de esfregaço de secreção vaginal também foi positiva para* Trichomonas vaginalis. *Estes pacientes ilustram duas complicações das infecções urogenitais por* C. trachomatis: *síndrome de Reiter e doença inflamatória pélvica.*

CASO CLÍNICO

Pneumonia por *Chlamydia trachomatis* em Recém-nascidos

Niida e colaboradores[7] descreveram o caso de dois bebês do sexo feminino com pneumonia por C. trachomatis. *O primeiro bebê nasceu de parto normal, após 39 semanas de gestação, e o segundo por cesariana, em 40 semanas de gestação, porque o feto não estava bem. Os bebês estavam em boa condição até a manifestação de febre e taquipneia em 3 e 13 dias, respectivamente após o nascimento. As radiografias torácicas mostraram infiltrados em todo o pulmão. As culturas de amostras de sangue, urina, garganta, fezes e fluido cerebrospinal foram negativas, mas os testes antigênicos para* C. trachomatis *em swabs da nasofaringe e da conjuntiva foram positivos. Estes casos ilustram a manifestação da pneumonia, provocada por* C. trachomatis, *durante ou próximo do nascimento de bebês, embora a tosse paroxística (em staccato) característica não tenha sido registrada*

REFERÊNCIAS

1. Oster CN, Burke DS, Kenyon RH, Ascher MS, Harber P, Pedersen Jr CE. Laboratory-acquired Rocky Mountain spotted fever. The hazard of aerosol transmission. *N Engl J Med*. 1977;297:859-863.
2. Koss T, Carter EL, Grossman ME, et al. Increased detection of rickettsialpox in a New York City hospital following the anthrax outbreak of 2001: use of immunohistochemistry for the rapid confirmation of cases in an era of bioterrorism. *Arch Dermatol*. 2003;139:1545-1552.
3. Case records of the Massachusetts General Hospital. Weekly clinicopathological exercises. Case 16-1998. Pneumonia and the acute respiratory distress syndrome in a 24-year-old man. *N Engl J Med*. 1998;338:1527-1535.
4. Heller HM, Telford 3rd SR, Branda JA. Case records of the Massachusetts General Hospital. Case 10-2005. A 73-year-old man with weakness and pain in the legs. *N Engl J Med*. 2005;352:1358-1364.
5. Karakousis PC, Trucksis M, Dumler JS. Chronic Q fever in the United States. *J Clin Microbiol*. 2006;44:2283-2287.
6. Serwin AB, Chodynicki MP, Porebski P, Chodynicka B. Reiter's syndrome and pelvic inflammatory disease in a couple. *J Eur Acad Derm Vener*. 2006;20:735-736.
7. Niida Y, Numazaki K, Ikehata M, Umetsu M, Motoya H, Chiba S. Two full-term infants with *Chlamydia trachomatis* pneumonia in the early neonatal period. *Eur J Pediatr*. 1998;157:950-951.

12

Introdução aos Vírus

VISÃO GERAL

Os vírus são os microrganismos mais simples e, em geral, os menores que existem. São parasitas intracelulares obrigatórios, que dependem de sua célula hospedeira para sobreviver e reproduzir. Em muitos aspectos, esses são os microrganismos mais eficientes que existem, que contêm uma quantidade mínima de informações genéticas, na forma de DNA ou RNA (mas não ambos) e possuem uma estrutura proteica simples (denominada capsídeo) sendo, em alguns casos, envolvida por um envelope de membrana. Seu ciclo de vida consiste em encontrar a célula hospedeira apropriada (definida por receptores específicos para os diferentes vírus), penetrar e então permanecer latente na célula, integrando-se a seu DNA ou assumir o controle de sua maquinaria metabólica direcionando-a para a replicação viral. Após um determinado período, quando muitas partículas virais forem produzidas, elas poderão ser lentamente liberadas da célula hospedeira (para preservar sua integridade e sobrevivência) ou virtualmente explodi-las, em busca de novos alvos celulares.

A replicação dos vírus e a patologia da maioria das infecções virais são restritas a tipos específicos de células hospedeiras (p. ex., células do sistema hematopoiético, trato respiratório, trato gastrintestinal, sistema nervoso central, fígado, etc.); portanto, a melhor maneira de conhecer virologia é concentrar-se nos vírus que infectam células ou órgãos específicos. É uma situação diferente das bactérias, em que uma única espécie pode infectar muitos tecidos (como no caso das infecções causadas por *Staphylococcus aureus*), ou infecções por diferentes bactérias em um local específico (como no caso daquelas que podem causar pneumonia). Portanto, dentro do conteúdo apresentado nos capítulos sobre virologia, o foco será os vírus associados a doenças específicas. Não se trata, esta seção, de uma revisão abrangente sobre todos os vírus de importância médica. Em vez disso, concentra-se nos vírus mais frequentemente encontrados na prática médica.

CLASSIFICAÇÃO

A classificação dos vírus tem sido tradicionalmente baseada em suas características estruturais:

- Presença de DNA ou RNA
- Presença de ácidos nucleicos de fita simples ou dupla
- Forma da estrutura proteica (icosaédrica, esférica, outra)
- Presença ou ausência de envelope
- Tamanho

A seguir é apresentada uma lista de sete famílias de vírus de DNA e 13 de RNA, organizadas de acordo com suas características estruturais, bem como exemplos de alguns patógenos virais importantes para humanos.

Famílias de Vírus de DNA ou RNA

Estrutura[a]	Família	Membros Mais Importantes
Vírus de DNA		
FD, em forma de tijolo, envelopado	Poxviridae	Vírus da varíola Vírus da vaccínia Vírus da varíola dos macacos Vírus do molusco contagioso

Famílias de Vírus de DNA ou RNA *(Cont.)*

Estrutura[a]	Família	Membros Mais Importantes
Vírus de DNA		
FD, icosaédrico, envelopado	Herpesviridae	Vírus da herpes simples 1, 2 (HSV-1, HSV-2) Vírus varicela-zóster (VZV) Vírus Epstein-Barr (EBV) Citomegalovírus (CMV) Vírus da herpes humana 6, 7, 8 (HH-6, HHV-7, HHV-8)
FD, esférico, envelopado	Hepadnaviridae	Vírus da hepatite B (HBV)
FD, icosaédrico, não envelopado	Adenoviridae	Adenovírus
	Papillomaviridae	Vírus do papiloma humano
	Polyomaviridae	Vírus JC Vírus BK
FS, icosaédrico, não envelopado	Parvoviridae	Parvovírus B19
Vírus de RNA		
FD, icosaédrico, não envelopado	Reoviridae	Rotavírus
FS, em forma de projétil, não envelopado	Rhabdoviridae	Vírus da raiva
FS, filamentoso, envelopado	Filoviridae	Vírus Ebola Vírus de Marburg
FS, icosaédrico, não envelopado	Picornaviridae	Rinovírus Poliovírus Ecovírus Coxsackievírus Vírus da hepatite A
FS, icosaédrico, envelopado	Caliciviridae	Norovírus Sapovírus
	Togaviridae	Vírus da rubéola Vírus da encefalite equina Vírus da chikungunya
FS, esférico, envelopado	Orthomyxoviridae	Vírus da influenza
	Paramyxoviridae	Vírus da parainfluenza Vírus sincicial respiratório (RSV) Metapneumovírus humano Vírus do sarampo Vírus da caxumba
	Coronaviridae	Coronavírus humano SARS-CoV[b] MERS-CoV[b]
	Arenaviridae	Vírus de Lassa Vírus da coriomeningite linfocítica
	Bunyaviridae	Hantavírus
	Retroviridae	Vírus da imunodeficiência humana (HIV) Vírus linfotrópico de células T de primatas
	Flaviviridae	Vírus da dengue Vírus da febre amarela Vírus do Nilo Ocidental Vírus da zika Vírus da hepatite C

[a]*FD*, ácidos nucleicos de fita dupla; *FS*, ácidos nucleicos de fita simples.
[b]*SARS-CoV*, coronavírus da síndrome respiratória aguda grave; *MERS-CoV*, coronavírus da síndrome respiratória do Oriente Médio.

PAPEL NAS DOENÇAS

As manifestações clínicas das infecções virais podem ser complexas. Por exemplo, uma infecção por um vírus respiratório pode manifestar-se inicialmente por meio de manchas difusas na pele e evoluir para complicações posteriores, como meningite ou encefalite. A seguir é apresentado um resumo das principais manifestações de muitas infecções virais.

Vírus Responsáveis por Manifestações Cutâneas

Vírus	Máculas/ Pápulas	Vesículas	Petéquias
Vírus de DNA			
Vírus da herpes			
• HSV		X	
• VZV		X	
• CMV	X		X (congênitas)
• EBV	X		X
• HHV-6, HHV-7, HHV-8	X		
Poxvírus			
• Varíola		X	
• Vaccínia		X	
• Varíola dos macacos	X		
• Molusco contagioso	X		
Outros vírus de DNA			
• Adenovírus	X		X
• Vírus do papiloma humano	X		
• Parvovírus B19	X		
• HBV	X		

Vírus	Máculas/ Pápulas	Vesículas	Petéquias
Vírus de RNA			
Flaviviridae			
• Vírus da dengue	X		X
• Vírus da febre amarela	X		
• Vírus da zika	X		
Arenaviridae			
• Vírus de Lassa			
• Vírus da linfocoriomeningite	X		
Bunyaviridae			
• Hantavírus			X
Filoviridae			
• Vírus Ebola			X
• Vírus de Marburg			X
Picornaviridae			
• Coxsackievírus	X	X	X
• Ecovírus	X	X	X
Outros vírus de RNA			
• HIV	X		
• Vírus da rubéola	X	X	X
• Vírus do sarampo	X		

Vírus Responsáveis por Infecções Respiratórias

Vírus	Rinorreia	Faringite	Laringite	Crupe	Bronquite	Pneumonia
Rinovírus	X	X	X		X	
Vírus influenza	X	X	X	X	X	X
Paramixovírus						
• Vírus parainfluenza	X	X	X	X	X	X
• RSV	X	X	X	X	X	X
• Metapneumovírus humano	X	X	X		X	X
• Vírus do sarampo					X	X
Coronavírus	X	X	X		X	X
HIV		X				
Adenovírus	X	X	X	X	X	X

(*Continua*)

Vírus Responsáveis por Infecções Respiratórias *(Cont.)*

Vírus	Rinorreia	Faringite	Laringite	Crupe	Bronquite	Pneumonia
Vírus da herpes						
• HSV		X				X
• CMV		X				X
• EBV		X				

Vírus Responsáveis por Meningite e Encefalite

Vírus	Meningite	Encefalite
Vírus da herpes[a]	X	X (comum)
Adenovírus	X	
Enterovírus[b]	X (comum)	X
Arbovírus[c]	X	X (comum)
Paramixovírus		
• Vírus parainfluenza	X	X
• Vírus da caxumba	X	X (incomum)
• Vírus do sarampo		X
Vírus da rubéola		X
Arenavírus		
• Vírus da linfocoriomeningite	X	X
• Vírus de Lassa		X
Vírus da raiva		X
HIV	X	X

[a]Principalmente HSV-2; outros membros incluem HSV-1, CMV, EBV, VZV.
[b]Inclui ecovírus, coxsackievírus e (hoje raro) poliovírus.
[c]"Arbovírus" é um termo clássico ainda utilizado com frequência para designar os muitos vírus transmitidos por artrópodes (principalmente mosquitos); esses incluem o vírus da encefalite equina oriental, o vírus da encefalite equina ocidental, o vírus La Crosse, o vírus da encefalite da Califórnia, vírus da encefalite equina venezuelana, vírus da encefalite de St. Louis, vírus da encefalite do Vale do Murray, vírus da encefalite japonesa, o vírus Hendra, o vírus da chikungunya, vírus do Nilo Ocidental e muitos outros de regiões geográficas restritas.

Vírus Responsáveispor Pericardite e Miocardite

Vírus	Pericardite	Miocardite
Vírus da herpes	X	
Adenovírus	X	X
HBV	X	
Enterovírus	X (comum)	X
Vírus da influenza	X	X
Vírus da caxumba	X	X
Vírus do sarampo		X
Vírus da rubéola		X
Vírus da linfocoriomeningite	X	
Arbovírus		X

Sintomas gastrintestinais podem ser a manifestação mais evidente de muitas infecções virais, mas o trato gastrintestinal é o principal local de replicação dos seguintes vírus:
- Norovírus (o mais comum)
- Rotavírus
- Sapovírus
- Adenovírus
- Astrovírus

Sabe-se bem que o vírus da imunodeficiência humana (HIV) é transmitido por contato sexual, sem provocar lesões nos órgãos genitais. Por outro lado, três vírus, também transmitidos por via sexual, normalmente produzem lesões genitais. São eles:
- Vírus da herpes simples dos tipos 1 e 2
- Vírus do papiloma humano
- Vírus do molusco contagioso

Embora diversos vírus são capazes de provocar hepatite, apenas cinco deles são patógenos primários do fígado: vírus das hepatites A, B, C, D e E (HAV, HBV, HCV, HDV e HEV). Esses vírus serão discutidos em um capítulo adiante.

Infecções do olho, particularmente a ceratite, são observadas com adenovírus e o vírus da herpes simples. Outros membros do grupo de vírus da herpes e enterovírus são envolvidos com estas infecções, com menor frequência.

AGENTES ANTIVIRAIS

Ao contrário dos agentes antibacterianos, entre os quais foi introduzido um número relativamente pequeno de novos antibióticos, nos últimos anos, tem havido uma proliferação de drogas antivirais estando atualmente disponíveis mais de 50 agentes. Mais da metade deles destina-se ao tratamento de infecções causadas por três vírus: HIV e os vírus das hepatites B e C. Uma série de drogas antivirais tem sido também desenvolvida para o tratamento de infecções respiratórias e infecções pelos vírus da herpes. Os antivirais relacionados nesta seção encontram-se em uso atualmente, reconhecendo-se que diversos outros tipos estão em desenvolvimento e alguns serão lançados, no mercado nos próximos anos.

O espectro de agentes antivirais para o tratamento de infecções por HIV é enorme e confuso. Qualquer discussão aqui apresentada provavelmente logo estará defasada. Em vez de um resumo abrangente sobre estas drogas, apresentaremos alguns exemplos específicos e respectivos mecanismos de ação. O estudante deve reconhecer que esses antivirais são administrados em combinações cuidadosamente estudadas.

Agentes Antivirais para Infecções por HIV

Modo de Ação	Antivirais
Inibidores nucleosídicos e nucleotídicos de transcriptase reversa	Zidovudina, didanosina, estavudina, lamivudina, abacavir, tenovovir, entricitabina
Inibidores não nucleosídicos da transcriptase reversa	Nevirapina, delavirdina, efavirenz, etravirina, rilpivirina
Inibidores de proteases	Saquinavir, ritonavir, indinavir, nelfinavir, fosamprenavir
Inibidores da entrada viral	Enfuvirtida, maraviroc
Inibidores de transferência de cadeia pela integrase	Raltegravir, elvitegravir, dolutegravir

Agentes Antivirais para Infecções pelos Vírus da Hepatite

Antivirais	Mecanismo de Ação	Alvos Virais
Adefovir	Análogo do monofosfato de adenosina; inibidor de DNA polimerases virais e transcriptase reversa	HBV; também HIV, poxvírus e vírus da herpes
Entecavir	Análogo da desoxiguanosina; inibe a DNA polimerase e a transcriptase reversa	HBV
Lamivudina	Análogo da dideoxitiacitidina; inibe a síntese de DNA	HBV; também HIV
Tenofovir	Análogo do 5'monofosfato de adenosina; inibe a DNA polimerase e a transcriptase reversa	HBV
Boceprevir	Inibidor da protease NS3/NS4A	Vírus da hepatite C
Telaprevir	Inibidor da protease NS3/NS4A	Vírus da hepatite C
Simeprevir	Inibidor da protease NS3/NS4A	Vírus da hepatite C
Sofosbuvir	Inibidor de polimerase análogo de nucleosídeo	Vírus da hepatite C

Agentes Antivirais para Infecções Respiratórias

Antivirais	Mecanismo de Ação	Alvos Virais
Amantadina, Rimantadina	Aminas tricíclicas; inibem o desnudamento e montagem do vírus	Vírus influenza A
Oseltamivir, Zanamivir	Análogos do ácido siálico; inibidores da neuraminidase	Vírus influenza A e B
Ribavirina	Análogo da guanosina; inibe a replicação viral	VSR, bem como os vírus das hepatites C e E

Agentes Antivirais para Infecções pelos Vírus da herpes

Antivirais	Mecanismo de Ação	Alvos Virais
Aciclovir Valaciclovir	Análogos da desoxiguanosina; inibidores da DNA polimerase viral; inibe a síntese de DNA; o valaciclovir é convertido em aciclovir	HSV-1, HSV-2 VZV
Penciclovir Famciclovir	Análogos da guanosina acíclica; inibe a síntese de DNA; o famciclovir é convertido em penciclovir	HSV-1, HSV-2 VZV
Ganciclovir Valganciclovir	Análogos de desoxiguanosina; inibem a síntese de DNA; o valganciclovir é convertido em ganciclovir	CMV
Foscarnet	Análogo do pirofosfato; inibe a DNA polimerase e a transcriptase reversa do HIV	Todos os vírus da herpes, bem como o HIV
Cidofovir	Análogo do monofosfato de deoxicitidina; inibe a síntese de DNA	Todos os vírus da herpes, bem como o papiloma vírus, o poliomavírus, os poxvírus e alguns adenovírus
Idoxuridina	Análogo da timidina; inibe a síntese de DNA	Tratamento tópico da ceratite por HSV
Trifluridina	Nucleosídeo de pirimidina; inibe a síntese de DNA	Tratamento tópico da ceratite por HSV

13

Vírus da Imunodeficiência Humana

DADOS INTERESSANTES

- Mais de 1,2 milhão de pessoas nos Estados Unidos estão infectadas pelo vírus da imunodeficiência humana (HIV), e mais de 10% delas não têm ciência de que estão infectadas.
- Apesar do esforço difundido no sentido de orientar sobre os fatores de risco de infecção, há anualmente cerca de 50 mil novos casos da doença nos Estados Unidos, sendo aproximadamente dois terços delas em homens que fazem sexo com homens.
- Um em cada quatro indivíduos recém-infectados nos Estados Unidos tem idade entre 13 e 24 anos.
- Atualmente, quase 40 milhões de pessoas, em todo o mundo, estão infectadas pelo HIV, incluindo 2,6 milhões de crianças.
- Mais de 25 milhões de pessoas na África subsaariana estão infectadas pelo HIV e 70% das infecções recém-adquiridas estão nesta região.
- Estima-se que 35 milhões de pessoas tenham morrido devido à síndrome da imunodeficiência adquirida (aids).

Nos 35 anos que se passaram desde que se teve ciência das infecções pelo HIV, o conhecimento sobre a biologia e patologia desse vírus aumentou exponencialmente. Passamos de uma de condição de medo do desconhecido para uma realidade em que o conhecimento científico e inúmeras horas de investigações nos levaram a transformar uma infecção incurável em uma doença crônica e controlável e a acreditar que teremos vacinas e a cura da doença no futuro. Apesar desse otimismo, o HIV e a aids representam um desafio com desalento da medicina. A Organização Mundial da Saúde (OMS) estima que, no início de 2015, 37 milhões de pessoas viviam com o HIV, 2 milhões adquiriram a infecção em 2014 e houve 1,2 milhões de mortes relacionadas com a aids em 2014. A maior incidência da doença é nos países mais pobres do mundo, na África subsaariana e nos países do sul, sudeste e leste da Ásia. A morbidade e a mortalidade relacionadas com a aids, nessas regiões, apresentam uma complicação adicional, em virtude da sua associação com desnutrição e doenças infecciosas, tais como hepatite B e C, malária e tuberculose. A realidade é que muito sofrimento humano ainda ocorrerá antes que nosso sonho de controlar totalmente essa doença se materialize.

A fim de obter um direcionamento e compreender o que será discutido neste capítulo, é importante conhecer os membros da família *Retroviridae*.

Família Retroviridae

Vírus	Doença
Lentivírus	
• Vírus da imunodeficiência humana 1 (HIV-1)	Síndrome da Imunodeficiência adquirida
• Vírus da imunodeficiência humana 2 (HIV-2)	Síndrome da Imunodeficiência adquirida
Delta-retrovírus	
• Vírus linfotrópico de células T humanas 1 (HTLV-1)	Leucemia/linfoma de células T do adulto; paraparesia espástica tropical
• Vírus linfotrópico de células T humanas 2 (HTLV-2)	Leucemia de células pilosas atípicas

Além destes, outros delta-retrovírus têm sido descritos, mas não foram associados de forma conclusiva a doenças humanas. O HIV-2 causa uma doença semelhante à do HIV-1, mas é restrito ao oeste da África, sua infecção é de evolução mais lenta e é menos transmissível. O foco deste capítulo será o HIV-1.

VÍRUS DA IMUNODEFICIÊNCIA HUMANA 1 (HIV-1)

O HIV-1 é subdividido em quatro grupos (M, N, O e P) com base na origem do primeiro vírus identificado. O grupo M foi responsável pela disseminação global do HIV-1, ao passo que os outros ficaram restritos à África ocidental. O grupo M é subdividido ainda em nove subtipos, que incluem:

- Subtipo B, predominante na Europa Ocidental, nas Américas e na Austrália.
- Subtipo C, predominante na África e Índia.

As formas de transmissão do HIV-1 são bem conhecidas: contato genital com fluidos do corpo, como sêmen, secreções vaginais e sangue; outras formas de contato com sangue ou tecidos contaminados; e exposição de bebês a mães infectadas. Os fatores de risco para transmissão incluem relações sexuais desprotegidas, contato sexual com múltiplos parceiros, contato sexual com úlceras genitais (como as provocadas, por exemplo, por sífilis ou vírus do herpes simples), homens que fazem sexo com homens, uso de drogas endovenosas e transfusão com hemoderivados não examinados. A probabilidade de transmissão está diretamente relacionada com a concentração de vírus nos fluidos ou tecidos contagiosos, de modo que o risco é maior quando se trata de indivíduos com doença ativa em estágio avançado.

Após o contato com o HIV, este se liga e penetra nos linfócitos T CD4 e outras células que apresentem receptores específicos. Em seguida, há uma rápida replicação dos vírus que induz a produção de citocinas e quimiocinas inflamatórias. A replicação viral está diretamente ligada à destruição, por células T CD8 específicas para o HIV, de células infectadas, levando ao comprometimento da resposta imune de células T. A imunidade inata mediada por células *natural killer* também é importante para conter a infecção. Embora a infecção viral possa evoluir para uma imunossupressão persistente e complicações associadas, a maioria das infecções caracteriza-se por um longo período de latência, onde uma replicação viral lenta pode ocorrer; a maioria das células infectadas permanece dormente, reativando somente depois de alguns meses ou anos.

O papel central das células T CD4 é dar início e regular as respostas inata e adaptativa. As células ativadas iniciam a resposta imune por meio da liberação de citocinas necessárias para a ativação de células epiteliais, neutrófilos, macrófagos, outras células T, células B e células *natural killer*. Inicialmente, este quadro manifesta-se por uma maior suscetibilidade a infecções por fungos (p. ex., *Candida, Cryptococcus, Histoplasma, Pneumocystis* e *Microsporidium*) e bactérias. O esgotamento adicional da capacidade de resposta imune está associado a infecções oportunistas por bactérias intracelulares (p. ex., micobactérias e nocardias), parasitos (p. ex., *Toxoplasma, Cryptosporidium* e *Cystoisospora*) e vírus (p. ex., herpes-vírus e poliomavírus JC), bem como a neoplasias provocadas por vírus (p. ex., linfoma pelo vírus Epstein-Barr e sarcoma de Kaposi pelo herpes-vírus humano 8). Essas infecções oportunistas e doenças malignas são a característica marcante da aids e o principal fator responsável pela mortalidade relacionada com a doença.

O diagnóstico laboratorial de infecções pelo HIV é complexo, com muitas abordagens diferentes atualmente em uso. Imunoensaios rápidos e feitos no próprio local são bastante empregados, como testes de triagem, para avaliação de pacientes com infecções ativas. Geralmente, esses testes são simples de usar, detectam anticorpos contra vários tipos de antígenos virais e fornecem resultados em 30 minutos. Sua desvantagem é a sensibilidade relativamente fraca, particularmente quando usados logo após a exposição ao HIV. Imunoensaios para serem feitos em laboratório também estão disponíveis, com *performance* analítica bem melhor. Os testes mais recentemente criados detectam anticorpos das classes IgM e IgG contra antígenos recombinantes do HIV, bem como a expressão do antígeno p24 pelo vírus. Embora esses testes representem um avanço em relação aos testes rápidos, eles não são confiáveis para a detecção das infecções em sua fase inicial. Por isso, a detecção de RNA viral através de testes de amplificação de ácido nucleico é utilizada na triagem de hemoderivados ou para quantificar partículas virais no sangue de pacientes infectados (para determinar a fase da doença ou monitorar a resposta ao tratamento).

O tratamento da aids tem feito progressos notáveis, desde que os primeiros antivirais foram desenvolvidos, proporcionando esquemas terapêuticos mais controláveis, menor toxicidade e melhores resultados. Atualmente, existem mais de 25 drogas ou suas combinações. Embora as opções de tratamento estejam mudando rapidamente, atualmente preconiza-se o uso de dois inibidores nucleosídicos da transcriptase reversa, juntamente a um inibidor não nucleosídico desta enzima, um inibidor de protease ou um inibidor de integrase. Recomenda-se o tratamento profilático de gestantes e indivíduos que tiveram contato com sangue contaminado (p. ex., perfuração por agulha). O uso de microbicidas vaginais para evitar a transmissão de homens para mulheres não demonstrou ser eficaz. Do mesmo modo, o uso profilático de antivirais para indivíduos envolvidos em atividades de alto risco não é recomendado. Atualmente, não existe uma vacina contra o HIV. A seguir, é apresentado um resumo sobre esse vírus.

VÍRUS DA IMUNODEFICIÊNCIA HUMANA	
Propriedades	• Vírus de RNA envelopado • O alvo principal do HIV são **linfócitos T CD4** ativados; a entrada na célula se dá através de ligação ao receptor CD4 e, em seguida, ligação ao correceptor CCR5 ou CXCR4; outras células suscetíveis incluem células T CD4 em repouso, monócitos, macrófagos e células dendríticas, bem como astrócitos (responsáveis por distúrbios neurológicos) e células epiteliais renais (levando a nefropatias)
Epidemiologia	• Distribuição mundial com maior prevalência nos países mais pobres • Transmissão via contato direto com fluidos contaminados (p. ex., sangue, sêmen, fluido vaginal) e tecidos • O reconhecimento de uma infecção pelo HIV frequentemente se dá com o surgimento de infecções bacterianas, fúngicas, virais ou parasitárias oportunistas
Doença	• A fase aguda da doença manifesta-se 2 a 4 semanas após as infecções, apresentando sintomas semelhantes a uma gripe ou como mononucleose infecciosa; meningite asséptica pode manifestar-se nos primeiros 3 meses; os sintomas desaparecem dentro de 2 a 3 semanas, embora o vírus continue a se replicar, levando à morte de células T CD4 • Quando o nível de células T CD4 cai para menos de 500 células/μL e a concentração viral (carga viral) é maior que 75.000 cópias/mL, manifesta-se uma doença mais grave, com perda de peso e diarreia (síndrome de emaciamento pelo HIV) e infecções oportunistas, doenças malignas e demência • As infecções oportunistas incluem candidíase oral (sapinho), pneumonia por *Pneumocystis*, meningite criptocócica, toxoplasmose cerebral, tuberculose e diarreia (provocada por micobactérias, *Salmonella*, *Shigella*, *Campylobacter*, *Cryptosporidium* e outros agentes)
Diagnóstico	• A triagem inicial dos pacientes pode ser realizada por imunoensaios rápidos ou imunoensaios laboratoriais mais sensíveis • A detecção de ácidos nucleicos virais por testes que os amplificam é o método mais sensível para triagem de hemoderivados, determinação da fase da infecção ou monitoramento da resposta ao tratamento antiviral
Tratamento, controle e prevenção	• O tratamento antiviral das infecções pelo HIV está evoluindo rapidamente com o uso de múltiplos agentes para inibir a transcriptase reversa, a protease e a integrase virais; consulte as diretrizes de tratamento da Sociedade de Doenças Infecciosas da América e da OMS para orientações atualizadas • A prevenção da doença se faz evitando-se atividades de alto risco • A profilaxia com agentes antivirais é recomendada para gestantes infectadas pelo HIV, após o primeiro trimestre de gravidez; a profilaxia antiviral é recomendada no caso de exposição acidental a sangue contaminado • Não existe vacina contra o HIV atualmente, embora ensaios clínicos para o seu desenvolvimento estejam em andamento

CASO CLÍNICO

Primeiro Relato de Aids em Los Angeles

Em 5 de junho de 1981, o Centers for Disease Control and Prevention publicou o primeiro relato de caso sobre cinco homossexuais masculinos, em Los Angeles, com pneumonia por Pneumocystis carinii (Pneumocystis jiroveci) *e que apresentavam infecções concomitantes por citomegalovírus (CMV) e infecção de mucosa por* Candida. *O paciente 1 era um homem de 33 anos previamente saudável e que apresentou pneumonia por* P. carinii *e candidíase na mucosa bucal após um histórico de 2 meses de febre associada ao aumento de enzimas hepáticas, leucopenia e virúria por CMV. A condição do paciente continuou a deteriorar-se, apesar do tratamento com trimetoprim-sulfametoxazol (TMP-SXT), pentamidina e aciclovir, vindo a falecer no dia 3 de maio. O paciente 2 era um homem de 30 anos que apresentou pneumonia por* P. carinii *em abril de 1981, após um histórico de 5 meses de febre contínua e aumento nos parâmetros dos testes de função hepática e virúria por CMV. Ele também apresentou leucopenia e candidíase de mucosa. Sua pneumonia respondeu ao tratamento com TMP-SXT, mas a febre persistiu. Ele não pôde ser mais acompanhado. O paciente 3 estava bem até janeiro de 1981, quando apresentou candidíase esofágica e bucal, que respondeu ao tratamento com anfotericina B. Ele foi hospitalizado em fevereiro por causa de uma pneumonia por* P. carinii, *que respondeu ao tratamento com TMP-SXT. A candidíase esofágica recidivou e foi novamente tratada com anfotericina B. Uma biópsia esofágica realizada foi positiva para CMV. O paciente 4 era um homem de 29 anos que desenvolveu pneumonia por* P. carinii *em fevereiro de 1981. Sua pneumonia não respondeu ao tratamento com TMP-SXT e ele foi a óbito em março. Tanto* P. carinii *quanto CMV foram encontrados no tecido pulmonar. O paciente 5 era um homem previamente saudável de 36 anos, clinicamente diagnosticado com infecção por CMV, em setembro de 1980. Ele foi examinado em abril de 1981 devido a um histórico de 4 meses de febre, dispneia e tosse. Na internação, foram diagnosticadas pneumonia por* P. carinii, *candidíase oral e retinite por CMV. A pneumonia foi tratada com TMP-SXT e nistatina tópica foi usada para tratar a infecção por* Candida. *Todos os cinco pacientes apresentaram imunossupressão total e múltiplas infecções oportunistas. Este relato registrou não uma epidemia focal isolada, mas sim os primeiros casos de pandemia da aids.*

Herpes-vírus humano

DADOS INTERESSANTES

- As infecções por herpes-vírus normalmente ocorrem na infância e persistem por toda a vida.
- A maioria das pessoas já foi exposta ao vírus do herpes simples, vírus varicela-zóster (VZV) e vírus Epstein-Barr (EBV); 25% ou mais já foram expostas ao citomegalovírus (CMV).
- As vacinas só estão disponíveis para VZV e, em especial, para prevenir o herpes-zóster, uma reativação do vírus varicela que fica latente principalmente em indivíduos com mais de 50 anos.
- Setenta por cento das infecções do tipo herpes genital são adquiridas de parceiros assintomáticos; isso tem lógica porque os sintomas incluem uma sensação de queimação intensa.
- A mononucleose infecciosa, causada pelo EBV, pode ser adquirida através do beijo e compartilhamento de certos utensílios como escova de dente e copo, mas não por meio de tosse ou espirro.
- Cerca de 1 em cada 150 bebês nasce com infecção congênita por CMV e 80% nunca apresentam sintomas; os sintomas mais graves são observados em bebês infectados durante o primeiro trimestre da gravidez.

Os herpes-vírus são um importante grupo de oito patógenos humanos:

Oito Patógenos Humanos do Grupo dos Herpes-vírus

	INFECÇÕES EM:	
Vírus	**Indivíduos Imunocompetentes**	**Indivíduos Imunocomprometidos**
Vírus do herpes simples tipo 1 (HSV-1)	Gengivoestomatite* Ceratoconjuntivite Herpes cutâneo Herpes genital	Gengivoestomatite Ceratoconjuntivite Herpes cutâneo Infecção generalizada
Vírus do herpes simples tipo 2 (HSV-2)	Herpes genital* Herpes cutâneo Gengivoestomatite Encefalite* Herpes neonatal	Herpes genital Herpes cutâneo Infecção generalizada
Vírus varicela-zóster (VZV)	Catapora (varicela)* Herpes-zóster (cobreiro)*	Infecção generalizada
Citomegalovírus (CMV)	Mononucleose Hepatite Doença congênita*	Hepatite Retinite Infecção generalizada
Vírus Epstein-Barr (EBV)	Mononucleose* Hepatite Encefalite	Síndromes linfoproliferativas* Leucoplasia pilosa oral

(*Continua*)

Oito Patógenos Humanos do Grupo dos Herpes-vírus *(Cont.)*

	INFECÇÕES EM:	
Vírus	**Indivíduos Imunocompetentes**	**Indivíduos Imunocomprometidos**
Herpes-vírus humano tipo 6 (HHV-6)	Exantema súbito* Convulsão febril infantil Encefalite	Febre e erupção cutânea Encefalite Supressão da medula óssea
Herpes-vírus humano tipo 7 (HHV-7)	Exantema súbito Convulsão febril em crianças Encefalite	Encefalite
Herpes-vírus humano tipo 8 (HHV-8)	Exantema febril	Sarcoma de Kaposi* Doença de Castleman Linfoma de efusão primária

*O vírus é a causa mais comum.

Os herpes-vírus humanos (HHVs) são divididos em três subfamílias:

- Alfa-herpes-vírus: vírus do herpes simples tipos 1 e 2 (HSV-1, HSV-2), VZV; provocam infecções latentes nos neurônios dos gânglios sensoriais.
- Beta-herpes-vírus: CMV, HHV-6, HHV-7; provocam infecções latentes em células mononucleares.
- Gama-herpes-vírus: EBV, HHV-8; provocam infecções latentes em células linfoides.

A capacidade para causar infecções latentes significa que podem ocorrer doenças recorrentes quando a imunidade natural diminui ou durante períodos de imunossupressão. A maioria das infecções por estes vírus é leve ou assintomática, com exceção do VZV (agente da catapora) e HHV-6 (que causa febre e erupção cutânea). Na próxima seção, o HSV-1, o HSV-2, o VZV, o CMV e o EBV serão discutidos em detalhes.

VÍRUS DO HERPES SIMPLES TIPOS 1 E 2

O HSV-1 e HSV-2 são vírus ubíquos, de transmissão interpessoal, através de secreções infecciosas. As infecções incluem lesões mucocutâneas, envolvimento do sistema nervoso central e infecções generalizadas, particularmente em pacientes imunocomprometidos. Os vírus provocam infecções que ficam latentes por toda a vida, com produção periódica de vírus, acompanhada ou não de sintomas. Esses vírus são agentes etiológicos particularmente importantes de determinadas doenças:

Vírus do Herpes Simples Tipos 1 e 2

Vírus	Doença
HSV-1	Causa mais comum de lesões orofaciais virais ("bolhas de febre")
HSV-1	Causa mais comum de encefalite viral aguda nos Estados Unidos
HSV-1	Causa mais comum de cegueira corneana nos Estados Unidos
HSV-2	Causa mais comum de úlceras genitais, com dor

CASO CLÍNICO

HSV Neonatal

Parvey e Ch'ien[1] relataram um caso de HSV neonatal contraído durante o parto. O bebê apresentava-se em posição pélvica, um monitor fetal foi colocado em suas nádegas e, devido ao trabalho muito prolongado do parto, ele nasceu por cesariana. O menino de 2,268 kg teve somente pequenas complicações, que foram tratadas com sucesso, mas no sexto dia, vesículas com base eritematosa apareceram no local onde o monitor fetal havia sido colocado. O HSV cresceu em cultura, a partir de amostras de líquidos retirados das vesículas, liquor, raspagem da córnea, saliva e sangue. O bebê tornou-se moribundo, com episódios frequentes de apneia e convulsões. Foi iniciado um tratamento consistindo na aplicação endovenosa de adenosina arabinosídeo (Ara-A; vidarabina). O bebê também apresentou bradicardia e vômitos ocasionais. As vesículas se espalharam para a região inferior do corpo, bem como para as costas, palmas das mãos, narinas e pálpebra do olho direito. Em 72 horas após o tratamento com Ara-A, a condição do bebê começou a melhorar. O tratamento continuou por 11 dias, mas foi interrompido, em decorrência de uma baixa contagem de plaquetas. O bebê recebeu alta no 45º dia após o nascimento, tendo-se verificado um desenvolvimento normal no 1º e 2º anos de vida. Seis semanas após o parto, uma lesão herpética foi encontrada na vulva da mãe. O bebê foi tratado, com sucesso, com ara-A, vindo a superar os danos causados pela infecção. O vírus, provavelmente HSV-2, parece ter sido adquirido através de uma escoriação no bebê, causada pelo monitor fetal no canal do parto. O antiviral Ara-A foi substituído pelas seguintes drogas antivirais, que são melhores, menos tóxicas e mais fáceis de administrar: aciclovir, valaciclovir e famciclovir.

O quadro seguinte é um resumo sobre HSV-1 e HSV-2:

VÍRUS DO HERPES SIMPLES TIPOS 1 E 2	
Propriedades	• Vírus envelopados de DNA • Infecção que se manifesta em mucosas ou pele com escoriações; a replicação nas células epiteliais precede a infecção das terminações nervosas sensoriais ou autonômas, seguida pela migração do vírus para o corpo celular dos neurônios nos gânglios, onde a latência é estabelecida • A reativação viral pode ser causada por uma série de estímulos (p. ex., calor, frio, estresse) e pode ser caracterizada por uma liberação assintomática ou sintomática (i.e., presença de pequenas vesículas) de partículas virais
Epidemiologia	• Distribuição mundial; o HSV-1 é normalmente adquirido mais precocemente do que o HSV-2, ao longo da vida; o HSV-2 é geralmente adquirido no início da atividade sexual • Ambos os vírus são inativados rapidamente no ambiente, de modo que a infecção requer um contato direto • O HSV-1 é a causa mais comum de lesões orofaciais ("**bolhas de febre**") e **encefalite viral aguda** nos Estados Unidos da América; o HSV-2 é a causa mais comum de **úlceras genitais**; ambos os vírus se sobrepõem nos locais das doenças
Doenças	• **Infecções orofaciais** manifestam-se mais frequentemente como gengivoestomatite e faringite; as lesões podem surgir no palato, gengiva, língua, lábios e áreas contíguas da face; doença reativada e sintomática tipicamente com pequenas vesículas na borda dos lábios (**herpes labial**); lesões recorrentes mais frequentes no caso de HSV-1 • **Infecções genitais** primárias são caracterizadas por até 2 semanas de sintomas, com lesões ulcerativas com dor e liberação de partículas virais; secreções mucoides e disúria podem ser observadas; lesões recorrentes mais frequentes no caso de HSV-2 • **Infecções oculares**: a infecção do olho por HSV é a causa mais frequente de **cegueira corneana** nos Estados Unidos • **Encefalite**: a infecção por HSV-1 é a causa mais comum de encefalite viral aguda nos Estados Unidos • **Doença generalizada**: complicação da imunossupressão
Diagnóstico	• O HSV-1 e HSV-2 podem ser rapidamente detectados por cultura de lesões cutâneas ou raspagens da córnea; testes de amplificação de ácido nucleico (NAAT) destes espécimes são comercialmente disponíveis para diagnóstico rápido • O NAAT é o teste de escolha para doenças do SNC ou doenças generalizadas • A resposta sorológica às infecções pode ser medida, mas não faz distinção entre infecções primárias ativas e doença passada ou recorrente
Tratamento, controle e prevenção	• O aciclovir, valaciclovir ou famciclovir são utilizados para infecções mucocutâneas e generalizadas; a encefalite é tratada com aciclovir; o foscarnet ou cidofovir é usado para tratar cepas resistentes ao aciclovir • A prevenção da doença é difícil porque os pacientes infectados podem liberar vírus assintomaticamente; o uso de preservativos protege parcialmente • Atualmente, não há vacina disponível

CASO CLÍNICO

Meningite Asséptica Complicando Proctite Aguda por HSV-2

Atia e colaboradores[2] relataram o histórico clínico de um paciente homossexual masculino que apresentou meningite asséptica no decorrer de uma proctite aguda provocada por HSV-2. O homem, que tinha 23 anos, esteve em uma clínica de saúde 4 dias após ter tido um contato homossexual passivo. Ao ser examinado, seu tecido retal estava inflamado e com secreção purulenta. Bactérias compatíveis com Neisseria gonorrhoeae *foram observadas em uma coloração de Gram, mas a cultura foi negativa. Administrou-se ampicilina, porém 2 dias depois o paciente foi readmitido com queixas de desconforto anal e dor durante a defecação. Foram observados vários pontos com vesículas de herpes ao redor do ânus, sendo que culturas destas vesículas foram positivas para*

HSV-2. Três dias depois, o paciente retornou ao hospital com sintomas de mal-estar, dor de cabeça, fotofobia, hesitação para urinar e dor irradiando pelas pernas. Sua temperatura e pulsação estavam elevadas e ele tinha sinais de meningite. Coletou-se fluido cerebrospinal, cuja análise foi compatível com diagnóstico de meningite linfocítica asséptica. Não foram realizadas culturas virais do fluido cerebrospinal, mas aquelas das vesículas anorretais foram novamente positivas para HSV-2. Apesar de a terapia antiviral não ser disponível (no início da década de 1980), este paciente recuperou-se sem intercorrências. Este caso ilustra o alto risco de doenças sexualmente transmissíveis ao qual estão sujeitos homossexuais masculinos que praticam sexo inseguro e as opções limitadas de diagnóstico e tratamento disponíveis na década de 1980, nos primeiros anos da epidemia de AIDS.

VÍRUS VARICELA-ZÓSTER

O VZV é responsável por duas manifestações distintas: uma infecção primária, a **varicela** ou **catapora**, e outra, uma infecção recorrente, o **zóster** ou **cobreiro**. A catapora é caracterizada por erupções maculopapulares ou vesiculares generalizadas, sendo geralmente benigna, exceto em pacientes imunocomprometidos. O zóster manifesta-se através de erupções vesiculares, com dor, ao longo de todo o nervo, onde o vírus é reativado. Em pacientes imunocomprometidos, pode apresentar-se como doença generalizada.

VÍRUS VARICELA-ZÓSTER	
Propriedades	• Vírus envelopado de DNA • Replicação inicial no trato respiratório superior, seguida de disseminação, por via linfática, para o sistema reticuloendotelial, viremia e infecção generalizada de células da epiderme • Células epiteliais degeneram-se com a replicação viral, formando vesículas repletas de líquido
Epidemiologia	• Distribuição mundial, sendo os humanos os únicos hospedeiros • Transmissão interpessoal principalmente pela via respiratória; o vírus não é estável no ambiente, de modo que é necessário um contato direto para sua transmissão • A catapora é uma doença principalmente de crianças em idade escolar, exceto entre aquelas que foram vacinadas
Doenças	• **Catapora**: manifestação de erupções cutâneas, febre baixa e mal-estar após um período de incubação de 2 semanas; as erupções cutâneas surgem dentro de 3 a 5 dias, sendo caracterizadas por lesões maculopapulares e vesiculares com base eritematosa, em diferentes estágios de desenvolvimento; as lesões regridem em 1 a 2 semanas; a doença geralmente é benigna e autolimitante, embora erupções cutâneas mais duradouras e graves possam ocorrer em pacientes imunocomprometidos, bem como complicações (como **ataxia cerebelar aguda**, **encefalite** ou **pneumonia**) associadas a morbidade e mortalidade significativas • **Zóster**: caracterizado pelo surgimento de lesões vesiculares nos dermátomos, sendo os dermátomos torácicos e lombares mais comumente envolvidos; se o quinto nervo craniano for afetado, pode ocorrer **herpes-zóster oftálmico**, que pode comprometer a visão; a doença inicia-se com dores nos dermátomos, seguidas pelo aparecimento de lesões dentro de 3 a 5 dias; pode levar até 1 mês para o alívio das dores; as infecções em pacientes imunocomprometidos (principalmente aqueles com HIV) podem provocar o surgimento de lesões mais persistentes
Diagnóstico	• O diagnóstico clínico é confirmado por cultura (pouco realizada), microscopia (citologia de Tzanck), detecção de células infectadas em lesões, por meio de microscopia de imunofluorescência ou NAAT (teste de escolha por ser rápido, sensível e específico)
Tratamento, controle e prevenção	• O tratamento é sintomático e com o antiviral **aciclovir**; o valaciclovir e o famciclovir também podem ser usados para tratar catapora e zóster • A imunoglobulina para varicela-zóster pode ser utilizada como medida profilática no caso de pacientes com alto risco • Duas doses de uma **vacina** viva atenuada são recomendadas para prevenção da varíola em crianças, e uma vacina com alto título de vírus vivo atenuado, no caso de adultos com mais de 50 anos para a prevenção do zóster; vacinas inativadas estão sendo avaliadas para emprego em pacientes imunocomprometidos

CITOMEGALOVÍRUS

O CMV é um vírus ubíquo que causa um amplo espectro de doenças. A seguir, serão descritas algumas das mais importantes.

Após a infecção primária por CMV, que pode ser assintomática ou apresentar-se na forma de sintomas inespecíficos e leves, o vírus fica latente em vários tipos celulares, incluindo polimorfonucleares, linfócitos T, células endoteliais, células epiteliais renais e glândulas salivares. Não é surpreendente que este vírus seja a causa mais importante de complicações que se seguem à imunossupressão associada a transplantes ou doenças.

Citomegalovírus

Acomete	Doença
Embrião/feto	Infecção congênita por CMV
Adolescentes saudáveis	Mononucleose infecciosa
Pacientes submetidos a transplantes de órgãos	Infecção generalizada associada à rejeição de órgãos
Pacientes submetidos a transplantes de medula óssea	Pneumonia por CMV
Portadores de HIV/AIDS	Retinite por CMV

CITOMEGALOVÍRUS

Propriedades	• Vírus envelopado de DNA; variabilidade genética semelhante à observada nos vírus de RNA • Maior dos herpes-vírus (genoma com 236 kpb, codifica 164 proteínas) em comparação com VZV (125 kpb), HSV-1 e HSV-2 (155 kpb) e EBV (172 kpb)
Epidemiologia	• Distribuição mundial • As infecções primárias assintomáticas são comuns em indivíduos saudáveis • Vinte por cento dos casos de mononucleose infecciosa são causados por CMV
Doenças	• **Mononucleose infecciosa**: caracterizada por febre, linfadenopatia e linfocitose (linfócitos >50% dos leucócitos do sangue periférico); faringite menos comum do que em infecções por EBV; os sintomas persistem por 1 mês ou mais; a **síndrome de Guillain-Barré** (polineuropatia inflamatória progressiva, com fraqueza muscular e perda sensorial distal) é uma complicação bem conhecida da mononucleose por CMV • **CMV congênita**: doença geralmente assintomática, se a mãe estiver imune, mas fulminante no caso de crianças de mães não imunes, com envolvimento de múltiplos órgãos, incluindo SNC com microcefalia, coriorretinite e calcificação cerebral; morte fetal ou logo após o nascimento; bebês que sobrevivem apresentam defeitos importantes, incluindo retardo mental, retinite e problemas de audição • **Pneumonia por CMV**: pneumonia intersticial seguida de mononucleose infecciosa, normalmente leve e autolimitante; no entanto, em pacientes submetidos a transplante de medula óssea, progride rapidamente e está associada a uma alta mortalidade, mesmo com tratamentos intensivos • **Retinite por CMV**: infecção por CMV é uma infecção oportunista comum em pacientes com HIV em fase avançada e a retinite é uma de suas manifestações mais frequentes
Diagnóstico	• Culturas de CMV em células epiteliais podem ser realizadas, mas a replicação é lenta e não é útil do ponto de vista prático, para fins de diagnóstico • A detecção da proteína pp65 (proteína da camada externa do virion, sob o envelope) do CMV, por imunofluorescência, em neutrófilos do sangue periférico foi amplamente utilizada, mas foi substituída recentemente pelo NAAT • A quantificação de CMV presente no sangue é válida para o monitoramento de pacientes transplantados (o aumento da carga viral é um indicativo inicial de doença)
Tratamento, controle e prevenção	• Antivirais usados para o tratamento das infecções por CMV incluem ganciclovir, foscarnet (usado para tratar cepas de CMV resistentes ao ganciclovir) e cidofovir (não associado à resistência ao ganciclovir ou foscarnet) • Ganciclovir e valganciclovir são utilizados para a profilaxia de infecções por CMV em pacientes imunocomprometidos de alto risco • Atualmente, não há vacina disponível

CASO CLÍNICO

Pneumonia por CMV Pós-transplante de Medula Óssea

Nagafuji e colaboradores[3] relataram o caso de uma mulher de 52 anos que apresentou pneumonia intersticial fatal por CMV, após um transplante autólogo de medula óssea, para tratar leucemia mieloblástica. A mulher tinha registro de sorologia positiva para CMV, antes do transplante. Depois deste, sua leucocitose regrediu no 11º dia. Um exame de medula óssea, realizado no 25º dia de transplante, revelou acentuada hemofagocitose; tratamento com prednisolona foi iniciado. No 35º dia, ela estava febril e com antigenemia para CMV fortemente positiva. Foram administrados ganciclovir e globulina hiperimune anti-CMV. No 48º dia, o ganciclovir foi retirado, devido à mielotoxicidade. No 56º dia, a paciente apresentou cistite hemorrágica, sendo o CMV cultivado de sua urina. O foscarnet foi administrado, e o teste de antigenemia para CMV foi negativo. O uso de foscarnet foi descontinuado no 84º dia, mas a síndrome hemofagocítica associada ao CMV foi novamente documentada no 116º dia. O tratamento com foscarnet foi reintroduzido mas, no 158º dia, a paciente apresentou pneumonia de evolução rápida pelo CMV, vindo a falecer no 171º dia. Este caso ilustra a dificuldade de se tratar infecções por CMV em pacientes imunocomprometidos transplantados com medula óssea.

VÍRUS EPSTEIN-BARR

O EBV é a causa mais comum de mononucleose infecciosa e está associado a várias doenças malignas.

VÍRUS EPSTEIN-BARR	
Propriedades	• Vírus envelopado de DNA • Replicação do vírus tendo início nas células epiteliais da boca, com subsequente disseminação para os linfócitos B; a replicação do DNA viral (mas não de partículas virais intactas) é sincronizada com a replicação do DNA das células do hospedeiro, surgindo pequena quantidade de produtos gênicos nestas células (usados como marcadores para identificação destas)
Epidemiologia	• Distribuição mundial, sendo que a maioria das infecções ocorre no início da vida • As infecções assintomáticas ocorrem mais frequentemente entre os mais jovens • Transmissão interpessoal, através de secreções orais (beijos, compartilhamento de utensílios); é necessário um contato direto para a transmissão • O vírus pode ser cultivado a partir de secreções orais de 10% a 20% dos adultos saudáveis e numa maior proporção de pacientes imunocomprometidos
Doenças	• **Mononucleose infecciosa**: infecção aguda, caracterizada por faringite, febre, fadiga, linfadenopatia e leucocitose, com monócitos e linfócitos atípicos observados no sangue periférico; os sintomas normalmente regridem dentro de 1 mês • **Linfoma de Burkitt**: linfoma de células B indiferenciadas que afeta o maxilar e é observado na África Central • **Doença linfoproliferativa**: proliferação descontrolada de linfócitos B infectados pelo vírus, que é observada em pacientes imunocomprometidos (submetidos a transplante de órgãos e de medula óssea) • **Carcinoma nasofaríngeo**: proliferação de células epiteliais infectadas por EBV na nasofaringe; doença de populações do sul da China e de esquimós inuítes do Alasca • **Linfoma do sistema nervoso central**: linfoma por EBV no cérebro de pacientes com HIV/aids e pacientes submetidos a transplantes de células-tronco
Diagnóstico	• O diagnóstico da mononucleose infecciosa baseia-se na apresentação clínica e na presença de **anticorpos heterófilos** (reação positiva: capacidade de aglutinar hemácias de carneiro com a absorção do soro por células de rim de cobaia) • O diagnóstico destas infecções também pode ser realizado pela quantificação da resposta imune a proteínas estruturais do vírus (antígenos do capsídeo viral), proteínas não estruturais expressas no início do ciclo lítico (antígenos pecoces) e proteínas nucleares expressas em células com infecção latente (antígenos nucleares de EBV) • Diagnóstico atualmente realizado por NAAT

VÍRUS EPSTEIN-BARR *(Cont.)*	
Tratamento, controle e prevenção	• O tratamento da mononucleose infecciosa é de suporte • O aciclovir e o ganciclovir são ativos contra o EBV em fase de replicação; no entanto, a maioria das manifestações da doença resulta da resposta imune a células infectadas pelo vírus, de modo que os agentes antivirais são ineficazes • Atualmente, não há vacina disponível

CASO CLÍNICO

Mononucleose Infecciosa por EBV Associada à Agranulocitose

Hammond e colegas[4] descreveram uma série de casos de pacientes com infecções muito raras por EBV. Um deles foi de um homem de 32 anos que apresentou dor na garganta, mal-estar, mialgias e cefaleia. Os sintomas persistiram por 3 meses, antes de o paciente procurar um médico, o qual observou gânglios linfáticos regionais sensíveis e uma faringe inflamada, mas sem hepatosplenomegalia. A contagem de leucócitos foi de 6.600 células/mm^3, com 2.000 linfócitos atípicos e 660 monócitos. Um teste de monocleose foi positivo. Os sintomas do paciente persistiram e ele retornou ao médico 1 mês depois. Ele parecia gravemente enfermo, com temperatura elevada, faringite exsudativa severa e adenopatia cervical e submandibular, com dor. Os exames de sangue revelaram leucocitopenia e trombocitopenia graves. O teste de mononucleose, bem como a sorologia específica para EBV foram positivos; a sorologia para CMV foi negativa. Nos primeiros 4 dias de internação, a febre e a agranulocitose persistiram, com contagem total de leucócitos mantendo-se em menos de 2.000 células/mm^3, sendo que polimorfonucleares não foram observados nos esfregaços. Posteriormente, a contagem total de leucócitos aumentou lentamente (o paciente recebeu alta após 1 semana de internação) e, embora o mal-estar e a fadiga tenham persistido pelos 3 meses seguintes, a adenopatia regrediu gradualmente. Este caso ilustra a potencial gravidade da infecção primária por EBV em pacientes adultos.

HERPES-VÍRUS HUMANO 6, 7 E 8

O HHV-6 é responsável por febres infantis (frequentemente associadas a **convulsões febris**) e uma doença pediátrica comum, o **exantema súbito** ou roséola infantil (também chamada de sexta doença). Esta doença manifesta-se como uma febre alta, após um período de incubação de 1 semana, persistindo por 3 a 4 dias. Na defervescência surgem erupções maculopapulares que se espalham do tronco para as extremidades, as quais podem persistir por até 2 dias. O HHV-7 também está associado a febres infantis e ao exantema súbito, embora seja menos comum que o HHV-6. O HHV-8 é responsável pelo **sarcoma de Kaposi**, que geralmente se manifesta como placas cutâneas ou nódulos em pacientes imunocomprometidos (p.ex., aids avançada).

REFERÊNCIAS

1. Parvey LS, Ch'ien LT. Neonatal herpes simplex virus infection introduced by fetal-monitor scalp electrodes. *Pediatrics.* 1980;65:1150-1153.
2. Atia WA, Ratnatunga CS, Greenfield C, Dawson S. Aseptic meningitis and herpes simplex proctitis. *A case report. Br J Vener Dis.* 1982;58:52-53.
3. Nagafuji K, Eto T, Hayashi S, Tokunaga Y, Gondo H, Niho Y. Fatal cytomegalovirus interstitial pneumonia following autologous peripheral blood stem cell transplantation. Fukuoka Bone Marrow Transplantation Group. Bone Marrow Transpl. 1998;21:301-303.
4. Hammond WP, Harlan JM, Steinberg SE. Severe neutropenia in infectious mononucleosis. *West J Med.* 1979;131:92-97.

15

Vírus Respiratórios

DADOS INTERESSANTES

- Os rinovírus são a causa mais comum de infecções respiratórias virais agudas do trato respiratório superior ("resfriado comum")
- Embora a maioria das infecções por coronavírus corresponda a resfriados comuns leves, o coronavírus da síndrome respiratória aguda grave (SARS-CoV) e o coronavírus da síndrome respiratória do Oriente Médio (MERS-CoV) são responsáveis por até 50% da mortalidade entre as pessoas infectadas.
- A mortalidade associada às infecções pelo vírus da influenza não é causada por ele, mas por pneumonias bacterianas secundárias provocadas por *Staphylococcus aureus* e *Streptococcus pneumoniae*.
- Só existem vacinas disponíveis para infecções pelo vírus da influenza, porque há muitos sorotipos de outros vírus respiratórios, cujas infecções estão associadas à imunidade apenas parcial e de curto prazo.

Uma série de vírus causa infecções dos tratos respiratórios superior e/ou inferior, que vão de um "resfriado comum" até pneumonia incontrolável e letal. Este capítulo concentra-se em seis grupos de vírus de RNA, para ilustrar a variedade de infecções respiratórias provocadas por eles. A maioria destas infecções ocorre durante os meses frios do ano e geralmente costuma apresentar sintomas indistinguíveis uns dos outros. Em geral, isso não é problema, uma vez que não existe nenhum tipo de tratamento antiviral ou vacina para a maioria desses vírus. A notável exceção são as infecções pelo vírus da influenza, em que um diagnóstico rápido é importante para o início imediato do tratamento antiviral e o monitoramento da eficácia das vacinas na população.

RINOVÍRUS

Embora a maioria das infecções por rinovírus não seja grave e as complicações sejam raras, o grande número de casos e a duração dos sintomas resultam em mal-estar (ninguém quer ficar com tosse e espirros) por longos períodos. Apresentamos, a seguir, um resumo das principais informações sobre os rinovírus.

RINOVÍRUS	
Propriedades	• Vírus não envelopados de RNA; mais de 100 sorotipos descritos • Sintomas causados pela infecção das células epiteliais ciliadas do trato respiratório que estimulam a resposta inflamatória celular, com produção de citocinas e quimiocinas
Epidemiologia	• Distribuição mundial, afetando tanto crianças quanto adultos • As infecções ocorrem durante todo o ano, mas normalmente têm maior incidência no outono e na primavera, com atividade reduzida durante os meses de inverno e verão • A transmissão geralmente ocorre através de grandes gotículas (tosse, espirro), quando as mãos estão contaminadas, podendo também contaminar o nariz e olhos. • A transmissão é maior quando os sintomas são mais graves (alta concentração de vírus nas secreções respiratórias) • Os múltiplos sorotipos e a imunidade de curta duração tornam inevitável a recorrência das doenças

RINOVÍRUS *(Cont.)*	
Doença	• É, essencialmente, uma infecção do trato respiratório superior • Inicia-se com uma inflamação na garganta que fica "arranhando", seguida imediatamente por rinorreia e obstrução nasal; tosse, espirro, cefaleia e febre baixa (especialmente em crianças) também são sintomas observados • Os sintomas podem persistir por uma semana ou mais
Diagnóstico	• Não há como emitir um diagnóstico definitivo com base nos parâmetros clínicos • O vírus pode se desenvolver em cultura, mas o cultivo viral raramente é feito • Nos últimos anos, testes antigênicos têm sido substituídos por testes de amplificação de ácidos nucleicos (NAAT, na sigla em inglês)
Tratamento, controle e prevenção	• Não existe terapia antiviral específica • Não existem vacinas

CORONAVÍRUS

Os coronavírus humanos causam principalmente infecções respiratórias. Várias cepas de coronavírus são reconhecidas, a maioria das quais sendo responsável pelo resfriado comum. Entretanto, em 2002, surgiu na China uma nova cepa que rapidamente se espalhou pela região e, em seguida, para Hong Kong, Vietnã e Cingapura. Surtos focais foram também relatados em outros países, por viajantes procedentes da região endêmica, que adoeceram ao retornar para casa. O vírus foi denominado **SARS-CoV**. Duas informações sobre esse vírus são fundamentais: a transmissão interpessoal ocorreu rapidamente, inclusive entre os profissionais de saúde expostos aos pacientes e o fato de a doença ser responsável por uma alta taxa de mortalidade, especialmente entre pacientes com doença pulmonar subjacente (mortalidade de 50%) e entre idosos. O surto terminou 18 meses depois, mas, em 2012, novos casos de infecção por coronavírus surgiram no Oriente Médio, também associados a uma alta taxa de mortalidade. A cepa envolvida nestes casos, **MERS-CoV**, espalhou-se pelo Oriente Médio e para outros países, levada pelos viajantes, a partir de um foco inicial na Arábia Saudita. Diferentemente da cepa SARS-CoV, essa cepa de coronavírus é transmitida apenas de forma intermitente entre as pessoas; entretanto, os coronavírus apresentam uma alta taxa de mutação, de modo que essa condição pode mudar rapidamente. Além disso, a cepa continua a circular no Oriente Médio. É interessante que tanto SARS-CoV quanto MERS-CoV são relacionadas a cepas de coronavírus de morcegos. A cepa SARS-CoV foi isolada de morcegos e existem evidências epidemiológicas de envolvimento de morcegos com a cepa MERS-CoV. Este seria mais um motivo para aversão a morcegos.

Felizmente, a maioria das infecções por coronavírus não é causada pelas cepas mais virulentas. Apresentamos a seguir um resumo sobre estes vírus.

CORONAVÍRUS	
Propriedades	• Vírus envelopados de RNA • Replicam-se nas células epiteliais ciliadas e não ciliadas da nasofaringe • Estimulam a produção de citocinas e quimiocinas, resultando em sintomas de resfriado; Esta resposta inflamatória intensa é responsável pela patologia provocada pelo SARS-CoV e MERS-CoV
Epidemiologia	• Responsáveis por aproximadamente 15% dos resfriados comuns; as infecções acometem crianças e adultos, principalmente no inverno e na primavera • Os coronavírus do resfriado comum têm distribuição mundial; o SARS-CoV e o MERS-CoV têm distribuição geográfica mais restrita (o primeiro inicialmente na China e o segundo na Arábia Saudita)
Doenças	• As infecções pelos coronavírus do resfriado comum têm um período de incubação de dois dias, com o pico dos sintomas de 3 a 4 dias após a exposição; os sintomas são semelhantes às infecções por rinovírus (inflamação na garganta, rinorreia, tosse, cefaleia) • As infecções por SARS-CoV geralmente não são associadas a sintomas de resfriado; normalmente há febre, cefaleia e mialgia, seguidas por tosse não produtiva; a progressão para uma manifestação pulmonar grave pode ocorrer mais facilmente em adultos mais velhos e portadores de certas doenças (p.ex., diabetes, doenças cardíacas, hepatite, doença pulmonar crônica) • As infecções por MERS-CoV podem restringir-se a sintomas brandos do trato respiratório superior, porém mais frequentemente evoluem para insuficiência respiratória e falência múltipla de órgãos.

(Continua)

CORONAVÍRUS *(Cont.)*	
Diagnóstico	• Embora os vírus possam ser obtidos, ainda que com alguma dificuldade em cultura, não é um procedimento comum, exceto em laboratórios da rede de saúde pública • O diagnóstico geralmente é feito por NAATs
Tratamento, controle e prevenção	• Não existe terapia antiviral específica • Não existem vacinas • Práticas rigorosas empregadas para controlar infecções por SARS-CoV e MERS-CoV

CASO CLÍNICO

Paciente Previamente Saudável com Infecção por SARS

Luo e colaboradores[1] descreveram o caso de um paciente previamente saudável que foi transferido para seu hospital, após um histórico de nove dias de febre, mialgias e cefaleia persistentes. Ele tinha febre de 39,4°C, calafrios, tosse seca, falta de ar e diarreia. Uma radiografia torácica revelou inflamação no campo superior direito dos pulmões. A contagem de leucócitos e os parâmetros químicos do sangue foram normais. O paciente não respondeu ao tratamento com antibióticos e, no terceiro dia, apresentou uma tosse profunda e dispneia, juntamente a uma inflamação pulmonar difusa. O diagnóstico foi de SARS, tendo em vista sua hipoxemia grave, com PaO_2 de 60 mmHg e PaO_2/FiO_2 de 150 mmHg e quadro clínico compatível com aquele de outros pacientes hospitalizados com SARS. O paciente foi transferido para a unidade de terapia intensiva e assistido com suporte ventilatório, mas seu estado continuou a se deteriorar, progredindo para síndrome da disfunção múltipla de órgãos, envolvendo os rins, o fígado e o coração. A equipe médica iniciou um tratamento por sistema de recirculação molecular absorvente (suporte hepático extracorpóreo com diálise de albumina, por 8 horas), tendo-se verificado melhora clínica após quatro dias consecutivos de aplicação do tratamento. Depois de 13 dias, o suporte ventilatório foi removido, havendo melhora do paciente. Ele recebeu alta depois de 44 dias de internação. Esse caso ilustra a grave infecção causada por SARS-CoV. É interessante notar que, nesta mesma família de vírus, a maioria das cepas é responsável por infecções brandas do trato respiratório superior, enquanto outras, como o vírus da SARS e do MERS, podem causar uma pneumonia fulminante, com envolvimento de vários órgãos.

VÍRUS DA INFLUENZA

Os vírus da influenza são os vírus respiratórios mais antigos que se conhece, sendo responsáveis, periodicamente, por epidemias. O conhecimento das propriedades estruturais desses vírus é essencial. Suas informações genéticas estão codificadas em um RNA de fita simples. Os ácidos nucleicos de fita simples (tipo de ácido nucleico dos demais vírus respiratórios discutidos neste capítulo) são mais suscetíveis a mutações durante a replicação, de modo que os produtos destes genes, como as proteínas de superfície (no caso da influenza, a hemaglutinina [H] e a neuraminidase [N]), podem ser alterados. Tais mutações podem gerar vírus anteriormente desconhecidos (novos vírus: pouca ou nenhuma imunidade). Os vírus da influenza apresentam RNAs dispostos em segmentos distintos, de modo que, se a célula for infectada por dois vírus da influenza diferentes, pode ocorrer uma recombinação de seus materiais genéticos, gerando-se um terceiro vírus distinto. É por isto que, periodicamente, podem surgir novos vírus, responsáveis por epidemias. Uma pandemia mundial poderá ocorrer, se o vírus for único e altamente contagioso e, se a cepa for muito virulenta, poderá ocorrer altas taxas de mortalidade. Existem três grupos distintos de vírus da influenza: A, B e C. Os vírus da influenza A e B são responsáveis por doenças epidêmicas, sendo que o vírus da influenza A causa doenças mais graves e o da influenza C, infecções mais brandas do trato respiratório superior. Uma cepa circulante do vírus da influenza é identificada pelo seu tipo e por suas proteínas de superfície, como o A (H3N2). As cepas do vírus da influenza A circulam entre aves ("gripe aviária"), de modo que a chance de surgir uma nova cepa é grande. Em alguns casos, essas cepas circulam também entre suínos ("gripe suína"), aumentando mais sua singularidade genética e virulência. Apresentamos a seguir um resumo sobre estes vírus.

VÍRUS DA INFLUENZA	
Propriedades	• Vírus envelopados de RNA com genoma dividido em oito segmentos • Há três tipos de vírus da influenza: A, B, C; os tipos A e B estão associados a epidemias; o tipo A é o mais virulento • As cepas são identificadas por suas proteínas de superfície: hemaglutinina (H) e neuraminidase (N) • O vírus infecta as células epiteliais colunares ciliadas da traqueia e dos brônquios

VÍRUS DA INFLUENZA *(Cont.)*	
Epidemiologia	• Distribuição mundial com infecções principalmente nos meses frios • A disseminação interpessoal ocorre através do ar (espirro, tosse) ou por contato com partículas infecciosas presentes em superfícies contaminadas (mão levada ao nariz) • A gravidade da doença é determinada pela virulência da cepa circulante e imunidade a ela
Doença	• Após um período de incubação de 1 a 2 dias, a manifestação da doença é aguda, com febre, calafrios, mialgias e cefaleia, bem como tosse, dor no peito e corrimento nasal; os sintomas podem ter duração de uma semana ou mais • As complicações incluem pneumonia viral primária ou pneumonia bacteriana secundária (mais frequentemente por *Staphylococcus aureus* e *Streptococcus pneumoniae*)
Diagnóstico	• Em geral, a cultura dos vírus tem sido substituída por imunoensaios ou NAAT • O diagnóstico específico é importante para orientar a terapia antiviral
Tratamento, controle e prevenção	• O tratamento e a profilaxia das infecções pelos vírus da influenza A e B são feitos com inibidores da neuraminidase zanamivir ou oseltamivir; devem ser administrados no início da infecção • No passado, a gripe do tipo A, mas não do tipo B, era tratada com amantadina ou rimantadina, mas atualmente a resistência a estas drogas está disseminada • As vacinas multivalentes são amplamente utilizadas no controle destas doenças; entretanto, se não contiverem a cepa circulante, serão ineficazes

CASO CLÍNICO

Gripe Aviária H5N1

O primeiro caso de gripe aviária provocada pelo vírus H5N1 em seres humanos foi descrito por Ku e Chan.[2] *Depois que um menino de 3 anos, na China, apresentou uma febre de 40°C e dor abdominal, ele foi tratado com antibióticos e aspirina. Três dias depois, a criança foi hospitalizada com inflamação na garganta, tendo sua radiografia torácica revelado inflamação brônquica. Os exames de sangue mostraram um desvio à esquerda com 9% de formas de bastonetes. No sexto dia, o menino ainda estava febril e totalmente consciente, mas no sétimo dia, a febre aumentou, ele estava hiperventilando e os níveis de oxigênio no sangue diminuíram. Uma radiografia torácica indicou pneumonia grave. O paciente foi intubado. No oitavo dia, ele foi diagnosticado com sepse fulminante e síndrome da angústia respiratória aguda. O tratamento esta doença e outras tentativas de melhorar a absorção de oxigênio não lograram êxito. Ele foi tratado empiricamente para sepse e infecção por vírus do herpes simples (aciclovir) e por* S. aureus *resistente à meticilina (vancomicina) e infecção fúngica (anfotericina B), mas sua condição se deteriorou ainda mais, com coagulação intravascular generalizada e insuficiência hepática e renal. O paciente morreu 11 dias depois. Os resultados dos exames laboratoriais indicaram anticorpo contra vírus da influenza A, no oitavo dia, sendo este vírus isolado a partir de uma amostra de traqueia coletada no nono dia. O isolado viral foi enviado ao* Centers of Disease Control and Prevention *e a outras instituições, onde foi tipado como vírus da gripe aviária H5N1 e denominado A/Hong Kong/156/97* (H5N1). *A criança pode ter contraído o vírus quando brincava com patinhos e galinhas domésticos na creche. Embora ainda seja difícil o vírus H5N1 infectar seres humanos, esse caso demonstra a rapidez e a gravidade das manifestações respiratórias e sistêmicas da doença causada pelo vírus da gripe aviária H5N1.*

PARAMYXOVIRIDAE

Paramyxoviridae é uma família importante de patógenos virais respiratórios tanto de crianças quanto de adultos. Três membros dessa família serão considerados em seguida: vírus da parainfluenza, vírus sincicial respiratório (RSV) e metapneumovírus humano (HMV). Dois outros membros, o vírus do sarampo e o vírus da caxumba, também podem provocar sintomas respiratórios.

VÍRUS DA PARAINFLUENZA

Os vírus da parainfluenza são a causa mais importante de crupe em crianças sendo também importantes agentes de doenças virais graves do trato respiratório inferior, em pacientes imunossuprimidos.

VÍRUS DA PARAINFLUENZA	
Propriedades	• Vírus de RNA, envelopado, apresenta quatro sorotipos principais associados a humanos; vírus da parainfluenza 1 (PIV-1), PIV-2, PIV-3, PIV-4 • Infectam preferencialmente as células epiteliais ciliadas dos tratos respiratórios superior e inferior
Epidemiologia	• Distribuição mundial infectando tanto crianças quanto adultos • Transmissão interpessoal através do contato com gotículas respiratórias ou superfícies contaminadas • O PIV-1 e o PIV-2 causam surtos sazonais no outono; o PIV-3 e o PIV4- causam surtos na primavera
Doenças	• A maioria das infecções em crianças restringe-se ao trato respiratório superior, com sintomas de resfriado, que se manifestam cerca de 1 dia após contato com o vírus e persistem por 1 semana ou mais; envolvimento dos seios paranasais e do ouvido médio, em aproximadamente metade das crianças infectadas • O PIV-1 e o PIV-2 estão associados à laringo-traqueobronquite (**crupe**) com manifestação inicial de febre, rinorreia e faringite, que depois evoluem para "tosse de foca", associada a estridor e dificuldade para respirar; a infecção provocada por PIV-1 geralmente é mais grave do que aquela causada por PIV-2 • A infecção por PIV-3 está mais associada com pneumonia e bronquiolite em crianças, ao passo que o PIV-4 provoca principalmente infecções brandas do trato respiratório superior • As infecções por PIV em adultos geralmente são assintomáticas ou brandas, no trato respiratório superior, exceto em pacientes imunossuprimidos, nos quais pode haver manifestações graves no trato respiratório inferior associadas à alta mortalidade
Diagnóstico	• Embora o PIV possa crescer em cultura, a maioria dos diagnósticos clínicos é feita por NAAT
Tratamento, controle e prevenção	• Não existe tratamento específico • A crupe é tratada sintomaticamente com glicocorticoides e epinefrina nebulizada • Não existem vacinas

VÍRUS SINCICIAL RESPIRATÓRIO

As infecções por RSV são mais graves em bebês; são responsáveis pela maioria das manifestações nos brônquios (**bronquiolite**) e por cerca de metade das internações atribuídas à pneumonia. A maioria das infecções do ouvido médio (otite média) em crianças mais jovens é causada pelo RSV. Uma forma branda da doença é comum em adultos, mas complicações graves podem ocorrer em pacientes de alto risco, particularmente aqueles com doença pulmonar subjacente.

VÍRUS SINCICIAL RESPIRATÓRIO	
Propriedades	• Vírus envelopado de RNA; existem dois grupos antigênicos principais (A e B), com múltiplos subgrupos; ambos os grupos circulam simultaneamente na população • O RSV infecta as células epiteliais colunares ciliadas das vias aéreas inferiores, bem como os pneumócitos
Epidemiologia	• Distribuição mundial, com infecções tanto em crianças quanto em adultos • Disseminação interpessoal, por meio do contato com gotículas respiratórias ou superfícies contaminadas • As infecções ocorrem anualmente, do final do outono ao início da primavera, podendo se estender, por todo o ano, em climas mais quentes • Primeiras infecções na infância, seguidas por infecções recorrentes, mais brandas, ao longo da vida
Doenças	• Em bebês, as infecções envolvem principalmente o trato respiratório inferior, manifestando-se após um período de incubação de 2 a 5 dias, como bronquiolite; pode haver pneumonia, mas a crupe ocorre com menor frequência • As infecções pelo RSV em crianças e adultos manifestam-se inicialmente no trato respiratório superior, com congestão nasal e tosse • A otite média é uma doença associada a crianças, sendo que infecções conjuntas com patógenos bacterianos são responsáveis pelos casos mais graves • Em adultos, a doença é essencialmente branda, embora a ocorrência de manifestações graves do trato respiratório inferior seja bem conhecida em idosos, adultos imunossuprimidos e pacientes com doença cardiopulmonar subjacente (doença pulmonar obstrutiva crônica, insuficiência cardíaca congestiva)

VÍRUS SINCICIAL RESPIRATÓRIO *(Cont.)*	
Diagnóstico	• Embora o RSV possa crescer em cultura, a maioria dos testes em laboratório é feita por NAATs • A liberação do vírus, para o ambiente, em pacientes adultos, mesmo aqueles com doença grave, é quantitativamente menor do que em bebês, o que torna o diagnóstico ainda mais difícil
Tratamento, controle e prevenção	• As infecções brandas são tratadas sintomaticamente • A bronquiolite geralmente é controlada com broncodilatadores e corticosteroides • A ribavirina é aprovada para o tratamento de bebês hospitalizados com doença do trato respiratório inferior, embora seus benefícios não tenham sido demonstrados, de forma consistente, para esse grupo de pacientes, para crianças de faixa etária superior ou adultos com infecções por RSV • Não existem vacinas

METAPNEUMOVÍRUS HUMANO

O HMV foi descoberto recentemente, embora as evidências baseadas em testes sorológicos demonstrem que este vírus é amplamente disseminado na população e é um patógeno humano importante.

METAPNEUMOVÍRUS HUMANO	
Propriedades	• Vírus envelopado de RNA taxonomicamente relacionado ao RSV • Dois genótipos com vários subgrupos; variação genética observada em duas glicoproteínas de superfície, que leva ao surgimento de novas cepas circulantes • A imunidade ao HMV é incompleta, podendo ocorrer reinfecções ao longo da vida • A infecção das células epiteliais brônquicas resulta em uma resposta inflamatória de longo prazo
Epidemiologia	• Distribuição mundial, sendo que as infecções são mais comuns no inverno e na primavera, em climas temperados, como acontece com o RSV e o vírus da influenza • Infecções primárias até os 5 anos de idade • A gravidade das infecções pelo HMV está relacionada a co-infecções com RSV ou *S. pneumoniae*
Doenças	• As doenças variam de infecções brandas do trato respiratório superior a bronquites e pneumonias graves • As infecções em crianças caracterizam-se por febre, tosse, chiado no peito e rinorreia; podem ocorrer conjuntivite, faringite, laringite e otite; pode haver o envolvimento de árvore brônquica e pulmões • A doença é semelhante em adultos e crianças; as complicações são mais comuns em pacientes com doença respiratória subjacente ou imunossupressão
Diagnóstico	• Embora o HMV possa crescer em cultura, a maioria dos diagnósticos clínicos é feita por NAAT
Tratamento, controle e prevenção	• Não existe tratamento antiviral específico • Não existem vacinas

ADENOVÍRUS

Embora a maioria das infecções respiratórias seja causada por vírus de RNA, o adenovírus, um vírus não envelopado de DNA, tem sido associado a surtos de infecções respiratórias graves.

CASO CLÍNICO

Adenovírus Patogênico 14

O Centers for Disease Control and Prevention[3] relatou que a análise de isolados virais de estudantes envolvidos em um surto de infecção respiratória febril na Base Aérea de Lackland mostrou que 63% dos casos eram provocados por adenovírus, dos quais, 90% consistiam em adenovírus 14. Dos 423 casos, 27 foram hospitalizados com pneumonia, 5 necessitaram de internação na unidade de terapia intensiva e 1 paciente morreu. Em um caso análogo noticiado pela Cable News Network,[4] um atleta de 18 anos, do Ensino Médio, queixou-se de sintomas semelhantes à gripe, com vômitos, calafrios e febre de 40ºC, que evoluíram para pneumonia letal, em poucos dias. O adenovírus, responsável por estas infecções, é um mutante do adenovírus 14, identificado em 1955. O mutante do adenovírus 14 disseminou-se pelos Estados Unidos, sujeitando adultos ao risco de uma doença grave. A infecção por adenovírus 14 normalmente causa sintomas respiratórios benignos em adultos, com maior risco de serem grave no caso de neonatos e idosos. Embora a maioria das mutações virais produza vírus mais fracos, pode eventualmente surgir mutantes mais virulentos, capazes de escapar à ação dos anticorpos ou resistentes aos antivirais

REFERÊNCIAS

1. Luo HT, Wu M, Wang MM. Case report of the first Severe Acute Respiratory Syndrome patient in China: successful application of extracorporeal liver support MARS therapy in multiorgan failure possibly induced by Severe Acute Respiratory Syndrome. *Artif Organs.* 2003;27:847-849.
2. Ku AS, Chan LT. The first case of H5N1 avian influenza infection in a human with complications of adult respiratory distress syndrome and Reye's syndrome. *J Paediatr Child Health.* 1999;35:207-209.
3. Centers for Disease Control and Prevention. Acute respiratory disease associated with adenovirus serotype 14—four states, 2006-2007. *MMWR Morb Mortal Wkly Rep.* 2007;56:1181-1184.
4. www.cnn.com/2007/HEALTH/conditions/12/19/killer.cold/index.html.

Hepatites Virais

DADOS INTERESSANTES

- Entre os vírus de hepatite, o da hepatite A (HAV) é o de maior transmissão interpessoal, por meio da contaminação pelas fezes; o vírus da hepatite B (HBV) é transmitido principalmente por meio de hemoderivados contaminados ou via sexual.
- O HBV e o vírus da hepatite C (HCV) estão associados principalmente a manifestações crônicas e progressivas, levando à cirrose e ao câncer de fígado.
- O HBV é 100 vezes mais contagioso do que o HIV, sendo que aproximadamente 250 milhões de pessoas estão infectadas por este vírus no mundo.
- A infecção pelo HCV é o principal motivo para o transplante de fígado nos Estados Unidos.
- Aproximadamente 150 milhões de pessoas no mundo vivem com infecções crônicas pelo HCV e 500 mil morrem anualmente.

Vários tipos de vírus podem infectar o fígado (p. ex., herpes-vírus, adenovírus, paramixovírus e enterovírus), sendo que cinco deles são responsáveis pelas principais infecções:

Vírus	Gênero	Ácido Nucleico	Exposição
Vírus da hepatite A (HAV)	Hepatovírus (*hepa*, fígado)	RNA	Fecal-oral
Vírus da hepatite B (HBV)	Ortohepadnavirus (*hepa* DNA virus)	DNA	Sexual, pelo sangue
Vírus da hepatite C (HCV)	Hepacivirus (*hepa* C vírus)	RNA	Pelo sangue
Vírus da hepatite D (HDV)	Delta vírus (*delta,* D vírus)	RNA	Sexual, pelo sangue
Vírus da hepatite E (HEV)	Hepevírus (*hep* E vírus)	RNA	Fecal-oral

Estes vírus podem provocar sintomas agudos de hepatite, variando de uma doença leve a grave, rapidamente fatal. Além disso, o HBV, o HCV e o vírus da hepatite D (HDV) são as causas mais comuns de hepatite crônica no mundo, aumentando o risco de cirrose e carcinoma hepatocelular. Os vírus entéricos de hepatite (HAV e vírus da hepatite E [HEV]) não estão associados a doenças crônicas, com exceção das infecções por HEV em pacientes imunossuprimidos. A apresentação clínica da forma aguda pode ser indistinguível para os vírus da hepatite, sendo que a maioria das infecções resulta em doença leve ou assintomática. A progressão para doença fulminante é principalmente observada na infecção por HBV e HCV; já no caso de HAV, essa progressão é menos frequente. As infecções crônicas são mais preocupantes, porque os pacientes infectados servem de reservatório, podem transmitir o vírus e apresentam risco de desenvolver complicações hepáticas a longo prazo. O quadro a seguir apresenta um resumo dos cinco vírus da hepatite:

	HAV	HBV	HCV	HDV	HEV
Doença aguda	+	+	+	+	+*
Doença Fulminante	-	+	+	-	-
Doença crônica	-	+	+*	+	-
Tratamento antiviral disponível	-	+	+	-	+
Vacina disponível	+	+	-	-	+†

*Causa mais comum.
†Atualmente, licenciada apenas na China.

Em seguida, serão apresentados resumos sobre cada um destes patógenos virais.

VÍRUS DA HEPATITE A

O HAV é um membro da família Picornavirus (*pico*, pequeno vírus de RNA) e relacionado com o rinovírus (causa o resfriado comum), o echovírus e o vírus de coxsackie (causa meningite) e o poliovírus (causa paralisia). O HAV causa infecções agudas e autolimitantes, não estando associado a doenças hepáticas crônicas.

VÍRUS DA HEPATITE A	
Propriedades	• Vírus não envelopado de RNA; três genótipos são responsáveis pelas infecções humanas • Por não ter envelope, esses vírus são resistentes ao calor, a solventes orgânicos e detergentes; são inativados por alvejantes e compostos de amônio quaternário • Infecta os hepatócitos; acredita-se que a patologia esteja relacionada com a resposta imune celular, ao passo que a imunidade humoral limita a transmissão do vírus de uma célula para outra
Epidemiologia	• Distribuição mundial, embora os programas de vacinação tenham reduzido o risco de transmissão • Transmissão fecal-oral; maior concentração de vírus nas fezes durante as 2 semanas que antecedem o aparecimento da icterícia; embora a concentração de vírus diminua após a icterícia, eles podem ser encontrados nas fezes por até 6 meses (particularmente em bebês) • O vírus pode permanecer estável no ambiente e capaz de provocar infecção por longos períodos
Doenças	• Doenças assintomáticas são mais comuns em crianças mais jovens do que naquelas com mais idade e em adultos • Os sintomas manifestam-se por escurecimento da urina (bilirrubinúria), com formação de fezes pálidas e icterícia alguns dias depois; ocorrem hepatomegalia e aumento de enzimas hepáticas; cerca de metade dos pacientes tem coceira, devido à colestase; os sintomas desaparecem normalmente em 1 mês
Diagnóstico	• A maioria dos pacientes tem anticorpos anti-HAV, da classe IgM, elevados quando os sintomas aparecem • Imunoensaios para antígenos de HAV ou teste de amplificação de ácido nucleico (NAAT) também são válidos
Tratamento, controle e prevenção	• Não há tratamento antiviral específico • **Vacinas contra hepatite A** inativadas têm controlado efetivamente essa infecção; devem ser administradas para crianças com 1 ano de idade • Imunoglobulinas eram administradas no passado após exposição ao vírus, mas atualmente foram substituídas pela vacina • A transmissão é difícil de evitar, porque o pico da liberação dos vírus é anterior ao surgimento dos sintomas e tal liberação pode ocorrer por meses após o desaparecimento dos sintomas

VÍRUS DA HEPATITE B E D

O HBV é o único vírus de DNA que infecta principalmente células hepáticas. O vírus da hepatite D (vírus delta ou HDV) é um vírus defectivo de RNA que requer o envelope do HBV para sua montagem. As infecções por HBV variam de assintomática à ictérica, incluindo tanto a forma aguda fulminante quanto a crônica progressiva.

VÍRUS DA HEPATITE B E D	
Propriedades	• A replicação do HBV é distinguida pela produção de grandes quantidades de partículas sem DNA viral, mas com antígeno de superfície (HBsAg); este antígeno é altamente imunogênico • Dois outros antígenos virais importantes são o antígeno core do HBV (HBcAg), que forma o capsídeo proteico ao redor do DNA viral, e o antígeno "e" (HBeAg) solúvel, que é secretado pelas células infectadas; a produção de anticorpos contra estes antígenos constitui marcadores importantes da infecção • O HDV expressa um antígeno proteico (HDAg) que constitui um importante marcador da infecção • A patologia na doença aguda e crônica está relacionada com a resposta imune celular e humoral do hospedeiro à infecção

VÍRUS DA HEPATITE B E D *(Cont.)*	
Epidemiologia	• Distribuição mundial; os programas de vacinação têm modificado a prevalência • O HDV é encontrado apenas em pacientes com infecção pelo HBV • Transmissão através do sangue (com alta carga viral) ou contato sexual; vírus não encontrado na urina ou nas fezes • Maior incidência de doenças crônicas na África, Oriente Médio, sudeste da Ásia, China, norte do Canadá e Groenlândia • Grupos de risco incluem usuários de drogas endovenosas, homossexuais masculinos e indivíduos infectados pelo HIV • Risco de doença crônica é maior em bebês
Doenças	• Período de incubação de 1 a 4 meses antes do aparecimento dos sintomas • A doença aguda pode ser subclínica ou apresentar sintomas semelhantes ao de uma gripe; a icterícia é incomum em bebês, um pouco mais frequente em crianças de mais idade e mais comum em adultos; a icterícia e o aumento das enzimas hepáticas (aminotransferases séricas) geralmente desaparecem em 4 meses; a persistência de enzimas em níveis elevados é indicativo de doença crônica • A hepatite fulminante ocorre em < 1% dos pacientes infectados pelo HBV, porém é mais comum em pacientes coinfectados com HDV • A hepatite crônica é definida como a persistência de HBsAg por mais de 6 meses; os pacientes apresentam risco significativo de cirrose, insuficiência hepática, hepatocarcinoma e morte • A coinfecção por HDV ou HCV aumenta o risco de sintomas adversos
Diagnóstico	• O diagnóstico de infecção por HBV é pela detecção de HBsAg, HBcAg e HBeAg e anticorpos contra essas proteínas (ver a seguir) • A presença de HDAg é indicativa de coinfecção por HDV
Tratamento, controle e prevenção	• O tratamento da infecção aguda por HBV é de suporte • A doença fulminante aguda é tratada com lamivudina ou entecavir • A doença crônica ativa é tratada com entecavir, lamivudina ou tenofovir • O uso difundido da **vacina** recombinante que tem HBsAg confere imunidade duradoura, após aplicação de três doses (em 0,1-2 e 6-12 meses de vida) ou duas doses (11-15 anos e 6 meses depois) • A imunização pós-exposição é recomendada para indivíduos não imunes

Diagnóstico sorológico da infecção e doenças pelo HBV:

Teste	Doença Aguda	Doença Crônica Ativa	Doença Crônica Inativa
HbsAg	+	+	+
Anti-HBs	-	-	-
HbeAg	+	+/-	-
Anti-HBe	-	+/-	+
HBcAg	+	+	+
Anti-HBc	+	-	-
Alanina aminotransferase	Elevada	Elevada	Normal

VÍRUS DA HEPATITE C

O HCV é um membro da família Flaviviridae (*flavi*, amarelo) que abrange o vírus da febre amarela (a icterícia é uma característica proeminente desta doença), o vírus da dengue (febre hemorrágica) e vários vírus transmitidos por artrópodes, responsáveis por encefalite, incluindo o vírus do Oeste do Nilo, o vírus da encefalite de St. Louis, o vírus da encefalite japonesa e o vírus da encefalite do Vale Murray. O HCV é a **causa mais comum de hepatite crônica** no mundo inteiro.

VÍRUS DA HEPATITE C

Propriedades	• Vírus não envelopado de RNA; compreende seis genótipos e cepas com diferenças significativas
Epidemiologia	• Distribuição mundial, com maior prevalência no norte da África, Oriente Médio, sudeste Asiático e China • Transmissão através de sangue contaminado, uso de drogas endovenosas ou trabalho médico sem cuidados de segurança; a transmissão sexual é rara • O vírus é detectado alguns dias após a exposição e tem seu número elevado nos primeiros 2 a 3 meses de infecção; uma baixa viremia pode ser detectada intermitentemente em infecções persistentes • O HCV é a principal causa de hepatite crônica
Doenças	• As infecções agudas são normalmente assintomáticas; quando há sintomas, eles são indistinguíveis daqueles de outras hepatites virais agudas • A manifestação de doença fulminante é determinada pelo genótipo do vírus, fatores do hospedeiro e coinfecção por outros vírus de hepatite (p.ex., HAV) • A doença crônica está associada a manutenção da produção de vírus por um longo período, aparecimento de cirrose, distúrbios metabólicos e carcinoma hepatocelular
Diagnóstico	• Os pacientes inicialmente são testados quanto à presença de anticorpos anti-HCV; a confirmação de doença ativa é pela detecção de RNA viral através de NAAT
Tratamento, controle e prevenção	• O tratamento das infecções por HCV está evoluindo rapidamente; por favor, consulte as diretrizes da Sociedade Americana de Doenças Infecciosas e da Associação Americana de Estudos sobre Doenças do Fígado • A prevenção se faz evitando-se exposição a sangue contaminado • Não há vacinas anti-HCV, devido ao surgimento contínuo de novas cepas

CASO CLÍNICO

Vírus da Hepatite C

Em um caso descrito por Morsica e colaboradores,[1] *uma mulher de 35 anos foi internada com mal-estar e icterícia. Elevados níveis sanguíneos de bilirrubina (71,8 μmol/L; valor normal <17 μmol/L) e alanina aminotransferase (410 UI/L, valor normal <30 UI/L) indicaram danos hepáticos. A sorologia foi negativa para anticorpos anti-HAV, anti-HBV, anti-HCV, anti-EBV, anti-CMV e anti-HIV-1. No entanto, sequências de RNA genômico de HCV foram detectadas por RT-PCR (análise por PCR após transcrição reversa). Os níveis de alanina aminotransferase foram máximos na 3ª semana após a internação e voltaram ao normal por volta da 8ª semana. Anticorpos anti-HCV também foram detectados na 8ª semana. Suspeitou-se que a paciente havia sido infectada pelo parceiro sexual, o que foi confirmado pela genotipagem dos vírus de amostras de ambos. A confirmação foi feita pela análise parcial da sequência do gene E2 dos dois isolados virais. A divergência genética de 5% detectada entre os isolados foi inferior a 20%, que é o valor esperado no caso de cepas não relacionadas. Antes da análise, o parceiro sexual não tinha ciência de sua infecção crônica pelo HCV. Mais que o HBV, que também é transmitido por via sexual e pelo sangue, o HCV causa infecções crônicas e inaparentes. A transmissão imperceptível do vírus, como neste caso, favorece sua disseminação. A análise molecular revela instabilidade genética do genoma do HCV, um possível mecanismo de favorecimento de infecção crônica, em que os antígenos são modificados para evadir a resposta imune.*

VÍRUS DA HEPATITE E

O HEV é um vírus de RNA entérico que causa hepatite aguda e autolimitante em indivíduos imunocompetentes e doença crônica em pacientes imunocomprometidos. Embora as infecções por HEV sejam raras em países desenvolvidos, é a causa mais comum de **hepatite aguda** em países em desenvolvimento, onde a vigilância sanitária é deficiente.

VÍRUS DA HEPATITE E	
Propriedades	• Vírus não envelopado de RNA estável em condições ambientais e resistente a muitos desinfetantes (semelhante ao HAV) • Quatro genótipos com muitos subtipos
Epidemiologia	• Distribuição mundial com maior prevalência na Índia, China e norte da África • Transmissão por via fecal-oral; mais comum por ingestão de água ou alimentos contaminados com fezes; a transmissão interpessoal é incomum devido aos baixos níveis de vírus nas fezes (o contrário do HAV) • Surtos são comuns nos países em desenvolvimento, mas não nos desenvolvidos • Infecção é mais prevalente em crianças mais velhas e em adultos do que em bebês (o contrário do HAV)
Doenças	• Doença aguda indistinguível de outras formas de hepatite viral aguda • A infecção pelo HEV em gestantes está associada a um alto risco de doença fulminante e mortalidade • O genótipo 3 do HEV tem sido associado à hepatite crônica em pacientes imunocomprometidos (pacientes submetidos a transplantes de órgãos ou de células-tronco e pacientes com infecção pelo HIV)
Diagnóstico	• A sorologia é empregada, mas os NAATs são mais sensíveis e específicos
Tratamento, controle e prevenção	• O tratamento da infecção aguda por HEV é de suporte • A doença fulminante pode ser controlada com ribavirina, mas esta é contraindicada para gestantes, de modo que é necessário um tratamento alternativo • A ribavirina é utilizada em pacientes imunossuprimidos, portadores de infecções crônicas por HEV • Uma **vacina** recombinante está atualmente disponível na China • Prevenção por meio da implementação de condições sanitárias apropriadas, para evitar contaminação fecal do abastecimento de água

REFERÊNCIA

1. Morsica G, Sitia G, Bernardi MT, et al. Acute selflimiting hepatitis C after possible sexual exposure: sequence analysis of the E-2 region of the infected patient and sexual partner. *Scand J Infect Dis.* 2001;33:116-120.

17

Vírus Gastrintestinais

DADOS INTERESSANTES

- A "gripe estomacal" não é causada pelo vírus da influenza (esse vírus não provoca sintomas entéricos), mas por um dos vírus gastrintestinais, geralmente o norovírus.
- As infecções pelo norovírus são de fácil transmissão porque ele é capaz de sobreviver por vários dias no ambiente, as doenças que ele causa são provocadas por um número relativamente pequeno de partículas virais e os indivíduos infectados eliminam o vírus, por dias ou semanas, após a cura.
- Não existem agentes antivirais específicos para os vírus gastrintestinais e só há vacinas para infecções provocadas por rotavírus
- Os vírus são responsáveis por cerca da metade dos casos de diarreia infecciosa, enquanto que os testes para sua detecção são realizados somente por alguns laboratórios.

As principais manifestações gastrintestinais são provocadas pelos seguintes vírus:

- Rotavírus
- Norovírus
- Sapovírus
- Astrovírus
- Adenovírus

Entre estes, **o rotavírus e o norovírus são os mais comuns**, ao passo que os demais são bem menos importantes. Antes da descoberta do rotavírus, em meados da década de 1970, não se tinha prova do envolvimento de qualquer vírus com a causa de gastrenterite. O papel desses vírus não era considerado, em parte, porque a maioria deles não crescia, *in vitro*, em culturas celulares. O diagnóstico exigia a observação das partículas virais em amostras de fezes, por meio de microscopia eletrônica. Esse obstáculo foi superado, primeiramente pelo uso de imunoensaios para a detecção de antígenos virais e, mais recentemente, por meio da detecção de ácidos nucleicos virais utilizando-se de técnicas de amplificação de ácidos nucleicos (p.ex., reação em cadeia da polimerase [PCR]).

ROTAVÍRUS

O rotavírus foi o primeiro vírus que, mediante a observação de um grande número de partículas virais nas fezes de crianças sintomáticas teve seu papel demonstrado como causa de grastrenterites. Apesar do reconhecimento de sua importância e da introdução de vacinas para o controle de sua transmissão, os rotavírus ainda são a **causa mais comum de diarreia viral**, na maioria dos países.

ROTAVÍRUS	
Propriedades	• Vírus não envelopado de RNA que se liga a carboidratos da superfície das células epiteliais do intestino delgado. • A ausência de envelope torna esses vírus estáveis no ambiente • Os danos à mucosa intestinal devido à infecção resultam em má absorção e diarreia secretória

ROTAVÍRUS *(Cont.)*

Epidemiologia	• A exposição ao vírus ocorre no mundo todo, sendo que a maioria das crianças infectadas tem entre 2 e 3 anos. • As manifestações mais graves são mais frequentes em crianças com idades entre 6 meses e 2 anos • Causa mais comum de diarreia viral grave e desidratante, em crianças em todos os países do globo; a mortalidade é maior nos países em desenvolvimento. • Várias cepas podem circular simultaneamente entre a população • A recorrência de formas mais brandas da doença pode ocorrer por toda a vida, devido à imunidade parcial ao vírus. • A principal via de transmissão interpessoal é a oral-fecal
Doença	• Podem ocorrer infecções assintomáticas, principalmente em indivíduos que tiveram anteriormente contato com o vírus. • Após um período de incubação de 1 a 3 dias, a manifestação da doença caracteriza-se por vômitos e febre, que duram de 1 a 3 dias, progredindo para diarreia profusa que dura até 1 semana. • Podem ocorrer desidratação grave e distúrbios eletrolíticos
Diagnóstico	• O diagnóstico clínico é confirmado pela detecção de antígenos virais em amostras de fezes, por meio de imunoensaios (geralmente positivos durante a primeira semana ou por mais tempo, após a manifestação da doença); mais recentemente, os testes de amplificação de ácidos nucleicos (NAAT), por PCR, passaram a ser amplamente utilizados.
Tratamento, controle e prevenção.	• Terapia de suporte com manutenção da hidratação; atualmente não existem drogas antivirais para o tratamento destas infecções. • **Vacinas de rotavírus** vivo atenuado encontram-se disponíveis e são associadas a uma redução significativa dos sintomas

CASO CLÍNICO

Infecção Grave por Rotavírus em um Bebê

Bharwani e colaboradores[1] descreveram o caso de um bebê de 10 meses que apresentou uma grave infecção por rotavírus. A menina, que estava previamente saudável, deu entrada no setor de emergência do hospital com duas convulsões tônico-clônicas repentinas e generalizadas, depois de apresentar vômitos, diarreia e febre baixa por dois dias. Ao chegar ao hospital, sua pressão arterial era de 102/54 mmHg, frequência cardíaca de 150 batimentos/minuto, frequência respiratória de 34 respirações/minuto, temperatura corporal de 37,8°C e saturação de oxigênio de 94%, em ar ambiente. Ela estava letárgica e desidratada. Os exames de sangue revelaram hiponatremia, hipoproteinemia, leucocitose e trombocitose. Após estabilização inicial (hidratação, correção dos desequilíbrios eletrolíticos, controle das convulsões), foram realizadas culturas bacterianas do sangue, do líquido cefalorraquidiano e da urina (todas deram resultado negativo). Nas 24 horas seguintes, a paciente apresentou edema generalizado, com ascite e efusão pleural. Devido a respiração ofegante, dispneia e acidose persistente, ela foi transferida para a unidade de terapia intensiva e submetida a uma toracentese, a fim de eliminar os fluidos acumulados. O exame de fezes apresentou hemácias e leucócitos e deu resultado positivo para rotavírus; nenhum patógeno bacteriano foi encontrado. Administrou-se metil-prednisolona no 4º dia, devido à hipo-albuminemia persistente e, no 6º dia, porque a paciente apresentou taquicardia e hipotensão. Os exames de sangue revelaram neutropenia, trombocitopenia, anemia e coagulopatia, com tempos de protrombina e protrombina parcial prolongados. As culturas bacterianas permaneceram negativas durante todo período de internação e, nas 2 semanas seguintes, a paciente apresentou melhora gradativa. O bebê se recuperou totalmente durante o acompanhamento de 2 meses, após a alta hospitalar. Esse caso evidencia um episódio grave de infecção por rotavírus que, sem o suporte médico intensivo prestado, teria sido fatal. Esse relato é um lembrete sobre o fato de que o rotavírus é responsável por muitos casos de mortalidade associada à diarreia infantil.

CASO CLÍNICO

Infecção Aguda por Rotavírus

Mikami e colaboradores[2] descreveram um surto de gastrenterite aguda que durou 5 dias, afetando 45 de 107 crianças (com idade entre 11 e 12 anos), após uma viagem escolar de 3 dias. A pessoa que deu origem ao surto estava doente no início da viagem. A gastrenterite aguda causada por rotavírus é definida como uma manifestação de três ou mais episódios de diarreia e/ou dois ou mais episódios de vômitos por dia. Outros sintomas incluem febre, náusea, fadiga, dor abdominal e cefaleia. O rotavírus responsável pelo surto foi identificado nas fezes de vários indivíduos, como sendo do grupo A sorotipo G2 pela análise do padrão de migração do RNA genômico, por eletroforese, após RT-PCR e teste de ELISA do vírus obtido a partir de amostras fecais. Embora sejam a causa mais comum de diarreia infantil, os rotavírus, especialmente a cepa G2, também causam gastrenterites em adultos.

NOROVÍRUS E SAPOVÍRUS

Dois membros da família Caliciviridae, o norovírus e o sapovírus, são importantes patógenos entéricos. Existem muitas variantes genéticas de ambos os vírus, de modo que podem ocorrer reinfecções e doenças, especialmente no caso do norovírus. Como o norovírus é muito mais comum do que o sapovírus e as manifestações clínicas de ambos são semelhantes, as observações a seguir referem-se ao norovírus.

NOROVÍRUS	
Propriedades	• Vírus não envelopado de RNA relativamente estável na presença de calor e ácidos. • Provoca danos às microvilosidades do intestino delgado
Epidemiologia	• Distribuição mundial • Principal patógeno viral entérico tanto em crianças como em adultos • **Causa mais comum de surtos de gastrenterite viral**, por exemplo, em navios de cruzeiros, escolas, hospitais, instituições de cuidados de longo prazo. • Normalmente responsável por doenças esporádicas • A exposição ocorre durante toda a vida • A principal via de transmissão interpessoal é oral-fecal, embora também possa ocorrer através de alimentos.
Doença	• Após um período de incubação de 1 a 2 dias, os sintomas iniciais incluem dores abdominais e náuseas, seguidos por vômitos e diarreia. • Os sintomas geralmente desaparecem depois de 2 a 3 dias
Diagnóstico	• O vírus permanece nas fezes de pacientes sintomáticos por 2 a 3 dias, embora idosos e pacientes imunossuprimidos possam eliminar o vírus durante semanas ou meses. • O vírus não é cultivável • Imunoensaios para detecção de antígenos virais nas fezes são amplamente utilizados, embora NAAT seja mais sensível e considerado o teste de escolha.
Tratamento, controle e prevenção	• Não existe terapia antiviral específica • O tratamento é sintomático, incluindo a reposição de fluidos que é geralmente suficiente • Atualmente não existem vacinas • O uso de desinfetantes para limpeza de ambientes potencialmente contaminados, como locais de atendimento médico, escolas ou navios de cruzeiros, pode ajudar a controlar os surtos.

CASO CLÍNICO

Surto de Norovírus

Evans e colaboradores[3] descreveram um surto de gastrenterite em crianças que tinham assistido a um concerto; a infecção foi atribuída à contaminação de uma determinada área de assentos, banheiros e outras áreas visitadas por certo indivíduo. Esta pessoa, do sexo masculino, esteve doente antes do evento e vomitou quatro vezes na sala de concertos: em uma lata de lixo no corredor, nos banheiros, no chão da saída de emergência e em uma área carpetada do local. Os mesmos sintomas se manifestaram em seus familiares num intervalo de 24 horas. Um concerto para crianças de várias escolas foi realizado, no local, no dia seguinte. Houve maior incidência de casos, caracterizados por diarreia e vômitos por aproximadamente 2 dias, entre as crianças que sentaram no local da sala em que ocorreu o incidente e entre aquelas que atravessaram a área carpetada contaminada. A análise, por RT-PCR, de amostras fecais de duas crianças doentes detectou RNA genômico do norovírus. O vômito infectado pode conter até 1 milhão de vírus por mililitro, e apenas de 10 a 100 vírus são necessários para que a doença seja transmitida. O contato com sapatos, mãos, roupas ou aerossóis contaminados pode ter infectado as crianças. O norovírus é resistente aos produtos de limpeza comuns; a desinfecção normalmente requer o uso de soluções recém-preparadas com desinfetantes à base de hipoclorito ou limpeza a vapor.

ASTROVÍRUS

Os astrovírus foram inicialmente identificados em amostras fecais, por microscopia eletrônica.

ASTROVÍRUS	
Propriedades	• Vírus não envelopado de RNA • Múltiplos genótipos são conhecidos
Epidemiologia	• Distribuição mundial • A doença é mais comum entre crianças mais jovens, mas pode acometer adultos • Transmissão por via oral-fecal
Doença	• Período de incubação de 3 a 4 dias • Doença sintomática caracterizada por diarreia, cefaleia, mal-estar e náuseas; os vômitos são menos evidentes e a desidratação não é tão grave quanto com o rotavírus; os sintomas persistem por menos de 5 dias
Diagnóstico	• O diagnóstico se faz por imunoensaios ou, mais recentemente, por NAAT
Tratamento, controle e prevenção	• A doença é autolimitante e o tratamento tem caráter de suporte • Não existem agentes antivirais disponíveis

ADENOVÍRUS

O adenovírus é o único vírus de DNA responsável por doenças gastrintestinais. Embora muitos sorotipos já tenham sido descritos, os tipos 40 e 41 são mais frequentemente associados a diarreias.

ADENOVÍRUS	
Propriedades	• Vírus de DNA não envelopado
Epidemiologia	• A exposição ao adenovírus é comum e ocorre universalmente, sendo que os primeiros contatos, em sua maioria, acontecem na infância e a reexposição ocorre por toda a vida • Os tipos 40 e 41 do adenovírus entérico estão associados a diarreias infantis • Podem ocorrer, em adultos, doenças relacionadas a surtos
Doença	• A maioria das infecções é subclínica • A doença aguda em crianças ocorre na forma de uma diarreia profusa com duração de 8 a 12 dias, acompanhada por febre e vômitos
Diagnóstico	• Os vírus entéricos não são cultiváveis • O diagnóstico se faz por imunoensaios ou, mais frequentemente, por NAAT
Tratamento, controle e prevenção	• Não existe antivirais aprovados, disponíveis para o tratamento • Não existem vacinas para adenovírus entérico

REFERÊNCIAS

1. Bharwani SS, Shaukat Q, Basak RA. 10-month-old with rotavirus gastroenteritis, seizures, anasarca and systemic inflammatory response syndrome and complete recovery. *BMJ Case Rep*. 2011;2011.
2. Mikami T, Nakagomi T, Tsutsui R, et al. An outbreak of gastroenteritis during school trip caused by serotype G2 group A rotavirus. *J Med Virol*. 2004;73:460-464.
3. Evans MR, Meldrum R, Lane W, et al. An outbreak of viral gastroenteritis following environmental contamination at a concert hall. *Epidemiol Infect*. 2002;129:355-360.

18

Introdução aos Fungos

VISÃO GERAL

Os fungos são mais complexos que as bactérias e os vírus. São eucariotos e apresentam um núcleo, mitocôndrias, complexo de Golgi e retículo endoplasmático bem definidos. São diferenciados de outros eucariotos por apresentarem células com uma parede rígida, composta por **quitina** e **glucana** e uma membrana plasmática em que o **ergosterol** substitui o colesterol como principal esteroide. Essas propriedades estruturais características são empregadas tanto para fins de diagnóstico quanto como alvo de tratamento antifúngico.

A observação do início do Capítulo 2 sobre a grande quantidade de informações acerca das bactérias se aplica também aqui, ou seja, o estudante não deve ficar intimidado com a vasta lista de fungos, doenças e agentes antifúngicos. Por isso, achei importante fazer um arranjo, de modo a adequar as informações apresentadas nesta seção, e sugiro aos estudantes retomarem este capítulo quando tiverem domínio da informação apresentada nos demais capítulos sobre fungos.

CLASSIFICAÇÃO

Os fungos são incluídos em um reino próprio, o Reino dos Fungos, sendo encontrados como organismos unicelulares (**leveduras**), que se reproduzem assexuadamente, ou como organismos filamentosos pluricelulares (de **bolores**), que reproduzem sexuada ou assexuadamente. Embora a maioria dos fungos seja encontrada em apenas uma destas duas formas (filamentosa/miceliar ou levedura), alguns deles, clinicamente importantes, podem apresentar ambas as formas (**fungos dimórficos**). A compreensão de outras características morfológicas dos fungos é importante. Fundamentalmente, os fungos do tipo bolor consistem em filamentos denominados **hifas**, de onde os **esporos** se desenvolvem. Os fungos têm sido historicamente identificados pela morfologia dessas estruturas. Uma hifa pode ser subdividida em uma série de compartimentos individuais, ou células, separadas por uma parede ou **septo**, e pode ser pigmentada (nos **fungos dematiáceos**) ou não pigmentada (nos **fungos hialinos**). Desse modo, os fungos podem ser classificados em três grupos: não septados (geralmente não pigmentados), dematiáceos e septados/hialinos. Embora essa divisão pareça um tanto confusa, ela tem aplicação prática na classificação de algumas doenças provocadas por fungos, como será visto nos capítulos seguintes.

A taxonomia dos fungos é complexa e, na verdade, permanece sendo um tema de pouco interesse da maioria dos estudantes e médicos. Para citar apenas um exemplo desta complexidade, as formas sexuada (**anamórfica**) e assexuada dos fungos (**teleomórfica**) apresentam diferentes morfologias e, historicamente, têm nomes diferentes. Neste livro, será empregada apenas a nomenclatura mais usada (principalmente da forma anamórfica) dos fungos.

Diferentemente dos capítulos sobre bactérias e parasitos, esta seção do livro foi organizada com base na apresentação clínica da doença: fungos de micoses cutâneas e subcutâneas, fungos dimórficos sistêmicos e fungos oportunistas. A tabela a seguir traz uma lista das doenças fúngicas mais comuns e o gênero de fungo ao qual estão associadas. Deve se ter em mente que esta não é uma lista abrangente, mas corresponde aos fungos possivelmente de maior interesse dos médicos.

Fungos de Micoses Superficiais Cutâneas e Subcutâneas	Fungos Dimórficos	Fungos Oportunistas
Pitiríase versicolor • *Malassezia furfur* Dermatofitoses • *Microsporum* spp. • *Trichophyton* spp. • *Epidermophyton floccosum*	Blastomicose • *Blastomyces dermatitidis* Histoplasmose • *Histoplasma capsulatum* Coccidioidomicose • *Coccidioides immitis* • *Coccidioides posadasii*	Candidíase • *Candida albicans* • *Candida glabrata* • *Candida*, outras espécies Criptococose • *Cryptococcus neoformans* • *Cryptococcus gattii*
Onicomicose • *Candida* spp. • *Aspergillus* spp. • *Trichosporon* spp. • *Geotrichum* spp. Ceratite fúngica • *Fusarium* spp. • *Aspergillus* spp. • *Candida* spp. Esporotricose linfocutânea • *Sporothrix schenckii*	Peniciliose • *Talaromyces* (*Penicillium*) *marneffei* Paracoccidioidomicose • *Paracoccidioides brasiliensis*	Tricosporonose • *Trichosporon* spp. Aspergilose • *Aspergillus fumigatus* • *Aspergillus*, outras espécies Mucormicose • *Rhizopus* spp. • *Mucor* spp. Hialo-hifomicose • *Acremonium* spp. • *Fusarium* spp. • *Paecilomyces* spp. • *Scedosporium* spp. Feo-hifomicose • *Alternaria* spp. • *Bipolaris* spp. • *Curvularia* spp. Pneumocistose • *Pneumocystis jiroveci* Microsporidiose

PAPEL NAS DOENÇAS

Esta seção é um resumo sobre os fungos causadores de doenças humanas. Novamente, restringi este conteúdo apenas aos patógenos fúngicos mais comuns, reconhecendo que, em sua maioria, eles são patógenos oportunistas que podem causar doenças em pacientes imunossuprimidos. Além disso, alguns são restritos às regiões tropicais do mundo e poderiam ser tratados principalmente por médicos que vivem nesses locais. Para esses médicos, um livro mais abrangente sobre medicina tropical seria apropriado.

	PATÓGENO FÚNGICO		
Locais da Infecção	Leveduras e Formas de Levedura	Fungos Filamentosos	Fungos Dimórficos
Sangue	*Candida* *Cryptococcus* *Trichosporon* *Malassezia* *Rhodotorula*	*Fusarium* *Talaromyces*	*Blastomyces* *Histoplasma*

Locais da Infecção	PATÓGENO FÚNGICO Leveduras e Formas de Levedura	Fungos Filamentosos	Fungos Dimórficos
Medula óssea		*Talaromyces*	*Histoplasma*
Sistema nervoso central	*Cryptococcus* *Candida*	*Scedosporium* *Mucormycetes*	*Coccidioides* *Histoplasma*
Ossos e articulações	*Candida*	*Sporothrix* *Fusarium* *Aspergillus* *Talaromyces*	*Histoplasma* *Blastomyces* *Coccidioides*
Olhos	*Candida* *Cryptococcus*	*Fusarium* *Aspergillus* *Mucormycetes*	
Trato urogenital	*Candida* *Cryptococcus* *Trichosporon*		
Trato respiratório	*Cryptococcus* *Pneumocystis*	*Aspergillus* *Mucormycetes* *Fusarium* *Scedosporium*	*Blastomyces* *Histoplasma* *Coccidioides* Outros fungos endêmicos
Pele e mucosas	*Candida* *Cryptococcus* *Trichosporon*	*Trichophyton* *Microsporum* *Epidermophyton* *Aspergillus* *Mucormycetes* *Fusarium* Fungos dematiáceos *Sporothrix*	Fungos endêmicos
Nível sistêmico	*Candida* *Cryptococcus* *Trichosporon*	Fungos hialinos Fungos dematiáceos	Fungos endêmicos

AGENTES ANTIFÚNGICOS

O controle das infecções fúngicas é complexo porque geralmente exige tratamento de longo prazo, com um número limitado de drogas disponíveis, que são tóxicas, em sua maioria. Apesar disso, recentemente tem havido progresso, com o desenvolvimento de novos antifúngicos e alternativas menos tóxicas aos agentes mais antigos. A tabela a seguir traz uma lista dos antifúngicos mais frequentemente usados para indicações clínicas específicas. Não há intenção aqui de indicar o melhor tratamento para doenças específicas. Esta informação será fornecida nos capítulos seguintes.

Classe	Exemplos	Indicações Clínicas
Polienos	Anfotericina B Anfotericina B associada a lipídios	Candidíase, criptococose, aspergilose, mucormicose, infecções causadas por fungos dimórficos
	Nistatina	Candidíase (oral, tópica)
Imidazóis	Cetoconazol	Dermatofitose (tópica)
	Clotrimazol	Candidíase (oral), dermatofitose (tópica)
	Miconazol	Dermatofitose (tópica)
Alilaminas	Terbinafina	Dermatofitose (tópica), onicomicose
Triazóis	Itraconazol	Blastomicose, coccidioidomicose, paracoccidioidomicose, histoplasmose, esporotricose, dermatofitose (tópica), onicomicose
	Fluconazol	Candidíase, meningite criptocócica, coccidioidomicose, onicomicose
	Voriconazol	Candidíase, aspergilose, fusariose, pseudoalesqueriose
	Posaconazol	Candidíase (oral, faríngea)
Flucitosina	Flucitosina	Candidíase, criptococose, cromoblastomicose
Equinocandina	Caspofungina	Candidíase, aspergilose
	Anidulafungina	Candidíase
	Micafungina	Candidíase
Sulfonamida	Trimetoprim-sulfametoxazol	Pneumocistose
Diamidina aromática	Pentamidina	Pneumocistose

Fungos de Micoses Cutâneas e Subcutâneas

DADOS INTERESSANTES

- As *tineas* são causadas por fungos (dermatófitos) e não por parasitos, e as manifestações cutâneas causadas por dermatófitos não se parecem com infecções parasitárias.
- *Microsporum canis* é um dermatófito comum de gatos, que pode ser transmitido entre gatos e cachorros, assim como entre humanos, os quais são hospedeiros acidentais deste fungo.
- *Sporothrix* é um fungo encontrado no musgo esfagno, em solos ricos em matéria orgânica e plantas em decomposição; a infecção ocorre quando trabalhadores de viveiros, agricultores, jardineiros e outras pessoas que lidam com solo adquirem o fungo na camada subcutânea da pele através de perfurações provocadas por espinhos de rosas, arbustos e outras plantas.
- *Sporothrix* provoca feridas indolores na pele, que não cicatrizam.

Há um grande número de fungos que causa micoses cutâneas e subcutâneas. Em vez de apresentar um conteúdo abrangente sobre todas as doenças e respectivos patógenos, o foco deste capítulo será apenas algumas condições clínicas: infecções das camadas superficiais da pele, causadas por dermatófitos (**dermatofitoses**), infecções específicas das unhas (**onicomicoses**), infecções oculares (**ceratites fúngicas**) e infecções subcutâneas causadas por *Sporothrix* (**esporotricose linfocutânea**). Serão mencionados, de forma breve, outros fungos relacionados a estes, sempre que necessário.

Existem três gêneros principais de fungos, responsáveis por infecções da camada queratinizada externa da pele, cabelos e unhas, bem como uma série de gêneros de menor relevância – na verdade, menor, se você não estiver infectado por um deles. Este grupo, de menor relevância, não será incluído na relação de fungos, doenças e sintomas apresentada a seguir:

Fungo	Doença	Manifestação
Malassezia furfur	Tinea versicolor	Máculas hipo ou hiperpigmentadas, na parte superior do tronco, braços, tórax, ombros, face e pescoço
Hortaea werneckii	Tinea nigra	Mácula isolada, irregular, pigmentada variando de marrom a preto, geralmente na palma das mãos ou planta dos pés (aparência de um melanoma)
Trichosporon spp.	Piedra branca	Nódulos com cor variando de branca a marrom nos pelos das virilhas e axilas
Piedraia hortae	Piedra preta	Nódulos pequenos e escuros em torno dos fios de cabelo.

CASO CLÍNICO

Tínea Versicolor

Holliday e Grider[1] relatou um caso típico de tínea versicolor em uma mulher de 24 anos. Ela apresentava um histórico de 12 anos com manchas cutâneas despigmentadas, no pescoço, tronco e antebraços. Estas manchas eram mais evidentes nos meses de verão, com remissão espontânea, nas estações mais frias do ano. Tratamento prévio com vários agentes antifúngicos, de uso tópico, não restaurou a pigmentação da pele. Uma coloração de raspados de sua pele com periodic acid-Schiff *revelou uma abundância de fungos, formando um padrão referido como "espaguete com almôndegas". Este padrão é a descrição clássica de como o* Malassezia *é visto nestas lesões, onde se observam formas esféricas e em bastão. É provável que já se suspeitava deste diagnóstico porque ela já havia sido tratada com antifúngicos, mas infecções recorrentes são comuns e pode demorar meses, para que a pele volte a sua cor normal, após a eliminação do fungo. As infecções moderadas podem ser tratadas com 1% de sulfato de selênio (princípio ativo dos shampoos anticaspa) e as mais graves, tais como a dessa mulher, podem ser tratadas por uma combinação de fluconazol, por via oral e cetoconazol, de uso tópico.*

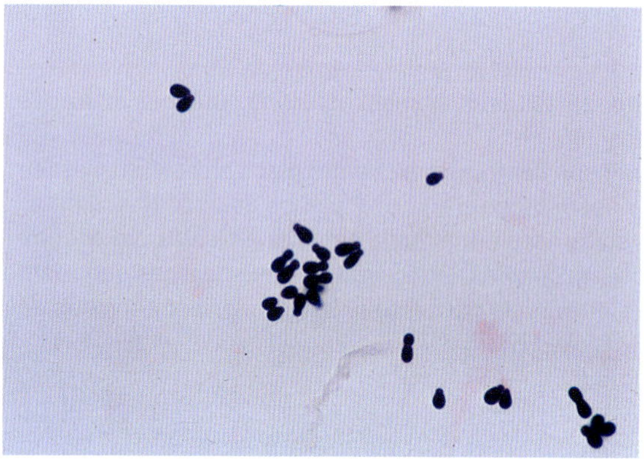

Coloração de Gram de *Malassezia furfur* em um raspado de pele.

DERMATOFITOSES

Os três gêneros responsáveis pela maioria das infecções cutâneas são: *Trichophyton, Epidermophyton*, e *Microsporum*. Todos os dermatófitos têm, em comum, a capacidade de infectar a pele, pelos e unhas (nem todas as espécies infectam todos esses sítios) e degradam a camada mais externa e queratinizada da pele. Os fungos são classificados de acordo com a região do corpo onde provocam infecções:

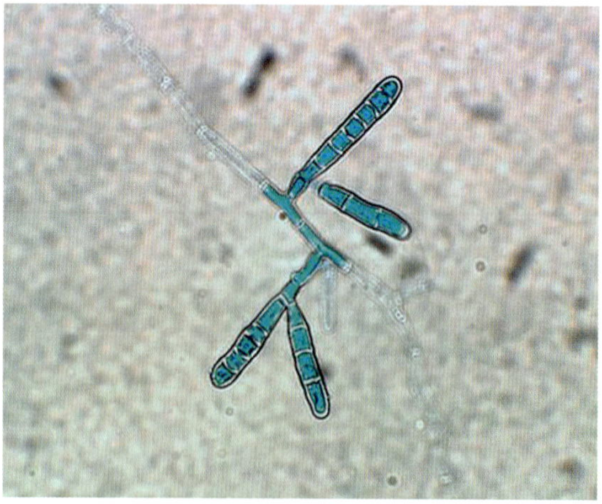

Cultura de *Epidermophyton floccosum* mostrando macroconídios de paredes lisas e ausência de microconídios.

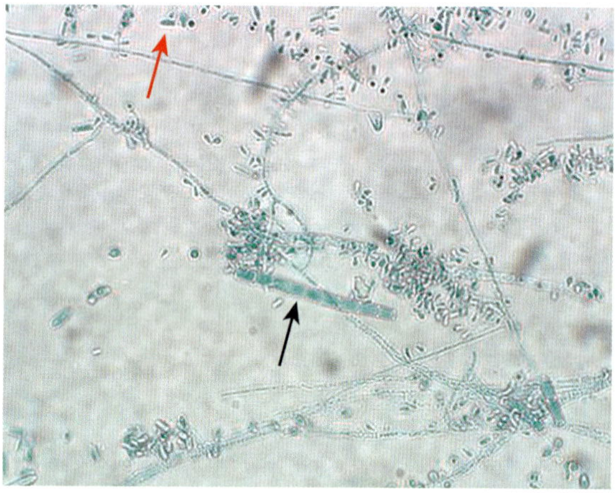

Cultura de *Trichophyton rubrum*, mostrando um macroconídio multicelular (*seta preta*) e microconídio (seta vermelha).

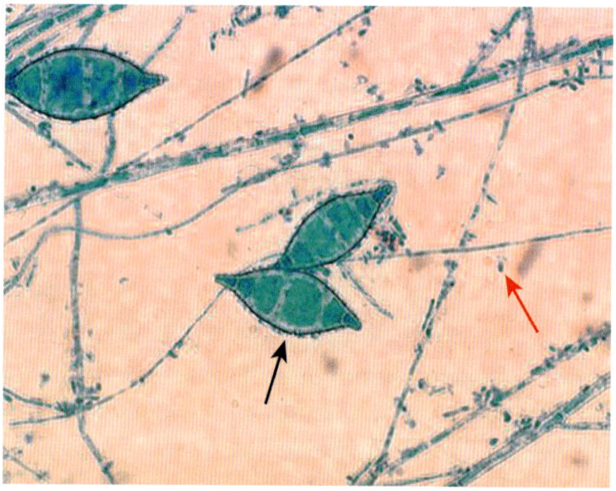

Cultura de *Microsporum canis* onde se observam macroconídios de paredes rugosas (*seta preta*) e microconídios (*seta vermelha*).

Doença	Região afetada	Exemplos
Tinea capitis	Couro cabeludo, sobrancelhas e cílios	*Trichophyton tonsurans*
Tinea barbae	Barba	*Trichophyton rubrum, Trichophyton verrucosum*
Tinea corporis	Pele lisa (sem pelos)	*Microsporum canis* *T. rubrum,*
Tinea cruris	Virilhas	*T. rubrum, Epidermophyton floccosum*
Tinea pedis	Pé	*T. rubrum*
Tinea unguium	Unhas	*T. rubrum*

Muitas espécies de dermatófitos são restritas a áreas geográficas específicas do mundo. Tendo em vista que cada espécie pode provocar manifestações específicas, é importante conhecer os dermatófitos mais comuns e respectivas manifestações clínicas. Isso está além do escopo deste texto, mas o resumo seguinte é uma boa base para o conhecimento sobre esses fungos.

Epidemiologia	• Os dermatófitos são classificados em três categorias, conforme seu habitat natural: geofílicos, zoofílicos e antropofílicos. • Geofílicos: vivem no solo e são patógenos ocasionais de animais e humanos • Zoofílicos: infectam animais, mas algumas espécies podem ser transmitidas para humanos • Antropofílicos: infectam humanos e podem ser transmitidos de uma pessoa para outra • As infecções ocorrem em todo mundo, especialmente em regiões tropicais e subtropicais
Doenças	• A manifestação clínica é função do tipo de fungo, local da infecção e resposta imune do hospedeiro. • A manifestação clássica na pele consiste no aparecimento de uma região inflamada, em círculo, com descamação, ("ringworm"); podem também aparecer pápulas, pústulas ou vesículas. • As infecções das unhas geralmente são crônicas, com espessamento, descoloração e elevação, as quais também se tornam friáveis e deformadas.
Diagnóstico	• Demonstração de hifas, por microscopia direta, de amostras da pele, pelos e unhas • Isolamento do fungo em cultura • Infecções de cabelo, por algumas espécies, podem ser diagnosticadas com a lâmpada de Wood, com a qual apresentam coloração fluorescente amarelo-esverdeada.
Tratamento, controle, prevenção	• Infecções localizadas e que não afetam pelos ou unhas podem ser tratadas com eficácia pelo uso de agentes antifúngicos tópicos (azóis, terbinafina, haloprogina) • Os outros tipos de infecção requerem tratamento por via oral (com griseofulvina, itraconazol, fluconazol, terbinafina)

CASO CLÍNICO

Dermatofitose em um Indivíduo Imunossuprimido

Squeo e colaboradores[2] descreveram o caso de um paciente de 55 anos submetido a transplante renal, que tinha onicomicose e tinea pedis crônica e que apresentava nódulos sensíveis, em seu calcanhar esquerdo. Ele também apresentou pápulas e nódulos no pé e panturrilha direitos. Uma biópsia da pele revelou que a derme apresentava células redondas de 2-6 μm de diâmetro, com paredes grossas na coloração periodic acid–Schiff. *A cultura da biópsia apresentou* Trichophyton rubrum. *Este fungo tem sido descrito como um patógeno invasor em hospedeiros imunossuprimidos. A apresentação clínica, histopatologia e o crescimento na cultura inicial foram indicativos de* Blastomyces dermatitidis, *no diagnóstico diferencial, antes da identificação definitiva de* T. rubrum.

CASO CLÍNICO

Tinea Capitis em uma Mulher Adulta

Martin e Elewski[3] descreveram o caso de uma mulher de 87 anos com histórico de dois anos com manchas doloridas, caspa e pruridos no couro cabeludo, bem como queda de cabelo. Seu tratamento anterior, para essa condição, incluía um esquema padronizado de vários antibióticos e prednisona, que não surtiu efeito. Relevante em seu histórico social foi que ela tinha adquirido gatos de rua, que eram mantidos dentro de casa. Ao exame físico, foram observadas inúmeras pústulas por todo o couro cabeludo, com eritema difuso, crostas e descamação, que se estendiam até o pescoço. Seu cabelo estava bem escasso e ela apresentava linfadenopatia cervical posterior bem evidente. Ela não tinha qualquer problema nas unhas. O exame do couro cabeludo com a lâmpada de Wood foi negativo. Foi coletada uma biópsia de pele para cultura de fungos, bactérias e vírus. A cultura bacteriana apresentou uma espécie rara de Enterococcus, *enquanto que a cultura de vírus não teve crescimento. Análise da biópsia revelou infecção endotrix por dermatófito. Na cultura específica para fungos cresceu* Trichophyton tonsurans. *A paciente foi tratada com griseofulvina e xampu Celsium® (princípio ativo 1% de sulfeto de selênio). Na consulta de retorno, após duas semanas de tratamento, a paciente apresentou crescimento de cabelo no local afetado e cura das erupções pustulares. Em função da rápida resposta clínica e o crescimento de* T. tonsurans, *em cultura, o tratamento com a griseofulvina foi mantido por 8 semanas. O cabelo voltou a crescer normalmente, de modo que a alopecia não foi permanente. Adultos com alopecia necessitam de uma avaliação para tinea capitis, que inclui cultura para fungos.*

Uma observação adicional faz-se necessária em relação às infecções das unhas. Além dos dermatófitos, há várias bactérias, assim como a *Candida*, que podem infectar unhas. Em razão de o tratamento variar de acordo com o patógeno, é importante realizar o diagnóstico através de cultura. Deve se atentar para os casos de unhas com leitos afetados e que podem ser superficialmente colonizadas por fungos que não são a causa principal da infecção, de modo que é importante fazer múltiplas culturas ou demonstrar que o fungo invadiu especificamente o tecido da unha.

CERATITE FÚNGICA

Esse é um tipo específico de infecção fúngica que deve ser mencionada. As ceratites (infecção da córnea) por fungos são bem menos comuns do que ceratites por vírus ou bactérias, mas podem ameaçar a visão, a menos que sejam diagnosticadas e tratadas de modo específico. Embora vários fungos possam causar ceratite, os mais comuns são *Fusarium* e *Aspergillus*. Esses e outros fungos são normalmente introduzidos no olho através de ferimentos. A levedura mais frequentemente associada com ceratite é a *Candida*. Ela pode ter como origem a população microbiana normal do paciente, sendo que as infecções por esta levedura estão associadas com ferimentos antigos e cirurgias recentes nos olhos ou uso de corticosteroides.

ESPOROTRICOSE LINFOCUTÂNEA

O *Sporothrix schenckii* é o fungo responsável por esta manifestação linfocutânea, caracterizada pelo aparecimento de feridas na pele, no local de entrada do fungo – que é encontrado no solo – e depois provoca úlceras ao longo dos vasos linfáticos que drenam o local da lesão inicial. Trata-se de um fungo dimórfico, que, no paciente infectado, encontra-se na forma de levedura e, na natureza ou quando crescido numa cultura de laboratório, na forma filamentosa. Esse fungo é discutido nesse capítulo e não nos capítulos seguintes, porque as lesões na pele são as manifestações iniciais da doença que ele causa.

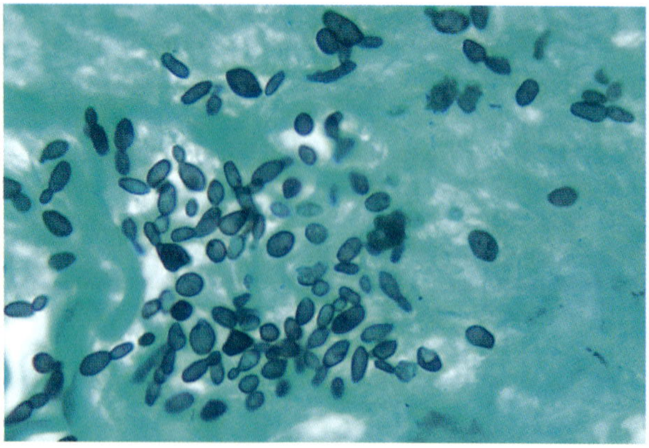

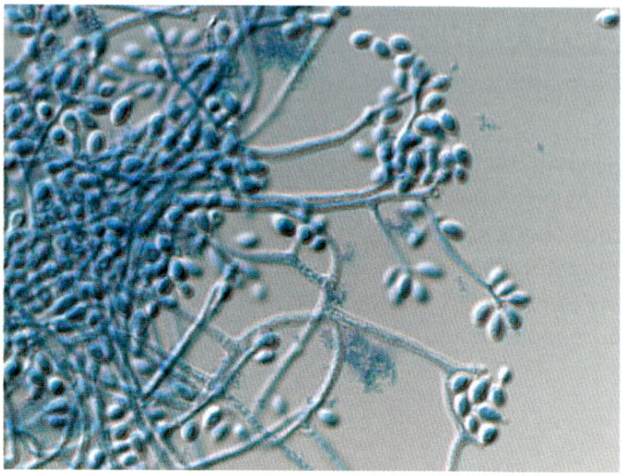

Sporothrix schenckii. Forma de levedura no tecido de uma biópsia (à esquerda); forma filamentosa em cultura (à direita).

O quadro clínico desenvolve-se lentamente e pode parecer com infecções causadas por outros microrganismos (p. ex. micobactérias e *Nocardia*), de modo que um diagnóstico específico é importante para o tratamento adequado do paciente.

ESPOROTRICOSE LINFOCUTÂNEA	
Epidemiologia	• Distribuição mundial, especialmente nas regiões tropicais ou subtropicais; presente na América do Norte, Central e na América do Sul • Infecções associadas ao contato com o solo e plantas, particularmente solos ricos em matéria orgânica • Ferimentos, como pequenos cortes causados por trabalhos de jardinagem (devido, p. ex., a espinhos de roseira) são formas comuns de inoculação subcutânea do fungo.
Doenças	• A infecção linfocutânea surge como uma lesão papulo-nodular que pode se transformar em feridas; nódulos secundários e lesões ulcerativas surgem ao longo dos vasos linfáticos que drenam o local da introdução do fungo. • Pode ocorrer disseminação para os ossos, pulmões e sistema nervoso central, embora isto não seja comum.
Diagnóstico	• A demonstração da forma de levedura do fungo, nas lesões, geralmente é difícil (poucas leveduras podem estar presentes), mas a cultura de material clínico destas lesões pode ser positiva • São fungos dimórficos, que se apresentam como leveduras em forma de charuto, nas lesões e na forma filamentosa clássica em culturas de laboratório nas temperaturas de 25 a 30 °C; o fungo apresenta hifas bem finas, de onde surgem os esporos, dando uma aparência de uma flor ("florinha", que seria um lembrete sobre a fonte do fungo e sua associação com jardinagem)
Tratamento, controle e prevenção	• Itraconazol é a droga de escolha para doença linfocutânea, sendo necessários de 3 a 6 meses de tratamento. • A doença disseminada pode ser tratada com itraconazol por um período mais longo, ou anfotericina B seguida por itraconazol

CASO CLÍNICO

Esporotricose

Haddad e colaboradores[4] descreveram um caso de esporotricose linfangítica, devido a um ferimento provocado por espinha de peixe. O paciente, um pescador de 18 anos, residente em uma cidade de área rural do estado de São Paulo, Brasil, feriu o dedo médio da mão esquerda na espinha dorsal de um peixe que ele havia pescado. Posteriormente, a área ao redor do ferimento apresentou edema, ulceração, dor e secreção purulenta. O primeiro médico que o examinou identificou a lesão como sendo um processo bacteriano piogênico e prescreveu tetraciclina, por via oral, durante sete dias. Nenhuma melhora foi observada, sendo a tetraciclina trocada por cefalexina, com resultados semelhantes.

Num exame, realizado 15 dias após o acidente, o paciente apresentou uma ferida com exsudatos e nódulos no dorso da mão e braço esquerdos, formando um padrão linfangítico nodular ascendente. As hipóteses diagnósticas consideradas foram esporotricose linfangítica localizada, leishmaniose esporotricoide e micobacteriose atípica (provocada por Mycobacterium marinum*). O exame histopatológico do material da lesão revelou um padrão de inflamação granulomatoso, ulcerado e crônico, com microabscessos intraepidérmico. Não foram observados bacilos álcool-acidorresistentes ou elementos fúngicos nestas lesões. Em cultura do material da biópsia, em ágar Sabouraud, houve crescimento de um fungo filamentoso, caracterizado por hifas finas e septadas, com conídios dispostos em rosetas na extremidade dos conidióforos, indicativos de* Sporothrix schenckii*. Uma intradermação com esporotriquina também foi positiva. O paciente foi tratado com iodeto de potássio, por via oral, tendo sido curado, após 2 meses de tratamento. A manifestação clínica neste caso foi de uma esporotricose típica; contudo, a fonte de infecção (espinha de peixe) foi incomum. A pesar da grande incidência de infecções por* M. marinum *entre pescadores e aquaristas, a esporotricose deve ser considerada quando estes indivíduos apresentam lesões com um padrão de linfangite ascendente após ferimentos, por contato com peixes.*

OUTRAS INFECÇÕES SUBCUTÂNEAS

E, por fim, como nas infecções cutâneas, há vários outros fungos que causam infecções subcutâneas. São, em sua maioria, encontrados em regiões tropicais e podem ser ocasionalmente encontrados fora das regiões endêmicas. Ainda assim, é importante estar ciente da existência desses patógenos. O diagnóstico é feito pela observação do fungo nos tecidos envolvidos e pelo seu isolamento em cultura. Como estas infecções são de progressão lenta, o tratamento deve ser realizado durante meses ou anos.

Doença	**Exemplos de patógenos**	**Observações**
Micetoma eumicótico	*Phaeoacremonium, Curvularia, Fusarium*; muitos outros fungos filamentosos	Infecção, de evolução lenta, particularmente nos membros superiores; caracterizada por inflamação crônica e fibrose, com desfiguração progressiva
Cromoblastomicose	*Fonsecaea, Cladosporium, Exophiala*; muitos outros fungos filamentosos pigmentados (dematiáceos)	Tal como acontece no micetoma, esta infecção é crônica e progressiva, afetando os membros inferiores ou pele exposta; marcada por um desenvolvimento do tipo "couve-flor" com lesões satélite; desfigurante; apresenta lesões e infecções secundárias
Mucormicose subcutânea	*Conidiobolus, Basidiobolus* (micélios não septados)	Introdução do fungo na face ou pele de outras regiões (ombro, pelve e coxas), produzindo uma grande massa subcutânea
Feo-hifomicose Subcutânea	*Exophiala, Alternaria, Curvularia*; outros fungos filamentosos dematiáceos	Geralmente produzem cistos inflamatórios únicos, nos pés ou pernas; menos comum nas mãos ou outras partes do corpo, cresce lentamente durante meses a anos

REFERÊNCIAS

1. Holliday A, Grider D. Images in clinical medicine. Tinea versicolor. *N Engl J Med.* 2016;374:e11.
2. Squeo RF, Beer R, Silvers D, Weitzman I, Grossman M. Invasive *Trichophyton rubrum* resembling blastomycosis infection in the immunocompromised host. *J Am Acad. Dermatol.* 1998;39:379-380.
3. Martin ES, Elewski BE. Tinea capitis in adult women masquerading as bacterial pyoderma. *J Am Acad. Dermatol.* 2003;49:S177-S179.
4. Haddad VJ, Miot HA, Bartoli LD, Cardoso Ade C, de Camargo RM. Localized lymphatic sporotrichosis after fish-induced injury (*Tilapia* sp.). *Med Mycol.* 2002;40:425-427.

Fungos Dimórficos Sistêmicos

DADOS INTERESSANTES

- Cachorros e gatos, assim como os humanos, adquirem blastomicose por inalação de esporos presentes em solos úmidos e ácidos, ricos em matéria orgânica; a transmissão não ocorre entre animais domésticos, deles para o homem, ou entre humanos.
- As infecções por *Blastomyces* e *Histoplasma* são associadas a solos úmidos de vales com rios; as infecções por *Coccidioides*, em contrapartida, são mais frequentemente relacionadas com solos secos de áreas desérticas.
- Embora a fonte de *Blastomyces* e *Histoplasma* seja bem conhecida, nenhum desses fungos é isolado, com frequência, de solo orgânico.
- Todos os três fungos dimórficos acima provocam uma doença pulmonar que pode ser confundida com tuberculose ou câncer de pulmão.

Os fungos discutidos neste capítulo estão associados a doenças sistêmicas ou disseminadas e caracterizam-se por apresentar dois tipos de morfologia: uma **forma de levedura**, frequentemente encontrada em tecidos humanos (*Coccioides* é uma exceção), e uma **forma filamentosa** multicelular, presente na natureza. As doenças provocadas por esses fungos surgem por meio do contato humano com a forma filamentosa; na verdade, esporos dos fungos são inalados, manifestando-se formas moderadas a graves de doença pulmonar. A disseminação pode ocorrer para locais específicos do corpo (p. ex., sistema nervoso central [SNC], pele e medula óssea). Dessa maneira, o conhecimento sobre esses fungos dimórficos, predominantes em áreas geográficas específicas, assim como as manifestações clínicas mais comuns que eles causam permitem uma redução no número de testes necessários para sua diferenciação. Neste capítulo, serão apresentadas três espécies de fungos dimórficos:

Fungo Dimórfico	Contexto Histórico
Blastomyces dermatitidis	O *Blastomyces* foi descrito inicialmente por Thomas Gilchrist, que o nomeou como *B. dermatitidis*, por provocar infecção na pele. O biólogo francês Philippe Van Tieghem identificou a forma disseminada da doença e a designou **blastomicose**. Esta doença é também referida como a **doença de Gilchrist,** em homenagem a Thomas Gilchrist.
Coccidioides immitis, Coccidioides posadasii	O primeiro caso de **coccidioidomicose** foi descrito por Alejandro Posadas (1892) em um paciente argentino que tinha a doença disseminada. O fungo, *C. immitis*, e respectiva doença foram descritos, pela primeira vez, por Rixford e Gilchrist (1896), em um paciente atendido na Califórnia. Nos Estados Unidos, as infecções por *C. immitis* são restritas principalmente à Califórnia, sendo que *C. posadasii* é responsável pela maioria das infecções fora deste estado.
Histoplasma capsulatum	A **histoplasmose** foi descrita por Samuel Darling (1905), que relatou um caso fatal da doença ocorrido na Martinica. Seu nome advém da observação de que a forma de levedura do fungo é encontrada no citoplasma de células do sistema retículo endotelial. A histoplasmose também é referida como **doença de Darling**

Duas outras espécies de fungos dimórficos merecem uma breve menção: ***Paracoccidioides brasiliensis*** e ***Talaromyces (Penicillium) marneffei***. O *P. brasiliensis* foi originalmente descrito em um paciente brasileiro por Adolfo Lutz, em 1908. Em 1930, o nome atual foi escolhido, porque a forma filamentosa do fungo se assemelha ao *Coccidioides* e porque a maioria dos casos foi descrita no Brasil. Embora este fungo se pareça com *Coccidioides*, a doença que ele causa é mais semelhante àquela provocada pelo *Blastomyces*, daí a designação comum **blastomicose sul-americana**. Esta doença é endêmica em toda a América Latina, em áreas com alta umidade, ricas em vegetação e de temperatura moderada. A **paracoccidioidomicose** pode ser subclínica, progressiva com manifestação pulmonar crônica ou aguda, ou pode ser uma doença disseminada afetando pele, linfonodos, fígado, baço, SNC e ossos.

O *T. marneffei* é uma causa importante de morbidade e mortalidade em portadores de HIV e outros pacientes imunossuprimidos do Sudeste Asiático. O fungo foi originalmente isolado de ratos no Vietnã, em 1952 Acreditava-se que era uma espécie de *Penicillium*, gênero no qual foi incluído. A espécie foi assim designada em homenagem a Hubert Marneffe, diretor do Instituto Pasteur da Indochina. Foi classificada como espécie independente, *T. marneffei*, em 2015; entretanto, a doença ainda é referida como **peniciliose**. Ela se manifesta como febre, tosse e infiltrados pulmonares, podendo evoluir para doença disseminada, caracterizada por organomegalia, lesões na pele e alterações hematológicas.

BLASTOMYCES DERMATITIDIS

O *B. dermatitidis* é responsável pela **blastomicose**. É um fungo dimórfico, que se desenvolve como um micélio, em solos úmidos e ricos em matéria orgânica e, na forma de levedura, nas células humanas. Animais, particularmente cães, também são suscetíveis às doenças provocadas por esse fungo.

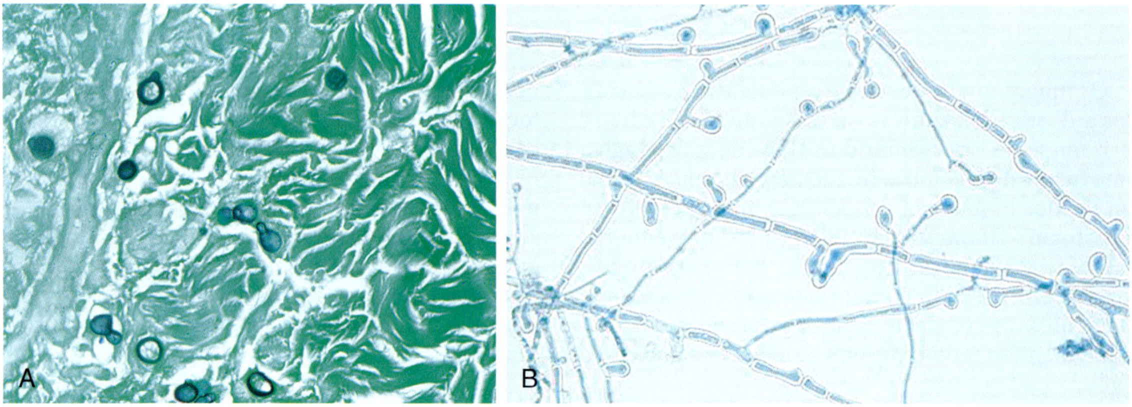

Blastomyces dermatitidis. (A) Leveduras em tecido de uma biópsia; (B) fase filamentosa em cultura com esporos descritos como "pirulitos" (forma infecciosa encontrada na natureza).

BLASTOMYCES DERMATITIDIS	
Epidemiologia	• Endêmico nos estados do sudeste e do centro-sul, principalmente no limite das bacias dos rios Ohio e Mississippi; nos estados do meio-oeste e províncias canadenses na fronteira com os Grandes Lagos; e numa área entre Nova York e Canadá ao longo do rio St. Lawrence • Surtos causados por este fungo têm sido associados ao contato com solo e matéria orgânica em decomposição, em atividades de trabalho ou de lazer • A infecção é adquirida pela inalação de esporos • Não ocorre transmissão interpessoal
Doença	• O contato com o fungo pode resultar em colonização assintomática, transitória ou em doença • A doença manifesta-se através de uma pneumonia, podendo disseminar para pele e tecidos subcutâneos (mais comum), bem como para ossos, próstata, SNC e outros órgãos • A gravidade da doença é influenciada pelo grau de contato com o fungo e a imunidade do paciente

BLASTOMYCES DERMATITIDIS *(Cont.)*	
Diagnóstico	• Detecção microscópica da levedura, de aspecto característico (células tipicamente grandes, únicas ou em pares e com paredes espessas), em tecidos ou lesões da pele contendo fluidos • A detecção de antígenos do fungo na urina pode ser útil para o diagnóstico, mas é raramente realizada • A detecção de anticorpos não serve para fins de diagnóstico • Cresce na forma de micélio (em temperatura ambiente; de 2 a 4 semanas) ou na forma de levedura (a 37 °C; de 3 a 5 dias) em cultura
Tratamento, controle e prevenção	• Itraconazol é a droga de escolha para blastomicose pulmonar leve ou moderada ou nas manifestações em que não houver comprometimento do SNC • A anfotericina B, seguida por itraconazol, é empregada no tratamento de infecções graves • A prevenção e controle de infecções não são viáveis, porque este fungo é endêmico no meio ambiente • Deve se tomar cuidado no manejo de culturas de laboratório

CASO CLÍNICO

Blastomicose do Sistema Nervoso Central

Buhari e colaboradores[1] relataram um caso de blastomicose do SNC. O paciente era um morador de rua, de 56 anos, de Detroit, com um histórico de 2 semanas de hemiparesia esquerda, afasia e dor de cabeça generalizada. Não houve queixa sobre manchas na pele, sintomas respiratórios ou febre. Seu histórico médico indicava uma craniotomia esquerda ocorrida 30 anos antes, devido a uma hemorragia intracraniana resultante de trauma. Ele vivia em um prédio abandonado e não estava utilizando qualquer medicamento. Ao ser examinado, apresentou expressiva afasia, hemiparesia esquerda de início recente e sopros carotídeos bilaterais. Outras informações obtidas no exame físico, bem como os resultados bioquímicos e parâmetros hematológicos do exame de sangue não foram relevantes. Ele foi soronegativo na pesquisa de anticorpos contra HIV. O resultado da radiografia torácica também não teve relevância. Uma tomografia computadorizada do crânio, com aumento de contraste, revelou múltiplas lesões com contrastes anulares, no lado direito do cérebro, em meio a edema vasogênico e desvio da linha média; encefalomalacia e atrofia generalizada importantes foram observadas no lado esquerdo do cérebro. Testes realizados no sangue e na urina foram negativos para antígenos de Cryptococcus *(no soro) e* Histoplasma *(no soro e na urina). Testes cutâneos da tuberculina foram negativos e a análise de imagem dos seios nasais, tórax e abdome não apresentou resultados importantes. Exame histopatológico de uma biópsia do cérebro revelou inflamação granulomatosa, leveduras em brotamento, compatíveis com* Blastomyces dermatitidis. *Uma cultura, realizada em seguida, confirmou o diagnóstico de blastomicose do SNC. O paciente foi tratado com dexametasona e anfotericina B, mas apresentou hipertensão e bradicardia, com parada cardiorrespiratória e óbito subsequentes. Este caso é um exemplo de uma manifestação incomum de blastomicose do SNC, sem qualquer evidência de doença disseminada. Os sintomas de hipertensão, bradicardia e parada cardiorrespiratória sugerem que o paciente morreu como consequência de aumento da pressão intracraniana, como complicação da infecção fúngica ou devido à retirada da biópsia do cérebro, para exame. Embora o* Blastomyces *possa disseminar para o cérebro, como nesse caso, é mais comum que a infecção se manifeste no pulmão e depois na pele. Os fungos que mais frequentemente disseminam para o cérebro são o* Cryptococcus *e o* Histoplasma

COCCIDIOIDES IMMITIS E *COCCIDIOIDES POSADASII*

C. immitis e *C. posadasii* são responsáveis pela **coccidioidomicose**. Estas espécies são indistinguíveis, em termos morfológicos e em relação à patogenicidade, sendo diferenciadas somente por métodos moleculares. Diferentemente de outros fungos dimórficos, o *Coccidioides* forma, nos tecidos humanos, uma esférula contendo endósporos. Uma característica fundamental para a identificação destes fungos é a detecção dessas "bolsas de esporos" em amostras clínicas. Sua forma filamentosa também apresenta uma morfologia característica. Em vez de formar esporos lateralmente ou nas extremidades das hifas (micélios), os esporos resultam da fragmentação do micélio, nos pontos de septação. Hifas alternadas desintegram-se e as remanescentes transformam-se em células em formato de barril, chamadas **artroconídios**. Estes artroconídios são os esporos infectantes, bastante resistentes a condições ambientais extremas (normalmente este fungo é encontrado em clima seco e quente). Os esporos podem ser transportados por centenas de quilômetros pelo vento, podendo causar doenças em populações distantes.

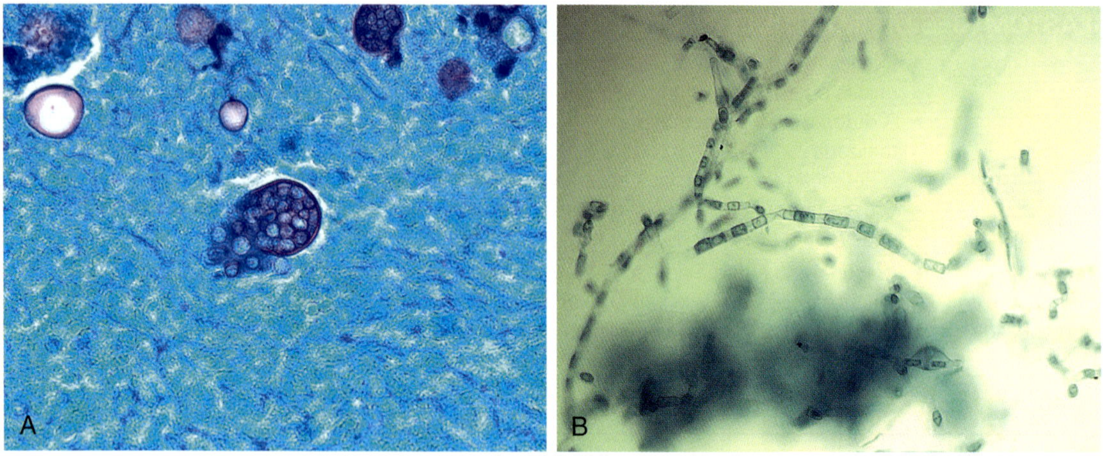

Coccidioides immitis. (A) Esférula observada em escarro; (B) fase filamentosa em cultura (forma infecciosa encontrada na natureza).

COCCIDIOIDES IMMITIS* E *COCCIDIOIDES POSADASII	
Epidemiologia	• Endêmicos nas áreas de deserto do sudoeste dos Estados Unidos, Norte do México, áreas isoladas da América Central e América do Sul • Os esporos podem sobreviver, na natureza, por um longo período de tempo, germinam e crescem como fungo filamentoso após a chuva e então se disseminam pelo vento, durante o período de seca • O contato com o fungo e as infecções assintomáticas ou leves são muito comuns em áreas endêmicas • A infecção é causada pela inalação dos esporos (artroconídios) • O risco de uma infecção disseminada é maior em certos grupos étnicos (filipinos, afro-americanos, índios americanos e hispânicos), gestantes no terceiro trimestre da gravidez, indivíduos com algum defeito na resposta imune do tipo celular, indivíduos nos extemos da idade (crianças e muito idosos) • Não ocorre transmissão interpessoal • Infecções causadas pelo manuseio da forma filamentosa do fungo, em laboratório, não são raras, de modo que deve-se ter cuidado na sua manipulação
Doenças	• O contato com o fungo pode levar a um quadro assintomático ou à doença • A pneumonia é a manifestação clínica mais comum • Disseminação extrapulmonar é mais comum na pele, articulações, ossos e SNC (meningite)
Diagnóstico	• Exame histopatológico de tecidos para detecção de esférulas endosporuladas • Esférulas também podem ser observadas no escarro ou em líquidos que saem de feridas • O fungo cresce rapidamente em cultura e pode ser detectado em apenas 1 a 2 dias; deve se ter cuidado porque a esporulação pode ocorrer dentro de 1 ou 2 dias, de modo que a forma filamentosa é altamente infecciosa • A sorologia pode ser útil para o diagnóstico ou prognóstico
Tratamento, controle e prevenção	• A maioria dos pacientes com infecções primárias não precisa de tratamento • Pacientes com doenças graves ou que apresentem algum fator de risco de ter doenças por este fungo devem ser tratados com anfotericina B, seguida por uma terapia de manutenção com um composto de azol, por via oral • Os azóis são utilizados no tratamento de pneumonia cavitária crônica ou doença disseminada não meníngea • A coccidioidomicose meníngea é tratada com fluconazol, sendo outros azóis empregados como drogas secundárias • Com exceção do manuseio cuidadoso de culturas de laboratório, a prevenção e o controle de exposição não são viáveis porque o fungo é endêmico em algumas regiões

CASO CLÍNICO

Coccidioidomicose

Stafford e colaboradores[2] descreveram o caso de um soldado do exército dos Estados Unidos, afro-americano, de 31 anos, que teve febre, calafrios, sudorese noturna e tosse não produtiva, por 4 semanas. Além disso, ele detectara havia pouco tempo uma massa indolor no lado direito do tórax. Seu histórico médico não apresentava dados relevantes. Ele estava lotado em Forte Irwin, Califórnia, onde trabalhava na manutenção de telefones. O exame físico também não apresentou informação importante, exceto pela constatação de uma massa subcutânea de 3 cm firme, não sensível ao toque, no lado direito do peito. Vários linfonodos pequenos (com menos de 1 cm) não sensíveis ao toque foram detectados na região das axilas e virilhas. Exames laboratoriais revelaram uma contagem de leucócitos de 11,9 células/μL, com 30% de eosinófilos. A análise bioquímica do soro chamou atenção pelo alto nível de fosfatase alcalina. Resultados de hemocultura, detecção de antígenos de Cryptococcus *no soro, antígenos de* Histoplasma *na urina e anticorpos contra HIV foram negativos, assim como o teste cutâneo da tuberculina. Uma radiografia do tórax mostrou micronódulos intersticiais bilaterais, num padrão miliar e total na região paratraqueal direita do pulmão. Uma tomografia computadorizada do tórax confirmou a presença de micronódulos difusos de 1 a 2 mm em todos os lobos pulmonares. A tomografia computadorizada também mostrou uma lesão, na forma de uma massa parenquimatosa, no lobo médio direito e uma massa no lado direito da caixa torácica. Um aspirado desta massa da caixa torácica, obtido com uma agulha fina, revelou esférulas contendo endósporos que indicavam coccidioidomicose. Em cultura deste material, houve crescimento de* C. immitis. *Um painel sorológico específico para* C. immitis *deu resultado positivo e revelou títulos, em reação de fixação de complemento com imunoglobulina G, numa diluição superior a 1:256. O resultado da análise do fluido cerebrospinal foi normal, mas uma tomografia óssea revelou várias áreas com aumento de atividade osteoblástica, afetando o osso omoplata esquerdo, a quinta costela anterior direita e regiões vertebrais médio-torácicas. O tratamento foi iniciado com anfotericina B, mas o surgimento de dores crescentes no pescoço exigiu que imagens adicionais fossem obtidas, as quais demonstraram uma lesão lítica na vértebra C1 e uma massa paravertebral. Apesar do tratamento antifúngico, o crescimento desta massa tornou necessário um desbridamento cirúrgico. O paciente continuou o tratamento com uma formulação lipídica de anfotericina B, planejada para ser de longo prazo ou por toda a vida.*

Este caso é um exemplo das sérias complicações da coccidioidomicose. Sinais do diagnóstico de coccidioidomicose disseminada, neste paciente, incluíram os primeiros sintomas da infecção, eosinofilia periférica, linfadenopatia hilar, caracterização do padrão de envolvimento de órgãos (pulmão, ossos e tecidos moles), residência do paciente em área endêmica e etnia afro-americana (grupo de maior risco de doença disseminada).

HISTOPLASMA CAPSULATUM

A **histoplasmose** é causada por duas variedades de *H. capsulatum*: o *H. capsulatum* var. *capsulatum* causa infecções pulmonares e disseminadas no lado oriental dos Estados Unidos e na maior parte da América Latina, e o *H. capsulatum* var. *duboisii* provoca principalmente lesões cutâneas e ósseas em áreas tropicais da África. As formas filamentosas destas variedades são indistinguíveis, mas elas podem ser diferenciadas através da morfologia característica de suas leveduras. A forma de levedura de ambas as variedades são observadas somente como patógenos intracelulares.

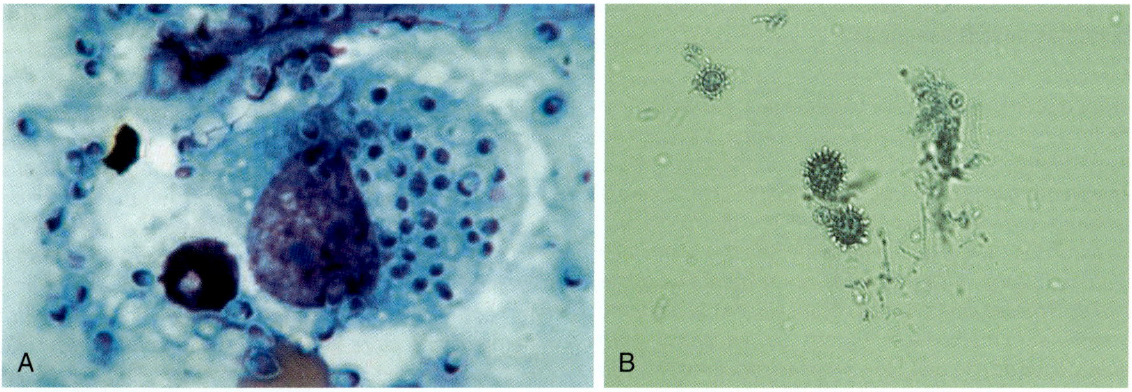

Histoplama capsulatum. (A) Coloração de Giemsa das formas de levedura intracelulares; (B) forma filamentosa, encontrada na natureza.

HISTOPLAMA CAPSULATUM	
Epidemiologia	• O *H. capsulatum* var. *capsulatum* ocorre nos vales dos rios Ohio e Mississippi, em todo o México, na América Central e América do Sul • O *H. capsulatum* var. *duboisii* concentra-se na África tropical (p. ex., Gabão, Uganda e Quênia) • Encontrado em solos com alta concentração de nitrogênio, tais como áreas contaminadas por excrementos de pássaros ou morcegos • Surtos das doenças são associados ao contato com poleiros de aves, cavernas e construções abandonadas ou obras de reforma urbana, que envolvam escavação e demolição • Infecções adquiridas por inalação de esporos • Não há transmissão interpessoal • Os pacientes imunossuprimidos e crianças são mais suscetíveis a desenvolver os sintomas da doença • Reativação e disseminação da doença são comuns entre indivíduos imunossuprimidos (p. ex., pacientes com AIDS)
Doenças	• A gravidade dos sintomas e o modo como a doença evolui dependem da extensão do contato com o fungo e da condição imunológica do indivíduo infectado • A maioria das infecções é assintomática ou moderada, parecida com uma gripe e autolimitante • A doença pulmonar aguda causada por *H. capsulatum* var. *capsulatum* é caracterizada por febre alta, dor de cabeça, tosse não produtiva e dor torácica; os sintomas desaparecem em 10 dias, mas podem evoluir para uma manifestação generalizada, afetando vários órgãos • A manifestação pulmonar é rara na histoplasmose africana, causada por *H. capsulatum* var *duboisii*; é caracterizada por linfadenopatia regional com lesões na pele e nos ossos; pode se manifestar em uma forma mais progressiva e fulminante da doença em pacientes com AIDS
Diagnóstico	• Microscopia direta e cultura de material clínico do trato respiratório confirmam o diagnóstico de histoplasmose • A sorologia é válida para todos os pacientes, com exceção de portadores de AIDS • Detecção de antígeno de *Histoplasma* na urina ou no soro é útil em caso de doenças extrapulmonares
Tratamento, controle e prevenção	• Histoplasmose pulmonar leve ou moderada podem ser tratadas sintomaticamente ou com itraconazol • Formas graves ou moderadas da doença são tratadas com anfotericina B, seguida de itraconazol • É difícil de evitar a exposição ao fungo em áreas endêmicas, mas deve-se procurar não ter contato com poleiros de aves, principalmente no caso de pacientes imunossuprimidos • Deve se ter cuidado na manipulação de culturas em laboratório

CASO CLÍNICO

Histoplasmose Disseminada

Mariani e Morris[3] descreveram um caso de histoplasmose disseminada em uma paciente com AIDS. Trata-se de uma mulher salvadorenha, de 42 anos, admitida no hospital para avaliação de uma dermatite progressiva, envolvendo narina direita, bochecha e lábio, apesar de tratamento com antibióticos. Ela era HIV positivo (contagem de linfócitos CD4, 21/μL) e tinha morado em Miami nos últimos 18 anos. A lesão apareceu inicialmente na narina direita, 3 meses antes da internação. A paciente procurou atendimento médico e foi tratada, sem sucesso, com antibióticos de uso oral. Nos 2 meses seguintes, a lesão aumentou de tamanho, envolvendo a região direita do nariz e bochecha, sendo acompanhada de febre, mal-estar e emagrecimento (22,7 kg). Formou-se uma área necrótica sobre a narina direita, estendendo-se até o lábio superior. Um diagnóstico presuntivo de leishmaniose foi considerado, em parte com base no país de origem da paciente e possível contato com a mosca da areia. Exames laboratoriais revelaram anemia e linfopenia. Uma radiografia de seu tórax foi normal e uma tomografia computadorizada da cabeça mostrou uma massa de tecidos moles no orifício nasal direito. A análise histopatológica de uma biópsia de pele mostrou inflamação crônica, com leveduras intracitoplasmáticas em brotamento. Histoplasma capsulatum *cresceu na cultura da biópsia, e os resultados do teste para antígeno de* Histoplasma *na urina foram positivos. A paciente foi tratada com anfotericina B, seguida por itraconazol, com bons resultados.*

Este caso ressalta a capacidade de H. capsulatum *em permanecer clinicamente latente por muitos anos, reativando-se somente em caso de imunossupressão do hospedeiro. Manifestações cutâneas de histoplasmose são normalmente consequência da evolução de uma forma primária (latente) para uma forma disseminada da doença. A histoplasmose não é endêmica no sul da Flórida, mas o é em muitos países da América Latina, onde a paciente residiu antes de se mudar para Miami. Um alto índice de suspeita e confirmação por meio de análise de biópsia de pele, cultura e pesquisa de antígeno na urina são cruciais para o tratamento adequado e em tempo hábil da histoplasmose disseminada.*

REFERÊNCIAS

1. Buhari. *Infect Med.* 2007;24(suppl 8):12-14.
2. Stafford CM, Lim ML, Lamb C, Amundson DE, Bradshaw DA. Case in point: fever and a chest wall mass in a young man. *Infect Med.* 2007;24(suppl 8): 23-25.
3. Mariani. Morris. *Infect Med.* 2007;24(suppl 8):17-19.

21

Fungos Oportunistas

DADOS INTERESSANTES

- A *Candida albicans* é a levedura mais frequentemente associada a micoses oportunistas.
- O *Aspergillus fumigatus* é o fungo filamentoso mais frequentemente associado a micoses oportunistas.
- O *Cryptococcus neoformans* é a causa mais comum de meningite fúngica.
- O *Pneumocystis jiroveci* é o patógeno oportunista mais comum em pacientes com aids.

Existem vários exemplos de fungos oportunistas, mas este capítulo restringe-se àqueles mais frequentemente considerados como patógenos humanos. A maioria dos fungos oportunistas é do tipo filamentoso, comumente encontrado no meio ambiente e que causa doenças em humanos, após a inalação de esporos ou traumatismos (**infecções exógenas**). Geralmente, as infecções são restritas principalmente a indivíduos com o sistema imune comprometido ou outra doença subjacente (p. ex., diabetes). Há três importantes exceções à regra de que os fungos oportunistas são filamentosos: O *Cryptococcus*, que é uma levedura encontrada na natureza e adquirida pela inalação das próprias células de leveduras e não de esporos; a *Candida*, que é uma levedura que coloniza os seres humanos e causa **infecções endógenas**, ou seja, a levedura dissemina a partir das mucosas, onde são normalmente encontradas, para o sangue ou outros sítios estéreis do corpo e o *Pneumocystis*, que, no passado, era considerado um protozoário, sendo agora reconhecido como um fungo, do tipo levedura, encontrado em humanos, mas que provoca doenças apenas em pacientes imunossuprimidos.

Os três principais gêneros abordados nesse capítulo são *Candida*, *Cryptococcus* e *Aspergillus*. Outros fungos, que também são importantes, serão mencionados brevemente no final do capítulo.

CANDIDA ALBICANS E ESPÉCIES RELACIONADAS

Mais de 20 espécies de *Candida* têm sido associadas com doenças humanas, embora a maioria destas seja causada por um número relativamente pequeno de espécies:

Espécie de *Candida*	Doenças mais comuns
Candida albicans	Infecções de mucosas (candidíase oral, vaginite), de pele e de unhas, infecções cardiovasculares (fungemia, endocardite, infecções ligadas ao uso de cateteres endovenosos e septicemia associada ao uso de drogas injetáveis), infecções de tecidos profundos
Candida glabrata	Infecções do trato urinário; várias outras infecções menos comuns
Candida parapsilosis	Fungemia relacionada com o uso de cateteres, principalmente em crianças que recebem hiperalimentação rica em lipídeos
Candida tropicalis	Fungemia em pacientes com neoplasias hematológicas
Candida krusei	Fungemia

Espécies de *Candida* são a causa mais comuns de todo tipo de doenças fúngicas, infectando indivíduos saudáveis (p. ex., infecções cutâneas e de unhas, vaginite), assim como infecções potencialmente fatais em pacientes imunossuprimidos. Geralmente o diagnóstico não é um problema, porque essas leveduras crescem em cultura dentro de 1 a 3 dias de incubação e a identificação da maioria das espécies mais comuns pode ser realizada facilmente. Um problema, em potencial, para o diagnóstico de infecções disseminadas é a quantidade relativamente pequena de leveduras presentes no sangue destes pacientes, dificultando a confirmação de fungemia. O controle do tratamento de pacientes infectados tem sido complicado nos últimos anos, pelo aumento da resistência aos azóis apresentada por algumas espécies de *Candida* (p. ex., ***Candida krusei*** e ***Candida glabrata***). A seguir é apresentado um resumo sobre algumas espécies de *Candida:*

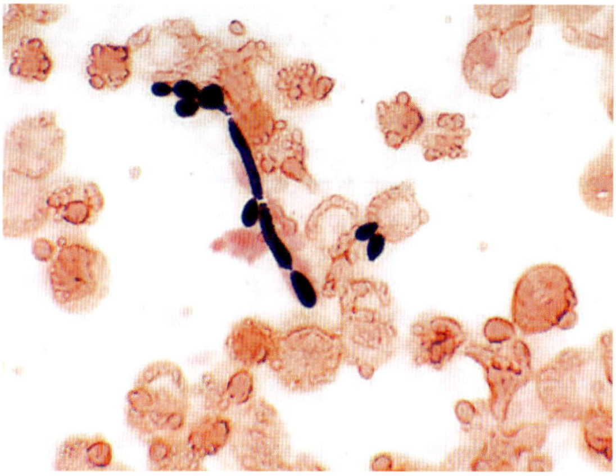

Candida albicans em cultura de sangue.

***CANDIDA ALBICANS* E ESPÉCIES RELACIONADAS**	
Epidemiologia	• Leveduras oportunistas • A maioria das infecções é causada por *C. albicans* • Colonizam humanos e outros animais de sangue quente • O sítio principal de colonização é o trato gastrointestinal, embora estejam presentes na boca, vagina e nas regiões quentes e úmidas da pele. • A maioria das infecções é endógena; infecções exógenas ocorrem em hospitais (p. ex., através de cateteres intravasculares contaminados) • Os fatores de riscos associados a infecções no sangue, por *Candida,* incluem neoplasias hematológicas e neutropenia, infecções pelo HIV, exposição prévia a antibióticos de amplo espectro, cirurgia ou trauma abdominal recente, nascimento prematuro de bebês, ser idoso • O uso de azóis na profilaxia antifúngica, em pacientes com neoplasias hematológicas e em pacientes submetidos a transplante de células tronco aumenta o risco de infecção por *Candida glabrata* e *Candida krusei*
Doenças	• Variam de infecções de mucosas e cutâneas, até doenças frequentemente fatais, disseminadas por via hematogênica.
Diagnóstico	• Observação de leveduras por microscopia e através de cultura • Uso de testes que detectam antígenos fúngicos ou testes de amplificação de ácido nucleico para identificar a presença de *Candida* em espécimes normalmente estéreis. • A interpretação dos resultados da microscopia e cultura deve ser cautelosa, porque a *Candida* normalmente coloniza a pele e mucosas; um predomínio anormal de leveduras nesses sítios indica um quadro de doença
Tratamento, controle e prevenção	• Infecções de mucosas e de pele podem ser tratadas com itraconazol, fluconazol, miconazol, e outros agentes; infecções invasivas, principalmente em pacientes imunossuprimidos, devem ser tratadas mais intensivamente com azóis, equinocandinas ou anfotericina B. • *C. glabrata* e *C. krusei* apresentam sensibilidade reduzida aos azóis (p. ex., fluconazol), de modo que o tratamento com equinocandinas (p. ex., anidulafungina, caspofungina, micafungina) ou anfotericina B pode ser necessário. • A profilaxia antifúngica para pacientes de alto risco tem diminuído a incidência destas doenças entre eles

CASO CLÍNICO

Candidemia

Posteraro e colaboradores[1] descreveram um caso de fungemia recorrente em uma mulher de 35 anos. A paciente foi atendida na 5ª semana de gravidez, após inseminação intrauterina. Ela apresentou febre, taquicardia e hipotensão. A contagem de leucócitos foi de 23.500/µL, com 78% de neutrófilos. Ela teve aborto espontâneo. Foi diagnosticada uma corioamnionite grave, tendo sido realizadas culturas de amostras de tecido da placenta e do feto, bem como do sangue e de suabes vaginais. A paciente foi tratada com antibióticos de amplo espectro. Cinco dias após, não foi observada qualquer melhora clínica. Cresceu Candida glabrata *nas culturas de sangue e da placenta e também dos suabes vaginais. Com base nas concentrações inibitórias mínimas de fluconazol, que indicaram sensibilidade do fungo, a paciente foi tratada com esta droga. Quatro semanas depois, ela apresentou completa regressão dos sintomas, com eliminação do microrganismo da corrente sanguínea. O tratamento antifúngico foi descontinuado e a paciente foi para casa, onde passou bem. Seis meses depois, foi novamente internada com febre, calafrios e fadiga. A contagem de leucócitos estava alta, em 21.500/µL, com 73% de neutrófilos. Culturas consecutivas de amostras de sangue apresentaram resultados positivos para* C. glabrata, *que também foi encontrada em culturas de secreções vaginais. Todos os isolados da levedura foram resistentes ao fluconazol. Com base nestes achados, a paciente foi tratada com anfotericina B. Em uma semana, a condição clínica da paciente melhorou. Após um mês de tratamento com anfotericina B, as culturas de sangue apresentaram resultado negativo e ela recebeu alta hospitalar. Três anos depois, a paciente não apresentava quaisquer evidência de infecção.*

Este foi um caso atípico, em que a paciente não era imunossuprimida e, mesmo assim, apresentou candidemia recorrente por C. glabrata. *O uso de fluconazol no tratamento inicial, embora aparentemente bem-sucedido, induziu uma regulação positiva para expressão de bombas de efluxo na levedura, permitindo que isolados que surgiram depois se tornassem resistentes ao fluconazol e outros azóis.*

CRYPTOCOCCUS NEOFORMANS

Os criptococos são leveduras esféricas envolvidas por uma **cápsula polissacarídica** grande e bem evidente (característica importante para fins de diagnóstico). O *C. neoformans* apresenta distribuição mundial, sendo encontrado no solo, principalmente naqueles ricos em excrementos de pombos. Uma espécie relacionada ao *C. neoformans*, *Cryptococcus gattii*, é encontrada numa região geográfica mais restrita, ao noroeste, costa do pacífico, nos Estados Unidos. As infecções causadas por ambas estas espécies são adquiridas por inalação de leveduras, seguida de um processo infeccioso leve ou assintomático nos pulmões. Os fungos têm uma tendência em disseminar para o sistema nervoso central, em pacientes susceptíveis a eles. Na verdade, o *Cryptococcus* é o patógeno fúngico mais frequentemente associado à causa da **meningite**. Embora ambas as espécies sejam capazes de causar doenças em pacientes imunocompetentes, *C. neoformans* é o patógeno oportunista mais frequente em pacientes com algum defeito na imunidade celular, tais como os que são infectados pelo HIV e os transplantados. A incidência de criptococose tem diminuído nos últimos anos com o emprego profilático de agentes antifúngicos (p. ex., fluconazol), em pacientes de alto risco. O diagnóstico da doença é geralmente realizado pela observação de leveduras com cápsulas no fluido cerebrospinal ou detecção de **polissacarídeos capsulares** através de testes específicos (positivo para ambas as espécies de *Cryptococcus*). As leveduras podem ser ocasionalmente detectadas no sangue de pacientes infectados, mas o uso apenas da cultura para o diagnóstico não é confiável, porque a quantidade de microrganismos no sangue pode ser relativamente baixa, exigindo-se um tempo de 3 a 7 dias para o seu crescimento.

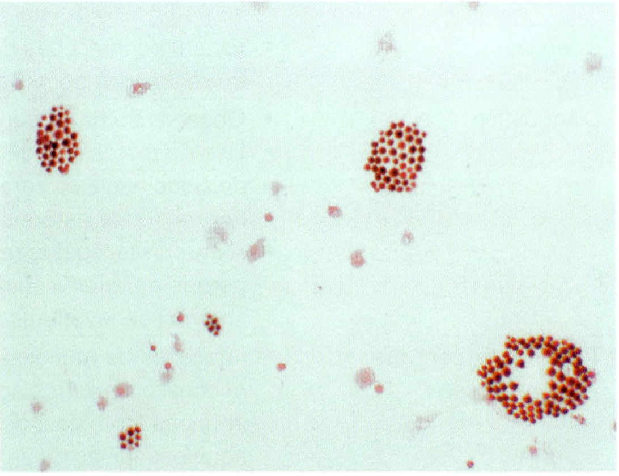

Cryptococcus neoformans em fluído cerebrospinal. Note os grupos de células individuais, separadas por espaços claros ocupados por um envoltório externo que não se cora.

CRYPTOCOCCUS NEOFORMANS	
Epidemiologia	• Distribuição mundial, encontrado geralmente no solo contaminado com excrementos de aves; *Cryptococcus gattii* é mais restrito a regiões tropicais e subtropicais (associado a eucaliptos e pinheiros) • As infecções são geralmente adquiridas por inalação • A prevalência das infecções diminui com o uso profilático de antifúngicos, tais como o fluconazol, em pacientes imunossuprimidos.
Doença	• A infecção ocorre inicialmente nos **pulmões**, embora seja comum a disseminação, por via hematogênica, principalmente para o sistema nervoso central • A doença normalmente se manifesta como uma **meningite**
Diagnóstico	• O diagnóstico definitivo é através de cultura de sangue, escarro ou fluido cerebrospinal (FCE) (amostra mais confiável) • Análise microscópica do FCE pode demonstrar a presença de células características em brotamento (a tinta nankin é utilizada como um corante de contraste para detectar a cápsula clara, ao redor das células de leveduras) • Emprego de testes antigênicos para detectar os polissacarídeos capsulares; é mais confiável que a microscopia de esfregaços de FCE (leucócitos podem ser identificados erroneamente como *Cryptococcus* por profissionais inexperientes).
Tratamento, controle e prevenção	• A meningite é sistematicamente fatal se não tratada • Anfotericina B e fluconazol utilizados inicialmente, seguidos por tratamento de manutenção com fluconazol ou itraconazol; testes antigênicos podem ser usados para monitorar a resposta ao tratamento • O uso profilático de antifúngicos é recomendado para pacientes com alto risco de adquirir a infecção

CASO CLÍNICO

Criptococose

Pappas e colaboradores[2] descreveram um caso de criptococose em um paciente com coração transplantado. O paciente, de 56 anos, transplantado há 3 anos, apresentou um quadro de celulite, de início recente, em sua perna esquerda e cefaleia leve, durante 2 semanas. Ele estava sob tratamento imunossupressor crônico com ciclosporina, azatioprina e prednisona, e foi internado para tratamento com antibióticos por via endovenosa. Apesar da administração endovenosa de nafcilina, não houve sinal de melhora do paciente, tendo sido retirada uma biópsia da área de celulite, para análise histopatológica e cultura. Os exames laboratoriais revelaram a presença de leveduras compatíveis com C. neoformans. *Uma punção lombar também foi realizada, tendo o exame do fluído cerebrospinal (FCE) mostrado turbidez e alta pressão de abertura (420 mm H_2O). O exame microscópico revelou leveduras em brotamento e com cápsulas. Os títulos de antígenos criptocócicos no FCE e no sangue estavam bem elevados.* C. neoformans *foi isolado nas culturas de sangue, FCE e biópsia de pele. Foi então iniciado um tratamento sistemático com anfotericina B e flucitosina. Infelizmente, o paciente apresentou uma deterioração progressiva de sua condição mental, apesar do controle intensivo da pressão intracraniana e das doses máximas dos antifúngicos. Ele apresentou um declínio lento e progressivo de sua condição, que o levou à morte, 13 dias após o início do tratamento antifúngico. Culturas realizadas do FCE, 2 dias antes do óbito, mantinham-se positivas para o* C. neoformans.

O paciente, deste caso, era altamente imunossuprimido e apresentava celulite e cefaleia. Esta condição deve ser interpretada como ususpeita de infecção por patógenos atípicos como o C. neoformans. *Devido à alta mortalidade por infecções criptocócicas, diagnósticos rápidos e precisos são importantes. Infelizmente, apesar dos esforços e do tratamento intensivo, muitos destes pacientes sucumbem à infecção.*

LEVEDURAS DE OUTROS GRUPOS

A seguir é apresentado um resumo sobre outros fungos unicelulares de importância médica, que podem causar doenças disseminadas:

Fungo	Doenças e Observações
Malassezia	Septicemia relacionada com uso de cateteres, principalmente em bebês que recebem infusão de **lipídeos** (algumas espécies de *Malassezia* requerem lipídeos para seu crescimento)
Trichosporon	Septicemia relacionada com uso de cateteres em pacientes neutropênicos; **alta mortalidade** porque a sensibilidade desta levedura à maioria dos antifúngicos, inclusive anfotericina B, é variável.
Rhodotorula	Septicemia relacionada com uso de cateteres em pacientes imunossuprimidos; anfotericina B e fluconazol com boa atividade
Microsporídios	Muitos gêneros; a doença depende da espécie infectante; as mais comuns, que ocorrem após a ingestão do fungo, incluem diarreia crônica e hepatite ou peritonite em pacientes com aids; tratamento com albendazol
Pneumocystis	**Patógeno oportunista mais comum em pacientes com aids;** o trato respiratório é a principal porta de entrada, sendo a pneumonia a manifestação mais comum, embora a disseminação do fungo no organismo seja menos frequente; o tratamento e profilaxia de pacientes de alto risco de adquirir esta levedura é com trimetoprim-sulfametoxazol

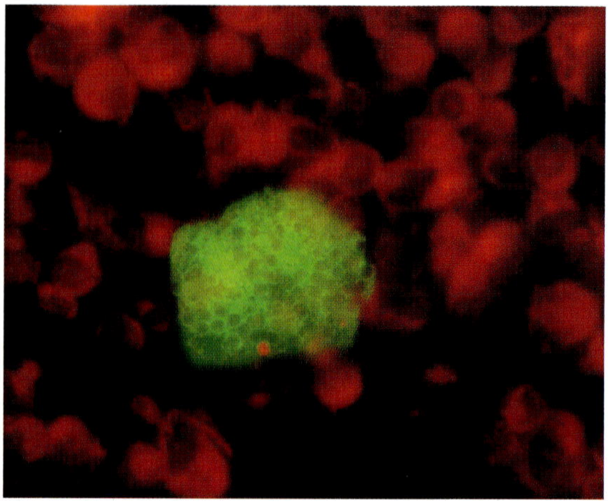

Pneumocystis jiroveci em lavado broncoalveolar corado com anticorpos fluorescentes.

ASPERGILLUS FUMIGATUS

O *Aspergillus* é o fungo filamentoso que mais causa infecções oportunistas. Várias espécies deste gênero têm sido descritas, mas o número das que estão associadas a doenças humanas é um tanto quanto restrito, sendo *A. fumigatus,* bem mais comum de todas. Os aspergilos são fungos ambientais, cujos esporos são inalados, causando uma ampla gama de doenças, incluindo reações de hipersensibilidade alérgicas, infecções pulmonares primárias ou doenças disseminadas altamente agressivas. O diagnóstico preliminar dessas infecções é feito pela observação dos fungos nos tecidos (com o aspecto típico de hifas ramificadas, septadas [divididas em compartimentos] e não pigmentadas [hialinas]) e confirmado pelo crescimento, em 2 a 5 dias, do fungo em cultura. A identificação de cada espécie é feita com base no aspecto morfológico do fungo em cultura (cor das colônias, arranjos dos esporos nas estruturas de frutificação, aderidas às hifas). Os esporos não são observados nos tecidos dos pacientes.

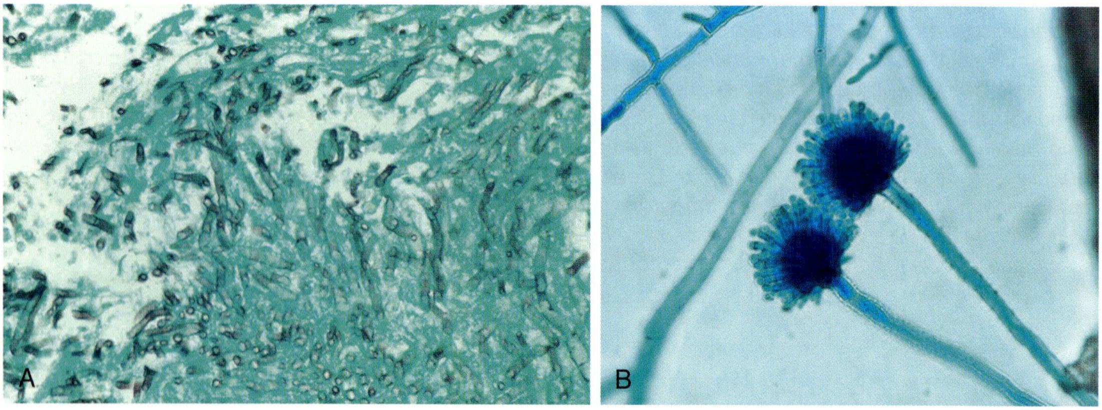

Aspergillus fumigatus. (A) Formas filamentosas no tecido pulmonar; (B) formas filamentosas com estruturas produtoras de conídeos em cultura.

ASPERGILLUS FUMIGATUS	
Epidemiologia	• Distribuição mundial, sendo seus esporos ubíquos no ar, no solo e em plantas em decomposição • No ambiente hospitalar, o *Aspergillus* pode ser encontrado no ar, chuveiros, caixas d'água, vasos de planta e em áreas de construção e reforma. • As infecções são adquiridas, principalmente, por inalação • A maioria das infecções é causada por *A. fumigatus* (mais comum), *Aspergillus flavus*, *Aspergillus niger* e *Aspergillus terreus*
Doenças	• A doença se manifesta, em função da resposta imune do hospedeiro e, em menor grau, em função da espécie ou cepa de *Aspergillus* • O contato com esporos do fungo pode provocar reações de hipersensibilidade (**aspergilose alérgica**) ou **doença invasiva** • A doença invasiva é marcada por **angioinvasão** (invasão dos vasos sanguíneos) e destruição tecidual • Disseminação, por via hematogênica, para o cérebro (mais comum), coração, rins, trato gastrintestinal, fígado e baço
Diagnóstico	• O diagnóstico é através da observação do fungo nos tecidos e seu isolamento em cultura; o isolamento do fungo de pacientes assintomáticos pode não ter qualquer significado clínico, de modo que são necessárias culturas adicionais e demonstração de envolvimento tecidual • Testes antigênicos podem ser realizados em complementação à cultura • O emprego de testes de amplificação de ácido nucleico é controverso, porque é comum a contaminação ambiental dos reagentes
Tratamento, controle e prevenção	• O tratamento da aspergilose pulmonar crônica pode envolver o uso de esteroides, assim como terapia antifúngica de longa duração normalmente feita com azóis • O tratamento para aspergilose invasiva normalmente envolve a administração de voriconazol ou anfotericina B; geralmente são necessários esforços no sentido de reduzir a imunossupressão dos pacientes • A profilaxia de pacientes neutropênicos de alto risco é realizada, normalmente, com itraconazol, posaconazol ou voriconazol • A exposição é difícil de ser controlada porque o fungo está presente no ambiente; entretanto, pacientes de alto risco devem evitar áreas em reforma, construções ou escavações.

CASO CLÍNICO

Aspergilose invasiva

Guha e colaboradores[3] descreveram um caso de aspergilose invasiva em uma mulher portadora de um rim transplantado. A paciente, de 34 anos, tinha um histórico de fraqueza, tonturas, dor na panturrilha esquerda e fezes escuras, nos últimos 2 dias. Ela negou dor no tórax, tosse ou falta de ar. Seu histórico médico passado indicava diabetes, que levou a uma insuficiência renal, motivando seu transplante de rim, em 2002, de um doador cadavérico. Três semanas antes das manifestações clínicas, ela apresentou rejeição aguda ao transplante. Ela se submeteu a um tratamento imunossupessor com alemtuzumabe, tacrolimo, sirolimo e prednisona. Na internação, ela se apresentava febril, taquicárdica e hipertensa. O exame físico revelou cordão venoso palpável e com dor, na fossa poplítea. O raio X inicial do tórax não mostrou qualquer anomalia. Exames laboratoriais revelaram anemia e azotemia. A contagem de leucócitos era 4.800/μL, com 80% de neutrófilos. A paciente recebeu quatro bolsas de concentrado de hemácias e um tratamento empírico com gatifloxacina. No 6° dia de internação, apresentou erupções vesiculares nas nádegas e na panturrilha esquerda, culturas das quais foram positivas para o vírus da herpes simples, sendo ela tratada com aciclovir. A condição clínica da paciente foi estabilizada, exceto pela função renal e, por isso, foi iniciada hemodiálise intermitente, no 8° dia de internação. No 12° dia, a paciente apresentou uma diminuição da resposta ao tratamento, ficou debilitada e foi entubada devido à angústia respiratória. O raio X de tórax mostrou nódulos bilaterais difusos nos pulmões. Cultura do lavado broncoalveolar foi positiva para Aspergillus *sp, tendo sido observados corpúsculos de inclusão viral sugestivos de citomegalovírus. Sua imunosupressão foi diminuída, tendo-se iniciado um tratamento com anfotericina B lipossomal. A paciente apresentou infarto agudo do miocardio e entrou em coma. Múltiplos infartos agudos foram vistos no lobo frontal do cérebro e no cerebelo através de ressonância magnética. A condição da paciente se deteriorava, tendo apresentado múltiplos nódulos cutâneos nos braços e tronco. Cultura de biópsias destes nódulos produziu* Aspergillus flavus. *A paciente morreu no 23° dia de internação. Na autópsia,* A. flavus *foi detectado em múltiplos órgãos, incluindo coração, pulmão, glândula adrenal, tiroide, rim e fígado. Este caso serve como exemplo da gravidade da aspergilose disseminada em pacientes imunossuprimidos.*

OUTROS FUNGOS FILAMENTOSOS OPORTUNISTAS

A seguir é apresentado um resumo sobre outros fungos filamentosos, de importância médica, e capazes de causar doenças disseminadas:

Fungo	Doenças e Observações
Mucorales (p. ex., *Rhizopus*, *Mucor*, *Rhizomucor*)	Bolores não septados que causam doenças invasivas em pacientes imunossuprimidos, particularmente diabéticos, pacientes com **acidose metabólica** e portadores de neoplasias hematológicas
Fusarium, *Scedosporium*, *Paecilomyces*	Bolores septados e não pigmentados que causam infecções disseminadas em pacientes imunossuprimidos; um dos poucos bolores que podem ser isolados em culturas de sangue
Alternaria, *Bipolaris*, *Curvularia*	Bolores septados e pigmentados que causam infecções subcutâneas localizadas após traumatismo ou infecções disseminadas para vários órgãos em pacientes imunossuprimidos

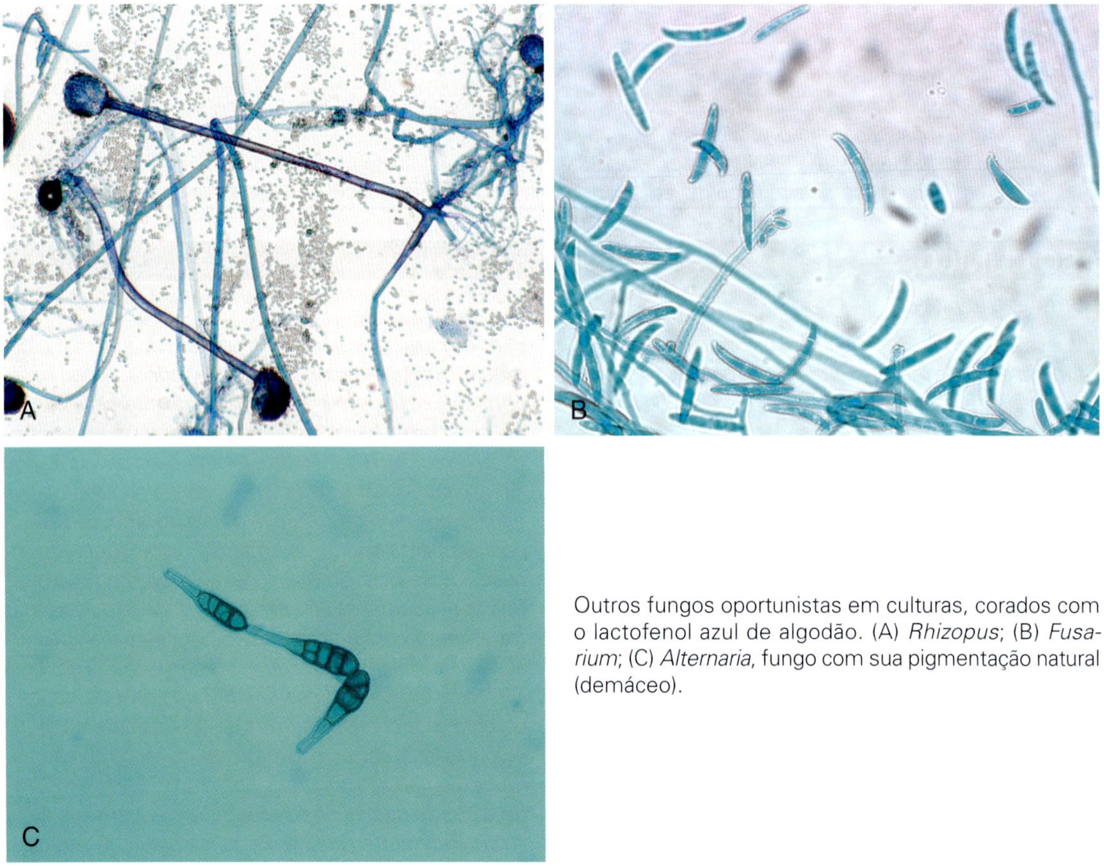

Outros fungos oportunistas em culturas, corados com o lactofenol azul de algodão. (A) *Rhizopus*; (B) *Fusarium*; (C) *Alternaria*, fungo com sua pigmentação natural (demáceo).

CASO CLÍNICO

Fusariose

Badley e colaboradores[4] descrevem o caso de um homem de 38 anos, sob tratamento com quimioterapia para leucemia mieloide aguda, de diagnóstico recente, que apresentou neutropenia e febre. Ele foi tratado com antibióticos de amplo espectro, mas permaneceu febril por 96 horas. Foi colocado um cateter em sua veia jugular esquerda. Culturas de sangue e urina não apresentaram crescimento microbiano. Para combater uma possível infecção fúngica, voriconazol foi acrescentado a seu regime terapêutico. Após 1 semana de tratamento, o paciente ainda se apresentava febril e neutropênico, de modo que a terapia antifúngica foi mudada para caspofungina. Quatro dias depois, o paciente apresentou erupções cutâneas levemente dolorosas. Tais erupções surgiram inicialmente na parte superior do corpo e consistiam de placas eritematopapulares com centro necrótico. Amostras de sangue e biópsia cutânea foram enviadas ao laboratório para análise. A cultura de sangue foi positiva para "levedura", com base na presença de células com brotamentos e pseudo-hifas. A cultura da biópsia cutânea apresentou um "fungo filamentoso" compatível com Aspergillus. *Entretanto, o teste para galactomanana no soro foi negativo. Em todas as culturas, houve o crescimento de* Fusarium solani. *O tratamento com caspofungina foi descontinuado, e substituído por uma preparação lipídica de anfotericina B e voriconazol. Apesar do tratamento antifúngico, o número de lesões aumentou nas 2 semanas seguintes, se espalhando para o tronco, face e todas as extremidades do corpo. A neutropenia e a febre persistiram e o paciente faleceu aproximadamente 3 semanas após o diagnóstico da doença.*

Lesões cutâneas associadas a culturas de sangue positivas para Fusarium *são achados típicos na fusariose. Embora tenha havido relato da presença de "levedura" na cultura de sangue, um exame minucioso revelou microconídios e hifas de* Fusarium. *Do mesmo modo, a observação de hifas septadas na biópsia de pele poderia representar tipos diferentes de fungos filamentosos hialinos, inclusive o* Fusarium.

REFERÊNCIAS

1. Posteraro B, Tumbarello M, La Sorda M, et al. Azole resistance of *Candida glabrata* in a case of recurrent fungemia. *J. Clin Microbiol.* 2006;44:3046-3047.
2. Pappas. www.FrontlineFungus.org.
3. Guha. *Infect Med.* 2007;24(suppl 8):8-11.
4. Badley. www.FrontlineFungus.org.

22

Introdução aos Parasitos

VISÃO GERAL

Os parasitos são os microrganismos mais complexos que se conhece. Todos eles são classificados como eucariotos: alguns unicelulares e outros multicelulares; alguns com tamanho tão pequeno quanto 4 a 5 μm de diâmetro e outros que podem ter até 10 m de comprimento; alguns sem forma definida, com poucas características particulares; e outros com estruturas típicas, como cabeça, tronco e membros. Historicamente, as infecções parasitárias foram consideradas como doenças exóticas, adquiridas apenas em regiões remotas do mundo, mas a realidade é que algumas das parasitoses mais comuns podem ser adquiridas pela maior parte da população de países desenvolvidos e o tráfego global pode trazer doenças, antes restritas às regiões remotas da terra, à porta de qualquer pessoa. A epidemiologia destas doenças é igualmente desafiadora, com alguns parasitos sendo transmitidos de pessoa a pessoa, enquanto outros exigindo uma série complexa de hospedeiros para o desenvolvimento de suas formas infecciosas. As dificuldades enfrentadas pelos estudantes não consistem apenas na compreensão do espectro de doenças causadas pelos parasitos, mas também no entendimento da epidemiologia das infecções que eles causam, que é vital para o desenvolvimento de métodos de diagnóstico diferenciais e de formas de controle e prevenção das infecções parasitárias. Tendo em vista que existem nada menos que centenas de parasitos associados a doenças humanas, o estudante precisa de ajuda para organizar as informações mais relevantes. Neste e nos capítulos seguintes, darei ênfase apenas aos parasitos mais frequentemente associados a doenças humanas, reconhecendo que representantes não virulentos, particularmente no reino Protozoa, podem colonizar seres humanos, criando certa confusão quando detectados em amostras clínicas. Neste capítulo, primeiramente apresentarei dados de classificação dos parasitos e depois uma visão destes organismos pela perspectiva das doenças que eles causam. Também apresentarei um resumo dos agentes antiparasitários que podem ser usados para tratar estas infecções. Nos capítulos seguintes, apresentarei uma visão mais detalhada sobre a biologia destes parasitos, epidemiologia, diagnóstico e tratamento das doenças que eles causam.

CLASSIFICAÇÃO

Os parasitos de humanos são classificados em três reinos: Protozoa, Stramenopila e Animalia. Os **Protozoa** compreendem parasitos simples, de tamanho microscópico e unicelulares. Os Stramenopila incluem vários organismos unicelulares que parecem com plantas (p. ex., algas) e um organismo, o *Blastocystis*, geralmente encontrado em amostras de fezes, mas de significado clínico incerto (na verdade, com significado clínico controverso). Não haverá aqui informações adicionais sobre o reino Stramenopila. O último dos três reinos, Animalia, inclui todos os eucariotos que não sejam Protozoa, Stramenopila ou Fungos. Os parasitos do reino Animalia aqui discutidos incluirão "**vermes**" e "**artrópodes**".

Reino	Classe	Organismo	Doença
Protozoa	Ameba	*Entamoeba Histolytica*	Amebíase (disenteria amebiana)
		Acanthamoeba spp.	Ceratite, encefalite
		Naegleria fowleri	Meningoencefalite
	Flagelados	*Giardia duodenalis*	Giardíase (diarreia)
		Trichomonas vaginalis	Tricomoníase (vaginite)
		Leishmania spp.	Leishmaniose (cutânea ou visceral)
		Trypanosoma brucei	Doença do sono (tripanossomíase africana)
		Trypanosoma cruzi	Doença de Chagas
	Sporozoa	*Cryptosporidium* spp.	Diarreia
		Cyclospora cayetanensis	Diarreia
		Cystoisospora belli	Diarreia
		Toxoplasma gondii	Toxoplasmose (doença disseminada)
		Plasmodium spp.	Malária
		Babesia spp.	Babesiose (doença semelhante à malária)
Animalia	Nematoides (vermes em forma de fuso)	*Enterobius vermicularis*	Enterobíase (prurido perianal)
		Trichuris trichiura	Tricuríase (diarreia)
		Ascaris lumbricoides	Ascaridíase (doença intestinal)
		Strongyloides stercoralis	Estrongiloidíase (doença intestinal)
		Necator americanus	Ancilostomose (doença intestinal)
		Ancylostoma duodenale	Ancilostomose (doença intestinal)
		Brugia malayi	Filariose ou elefantíase
		Wuchereria bancrofti	Filariose ou elefantíase
		Loa loa	Doença disseminada
		Onchocerca volvulus	Oncocercose (doença disseminada e cegueira)
		Trichinella spiralis	Triquinose (doença disseminada)
		Toxocara canis	Larva *migrans* visceral
		Ancylostoma braziliense	Larva *migrans* cutânea
	Trematódeos (platelmintos)	*Fasciolopsis buski*	Doença intestinal
		Fasciola hepatica	Doença hepática
		Opisthorchis sinensis (também conhecido como *Clonorchis sinensis*)	Doença hepática
		Paragonimus westermani	Doença pulmonar
		Schistosoma spp.	Esquistossomose (doença disseminada)
	Cestoides (tênias)	*Taenia saginata*	Doença intestinal
		Taenia solium	Doença intestinal; cisticercose (disseminada)
		Diphyllobothrium latum	Doença intestinal
		Hymenolepis spp.	Doença intestinal
		Dipylidium caninum	Doença intestinal
		Echinococcus granulosus	Equinococose (doença disseminada)
	Artrópodes	Mosquito	Vetor para muitas doenças
		Carrapato	Vetor para muitas doenças
		Pulga	Vetor para muitas doenças
		Piolhos	Vetor para muitas doenças
		Ácaro	Vetor para muitas doenças
		Mosca	Vetor para muitas doenças

PAPEL NA DOENÇA

Nesta seção, apresentarei um resumo sobre os parasitos associados a doenças humanas, em relação às manifestações clínicas que provocam. Este é o ponto de vista do médico quando é apresentado a uma pessoa doente; entretanto, é fundamental que ele tenha conhecimento sobre os parasitos que podem estar associados à causa dos sintomas do paciente. O objetivo desta seção e dos capítulos seguintes é fornecer ao médico mecanismos necessários para elaborar um diagnóstico diferencial destas doenças.

	PARASITO			
Doença no(a)	**Protozoários**	**Nematoides**	**Trematódeos**	**Cestoides**
Nível Sistêmico				
Disseminação e envolvimento de vários órgãos	*Plasmodium falciparum, Toxoplasma, Leishmania*	*Toxocara, Strongyloides, Trichinella*		
Deficiência de ferro		*Necator, Ancylostoma*		
Deficiência de vitamina B_{12}				*Diphyllobothrium*
Sangue				
Malária	*Plasmodium*			
Babesiose	*Babesia*			
Filariose		*Brugia, Loa, Wuchereria*		
Sistema Linfático				
Linfedema		*Brugia, Loa, Wuchereria*		
Linfadenopatia	*Toxoplasma, Trypanosoma*			
Medula Óssea				
Leishmaniose	*Leishmania*			
Sistema Nervoso Central				
Meningoencefalite	*Naegleria, Trypanosoma, Toxoplasma*			
Encefalite granulomatosa	*Acanthamoeba*			
Formação de uma massa, abscesso cerebral	*Toxoplasma, Acanthamoeba*		*Schistosoma japonicum*	*Taenia solium*
Meningite eosinofílica	*Plasmodium falciparum*	*Toxocara*		
Paragonimíase cerebral			*Paragonimus*	
Olho				
Ceratite	*Acanthamoeba*	*Oncocerca*		
Corioretinite, conjuntivite	*Toxoplasma*	*Loa, Oncocerca*		
Cisticercose no olho				*Taenia solium*
Toxocaríase		*Toxocara*		
Trato Intestinal				
Prurido anal	*Enterobius*			
Colite	*Entamoeba histolytica*			
Megacólon tóxico	*Trypanosoma cruzi*			

	PARASITO			
Doença no(a)	**Protozoários**	**Nematoides**	**Trematódeos**	**Cestoides**
Prolapso retal		*Trichuris*		
Dor abdominal, diarreia, disenteria	*Entamoeba histolytica, Giardia, Cryptosporidium, Cyclospora, Cystoisospora*	*Strongyloides, Trichuris, Necator, Ancyclostoma*	*Schistosoma mansoni*	*Taenia, Diphyllobothrium, Hymenolepis, Dipylidium*
Obstrução, perfuração		*Ascaris, Fasciolopsis*		
Trato Geniturinário				
Vaginite, uretrite	*Trichomonas*	*Enterobius*		
Cistite, hematúria	*Plasmodium*		*Schistosoma haematobium*	
Insuficiência renal	*Plasmodium, Leishmania*			
Fígado, Baço				
Abscesso	*Entamoeba histolytica*		*Fasciola*	
Hepatite	*Toxoplasma*			
Obstrução da vesícula biliar		*Ascaris*	*Opisthorchis, Fasciola*	
Cirrose	*Leishmania*	*Toxocara*	*Schistosoma*	
Formação de uma massa				*Taenia solium, Echinococcus*
Coração				
Miocardite	*Toxoplasma, Trypanosoma cruzi*			
Pulmão				
Abscesso	*Entamoeba histolytica*		*Paragonimus*	
Nódulo				*Echinococcus*
Pneumonite	*Toxoplasma*	*Ascaris, Ancylostoma, Strongyloides, Toxocara*	*Paragonimus*	
Músculo				
Miosite generalizada		*Trichinella, Toxocara*		
Miocardite	*Trypanosoma cruzi*	*Trichinella, Toxocara*		
Pele e Tecido Subcutâneo				
Lesão ulcerativa	*Leishmania*			
Nódulo, inchaço	*Trypanosoma cruzi, Acanthamoeba*	*Oncocerca, Loa, Toxocara*		
Manchas e vesículas	*Toxoplasma*	*Ancylostoma*	*Shistosoma*	

AGENTES ANTIPARASITÁRIOS

O tratamento das infecções parasitárias é um problema em potencial. Pelo fato de tanto parasitos quanto humanos serem eucariotos, muitos agentes antiparasitários também agem nas vias metabólicas humanas; ou seja, estes agentes podem apresentar risco de toxicidade. A toxicidade diferencial é obtida através de incorporação seletiva e transformação metabólica da droga pelo parasito ou por diferenças de suscetibilidade a ela, entre hospedeiro e parasito. Agentes usados para o tratamento de **infecções por protozoários** geralmente afetam a síntese de ácido nucleicos e de proteínas ou vias metabólicas específicas que sejam exclusivas dos parasitos, que proliferam rapidamente. Em contrapartida, agentes usados para o tratamento de **infecções por helmintos** têm como alvo vias metabólicas exclusivas dos vermes adultos, que não proliferam rapidamente. Em função de os estudantes possivelmente não serem familiarizados com este tema, apresentarei uma relação das diferentes classes de agentes e, de maneira resumida, os agentes específicos usados para combater cada parasito. A seguir, é apresentado um resumo dos principais agentes parasitários e suas respectivas indicações clínicas.

Categoria	Exemplos	Indicação Clínica
Agentes Antiprotozoários		
Metais pesados	Melarsoprol, estibogluconato de sódio, antimoniato de meglumina	Tripanossomíase, leishmaniose
Análogos de aminoquinolina	Cloroquina, mefloquina, quinina, primaquina, halofantrina, lumefantrina	Profilaxia e tratamento da malária
Antagonistas do ácido fólico	Sulfonamidas, pirimetamina, trimetoprim	Toxoplasmose, malária, ciclosporíase
Inibidores da síntese proteica	Clindamicina, espiramicina, paromomicina, tetraciclina, doxiciclina	Malária, babesiose, amebíase, criptosporidiose, leishmaniose
Diaminas	Pentamidina	Leishmaniose, tripanossomíase
Nitroimidazóis	Metronidazol, benzimidazol, tinidazol	Amebíase, giardíase, tricomoníase, tripanossomíase
Nitrofuranos	Nifurtimox	Tripanossomíase
Análogos de fosfocolina	Miltefosina	Leishmaniose
Naftilamina sulfatada	Suramina	Tripanossomíase
Tiazolídeos	Nitazoxanida	Criptosporidiose, giardíase
Agentes Anti-Helmínticos		
Benzimidazóis	Mebendazol, tiabendazol, albendazol	Anti-helmíntico de amplo espectro para nematoides e cestoides
Tetra-hidropirimidina	Pamoato de pirantel	Ascaridíase, infecções por oxiúros, ancilostomíase
Piperazina	Piperazina, dietilcarbamazina	Ascaridíase e infecções por oxiúros
Avermectinas	Ivermectina	Infecções por filária, estrongiloidíase, ascaridíase, sarna
Pirazinoisoquinolina	Praziquantel	Anti-helmíntico de amplo espectro para cestoides e trematódeos
Fenol	Niclosamida	Infestação por cestoides
Quinolona	Bitionol, oxamniquina	Paragonimíase, esquistossomose
Organofosfato	Metrifonato	Esquistossomose
Naftilamidina Sulfatada	Suramina	Oncocercose

A tabela a seguir traz uma relação dos tratamentos primários e secundários para eliminação dos parasitos mais comuns. Observe que os agentes antiparasitários são os mesmos para combater vários grupos de parasitos.

Parasito	Agentes Antiparasitários Primários	Agentes Antiparasitários Secundários
Protozoários Intestinais		
Entamoeba histolytica	Metronidazol + paromomicina	Iodoquinol; tinidazol + paromomicina
Cryptosporidium spp.	Nitazoxanida	paromomicina + azitromicina
Cystoisospora belli	Trimetoprim-sulfametoxazol	Ciprofloxacina; pirimetamina

Parasito	Agentes Antiparasitários Primários	Agentes Antiparasitários Secundários
Cyclospora cayetanensis	Trimetoprim-sulfametoxazol	Ciprofloxacina
Giardia duodenalis	Metronidazol; nitazoxanida	Furazolidona; paromomicina; quinacrina
Protozoários Urogenitais		
Trichomonas vaginalis	Metronidazol	
Protozoários do Sangue e Tecidos		
Acanthamoeba spp.	Miltefosina	
Naegleria fowleri	Miltefosina; anfotericina B	
Plasmodium spp.	Cloroquina; consulte as recomendações atualizadas do *Centers for Disease Control and Prevention*	
Babesia microti	Clindamicina + quinina; atovaquona + azitrimicina	
Toxoplasma gondii	Pirimetamina + sulfadiazina	
Leishmania spp.	Estibogluconato de sódio; antimoniato de meglumina; miltefosina	Pentamidina; anfotericina B
Trypanosoma brucei	Suramina; pentamidina, melarsoprol (para doenças do sistema nervoso central)	
Trypanosoma cruzi	Benzonidazol; nifurtimox	
Nematoides Intestinais		
Ascaris lumbricoides	Albendazol	Mebendazol; pamoato de pirantel
Enterobius vermicularis	Mebendazol	Albendazol; pamoato de pirantel
Ancylostoma duodenale	Albendazol; mebendazol; pamoato de pirantel	
Necator americanus	Albendazol; mebendazol; pamoato de pirantel	
Strongyloides stercoralis	Ivermectina	Albendazol; mebendazol
Trichuris trichiura	Albendazol; mebendazol	
Nematoides do Sangue		
Brugia malayi	Dietilcarbamazina	Albendazol
Wuchereria bancrofti	Dietilcarbamazina	Albendazo
Loa loa	Dietilcarbamazina	
Onchocerca volvulus	Ivermectina	
Nematoides de Tecidos		
Trichinella spiralis	Mebendazol (apenas vermes adultos)	
Trematódeos Intestinais		
Fasciolopsis buski	Praziquantel	Niclosamida
Trematódeos de Tecidos		
Fasciola hepática	Triclabendazol	Bitionol
Opisthorchis sinensis	Praziquantel	Albendazol
Paragonimus westermani	Praziquantel	Triclabendazol
Trematódeos do Sangue		
Schistosoma mansoni	Praziquantel	Oxamniquina
Schistosoma japonica	Praziquantel	
Schistosoma haematobium	Praziquantel	

Continua

Parasito	Agentes Antiparasitários Primários	Agentes Antiparasitários Secundários
Cestoides Intestinais		
Taenia spp.	Praziquantel	Niclosamida
Diphyllobothrium latum	Praziquantel	Niclosamida
Hymenolepis spp.	Praziquantel	Niclosamida
Dipylidium caninum	Praziquantel	Niclosamida
Cestoides de Tecidos		
Echinococcus spp.	Albendazol	Mebendazol; praziquantel

23

Protozoários

DADOS INTERESSANTES

- A *Entamoeba histolytica* é a ameba que mais causa diarreia.
- O *Crytosporidium* é a causa mais comum de surtos de enterocolite transmitidos pela água.
- A *Giardia duodenalis* é o protozoário flagelado mais frequentemente associado à causa de diarreia.
- A *Trichomonas vaginalis* é o parasito mais frequentemente associado à causa de vaginite.
- A *Acanthamoeba* é o parasito mais frequentemente associado à causa de ceratite.
- O *Plasmodium* é o parasito mais frequentemente transmitido através do sangue, no mundo todo.

Protozoários são parasitos microscópicos unicelulares simples. Sua classificação é complexa, mas a maneira mais simples de agrupá-los tem por base os organismos e locais onde eles causam doenças. Esta forma de classificação também é útil para entender os reservatórios e vetores destes parasitos.

Grupo	Parasito	Reservatório	Vetor
Ameba intestinal	*Entamoeba histolytica*	Humanos	----
Coccídios	*Cyclospora cayetanensis*	Humanos	----
	Cryptosporidium ssp.	Humanos	----
	Cystoisospora belli	Humanos	----
Protozoários flagelados	*Giardia duodenalis*	Humanos, castores, ratos-almiscarados	----
	Trichomonas vaginalis	Humanos	
Ameba de vida livre	*Naegleria* spp.	Ambiente	
	Acanthamoeba spp.	Ambiente	
Protozoários do sangue e dos tecidos	*Plasmodium* spp.	Humanos	Mosquito
	Babesia microti	Roedores	Carrapato
	Toxoplasma gondii	Gatos	----
	Leishmania spp.	Roedores, cães	Mosquito-palha
	Trypanonosoma brucei	Animais domésticos, humanos, gado, ovelhas, animais selvagens de caça	Mosca tsé-tsé
	Trypanosoma cruzi	Animais selvagens	Barbeiro

Os protozoários apresentados neste capítulo certamente não formam uma lista completa desta categoria de organismos ou mesmo daqueles responsáveis por doenças humanas; entretanto, as espécies mais relevantes estão aqui representadas.

AMEBAS INTESTINAIS

Os protozoários intestinais podem ser subdivididos em amebas, coccídios e flagelados. *E. histolytica* representa as amebas intestinais, as quais devem ser diferenciadas de várias amebas não patogênicas que também podem ser encontradas no intestino (a distinção se baseia em características morfológicas, um tópico não discutido neste capítulo). Apesar de não serem comuns nos Estados Unidos, estas amebas podem ser adquiridas em viagens para países onde as condições higiênico-sanitárias são precárias.

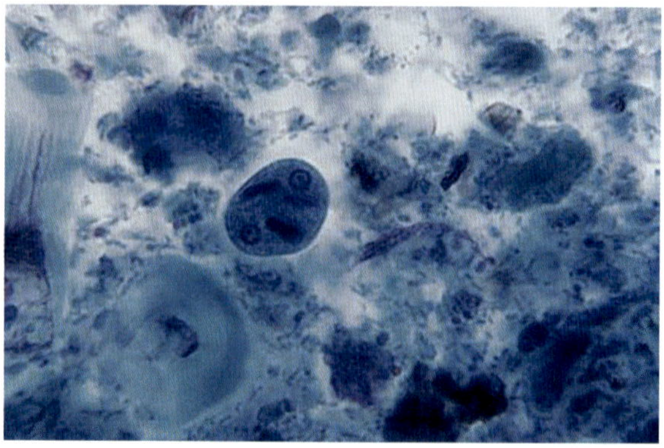

Coloração tricrômica de um cisto de *Entamoeba histolytica,* com dois núcleos e corpos cromatoides, em forma de barras, no citoplasma.

ENTAMOEBA HISTOLYTICA	
Epidemiologia	• Distribuição mundial • Maior prevalência em regiões tropicais e subtropicais, onde as condições higiênico-sanitárias são precárias • Muitos portadores assintomáticos servem como reservatórios da doença • Duas formas de parasitos: cistos infecciosos e trofozoítos não infecciosos que se replicam. • Os trofozoítos se replicam no lúmen do cólon intestinal • Transmissão através de água e alimentos contaminados ou através de prática sexual anal-oral
Doenças	• **Assintomática** • **Amebíase intestinal:** infecção localizada no colón, com dores abdominais, cólicas e diarreia • **Amebíase extraintestinal:** a disseminação para o fígado, com formação de abcesso, é a manifestação extraintestinal mais comum
Diagnóstico	• Amebíase intestinal é diagnosticada geralmente pela detecção de trofozoítos e cistos em amostras de fezes, através de microscopia • Testes de amplificação de ácidos nucleicos (NAATs) para detecção de *E. histolytica* em amostra de fezes estão disponíveis comercialmente • Os parasitos podem não ser observados nas fezes de pacientes com infecções extraintestinais; a sorologia é o método de diagnóstico mais confiável neste caso
Tratamento, controle e prevenção	• As infecções agudas são tratadas com metronidazol, juntamente com a paromomicina; uma alternativa seria iodoquinol (para os casos assintomáticos) ou tinidazol com paromomicina • Prevenção e controle por meio da observância de padrões de saneamento básico, cloração e filtração da água, onde necessário

CASO CLÍNICO

HIV e Abscesso Hepático Amebiano

Liu e colaboradores[1] descreveram o caso de um homem homossexual de 45 anos que apresentou amebíase intestinal e hepática. Inicialmente, o paciente manifestava febre intermitente, seguida de dor no quadrante superior direito do corpo e diarreia. Na internação, ele estava sem febre, tinha uma alta contagem de leucócitos e provas de função hepática anormais. Os exames de fezes foram positivos para sangue oculto e leucócitos. O paciente foi submetido à colonoscopia, na qual foram detectadas úlceras múltiplas e discretas no reto e no cólon. O diagnóstico de colite amebiana foi confirmado pela demonstração de numerosos trofozoítos no exame histopatológico de biópsias do cólon. O exame ultrassônico do abdome revelou uma grande massa heterogênea no fígado, compatível com um abscesso. A drenagem percutânea do abscesso revelou um pus com aparência de chocolate, e o exame de uma biópsia retirada das margens do abscesso acusou somente material necrótico, sem evidência de amebas. Uma PCR feita com o material aspirado, tendo como alvo o 16S RNAr específico de ameba, foi positiva, indicando infecção por Entamoeba histolytica. *O paciente foi tratado com metronidazol, seguido de iodoquinol para erradicar as amebas presentes no lúmen. Uma informação obtida posteriormente revelou que ele tinha viajado à Tailândia 2 meses antes do aparecimento desta doença. A sorologia para HIV também foi positiva. O paciente melhorou rapidamente com a terapia antiamebiana e teve alta, sob tratamento antirretroviral.*

Embora os cistos de ameba sejam detectados com frequência em fezes de homens homossexuais, estudos realizados em países ocidentais sugeriram que quase todos eles pertenciam à espécie não patogênica Entamoeba dispar, *sendo que a amebíase invasiva foi considerada rara em indivíduos HIV-positivos. Este caso ilustra o fato de que amebíases invasivas, como o abscesso hepático amebiano e a colite, podem ocorrer juntamente com a infecção por HIV. A possível associação de amebíase invasiva com infecção por HIV deve ser considerada nos casos de pacientes que viajaram para áreas endêmicas para* E. histolytica *ou que vivem nestas áreas.*

COCCÍDIOS

Três gêneros de **coccídios** são discutidos neste capítulo: *Cyclospora*, *Cryptosporidium* e *Cystoisospora*. As infecções por *Cyclospora*, nos Estados Unidos, são geralmente associadas a surtos envolvendo alimentos, como frutas ou vegetais crus, provenientes de países onde as condições higiênico-sanitárias são precárias. *Cryptosporidium* e *Cystoisospora* foram inicialmente implicados na causa de infecções intestinais, em portadores de HIV, mas atualmente são reconhecidos como patógenos, tanto de indivíduos imunossuprimidos quanto de imunocompetentes. *Cryptosporidium*, em particular, é associado a grandes surtos, quando a água potável ou de recreação está contaminada. Muitas espécies de *Cryptosporidium* infectam várias espécies de animais, mas *Cryptosporidium hominis* e *Cryptosporidium parvum* são as mais frequentemente associadas a infecções humanas.

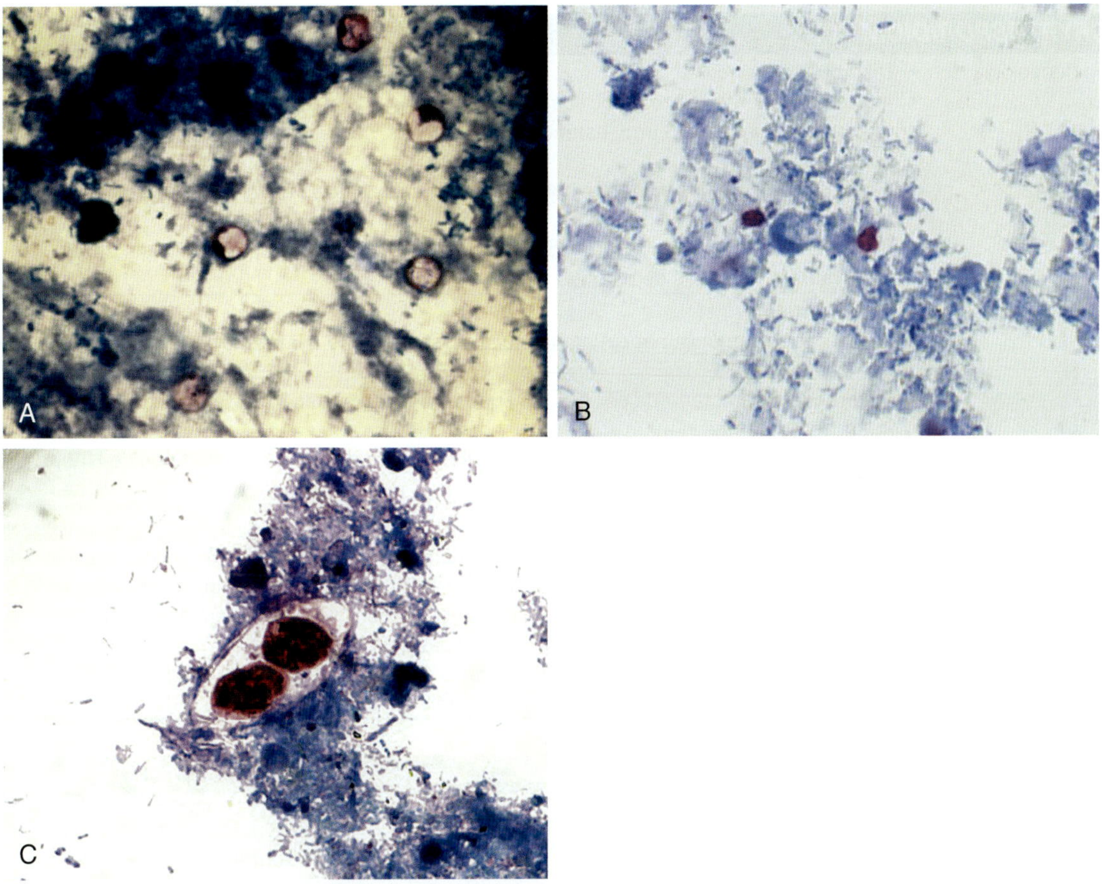

Coloração álcool-acidorresistente de (A) *Cyclospora*, (B) *Cryptosporidium* e (C) *Cystoisospora*.

CYCLOSPORA CAYETANENSIS	
Epidemiologia	• Distribuição mundial • Maior prevalência em regiões tropicais e subtropicais, onde as condições higiênico-sanitárias são precárias • Contaminação por ingestão de água ou alimentos (p. ex, frutas e vegetais) contaminados; não ocorre transmissão interpessoal • Em geral, os surtos acontecem nos meses de primavera e verão • Oocistos pequenos (8-10 μm), esféricos e não infecciosos são liberados no ambiente junto com as fezes; no meio externo, eles produzem dois esporocistos internos, cada um deles contendo dois esporozoítos • Quando o oocisto é ingerido, os esporozoítos são liberados e entram nas células da mucosa do **intestino delgado**, onde provocam a doença
Doenças	• **Assintomática** • **Diarreia moderada a grave**, com náusea, anorexia, dores abdominais e diarreia; doença autolimitante em pacientes imunocompetentes, embora os sintomas possam persistir por semanas • Pode ocorrer **infecção crônica**, particularmente em portadores de HIV
Diagnóstico	• Geralmente a infecção é diagnosticada pela detecção de oocistos em amostras de fezes, por microscopia
Tratamento, controle e prevenção	• A droga de escolha é o trimetoprim-sulfametoxazol; alternativa é a ciprofloxacina • Observação dos cuidados com a higiene pessoal e condições sanitárias adequadas • Tratamento da água com cloro ou iodo geralmente não é eficaz, porque os oocistos apresentam certa resistência a estes agentes

CRYPTOSPORIDIUM SPP.	
Epidemiologia	• Distribuição mundial • Infecção frequentemente associada à água contaminada ou transmissão fecal-oral ou oral-anal • Oocistos pequenos (4-6 μm), esféricos e infecciosos, contendo esporozoítos, são excretados nas fezes • Esporozoítos ingeridos aderem à borda em escova das células epiteliais do **intestino delgado**, onde provocam a doença • Surtos bem documentados têm sido associados a locais de água contaminada, como reservatórios ou águas de parques aquáticos e piscinas
Doenças	• **Assintomática** • A infecção sintomática por *Cryptosporidium* é semelhante à infecção sintomática provocada por *Cyclospora* • **Enterocolite** caracterizada por diarreia aquosa, com remissão após 10 dias, em pacientes imunocompetentes • **Enterocolite mais grave** em pacientes imunossuprimidos (p. ex., portadores de HIV), que pode evoluir para doença crônica
Diagnóstico	• Detecção de oocistos em amostras de fezes por meio de microscopia, imunoensaio ou NAATs
Tratamento, controle e prevenção	• Nitazoxanida é usada para tratar pacientes imunocompetentes, mas não é eficaz no caso de imunossuprimidos; paromomicina juntamente à azitromicina é uma alternativa • Prevenção da doença é difícil devido à presença comum do parasito em animais e da contaminação acidental de reservatórios de abastecimento de água e águas para recreação • Observação de cuidado com a higiene pessoal e condições sanitárias adequadas; evitar práticas sexuais que envolvam contato anal-oral

CASO CLÍNICO

Criptosporidiose

Quiroz e colaboradores[2] descreveram um surto de criptosporidiose ligado a um manipulador de alimentos. No outono de 1998, o Departamento de Saúde foi informado sobre um surto de gastrenterite entre estudantes universitários. Informações iniciais sugeriam que os casos estavam ligados ao hábito dos estudantes de se alimentar em uma das lanchonetes do campus; quatro funcionários dessa lanchonete apresentavam sintomas semelhantes aos dos estudantes doentes. Suspeitou-se que a causa do surto seria um agente viral, até que C. parvum *foi detectado em amostras de fezes de vários funcionários da lanchonete. Um estudo envolvendo 88 pacientes e 67 indivíduos-controle mostrou uma relação entre diarreia e o fato de os estudantes frequentarem pelo menos uma de duas lanchonetes do campus.* C. parvum *foi encontrado em amostras de fezes de 16 (70%) dos 23 estudantes doentes e em dois de quatro funcionários doentes. Um destes funcionários, com criptosporidiose confirmada por exames de laboratório, preparou alimentos vegetais crus em dias próximos à ocorrência do surto. Todos de um total de 25 isolados de* C. parvum *submetidos à análise de DNA, incluindo três isolados obtidos do indivíduo que preparou os alimentos crus, apresentaram o genótipo 1. Este surto ilustra o potencial da criptosporidiose de se manifestar como doença veiculada por alimentos. As evidências epidemiológicas e moleculares apresentadas indicam que o indivíduo doente, que preparou alimento, foi a provável origem do surto.*

CYSTOISOSPORA BELLI	
Epidemiologia	• Distribuição mundial • Maior prevalência em regiões tropicais e subtropicais, onde as condições higiênico-sanitárias são precárias • Infecção pela ingestão de água ou alimentos contaminados ou contato sexual anal-oral • Oocistos grandes, oblongos e não infecciosos liberados nas fezes; no ambiente, produzem internamente dois esporocistos, cada um contendo quatro esporozoítos • Quando os oocistos são ingeridos, os esporozoítos são liberados e entram nas células epiteliais do **intestino delgado**, provocando a doença
Doenças	• **Assintomática** • **Diarreia moderada a grave**, semelhante à giardíase • **Infecção crônica**, particularmente em portadores de HIV
Diagnóstico	• As infecções são frequentemente diagnosticadas pela detecção de oocistos nas fezes, por meio de microscopia
Tratamento, controle e prevenção	• Droga de escolha é o trimetoprim-sulfametoxazol; alternativa é ciprofloxacina ou pirimetamina • Observação de cuidados com a higiene pessoal e condições sanitárias adequadas; evitar práticas sexuais de contato anal-oral

PROTOZOÁRIOS FLAGELADOS

Duas espécies de protozoários flagelados (assim chamados em função de seus flagelos ou estruturas parecidas com cabelo, que são a característica fundamental para sua identificação) são discutidas neste capítulo: uma intestinal, a *G. duodenalis*, e outra urogenital, a *T. vaginalis*.

Diferentemente da maioria dos outros parasitos discutidos neste capítulo, *G. duodenalis* (também denominada *Giardia lamblia* ou *Giardia intestinalis*) é amplamente disseminada nos Estados Unidos. Animais selvagens são importantes reservatórios deste parasito, sendo que as fezes deles podem contaminar muitos rios e lagos, assim como água de poços para consumo humano.

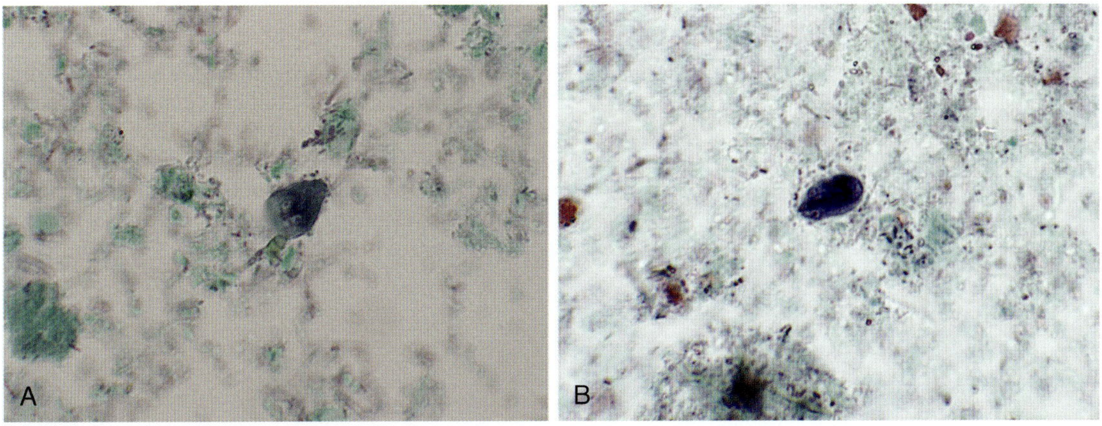

Coloração tricrômica de *Giardia duodenalis* (A) trofozoíto e (B) cisto.

GIARDIA DUODENALIS	
Epidemiologia	• Distribuição mundial • Animais como castor e rato-almiscarado servem como reservatórios • Portadores humanos assintomáticos também servem como reservatórios • Apresenta-se em duas formas: cistos infecciosos e trofozoítos não infecciosos que se replicam. • A infecção em humanos ocorre, mais frequentemente, pela ingestão de água ou alimentos contaminados por cistos • A disseminação entre os indivíduos acontece por meio de contaminação fecal-oral • Surtos em creches, enfermarias e instituições de cuidados por longo prazo têm sido registrados
Doenças	• **Assintomática** • Infecção do **intestino delgado** (**giardíase**), com sintomas que vão de diarreia até síndrome da má absorção • Período de incubação, em média 10 dias; manifestação repentina de diarreia aquosa e fétida, dores abdominais e flatulência • Sintomas persistem por 1 a 2 semanas, embora manifestações crônicas possam ocorrer
Diagnóstico	• Giardíase intestinal mais frequentemente diagnosticada pela detecção de trofozoítos e cistos em amostras de fezes, por meio de microscopia • NAATs estão disponíveis atualmente para detecção de *G. duodenalis* nas fezes • Imunoensaios e imunofluorescência estão disponíveis, porém são menos sensíveis do que NAATs
Tratamento, controle e prevenção	• Droga de escolha é metronidazol ou nitazoxanida; alternativas são furazolidona, paromomicina e quinacrina • Evitar água e alimentos contaminados • Apenas cloração da água é insuficiente, pois os cistos são relativamente resistentes ao cloro; a água deve ser filtrada ou fervida

CASO CLÍNICO

Giardíase Resistente a Drogas

Abboud e colaboradores[3] descreveram um caso de giardíase resistente ao metronidazol e ao albendazol, cujo tratamento foi bem-sucedido com nitazoxanida. O paciente era um homem homossexual com 32 anos, aidético, hospitalizado devido a uma diarreia que não respondia ao tratamento. O exame das fezes revelou inúmeros cistos de Giardia duodenalis *(*G. lamblia*). O paciente foi tratado cinco vezes sem sucesso, com metronidazol e albendazol, sem melhoras no seu quadro de diarreia ou parada na eliminação de cistos nas fezes. Embora, junto com estas drogas, tenha sido administrado um tratamento antirretroviral, este foi ineficaz, sendo que a análise de genótipos dos vírus acusou mutações ligadas a uma alta resistência à maioria das drogas antirretrovirais existentes. O paciente foi então tratado para giardíase, com nitazoxanida, resultando em cura da diarreia e resultados negativos nos exames parasitológicos. A resistência ao metronidazol e ao albendazol apresentada por esta cepa de* G. lamblia *foi confirmada por testes* in vivo *e* in vitro *de sensibilidade. A nitazoxanida pode ser considerada uma alternativa válida para tratamento de casos de giardíase resistente às drogas atualmente em uso.*

A importância *T. vaginalis* tem sido subestimada porque a maioria das mulheres e homens infectados por este parasito é assintomática. Entretanto, a condição de portador assintomático aumenta o risco de infecção e transmissão de outras doenças sexualmente transmissíveis e expõe mulheres grávidas a um maior risco de parto prematuro.

TRICHOMONAS VAGINALIS	
Epidemiologia	• Distribuição mundial • Trofozoíto é a forma única; instala-se na uretra e vagina, na mulher, e na uretra, no homem • Transmissão interpessoal através de relações sexuais
Doenças	• A maioria dos indivíduos infectados é **assintomática** • **Vaginite e uretrite**: inflamações das mucosas vaginal e uretral, com prurido, ardor, dor ao urinar, corrimentos vaginal e uretral • Se não tratadas, estas infecções podem persistir por meses ou anos
Diagnóstico	• Detecção do parasito nas secreções, por meio de microscopia, cultura ou NAATs • NAAT é o teste preferido e mais sensível para a identificação de indivíduos infectados, sintomáticos ou não
Tratamento, controle e prevenção	• Metronidazol é a droga de escolha • Evitar reinfecção, ambos parceiros sexuais devem ser tratados • Prática de sexo seguro deve ser mantida

AMEBAS DE VIDA LIVRE

Dois gêneros de ameba de vida livre são discutidos neste capítulo: *Naegleria* e *Acanthamoeba*. Ambos são importantes patógenos humanos, capazes de causar doenças graves, de evolução rápida e fatais, mas felizmente são um tanto incomuns.

NAEGLERIA SPP.	
Epidemiologia	• Distribuição mundial • Comum em solo, rios e lagos de água doce • As infecções são mais comuns após contato com os trofozoítos, em águas contaminadas, nos meses quentes de verão • O parasito entra no organismo pelo nariz e migra para o cérebro; as infecções não são causadas pela ingestão de água contaminada
Doença	• **Meningoencefalite amebiana primária**: tem evolução rápida e fatal, com destruição do tecido cerebral
Diagnóstico	• Devido à rápida evolução da doença, o diagnóstico baseado no histórico de contato com o parasito e sintomas clínicos é confirmado após a morte • Detecção do parasito por exame microscópico do fluido cerebroespinhal ou tecido cerebral • NAATs disponíveis somente em laboratórios de referência
Tratamento, controle e prevenção	• O tratamento geralmente é ineficaz, por causa da rápida evolução da doença, embora a droga experimental miltefosina esteja disponível no Centers for Disease Control and Prevention (CDC); anfotericina B é uma alternativa • A prevenção é difícil em razão da ampla distribuição do parasito

ACANTHAMOEBA SPP.	
Epidemiologia	• Distribuição mundial • Comum em solo, lagos de água doce, rios, água de torneira e água comercializável, em frascos; pode contaminar fluidos de diálise e soluções para limpeza de lentes de contato • As infecções oculares são mais frequentemente associadas ao uso de lentes de contato mal higienizadas, em pacientes com pequenas lesões de córnea (p. ex., córnea irritada ou com escoriações)
Doenças	• **Ceratite**: os sintomas podem variar de irritação, vermelhidão e dor moderada nos olhos para uma rápida destruição da córnea • **Encefalite amebiana granulomatosa**: principalmente em pacientes imunossuprimidos, com longo período de incubação e evolução mais lenta do que observada nas infecções por *Naegleria*

(Continua)

ACANTHAMOEBA SPP. *(Cont.)*	
Diagnóstico	• Cultura de raspado do olho é um método rápido e sensível para o diagnóstico de ceratite amebiana (amostras clínicas são inoculadas em uma placa de ágar contendo uma camada de bactérias Gram-negativas; o rastro de migração amebiano sobre as bactérias na placa é facilmente visível, após a incubação da placa por uma noite) • Detecção do parasito por exame microscópico do tecido cerebral é a melhor opção para o diagnóstico de encefalite amebiana
Tratamento, controle e prevenção	• O tratamento geralmente é ineficaz, apesar de a droga experimental miltefosina estar disponível no CDC • Infecções dos olhos são evitadas pelo uso de soluções de limpeza estéreis para lentes de contato e evitando-se o uso de lentes, se os olhos estiverem irritados

PROTOZOÁRIOS DO SANGUE E DOS TECIDOS

Dois gêneros de protozoários são importantes parasitos transmitidos pelo sangue: *Plasmodium* e *Babesia*. Diferentemente do que se observa com os protozoários já discutidos, todos protozoários do sangue e tecidos requerem vetores que são essenciais para transmissão da doença: o mosquito *Anopheles*, no caso da malária (*Plasmodium*), e o carrapato, no caso da babesiose (*Babesia*).

Cinco espécies de *Plasmodium* são responsáveis pela malária em humanos: *Plasmodium falciparum*, *Plasmodium vivax*, *Plasmodium ovale*, *Plasmodium malariae* e *Plasmodium knowlesi*, sendo as duas primeiras espécies as mais comuns. Em 2013, a Organização Mundial da Saúde estimou em quase 200 milhões o número de casos de malária e de 500 mil mortes pela doença, afetando principalmente crianças na África. Aproximadamente 1.500 casos de malária ocorrem nos Estados Unidos a cada ano, afetando principalmente imigrantes de áreas endêmicas e pessoas que viajam para estas regiões, embora a transmissão interna nos Estados Unidos seja bem conhecida.

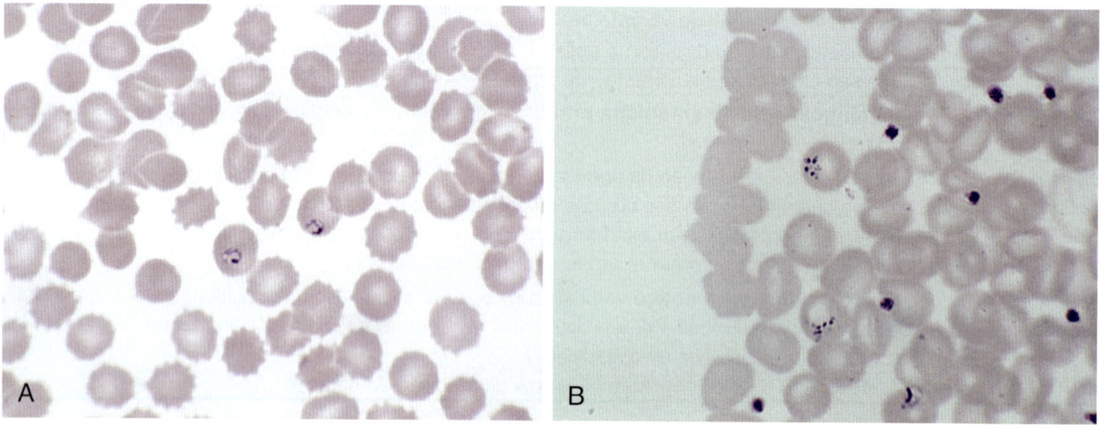

Coloração de Giemsa de sangue periférico infectado por (A) *Plasmodium falciparum* e (B) *Babesia microti*.

PLASMODIUM SPP.	
Epidemiologia	• Regiões tropicais e subtropicais da África, Índia, Sudeste Asiático, Rússia e China • Espécies individuais podem ser restritas a determinadas áreas geográficas • Diferentes espécies de *Plasmodium* apresentam um ciclo de vida semelhante • A infecção em humanos inicia-se pela picada de **mosquitos** *Anopheles* que transmitem esporozoítos para o sangue; os esporozoítos são levados até as células do fígado, onde se replicam; quando os hepatócitos são destruídos, são liberados merozoítos no sangue, os quais ligam, penetram e se replicam nas hemácias • Os mosquitos são infectados quando ingerem formas sexualmente maduras do parasito – os gametócitos

PLASMODIUM SPP. (*Cont.*)	
Doenças	• As manifestações clínicas da **malária** dependem da espécie de *Plasmodium* (p. ex., *Plasmodium falciparum* produz os sintomas mais graves) e de contato prévio com o parasito (sintomas leves podem se manifestar em pacientes com imunidade parcial) • A doença pode se manifestar na forma aguda, após um período de replicação nas células hepáticas; os sintomas incluem calafrios, febre e mialgias e podem evoluir para náusea, vômito e diarreia; os sintomas podem ser periódicos (um dia com sintomas agudos, seguido por alguns dias com sintomas moderados), correspondendo à infecção sincronizada com a destruição de hemácias • As infecções por *Plasmodium vivax* e *Plasmodium ovale* podem envolver uma **fase hepática latente**, que pode ser ativada meses ou anos depois da infecção primária, apresentando sintomas de uma infecção aguda
Diagnóstico	• Detecção do parasito nas hemácias, por meio de microscopia (por coloração de Giemsa) • Detecção de formas características em células infectadas serve para distinguir espécies individuais • NAATs é o método mais sensível para detecção e identificação dos parasitos, mas não estão amplamente disponíveis atualmente • Imunoensaios são disponíveis, rápidos, mas não tão sensíveis quanto a microscopia
Tratamento, controle e prevenção	• O tratamento é complexo, porque a resistência à droga mais frequentemente utilizada, a cloroquina, é disseminada; as diretrizes do CDC (ou instituição equivalente) devem ser seguidas para o tratamento de infecções por cepas cuja resistência seja conhecida ou suspeita • Os riscos de infecção podem ser reduzidos pelo uso de roupas protetoras, repelentes e antimaláricos profiláticos, em caso de viagens para regiões endêmicas • Vacinas para prevenção das doenças encontram-se em estudo

CASO CLÍNICO

Malária

Mohin e Grupta[4] descreveram um caso grave de malária por P. vivax. *O paciente era um homem de 59 anos que apresentara febre alta um dia depois de voltar de uma viagem recente à Guiana, na América do Sul. Ele não havia tomado nenhum medicamento antes, durante ou após a viagem. Ele notou que estes sintomas eram parecidos com os de uma malária que ele tinha adquirido 5 anos atrás, também na Guiana. Análise de um esfregaço de seu sangue, que fez parte do conjunto de exames iniciais aos quais ele se submeteu, revelou várias hemácias com esquizontes, o que era compatível com infecção por* Plasmodium *com parasitemia acima de 5%. Vários exames de sangue, incluindo uma PCR do respectivo DNA, foram realizados para identificação da espécie do parasito. O paciente foi submetido a um tratamento com quinina e doxiciclina, por via oral, devido à possibilidade de o parasita ser resistente à cloroquina. Nos 4 dias seguintes, ele apresentou uma trombocitopenia mais grave, insuficiência renal não oligúrica, insuficiência respiratória aguda e colapso circulatório, apesar de uma redução da parasitemia para menos de 0,5%. Ele foi tratado com quinidina endovenosa e submetido a uma transfusão, por troca de sangue, para tratar a infecção pelo* P. falciparum, *para qual havia suspeitas no momento, devido à gravidade dos sintomas. Entretanto, no dia seguinte, os resultados da PCR de seu sangue revelaram que o parasito era* P. vivax, *e não* P. falciparum. *O paciente melhorou gradualmente e foi tratado com primaquina, para prevenir recorrência dos sintomas.*

Este caso mostra que, embora incomum, problemas respiratórios e circulatórios podem complicar a malária por P. vivax. *Se a condição do paciente se deteriorar, deve-se considerar infecção por* P. vivax, *mesmo que a quantidade de parasito seja relativamente baixa. Ao contrário das infecções por* P. falciparum, *as infecções provocadas por* P. vivax *apresentam um risco adicional que é a recorrência, o que exige tratamento adequado. Este caso também enfatiza a importância da quimioprofilaxia e de medidas de proteção pessoal para quem esteja planejando viajar para uma região de ocorrência de malária.*

Várias espécies de *Babesia* causam doenças em humanos no mundo todo, mas o foco deste capítulo é a espécie mais frequentemente associada à babesiose nos Estados Unidos, com quase 2 mil casos registrados anualmente.

BABESIA MICROTI	
Epidemiologia	• Estados do nordeste e meio-oeste dos Estados Unidos • Roedores selvagens (p. ex., camundongo de patas-brancas) são os principais reservatórios do parasito • **Carrapatos** do gênero *Ixodes* (de cervos) são os vetores que se infectam quando picam roedores contendo o parasito ou a contaminação ocorre por via transovariana; humanos são hospedeiros acidentais • A maioria das infecções resulta de picadas de carrapato em seu estágio de ninfa, que podem não ser notadas (as ninfas são muito pequenas, do tamanho de sementes de papoula) • Em geral, as infecções acontecem nos meses de primavera e verão • Quando os carrapatos se alimentam de sangue, no homem, eles introduzem os esporozoítos na circulação, os quais entram e replicam-se nas hemácias
Doença	• A **babesiose** é caracterizada por um princípio de mal-estar, febre, dor de cabeça, calafrios, sudorese e fadiga; uma forma mais grave da doença ocorre em pacientes imunossuprimidos
Diagnóstico	• Detecção do parasito, por meio de microscopia, em hemácias infectadas (coradas com Giemsa) • NAAT disponível principalmente em laboratórios de referência
Tratamento, controle e prevenção	• Atovaquona juntamente a azitromicina são usadas nas formas moderadas da doença; clindamicina juntamente a quinina e transfusão por troca de sangue são usadas em casos graves • As infecções são evitadas pelo uso de roupas de proteção e repelentes; pronta remoção dos carrapatos (embora possam não ser notados), porque eles precisam se alimentar por várias horas para transmitir a doença

Três gêneros de protozoários dos tecidos são discutidos aqui: o *Toxoplasma*, que tem distribuição universal, incluindo os Estados Unidos, e *Leishmania* e *Trypanosoma*, que são mais restritos em termos de distribuição geográfica.

Infelizmente, não é necessário viajar para muito longe para ter contato com o primeiro dos parasitos mencionados. *T. gondii* está tão próximo de nós quanto os gatos domésticos. Seu ciclo de vida ocorre em gatos que eliminam oocistos, os quais amadurecem, transformando-se em formas infecciosas, em poucos dias. Estas formas infecciosas são ingeridas por roedores e, por sua vez, consumidas pelos gatos. Os humanos são, por infortúnio, hospedeiros acidentais.

TOXOPLASMA GONDII	
Epidemiologia	• Distribuição mundial • **Gatos** domésticos servem como reservatórios • O parasito se replica nas células da mucosa intestinal; oocistos não infecciosos são liberados pelas fezes dos gatos, amadurecem entre 2 a 3 dias, formando dois esporocistos, cada um contendo quatro esporozoítos • Infecções humanas surgem após exposição aos oocistos infecciosos, por meio da manipulação de fezes de gato ou ingestão de **oocistos** presentes na carne malcozida de animais infectados (p. ex., de porco e cordeiro); transmissão por via transplacentária também pode ocorrer
Doenças	• **Infecção assintomática** • Os sintomas da **toxoplasmose** dependem da condição imunológica do hospedeiro (a doença é mais grave para o feto e pacientes imunossuprimidos) e dos tecidos envolvidos (p. ex., pulmão, coração, órgãos linfoides e sistema nervoso central) • Doença caracterizada por destruição tecidual com formação de abcessos e cistos • Encefalopatia, meningoencefalite e lesão cerebral podem acometer pacientes imunossuprimidos
Diagnóstico	• A maioria das infecções pode ser diagnosticada por sorologia ou pela detecção de cistos em tecidos infectados, por meio de microscopia • NAATs disponíveis em laboratórios referência
Tratamento, controle e prevenção	• Infecções leves podem ser gerenciadas sintomaticamente; infecções graves ou disseminadas são tratadas com pirimetamina juntamente à sulfadiazina; tratamento pode se estender por toda vida • Gestantes e pacientes imunossuprimidos devem evitar contato com fezes de gatos ou ingestão de carnes malcozidas

CASO CLÍNICO

Toxoplasmose

Vincent e colaboradores[5] descreveram o caso de uma mulher de 67 anos com um histórico de 3 anos de linfoma de Hodgkin e que recebeu quimioterapia, seguida de transplante autólogo de células-tronco. Logo depois do transplante, apresentou febre e neutropenia, sendo medicada com antibióticos de amplo espectro. Os resultados de culturas feitas com amostras de seu sangue e urina foram negativos. Após a resolução da neutropenia (1 mês após o transplante), a paciente apresentou alterações de comportamento e letargia. Exames de imagens de seu cérebro revelaram microinfartos em ambos os hemisférios cerebrais e no mesencéfalo. Dados da punção lombar foram inconclusivos. Com base na suspeita de toxoplasmose, pirimetamina e sulfadiazina foram adicionadas ao regime terapêutico da paciente. Devido à manifestação de uma necrólise epidérmica tóxica, a sulfadiazina foi descontinuada, sendo administrada clindamicina. Em seguida, a paciente teve falência múltipla de órgãos e morreu 1 semana depois. Na autópsia, foram detectados cistos de bradizoítos no cérebro e no coração da mulher. Achados histopatológicos e imuno-histoquímicos confirmaram o diagnóstico de toxoplasmose disseminada.

A toxoplasmose disseminada é rara, principalmente após transplante autólogo de células-tronco. A causa provável de reativação e disseminação do Toxoplasma *nesta paciente foi a imunossupressão mediada por células, relacionada com o linfoma de Hodgkin e seu tratamento. Além do cérebro, coração, fígado e pulmões são frequentemente envolvidos, nos casos de toxoplasmose disseminada.*

A taxonomia da *Leishmania* muda frequentemente, porém o nome das espécies individuais não é essencial para a compreensão das doenças que elas causam.

LEISHMANIA SPP.	
Epidemiologia	• Espécies individuais restritas a regiões geográficas específicas • Parasitos encontrados no Sul da Europa, regiões tropicais e subtropicais, incluindo África, Ásia, Oriente Médio e América Latina • Animais que são reservatórios incluem roedores e cães; a transmissão dos reservatórios para humanos ou entre humanos se dá pela picada da **mosca de areia** (menor do que um mosquito) • O parasito encontra-se no estágio de **promastigota**, na saliva de moscas infectadas; após sua introdução no organismo humano, as formas promastigotas se transformam em **amastigotas**, que invadem as células do sistema reticuloendotelial, onde se multiplicam; a destruição das células parasitadas e replicação adicional do parasito provocam manifestações localizadas ou disseminadas • As moscas de areia tornam-se infectadas quando sugam sangue contendo amastigotas; estas se transformam em promastigotas no intestino médio dos insetos, migrando para sua glândula salivar, quando os insetos alimentam • As manifestações clínicas dependem da espécie do parasito e da condição imunológica do paciente
Doenças	• **Leishmaniose cutânea**: lesão no local da picada • **Leishmaniose mucocutânea**: progressão da doença, com destruição de membranas mucosas adjacentes • **Leishmaniose visceral ou disseminada**: manifestação moderada autolimitante; doença fulminante com destruição de múltiplos órgãos (p. ex., fígado, baço, rins); ou doença crônica
Diagnóstico	• O diagnóstico clínico em regiões endêmicas é confirmado pela detecção de amastigotas no tecido por microscopia, imunoensaios ou NAATs
Tratamento, controle e prevenção	• O tratamento de escolha para todas as formas de leishmaniose é estibogluconato sódico, antimoniato de meglumina ou miltefosina; alternativas são pentamidina ou anfotericina B • Prevenção pelo controle do vetor e tratamento de indivíduos infectados

Duas espécies de *Trypanosoma*, *Trypanosoma brucei* e *Trypanosoma cruzi*, provocam doenças muito distintas entre si, em diferentes regiões do mundo, sendo, por isso, apresentadas separadamente. Além disso, o *T. brucei* é subdividido em subespécies que são restritas a certas regiões da África e causam variantes clínicas de uma doença frequentemente denominada **doença de sono africana,** em função de seus efeitos no sistema nervoso central.

TRYPANOSOMA BRUCEI

Epidemiologia	• ***T. brucei gambiense*** ocorre na África Tropical, Central e Ocidental (República Democrática do Congo, Angola, Sudão, República Centro-Africana, Chade e norte de Uganda) • ***T. brucei rhodensiense*** ocorre na África Oriental (Tanzânia, Uganda, Malauí e Zâmbia) • Os reservatórios de *T. brucei gambiense* podem ser animais domésticos e humanos; os reservatórios de *T. brucei rhodensiense* são ovelhas, gado e animais selvagens de caça • Transmissão pela **mosca tsé-tsé** (Glossina) • A mosca tsé-tsé infectada introduz **tripomastigotas** no tecido cutâneo, quando se alimenta de sangue; os tripomastigotas amadurecem e são transportados pelo sangue para outros fluidos corporais (fluido cerebroespinhal e linfa), onde a replicação continua • Moscas tsé-tsé tornam-se infectadas quando sugam tripomastigotas da corrente sanguínea, os quais se multiplicarão em seu intestino médio; as formas tripomastigotas se transformam em **epimastigotas**, que migram para as glândulas salivares, onde a replicação continua
Doenças	• **Doença do sono africana:** a doença causada pelo *T. brucei gambiense* se manifesta após um período de incubação que varia de dias a algumas semanas; uma lesão pode surgir no local da picada da mosca; ocorrem febre, mialgia, artralgia e inchaço dos linfonodos; a forma crônica progride para o sistema nervoso central, apresentando letargia, tremores, meningoencefalite, retardo mental, levando, eventualmente, à morte • A doença provocada pelo *T. b. rhodensiense* tem evolução mais aguda, sendo que a morte pode ocorrer em 1 ano, se não for tratada
Diagnóstico	• A detecção de tripomastigotas no sangue e fluido espinhal é o exame de escolha • Imunoensaios e NAATs não apresentam sensibilidade
Tratamento, controle e prevenção	• A suramina ou pentamidina são usadas para tratar infecções agudas; se houver suspeita de envolvimento do sistema nervoso central, o melarsoprol é a droga de escolha • O controle é feito pela redução do número de pessoas infectadas e monitoramento dos insetos, embora isso seja difícil em países onde os recursos são limitados

TRYPANOSOMA CRUZI

Epidemiologia	• México, América Central e América do Sul • Os reservatórios são vários animais selvagens e o vetor é um **inseto reduvídeo** (barbeiro) • O vetor aloja-se em certas moradias, particularmente aquelas com paredes de barro e telhados de palha • Infecções em humanos podem ser também transmitidas congenitamente, através de hemoderivados e por meio de transplante de órgãos • A transmissão acontece quando **tripomastigotas**, nas fezes do inseto, contaminam o ferimento provocado por sua picada, quando ele se alimenta de sangue; os parasitos invadem células no local da picada, transformam-se em amastigotas e replicam-se; as formas **amastigotas** se transformam em tripomastigotas, que saem das células tanto para infectar outras células quanto para serem ingeridas por insetos, quando o indivíduo for novamente picado • No inseto reduvídeo, os tripomastigotas são transformados em epimastigotas, que se replicam no intestino médio, sendo transformados em tripomastigotas no intestino posterior
Doenças	• **Doença assintomática** • **Doença de Chagas aguda:** caraterizada por eritema e endurecimento do local da picada do inseto, seguidos de febre, calafrios, mal-estar, mialgia e fadiga • **Doença de Chagas crônica:** evolução para o estágio crônico, caracterizado por hepatosplenomegalia, miocardite e expansão do esôfago e cólon; pode ocorrer envolvimento do sistema nervoso central, com meningoencefalite
Diagnóstico	• Detecção de tripomastigotas no sangue nos estágios iniciais da doença ou amastigotas nos tecidos infectados • Sorologia e NAATs não apresentam sensibilidade
Tratamento, controle e prevenção	• Todos pacientes infectados devem ser tratados; as drogas de escolha são benzonidazol e nifurtimox, embora sejam menos eficazes para a doença crônica • Controle do inseto transmissor mediante uso de inseticidas e construção de moradias de melhor qualidade reduzem o contato com o vetor

CASO CLÍNICO

Tripanossomíase

Herwaldt e colaboradores[6] descrevem um caso no qual a mãe de um garoto de 18 meses, do Tennessee, encontrou um triatomídeo (reduvídeo) no berço de seu filho, que ela guardou por ser parecido com um inseto mostrado em um programa de televisão, sobre estes artrópodes que picam mamíferos. Um entomologista identificou o inseto como sendo Triatoma sanguisuga, *um vetor de doença de Chagas. O inseto foi encontrado cheio de sangue e infectado com* Trypanosoma cruzi. *A criança tinha apresentado febre intermitente nas 2 ou 3 semanas anteriores, mas estava saudável, exceto por apresentar um edema de faringe e várias picadas de inseto, de tipo desconhecido, em suas pernas. Amostras de sangue obtidas da criança deram resultado negativo no exame da camada leucoplaquetária e de hemocultura, mas positivas para* T. cruzi *nas análises de PCR e de hibridização de DNA, sugerindo que a criança apresentava uma baixa parasitemia. Amostras do sangue obtidas após o tratamento com benzonidazol foram negativas para o parasito. O bebê não produziu anticorpos anti-*T. cruzi*; 19 de seus parentes e vizinhos também foram negativos. Dois de três guaxinins capturados nas proximidades do local apresentaram hemoculturas positivas para* T. cruzi. *O caso da criança infectada por* T. cruzi *– o quinto caso autóctone registrado nos Estados Unidos – teria sido perdido se a mãe da criança não tivesse notado a presença do inseto e se técnicas moleculares sensíveis não estivessem à disposição. Tendo em vista a existência de triatomídeos e alguns mamíferos infectados no sul dos Estados Unidos, não é surpreendente que os humanos também sejam infectados por este protozoário. Além disso, dada a característica inespecífica das manifestações clínicas desta infecção, é provável que outros casos não tenham sido percebidos.*

REFERÊNCIAS

1. Liu C, Hung C, Chen M, Lai Y, Chen P, Huang S, Chen D. Amebic liver abscess and human immunodeficiency virus infection: a report of three cases. *J Clin Gastroenterol.* 2001;33:64-68.
2. Quiroz E, Bern C, MacArthur J, Xiao L, Fletcher M, Arrowood M, Shay D, Levy M, Glass R, Lal A. An outbreak of cryptosporidiosis linked to a foodhandler. *J Infect Dis.* 2000;181:695-700.
3. Abboud P, Lemée V, Gargala G, Brasseur P, Ballet J, Borsa-Lebas F, Caron F, Favennec L. Successful treatment of metronidazole- and albendazoleresistant giardiasis with nitazoxanide in a patient with acquired immunodeficiency syndrome. *Clin Infect Dis.* 2001;32:1792-1794.
4. Mohin G, Gupta A. A rare case of multiorgan failure associated with *Plasmodium vivax* malaria. *Infect Dis Clin Pract.* 2007;15:209-212.
5. Vincent. *Infect Med.* 2006;23:300.
6. Herwaldt B, Grijalva M, Newsome A, McGhee C, Powell M, Nemec D, Steurer F, Eberhard M. Use of polymerase chain reaction to diagnose the fifth reported US case of autochthonous transmission of *Trypanosoma cruzi*, in Tennessee 1998. *J Infect Dis.* 2000;181:395-399.

24

Nematoides

DADOS INTERESSANTES

- As infecções por *Enterobius* (oxiúro) são as mais comuns entre aquelas provocadas por nematoides, nos Estados Unidos.
- Estima-se que 1 bilhão de pessoas, no mundo todo, estejam infectadas por *Trichuris* (verme-chicote); um número equivalente de pessoas apresenta infecção por *Ascaris* (lombriga) e ancilostomídeos.
- A elefantíase (inchaço de braços, pernas e genitais, devido à obstrução da circulação linfática) é causada por três espécies de nematoides do sangue: *Wuchereria bancrofti*, *Brugia malayi* e *Brugia timori*.
- A triquinose é incomum nos Estados Unidos desde a introdução de normas para a criação de suínos, sendo a maioria dos casos associada ao consumo de carne malcozida de animais de caça (de urso, por exemplo).

Os helmintos ou "vermes" são subdivididos em três grupos: nematoides ("vermes fusiformes"), trematódeos ("vermes chatos") e cestoides ("vermes em fita"). Neste capítulo, são apresentados os nematoides e, nos próximos dois capítulos, os trematódeos e cestoides. É mais fácil lembrar-se dos nematoides tendo por base onde eles se instalam nos diferentes tipos de doenças.

Nematoides intestinais	*Enterobius vermicularis* ("oxiúro")
	Trichuris trichiura ("verme-chicote")
	Ascaris lumbricoides ("verme fusiforme")
	Strongyloides stercoralis ("verme filiforme")
	Necator americanus e *Ancyslostoma duodenale* ("ancilostomídeos")
Nematoides do sangue	*Brugia malayi* ("filaríase malaiana" ou "elefantíase")
	Wuchereria bancrofti ("filaríase bancroftiana" ou "elefantíase")
	Loa loa ("verme africano do olho")
	Onchocerca volvulus (oncocercose ou "cegueira dos rios")
Nematoides de tecido	*Trichinella spiralis* ("triquinose")
	Toxocara canis ("larva migrans visceral")
	Ancylostoma braziliense ("larva migrans cutânea")

NEMATOIDES INTESTINAIS

Estes nematoides apresentam várias características em comum. Eles têm um ciclo de vida simples, **sendo o homem seu único hospedeiro** e as doenças que provocam sendo resultantes da ingestão de ovos contendo larvas (*Enterobius*, *Trichuris*, *Ascaris*) ou do contato com as próprias larvas (*Strongyloides*, *Necator*, *Ancylostoma*) presentes no solo, que penetram na pele exposta (nos pés descalços). Pelo fato de seus ciclos de vida envolverem a eliminação de ovos ou larvas (no caso de *Strongyloides*) nas fezes, eles causam doenças na população que vive em condições precárias de saneamento. A exceção é o *Enterobius*, que deposita ovos nas pregas anais à noite, os quais se tornam infectantes em poucas horas. As doenças por *Enterobius* são rapidamente transmitidas entre as pessoas, de modo que são comuns na maioria das populações. Infecções assintomáticas por nematoides intestinais, com exceção do *Enterobius*, são frequentes em regiões endêmicas, enquanto as manifestações agudas e sintomáticas são mais comuns entre indivíduos que visitam tais regiões e que não tiveram contato prévio com os vermes. O diagnóstico é feito pela detecção de ovos característicos ou larvas nas fezes, sendo novamente uma exceção o *Enterobius*, que deposita seus ovos ao redor do ânus, não sendo, portanto, encontrados seus ovos nas fezes. O tratamento, bem como as medidas de prevenção, para todas estas doenças é o mesmo.

A seguir, são apresentadas algumas informações gerais importantes acerca dos nematoides intestinais:

Nematoides Intestinais	**Via de Infecção**	**Migração para os Pulmões (Pneumonite)**	**Diagnóstico**	**Tratamento Primário**
Enterobius vermicularis	Ingestão de ovos	Não	Ovos nas pregas anais	Albendazol, mebendazol
Trichuris trichiura	Ingestão de ovos	Não	Ovos nas fezes	Albendazol, mebendazol
Ascaris lumbricoides	Larva penetra na pele	Sim	Ovos nas fezes	Albendazol, mebendazol
Necator americanus	Larva penetra na pele	Sim	Ovos nas fezes	Albendazol, mebendazol
Ancylostoma duodenale	Larva penetra na pele	Sim	Ovos nas fezes	Albendazol, mebendazol
Strongyloides stercoralis	Larva penetra na pele	Sim	Larvas nas fezes	Ivermectina

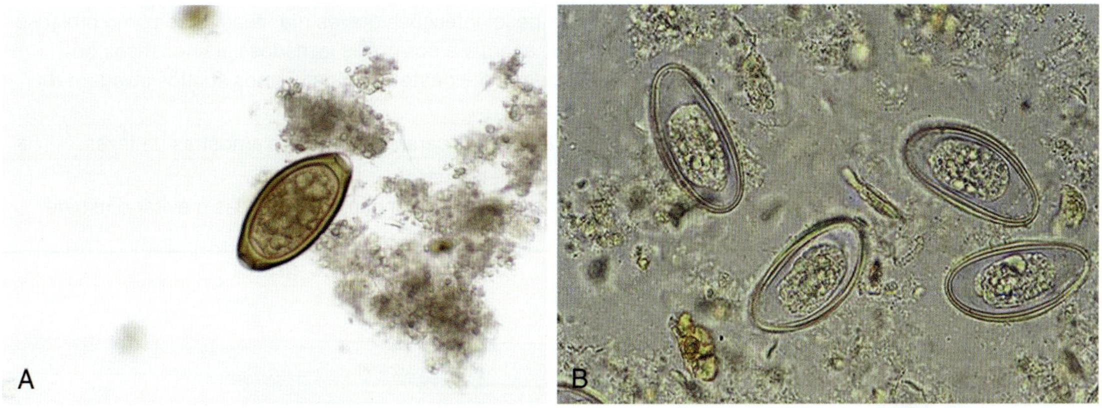

Ovos de (A) *Trichuris* nas fezes e (B) *Enterobius* na prega anal.

ENTEROBIUS VERMICULARIS	
Epidemiologia	• Distribuição mundial • Humanos são o único hospedeiro do oxiúro; nenhum reservatório animal ou inseto vetor • Infecção por ingestão de ovos • Os adultos surgem entre 3 a 4 semanas e a fêmeas migram para o ânus para descarregar seus ovos; os ovos embrionados desenvolvem-se para o estágio infectante em 4 a 6 horas • Doenças mais comuns em crianças, membros de lares com crianças e pessoas que vivem em centros de cuidados de saúde • Altamente infeccioso para humanos; animais de estimação e outros animais não são suscetíveis a este parasito
Doença	• A **enterobíase** é caracterizada por irritação das pregas anais devido à presença de adultos que depositam seus ovos no local, levando a prurido intenso e perda de sono

Continua

***ENTEROBIUS VERMICULARIS* (cont.)**	
Diagnóstico	• Detecção e identificação de ovos dos vermes no ânus; os ovos são coletados com uma espátula de superfície adesiva e examinados por microscopia; ocasionalmente, pequenos vermes adultos também serão observados junto com os ovos • Os ovos não são geralmente observados em amostras de fezes
Tratamento, controle e prevenção	• A droga de escolha é o mebendazol; as alternativas são albendazol ou pamoato de pirantel; o tratamento consiste em dose única, seguida de outra dose, 2 semanas depois • Toda a família deve ser tratada para reduzir o risco de reinfecções

TRICHURIS TRICHIURA	
Epidemiologia	• Distribuição mundial, particularmente nas regiões tropicais onde o saneamento é precário • Os humanos são os únicos hospedeiros do verme-chicote; não há reservatório animal ou inseto vetor • A infecção ocorre por ingestão de ovos embrionados, geralmente presentes em alimentos cultivados em solos contaminados com fezes humanas • Os ovos eclodem no intestino delgado, liberando a forma larval, que migra para o cólon, onde se desenvolve em um verme adulto; a produção de ovos ocorre cerca de 2 meses depois, os ovos são eliminados nas fezes e requerem 2 a 4 semanas no solo para se desenvolverem em formas infectantes
Doenças	• A **infecção assintomática** é a condição mais comum em áreas endêmicas • A **tricuríase** sintomática pode manifestar-se através de dores abdominais, diarreia sanguinolenta, fraqueza e perda de peso; infecções graves manifestam-se como prolapso retal, devido a esforço para defecar, anemia e eosinofilia (achados característicos de parasitoses marcadas por invasão tecidual – neste caso, os vermes adultos invadem a mucosa do intestino grosso)
Diagnóstico	• Detecção, por meio de microscopia, de ovos característicos em amostras de fezes
Tratamento, prevenção e controle	• A droga de escolha é o albendazol ou mebendazol • Boa higiene pessoal, manutenção de condições sanitárias adequadas e evitar o uso de fezes humanas como adubo

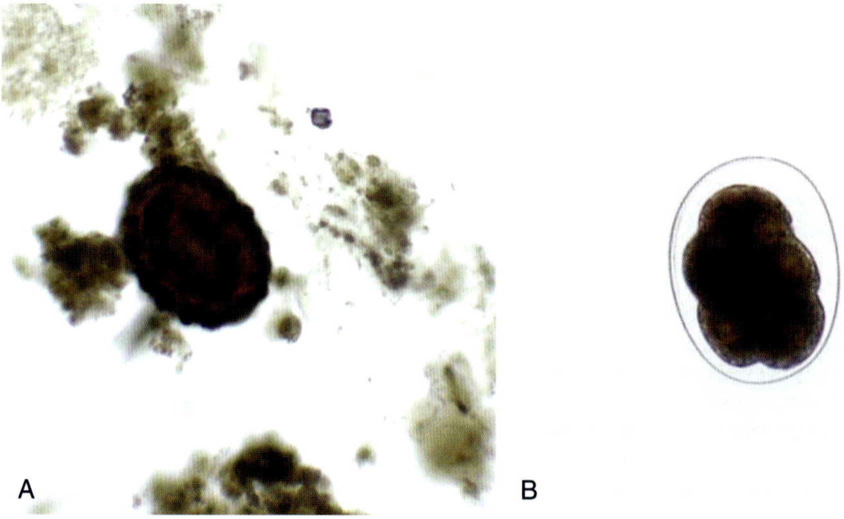

Ovos de (A) *Ascaris* e (B) ancilostomídeo nas fezes.

ASCARIS LUMBRICOIDES	
Epidemiologia	• Distribuição mundial, particularmente em regiões tropicais onde o saneamento é precário • Humanos são os únicos hospedeiros das lombrigas; não há reservatório animal ou inseto vetor • Infecção humana por ingestão de ovo embrionado, principalmente alimentos cultivados em solo contaminado com fezes humanas • Os ovos eclodem no **intestino delgado**, liberando as formas larvais que invadem a mucosa intestinal, sendo transportadas pelo sistema circulatório até os pulmões, onde amadurecem em aproximadamente 2 semanas; elas, então, atravessam as paredes alveolares, ascendem até a garganta e são engolidas; as larvas transformam-se em adultos no intestino delgado e iniciam a produção de ovos aproximadamente 3 meses após a ingestão daqueles responsáveis pela infecção.
Doenças	• A **infecção assintomática** é a condição mais comum em áreas endêmicas • A migração das larvas para os pulmões pode causar irritação (**pneumonite**) com tosse e eosinofilia • A **ascaridíase** sintomática pode manifestar-se como um desconforto abdominal leve (infecções leves) ou obstrução intestinal (no caso de infecções massivas com esses vermes enormes)
Diagnóstico	• Detecção, por meio de microscopia, de ovos característicos em amostras de fezes • A eliminação dos vermes adultos pode ser assustadora pelo tamanho (20 a 35 cm), mas é uma dado de diagnóstico porque a lombriga é o maior dos helmintos intestinais
Tratamento, controle e prevenção	• A droga de escolha é o albendazol; as alternativas são mebendazol ou pamoato de pirantel • Boa higiene pessoal, manutenção de condições sanitárias e evitar o uso de fezes humanas como adubo

CASO CLÍNICO

Ascaridíase Hepática

Hurtado e colaboradores[1] descreveram o caso de uma mulher de 36 anos que apresentava dor abdominal recorrente no quadrante superior direito (QSD). Um ano antes, ela também apresentava essa mesma dor no QSD, provas de função hepática anormais e sorologia positiva para hepatite C. O exame ultrassonográfico abdominal demonstrou dilatação das vias biliares e uma colangiopancreatografia retrógrada endoscópica (CPER) revelou várias pedras nos ductos colédoco, hepático esquerdo e intra-hepático esquerdo. A maioria das pedras foi removida. Exame do conteúdo aspirado do ducto biliar foi negativo para ovos e parasitos. Um mês antes da última internação, a paciente apresentou dor recorrente no QSD e icterícia. Uma nova CPER mostrou novamente várias pedras nos ductos colédoco e esquerdo; foi realizada uma remoção parcial das pedras. Um mês depois, a paciente foi internada com dor epigástrica intensa e febre. A paciente havia nascido no Vietnã e imigrou para os Estados Unidos no início de seus 20 anos. Ela não possuía histórico de viagem recente. Uma tomografia computadorizada abdominal, com contraste, demonstrou perfusão anormal do lobo hepático esquerdo e dilatação das radículas biliares do lado esquerdo com múltiplas falhas de preenchimento. A CPER revelou obstrução parcial do ducto principal esquerdo, poucas pedras de pequeno tamanho e bile purulenta. Exame de imagem por ressonância magnética mostrou um aumento difuso do lobo esquerdo e da veia porta esquerda, sugestivo de inflamação. Culturas do sangue apresentaram crescimento de Klebsiella pneumoniae, *e o exame de fezes revelou algumas larvas rabditiformes de* Strongyloides stercoralis. *Stents foram colocados para a desobstrução dos dutos biliares e a paciente foi tratada com levofloxacino. Duas semanas depois, ela foi internada, para uma hepatectomia parcial, para o tratamento de colangite piogênica recorrente. O exame macroscópico do lobo hepático esquerdo revelou ductos biliares ectáticos contendo cálculos com a cor da bile. O exame microscópico do material do cálculo revelou grande quantidade de ovos de parasitos e um nematoide degenerado e fragmentado.* Klebsiella spp. *foram identificadas nas culturas, pelo laboratório de microbiologia. Os achados foram compatíveis com colângio-hepatite piogênica recorrente, com infecção por* Ascaris lumbricoides *e* Klebsiella *spp. Além dos antibióticos para a infecção bacteriana, a paciente foi tratada com ivermectina para a infecção por* Strongyloides *e albendazol para* Ascaris.

NECATOR AMERICANUS E *ANCYLOSTOMA DUODENALE*	
Epidemiologia	• Distribuição mundial, embora os parasitos sejam diferentes conforme a região geográfica • A distribuição de *N. americanus* nos Estados Unidos é mais restrita, com a melhoria das condições de higiene • Presente em climas quentes e úmidos, onde o solo for contaminado com fezes humanas • Humanos são os únicos hospedeiros de ancilostomídeos; não há reservatório animal ou inseto vetor • As infecções humanas ocorrem quando as larvas (**larvas filarioides**) presentes no solo penetram na pele, migram do sangue para os pulmões, atravessam os alvéolos pulmonares, ascendem à faringe e são engolidas; no **intestino delgado**, as larvas transformam-se em adultos, aderem à mucosa intestinal e produzem ovos; estes são eliminados nas fezes e, quando em contato com o solo, liberam suas larvas imaturas (**larvas rabditiformes**), que se transformam em larvas filarioides infectantes em aproximadamente 2 semanas
Doenças	• A **infecção assintomática** é a condição mais comum em áreas endêmicas • A migração das larvas para os pulmões pode causar irritação (**pneumonite**) com tosse e eosinofilia • As **infecções por ancilostomídeos** podem causar sintomas como náuseas, vômitos e diarreia, bem como anemia devido à alimentação de sangue pelos vermes adultos
Diagnóstico	• Detecção, por meio de microscopia, dos ovos característicos em amostras de fezes • Não dá para distinguir os ovos de ambos os ancilostomídeos
Tratamento, prevenção e controle	• As drogas de escolha são albendazol, mebendazol ou pamoato de pirantel • Boa higiene pessoal, manutenção de condições sanitárias adequadas e evitar o uso de fezes humanas como adubo

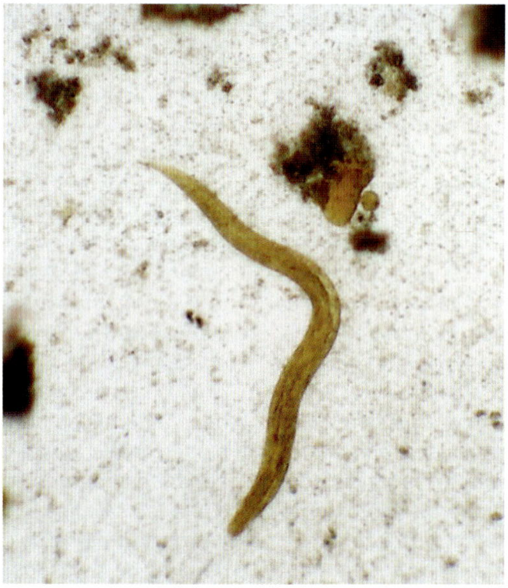

Larva de *Strongyloides* nas fezes.

STRONGYLOIDES STERCORALIS	
Epidemiologia	• Distribuição mundial, particularmente em regiões tropicais onde o saneamento é precário • Estima-se que entre 30 e 100 milhões de pessoas estejam infectadas em todo o mundo • Humanos são os únicos hospedeiros de *S. stercoralis*; não há reservatório animal ou inseto vetor • O ciclo de vida é muito semelhante aos dos ancilostomídeos; as larvas filarioides infectantes presentes no solo penetram na pele e migram para o intestino delgado diretamente ou através dos pulmões; os vermes transformam-se em adulto e fixam-se no **intestino delgado**, onde produzem ovos • Diferentemente do que ocorre nos ancilostomídeos, as larvas rabditiformes são liberadas no lúmen intestinal, sendo essas as formas detectadas nas fezes • As larvas rabditiformes transformam-se em filarioides no solo; alternativamente, essa transformação pode ocorrer nos próprios pacientes, produzindo-se grande quantidade de vermes, que reinfectam o paciente (autoinfecção), sem passar por uma fase de desenvolvimento externo • As infecções podem persistir por muitos anos
Doenças	• A **infecção assintomática** é a condição mais comum em áreas endêmicas • A migração das larvas para os pulmões pode causar irritação (**pneumonite**) com tosse e eosinofilia • A **estrongiloidíase** sintomática causa sensibilidade e dor epigástrica, vômito, diarreia e má absorção • Infecções graves e crônicas podem manifestar-se em pacientes imunossuprimidos
Diagnóstico	• Detecção, por meio de microscopia, de larvas características nas fezes; várias amostras podem ser necessárias para o exame, porque sua presença nas fezes pode ser infrequente • As larvas também podem ser detectadas espalhando-se as fezes no centro de uma placa de ágar; depois de incubação por uma noite, as larvas podem ser detectadas pelo rastro bacteriano que se forma na superfície do ágar, à medida que as larvas migram para a periferia da placa
Tratamento, controle e prevenção	• A droga de escolha é a ivermectina; as alternativas são albendazol ou mebendazol • Boa higiene pessoal, manutenção de condições sanitárias adequadas e evitar o uso de fezes humanas como adubo

CASO CLÍNICO

Hiperinfecção por *Strongyloides*

Gorman e colaboradores[2] descreveram um caso de miosite necrosante complicado por hemorragia alveolar difusa e sepse, após tratamento com corticosteroides. O paciente era um homem de 46 anos proveniente do Camboja, com um histórico de fenômeno de Raynaud. Ele foi a uma clínica reumatológica em função do agravamento dos sintomas desta doença e de dores musculares difusas. Era motorista de caminhão e havia imigrado do Camboja 30 anos antes. Os exames laboratoriais recomendados revelaram níveis de creatina quinase e aldolase muito elevados. Testes de função pulmonar acusaram redução da capacidade vital forçada, do volume expiratório forçado e da capacidade de difusão de monóxido de carbono. Uma tomografia computadorizada de alta resolução do tórax demonstrou opacidade em vidro fosco branda em ambas as bases pulmonares e espessamento dos septos interlobulares. Análise de uma biópsia muscular mostrou necrose de miócitos e atrofia irregular, mas sem a presença de células inflamatórias. A broncoscopia não apresentou nada importante e todas as culturas foram negativas. O paciente começou a ser tratado com prednisona para uma suposta miopatia necrosante secundária à doença indiferenciada do tecido conjuntivo. Um mês depois, ele foi internado com profunda fraqueza muscular e dispneia, que melhoraram com a administração de metilprednisolona e imunoglobulina endovenosa. Três semanas depois, o paciente foi readmitido com febre, náuseas, vômitos, dor abdominal e dores articulares difusas. Uma tomografia computadorizada do abdome sugeriu intussuscepção do intestino delgado e colite, mas ele melhorou, sem necessidade de tratamento. Uma outra tomografia computadorizada de alta resolução do tórax revelou faveolamento pulmonar recente e infiltrados intersticiais. Foi feito um agendamento para retirada de biópsia do pulmão; entretanto, no tempo em que aguardava a coleta de biópsia, apresentou uma piora intensa e repentina, com hemoptise e insuficiência respiratória hipoxêmica, exigindo-se entubação e ventilação mecânica. Uma radiografia toráxica demonstrou infiltrados bilaterais difusos recentes. O paciente apresentou uma dor abdominal intensa, acompanhada de manchas na pele, na parte inferior do tronco. Uma tomografia abdominal revelou pancolite. Manifestou-se, então, um choque séptico refratário devido a uma bacteremia por Escherichia coli *juntamente à acidose lática. Uma broncoscopia apresentou*

CASO CLÍNICO *(cont.)*

Hiperinfecção por *Strongyloides*

hemorragia alveolar difusa, sendo observadas inúmeras larvas de Strongyloides stercoralis *em secreções endotraqueais coradas. Um teste sorológico foi positivo para anticorpos contra* Strongyloides. *Apesar do tratamento com ivermectina, albendazol, cefepima, vancomicina, vasopressores, esteroides e diálise, o paciente faleceu. Este caso de síndrome de hiperinfecção por* Strongyloides *ressalta a importância da triagem e tratamento de pessoas sob risco de infecção latente por* S. stercoralis *(endêmica em áreas tropicais e subtropicais), antes do início de terapia imunossupressora. Precauções de contato devem ser tomadas com pacientes com queixas de hiperinfecção, devido ao risco de contaminação dos profissionais de saúde e pessoas que visitam o hospital, através de contato com larvas infectantes nas fezes e secreções do paciente.*

NEMATOIDES DO SANGUE

Estes nematoides são incluídos em um mesmo grupo porque a presença de **microfilárias** no sangue é uma característica comum e importante das doenças que causam. Eles têm um ciclo de vida mais complexo, que inclui um **inseto vetor** essencial para a transmissão de todos os quatro parasitos, sendo, entretanto, **os humanos seus únicos hospedeiros**. Semelhantemente aos nematoides intestinais, os do sangue **não possuem um reservatório animal**, de maneira que o monitoramento e eliminação da doença são concentrados no diagnóstico e tratamento rápidos da doença, sendo que o controle do inseto tem papel secundário. Estas doenças são também muito mais restritas, em termos de distribuição geográfica, havendo uma chance real de que possam ser eliminadas com base nos esforços das autoridades de saúde pública. Entretanto, deve-se ter em mente que uma parcela significativa da população de áreas endêmicas é portadora assintomática. A doença está associada à circulação de microfilárias no sangue e tecidos e, no caso de *Brugia* e *Wuchereria*, obstrução da circulação linfática e subsequente espessamento dos tecidos distais ("elefantíase"). O diagnóstico da doença se dá pela detecção das microfilárias no sangue (*Brugia*, *Wuchereria* e *Loa*) ou pele, no caso de pacientes infectados por *Onchocerca*. As microfilárias apresentam morfologias típicas que permitem a diferenciação de cada espécie. A seguir, são apresentados alguns dados gerais importantes sobre os nematoides do sangue:

Nematoide do Sangue	Vetor	Localização do Verme Adulto	Diagnóstico	Tratamento (Microfilárias)
Brugia malayi	Mosquito	Sistema linfático, linfonodos	Microfilária no sangue	Dietilcarbamazina
Wuchereria bancrofti	Mosquito	Sistema linfático, linfonodos	Microfilária no sangue	Dietilcarbamazina
Loa loa	Mutuca	Tecido subcutâneo	Microfilária no sangue	Dietilcarbamazina
Onchocerca volvulus	Mosca negra	Tecido subcutâneo	Microfilária na pele	Ivermectina

BRUGIA MAYAYI* E *WUCHERERIA BANCROFTI	
Epidemiologia	• Ampla distribuição geográfica em áreas tropicais e subtropicais da África, Costa Mediterrânea, Índia, Sudeste Asiático, Japão, parte do Caribe e América do Sul • Estima-se que 120 milhões de pessoas estejam infectadas em todo o mundo • Larvas transmitidas ao ser humano por picada de **mosquito**; elas migram para o **sistema linfático e linfonodos**, onde se transformam em adultos; a fêmea produz as microfilárias que circulam no sangue e podem infectar mosquitos sugadores; após 1 a 2 semanas no mosquito, as microfilárias se transformam em larvas filarioides infectantes
Doenças	• Os primeiros sintomas da **filariose** são febre, linfangite e linfadenite com calafrios e febres recorrentes • Infecção progressiva com inchaço dos linfonodos, levando à obstrução linfática por vermes adultos, com inchaço subsequente de tecidos distais (**elefantíase**)
Diagnóstico	• Demonstração, por meio de microscopia, de microfilárias no sangue periférico
Tratamento, prevenção e controle	• A dietilcarbamazina é a droga de escolha para eliminar microfilárias, mas não é eficaz contra os adultos; a alternativa é o albendazol • Controle de mosquitos e uso de roupas de proteção e repelentes de insetos reduzem o risco de exposição • O tratamento dos pacientes reduz o risco de transmissão de humanos para mosquitos e vice-versa

LOA LOA	
Epidemiologia	• Países da África ocidental e central, alguns dos quais chegam a ter 80% dos habitantes de florestas tropicais com histórico de infecção • Infecção humana (**loíase** ou infecção do **verme africano do olho**) a partir da picada da **mutuca**, que é do gênero *Chrysops* • As mutucas são mais ativas no período diurno, durante as estações chuvosas • As larvas são transmitidas aos seres humanos pela picada de mosca infectada; as larvas transformam-se em adultos nos tecidos subcutâneos, que produzem microfilárias; durante o dia (período de alimentação da mosca), as microfilárias estão no sangue do paciente; as moscas sugam as microfilárias, quando se alimentam do sangue, e elas migram para os músculos torácicos da mosca, onde se transformam em larvas infectantes; as larvas, então, migram para a probóscide da mosca, de onde elas podem então ser transmitidas, quando a mosca se alimentar novamente
Doenças	• A **infecção assintomática** é a condição mais comum em áreas endêmicas • **Loíase** sintomática apresenta-se mais frequentemente através de coceira no corpo todo, dores musculares e articulares e cansaço • **Inchaços de Calabar**: inchaços localizados e não sensíveis ao toque, que ocorrem mais frequentemente nas extremidades do corpo; estão associados a comichões • **Verme no olho**: migração do verme adulto para a superfície do olho, associado à dor ocular, comichão e sensibilidade à luz; não ocorre dano ocular permanente
Diagnóstico	• Diagnóstico através de sinais clínicos (inchaços de Calabar associado a coceiras; observação do verme adulto no olho) confirmados pela presença de microfilárias no sangue no período diurno
Tratamento, controle e prevenção	• A dietilcarbamazina é a droga de escolha para a eliminação de microfilárias e vermes adultos, mas pode provocar reações alérgicas graves • Proteção contra picadas de moscas e uso de repelentes para insetos • Tratamento imediato de indivíduos infectados

ONCHOCERCA VOLVULUS	
Epidemiologia	• Encontrado na África Subsaariana, Iêmen, Brasil e Venezuela • Infecção humana (**oncocercose** ou **"cegueira dos rios"**) pela picada da **mosca negra**, do gênero *Simulium* • As moscas negras são ativas próximo de córregos e rios • Múltiplas picadas são geralmente necessárias para transmissão, de modo que as infecções são raras em pessoas que visitam o local por pouco tempo • As larvas são transmitidas aos seres humanos pela picada de moscas infectadas; transformam-se em adultos nos tecidos conjuntivos subcutâneos e produzem microfilárias; as microfilárias são encontradas principalmente na pele e na circulação linfática dos tecidos conjuntivos, mas ocasionalmente também no sangue, na urina e no escarro; as moscas sugam as microfilárias junto com o sangue, quando se alimentam, sendo que as microfilárias migram para os músculos torácicos da mosca, onde se tornam larvas infectantes; as larvas, então, migram para a probóscide da mosca, de onde elas podem então ser transmitidas, quando a mosca se alimentar novamente
Doenças	• A **oncocercose** é caracterizada por envolvimento da pele, tecido subcutâneo, linfonodos e olhos; inflamação aguda e crônica em resposta às microfilárias, à medida que estas migram através da pele; a infecção da córnea leva à conjuntivite, que evolui para ceratite esclerosante e eventual **cegueira** • **Nódulos na pele** com perda de elasticidade e despigmentação, prurido, hiperceratose e inchaço
Diagnóstico	• Demonstração de microfilárias na pele; a pele é raspada com um barbeador, colocada em solução salina e, depois de algumas horas, examinada quanto à presença de microfilárias
Tratamento, controle e prevenção	• Remoção cirúrgica de nódulos contendo vermes adultos; dose única de ivermectina para redução do número de microfilárias; não mata os vermes adultos • Os humanos são reservatórios, de modo que o controle das infecções humanas irá controlar a doença; a quimioterapia em massa das populações de regiões endêmicas com ivermectina reduz o número de casos e o risco de transmissão da doença • O controle do inseto vetor é difícil

CASO CLÍNICO

Oncocercose

Choudhary e Choudhary[3] descreveram o caso de um homem de 21 anos que imigrou do Sudão para os Estados Unidos 1 ano antes de apresentar um exantema maculopapular associado a um intenso prurido. O exantema e o prurido tinham se manifestado nos últimos 3 a 4 anos. No passado, o paciente foi submetido a diversos tratamentos para esta condição, incluindo corticosteroides, sem que houvesse melhora. Ele negou qualquer sintoma sistêmico, mas reclamou de visão embaçada. Ao exame físico, sua pele estava um pouco inchada em diferentes partes do corpo e também apresentava lesões maculopapulares dispersas e com pigmentação aumentada; algumas lesões apresentavam nódulos queloides, bem como enrugamento. Não foi detectada linfadenopatia. As demais informações do exame não eram significantes.

Devido ao prurido intenso não responsivo ao tratamento, à visão embaçada e à prevalência de oncocercose em seu país de origem, biópsias de pele foram retiradas de sua região subescapular. Microfilárias de Onchocerca volvulus *foram visualizadas ao exame microscópico da biópsia. Foi prescrita ivermectina, tratamento para o qual o paciente respondeu. A oncocercose, apesar de não ser comum nos Estados Unidos, deve ser considerada no caso de imigrantes e refugiados, com sintomas sugestivos, caso estes sejam provenientes de áreas nas quais a doença é endêmica.*

NEMATOIDES DE TECIDOS

Nematoides de tecidos diferem de outros vermes fusiformes pelo fato de o homem ser seu hospedeiro acidental e final e os animais serem reservatórios importantes para as doenças que eles causam. Nestas infecções, o ciclo de vida completo ocorre no hospedeiro, de modo que a transmissão para humanos se dá através de exposição acidental à carne contaminada com larvas (*Trichinella*) ou ovos (*Toxocara*, lombriga canina; *Ancylostoma braziliense*, ancilostomídeo canino). Na infecção por *Toxocara* e *A. braziliense*, os ovos não são eliminados nas fezes, para completar o ciclo de vida no ambiente. Diferentemente, os ovos eclodem e as larvas se deslocam pelos tecidos, provocando a doença. Nas infecções por *Trichinella*, a larva circula nos tecidos e encista principalmente nos músculos. As infecções por *Trichinella* são as mais comuns e, por isso, serão aqui resumidas.

TRICHINELLA SPIRALIS	
Epidemiologia	• Distribuição mundial • Doença humana causada pelo consumo de carne crua ou malcozida de animais infectados com larvas encistadas no músculo estriado • Transmissão mais comumente associada à ingestão de carne de porco malcozida, embora muitos animais carnívoros também sejam infectados • As larvas deixam a carne no intestino delgado, transformam-se em adultos em 2 dias e produzem larvas dentro de 3 meses; elas migram para os **músculos estriados**, onde encistam • O ciclo de vida do *T. spiralis* em suínos e outros animais é idêntico ao que ocorre na doença humana
Doenças	• Aguda, os sintomas iniciais de **triquinose** são febre, linfangite e linfadenite com calafrios, ataques febris recorrentes e eosinofilia • Sintomas da doença progressiva são associados à resposta inflamatória do hospedeiro às microfilárias em deslocamento, obstrução da circulação linfática pelos vermes, com inchaço subsequente de tecidos (p. ex., **elefantíase por filária**) e dor muscular
Diagnóstico	• Sintomas clínicos e histórico de consumo de carne de porco ou carne de urso inadequadamente cozidas, confirmados por sorologia ou observação de larvas encistadas em biópsias de músculos
Tratamento, controle e prevenção	• Sintomático, porque não existem tratamentos efetivos para larvas nos tecidos; o mebendazol é usado para tratar vermes adultos • A doença nos Estados Unidos foi significativamente reduzida pela implementação de medidas de controle na indústria de carne de suínos domésticos; no entanto, os animais criados em fazendas e que têm contato com roedores apresentam grande risco de adquirir infecções. • As carnes de suínos e de urso devem ser totalmente cozidas; micro-ondas, defumação ou secagem das carnes não matam todas as larvas

REFERÊNCIAS

1. Hurtado RM, Sahani DV, Kradin RL. Case records of the Massachusetts General Hospital. Case 9-2006. A 35-year-old woman with recurrent right-upper-quadrant pain. *N Engl J Med.* 2006;354:1295-1301.
2. Gorman S, Duncan R, Dellaripa P. Recognizing Strongyloides hyperinfection. *Infect Med.* 2006;23:480-484.
3. Choudhary IA, Choudhary SA. Resistant pruritus and rash in an immigrant. *Infect Med.* 2005;22:187-189.

25

Trematódeos

DADOS INTERESSANTES

- Embora o homem possa ser infectado por fascíola, não ocorre transmissão interpessoal do parasito, tendo em vista a necessidade de hospedeiros intermediários.
- As infecções humanas por fascíola são adquiridas mediante o consumo de plantas aquáticas cruas (*Fasciolopsis buski, Fasciola hepatica*) ou de peixe de água doce (*Opisthorchis sinensis* [também conhecido como *Clonorchis sinensis*]) ou crustáceos (*Paragonimus westermani*) malcozidos.
- As fascíolas hepáticas chinesas adultas (*O. sinensis*) podem persistir na vesícula biliar humana por até 50 anos, de modo que a infecção é frequentemente observada em refugiados asiáticos muitos anos depois de eles deixarem a região endêmica.
- Ao contrário de infecções por outras fascíolas, a infecção provocada por *Schistosoma* no homem acontece após a penetração direta da pele pelo parasita (forma cercária), e não o consumo de alimento malcozido.

Os trematódeos (também denominados **platelmintos** ou **fascíolas**, com base na forma dos vermes adultos) são geograficamente mais restritos, se comparados a outros parasitos. Isto acontece devido à complexidade de seu ciclo de vida. Todos esses parasitos têm um **hospedeiro primário**, no qual se encontram os vermes adultos, e um **hospedeiro intermediário**, no qual as formas larvais amadurecem. Em cada exemplo contido neste capítulo, o hospedeiro intermediário é um caramujo. No caso dos trematódeos intestinais e teciduais, existe um segundo hospedeiro intermediário (que não existe entre os trematódeos sanguíneos).

Local da Infecção	Platelminto	Hospedeiro Primário	Primeiro Hospedeiro Intermediário	Segundo Hospedeiro Intermediário	Tratamento
Trematódeos Intestinais	*Fasciolopsis buski* ("fascíola hepática gigante")	Porcos, cães, coelhos; **os seres humanos são hospedeiros acidentais**	**Caramujo**	Plantas aquáticas (p. ex., castanheiro d'água)	Praziquantel
Trematódeos Teciduais	*Fasciola hepatica* ("fascíola hepática dos ovinos")	Herbívoros (ovinos, bovinos); **os seres humanos são hospedeiros acidentais**	**Caramujo**	Plantas aquáticas (p. ex., agrião)	Triclabendazol
	Opisthorchis sinensis ("fascíola hepática chinesa")	Cães, gatos, mamíferos que se alimentam de peixes; **os seres humanos são hospedeiros acidentais**	**Caramujo**	Peixe de água doce	Praziquantel
	Paragonimus westermani ("fascíola pulmonar oriental")	Javalis, porcos, macacos; **os seres humanos são hospedeiros acidentais**	**Caramujo**	Crustáceos de água doce (p. ex., caranguejos, lagostins)	Praziquantel

Local da Infecção	Platelminto	Hospedeiro Primário	Primeiro Hospedeiro Intermediário	Segundo Hospedeiro Intermediário	Tratamento
Trematódeos Sanguíneos	*Schistosoma mansoni* ("bilharzíase intestinal")	Primatas, roedores, marsupiais; **os seres humanos são hospedeiros acidentais**	**Caramujo**	**Não há**	Praziquantel
	Schistosoma japonica ("fascíola sanguínea oriental")	Gatos, cães, bovinos, cavalos, porcos; **os seres humanos são hospedeiros acidentais**	**Caramujo**	**Não há**	Praziquantel
	Schistosoma haematobium ("bilharzíase urinária")	Macacos, babuínos, chimpanzés; **os seres humanos são hospedeiros acidentais**	**Caramujo**	**Não há**	Praziquantel

TREMATÓDEOS INTESTINAIS

Existem diversas fascíolas intestinais em diferentes regiões do Sudeste Asiático e da China, entre as quais a *F. buski* é a maior e a mais comum. A epidemiologia, a doença e o tratamento dessas fascíolas são semelhantes, de modo que a *F. buski* é apresentada como modelo dessas infecções.

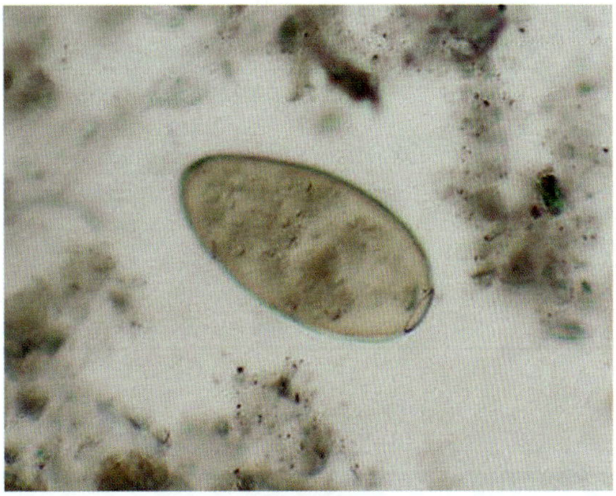

Ovo de *Fasciolopsis*.

FASCIOLOPSIS BUSKI	
Epidemiologia	• Presente na China, no Vietnã, na Tailândia, na Indonésia, na Malásia e na Índia • Os reservatórios são os porcos, os cães e os coelhos; os seres humanos são hospedeiros acidentais • A exposição humana a larvas encistadas (**metacercárias**) ocorre durante o ato de descascar vegetais aquáticos (p. ex., **castanhas d'água**) com os dentes; as larvas são engolidas, desenvolvem-se como fascíolas imaturas no duodeno, aderem à mucosa do intestino delgado e tornam-se adultas; há produção de ovos, que são eliminados nas fezes • As larvas livre-natantes (**miracídios**) eclodem dos ovos, penetram nos caramujos e sofrem maturação; o estágio final (**cercárias**) é liberado dos caramujos e encista na vegetação aquática
Doença	• O estabelecimento dos vermes adultos no intestino delgado causa inflamação, ulceração e hemorragia; desconforto abdominal e diarreia; **síndrome da má absorção** • Acentuada eosinofilia
Diagnóstico	• Detecção de ovos característicos nas fezes; as fascíolas adultas raramente são observadas nas fezes
Tratamento, controle e prevenção	• A droga de escolha é o praziquantel; a niclosamida é alternativa • A implementação de medidas adequadas de saneamento e controle das fezes humanas reduz a incidência de infecções

TREMATÓDEOS TECIDUAIS

Os trematódeos teciduais têm um ciclo de vida muito semelhante ao da *F. buski*, à exceção do verme adulto, que não reside nos intestinos. As formas adultas dos dois vermes residem na vesícula biliar (*F. hepatica* e *O. sinensis*) e seus ovos característicos encontram-se nas fezes, enquanto o terceiro verme (*P. westermani*) vive nos pulmões e os ovos são expelidos no escarro (se engolidos, são encontrados em amostras fecais).

FASCIOLA HEPATICA	
Epidemiologia	• Distribuição mundial em áreas de criação de ovinos e bovinos, incluindo a antiga União Soviética, Japão, Egito e muitos países da América Latina • Os reservatórios são herbívoros, particularmente ovinos e bovinos; os seres humanos são hospedeiros acidentais • A exposição humana ocorre pela ingestão de **agrião** com metacercárias encistadas; as fascíolas migram para o fígado através da parede duodenal, e depois para a **vesícula biliar**, onde amadurecem e transformam-se em adultas; há produção de ovos, que são eliminados nas fezes • As larvas livre-natantes (miracídios) eclodem dos ovos, penetram nos caramujos e sofrem maturação; o estágio final (cercárias) é liberado dos caramujos e encista na vegetação aquática
Doença	• A migração os vermes através do fígado causa inflamação, sensibilidade e hepatomegalia; dor no quadrante superior direito, febre e eosinofilia • Infecção grave com obstrução biliar, hepatite e cirrose
Diagnóstico	• Detecção de ovos característicos nas fezes; ovos indistinguíveis da *F. buski*, de modo que a detecção de ovos na vesícula biliar confirma o diagnóstico de infecção por *F. hepatica*
Tratamento, controle e prevenção	• Baixa resposta ao praziquantel (razão importante para a diferenciação da *F. buski*); tratar com triclabendazol; o bitionol é uma alternativa • Evitar a ingestão de agrião e vegetais aquáticos não cozidos em áreas endêmicas

CASO CLÍNICO

Fasciolíase

Echenique-Elizondo e colaboradores[1] descreveram um caso de pancreatite aguda causada por F. hepatica. *A paciente era uma mulher de 31 anos hospitalizada em razão de uma manifestação repentina de náusea e dor na região superior do abdome. Fora isto, ela se encontrava saudável, tendo apresentado um histórico negativo de uso de drogas, ingestão alcoólica, doença da vesícula biliar, trauma abdominal ou cirurgia. Durante o exame físico, a paciente demonstrou acentuada sensibilidade na região epigástrica e sons intestinais hipoativos. Os exames de sangue relevaram elevados níveis de enzimas pancreáticas (amilase, lipase, fosfolipase pancreática A2 e elastase). A contagem de linfócitos mostrou-se elevada, assim como os testes de fosfatase alcalina e bilirrubina. Os níveis séricos de nitrogênio de ureia, creatinina, lactato desidrogenase e cálcio apresentaram-se normais. A ultrassonografia abdominal e o exame de tomografia computadorizada mostraram aumento difuso do pâncreas, e uma colangiografia demonstrou dilatação e vários defeitos de preenchimento do ducto biliar comum. Foi realizada uma esfincterotomia endoscópica, com extração de várias fascíolas grandes, que foram identificadas como* F. hepatica. *A paciente foi tratada com uma única dose de triclabendazol (10 mg/kg). Conforme acompanhamento realizado, os parâmetros bioquímicos do sangue mostraram-se normais, sem qualquer sinal de doença, 2 anos após o procedimento.*

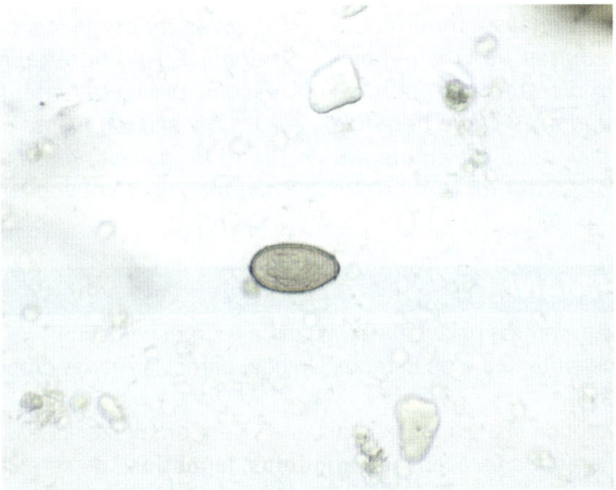

Ovo de *Opisthorchis*.

OPISTHORCHIS SINENSIS	
Epidemiologia	• Presente na China, no Japão, na Coreia e no Vietnã • Os reservatórios são os cães, os gatos e os mamíferos que se alimentam de peixes; os seres humanos são hospedeiros acidentais • Exposição humana ocorre pela ingestão de **peixes de água doce crus** com metacercárias encistadas; as fascíolas migram para o fígado através da parede duodenal, e depois para a **vesícula biliar**, onde amadurecem e transformam-se em adultos; há produção de ovos, que são eliminados pelas fezes • Diferentemente do que ocorre com *F. hepatica*, os ovos são ingeridos por caramujos e sofrem maturação; o estágio final (cercárias) é liberado dos caramujos e penetra por baixo das escamas de peixes de água doce, onde se desenvolve, transformando-se em metacercárias
Doença	• Normalmente assintomática ou branda • As infecções graves da vesícula biliar resultam em febre, diarreia, dor epigástrica, hepatomegalia, anorexia e icterícia; eosinofilia; obstrução biliar • A infecção crônica pode resultar em adenocarcinoma dos ductos biliares
Diagnóstico	• Detecção de ovos característicos nas fezes
Tratamento, controle e prevenção	• A droga de escolha é o praziquantel; o albendazol é alternativa • Evitar o consumo de peixe cru de água doce; implementar políticas de saneamento adequadas, incluindo o descarte de fezes humanas, caninas e felinas em locais de modo a evitar a contaminação da água

CASO CLÍNICO

Colangite Causada por *Opisthorchis Sinensis*

Stunell e colaboradores[2] descreveram o caso de uma mulher asiática de 34 anos que deu entrada em uma unidade de emergência local, com um histórico de 2 dias de dor no quadrante superior direito do abdome, febre e calafrios. Ela havia emigrado da Ásia para a Irlanda 18 meses antes e apresentava um histórico de dor intermitente na região superior do abdome, que persistia há 3 anos. Durante o exame, ela pareceu agudamente enferma e fria ao toque. A paciente estava febril, com taquicardia e apresentava icterícia escleral branda. Seu abdome apresentava-se sensível, com tensão muscular no quadrante superior direito. Os exames de sangue de rotina, hematológicos e bioquímicos, revelaram acentuada leucocitose e função hepática obstrutiva. A tomografia computadorizada abdominal, ampliada por contraste, demonstrou evidências de múltiplas opacidades ovoides no interior dos ductos intra-hepáticos dilatados no lobo direito do fígado. As demais áreas do parênquima hepático encontravam-se normais. Após a estabilização da paciente, foi realizada uma colangiopancreatografia retrógada endoscópica para descompressão biliar. Este procedimento demonstrou a dilatação dos ductos biliares intra- e extra-hepáticos, com múltiplos defeitos de preenchimento e estenoses.

Continua

Uma amostra fecal enviada para análise confirmou a presença de ovos e formas adultas de O. sinensis. A paciente recuperou-se com o tratamento médico (praziquantel), tendo apresentado resultado negativo em seu exame de fezes, 30 dias após o tratamento. Esse caso clínico, bem como o anterior, demonstra as diversas complicações da infestação por fascíola hepática. Vale notar que o praziquantel é a droga de escolha para o tratamento de fascíola hepática oriental (O. sinensis), enquanto o triclabendazol é utilizado para tratar fasciolíase, ressaltando, assim, a importância do histórico epidemiológico e a identificação da fascíola.

PARAGONIMUS WESTERMANI	
Epidemiologia	• Presente em muitos países da Ásia, África e América Latina • Muitos imigrantes para os Estados Unidos, particularmente procedentes da Indonésia, estão infectados • Os reservatórios são alguns animais que vivem em praias (javalis, porcos, macacos) e que se alimentam de crustáceos (**caranguejos, lagostins**); os seres humanos são hospedeiros acidentais, sendo que as infecções ocorrem após a ingestão de crustáceos cozidos inadequadamente ou mantidos em conserva e que contêm metacercárias encistadas • Nos seres humanos, as metacercárias desencistam-se no estômago, migram para a cavidade abdominal através da parede intestinal e para a cavidade pleural através do diafragma; os vermes adultos presentes nos pulmões produzem ovos que aparecem no escarro ou são engolidos e encontrados nas fezes • Os ovos embrionados transmitidos pelos reservatórios eclodem, liberando miracídios que penetram nos caramujos; após a maturação no caramujo, as cercárias são liberadas, invadem os crustáceos e desenvolvem-se em metacercárias que se encistam nos tecidos
Doença	• Os sintomas resultam da migração de larvas através dos tecidos e estão associados a febre, calafrios e alta eosinofilia • Os vermes adultos estimulam uma resposta inflamatória, havendo febre, tosse e produção aumentada de escarro • As infecções progressivas levam a doença pulmonar cavitária e fibrose dos tecidos pulmonares
Diagnóstico	• Detecção de ovos característicos no escarro ou na efusão pleural
Tratamento, prevenção, controle	• A droga de escolha é o praziquantel; o triclabendazol é alternativo • Evitar o consumo de caranguejos e lagostins crus ou em conserva, bem como de carne de animais procedentes das regiões endêmicas • O saneamento adequado e o controle do descarte de fezes humanas são essenciais

CASO CLÍNICO

Paragonimíase

Singh e colaboradores[3] descreveram um caso de paragonimíase pleuropulmonar que aparentava tuberculose pulmonar. O paciente era um homem de 21 anos hospitalizado com dispneia progressiva, histórico de 1 mês de cefaleia, febre, tosse com leve hemoptise, fadiga, dor pleurítica, anorexia e perda de peso. Ele tinha histórico de tratamento de tuberculose por 6 meses, sem melhora clínica. Dois meses antes da internação, após a ingestão de três caranguejos crus, o paciente apresentou um episódio de diarreia, por 3 dias. Quando da internação, ele estava caquético e afebril. Havia embotamento bilateral à percussão, som bilateral não ressonante à batida e ausência de sons respiratórios nos dois terços inferiores do tórax. Constatou-se que ele estava anêmico e tinha braqueteamento digital sem linfadenopatia, cianose ou icterícia. Uma radiografia torácica revelou efusões pleurais bilaterais, também confirmadas por tomografia computadorizada. A toracentese do pulmão direito, orientada por ultrassom, produziu cerca de 200 mL de fluido amarelado. O fluido era exsudativo e continha 2.700 glóbulos brancos/mL, dos quais 91% eram eosinófilos. A coloração de Gram, bem como culturas para bactérias e fungos deste fluido deram resultados negativos. Os esfregaços do escarro revelaram a presença de ovos amarelados operculados compatíveis com infecção por Paragonimus westermani. *O paciente foi tratado com uma série de 3 dias de praziquantel e respondeu bem. Vale notar que não houve recorrência da efusão pleural do lado direito, após a toracentese e o tratamento com praziquantel. Esse caso ressalta a importância de se fazer um diagnóstico etiológico de um processo pleuropulmonar, a fim de diferenciar paragonimíase de tuberculose, em regiões onde ambas são doenças infecciosas endêmicas.*

TREMATÓDEOS SANGUÍNEOS

Os esquistossomos diferem das outras fascíolas pelo fato de existir, neste grupo, machos e fêmeas e pelo fato de serem parasitas intravasculares – os adultos não são encontrados no intestino, tecidos ou cavidades. Assim como acontece com outras fascíolas, os caramujos são um importante hospedeiro intermediário, mas as cercárias livre-natantes, que são liberadas dos caramujos, penetram diretamente na pele humana, em vez de estabelecerem em um hospedeiro secundário. A doença está relacionada ao local do sistema circulatório em que os adultos estabelecem e liberam seus ovos.

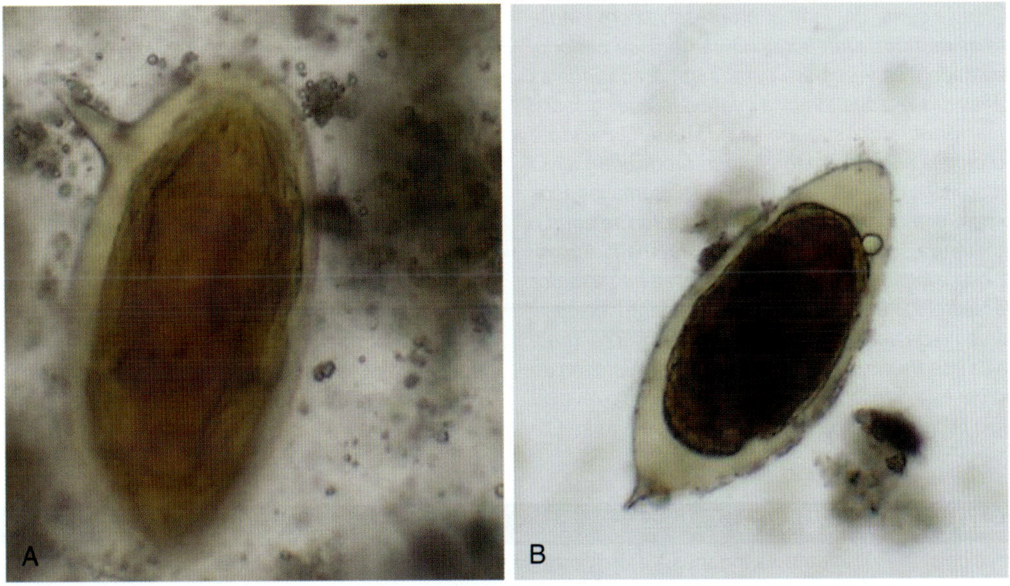

(A) *Schistosoma mansoni* (observe a espícula lateral) e (B) *Schistosoma haematobium* (observe a espícula terminal).

SCHISTOSOMA MANSONI	
Epidemiologia	• *S. mansoni* é o esquistossoma de mais ampla distribuição; endêmico na África Meridional e Subsaariana, no Vale do Rio Nilo, no Sudão e no Egito, na América do Sul, incluindo Brasil, Suriname e Venezuela, e as ilhas do Caribe • Águas de grandes lagos e rios, onde o caramujo hospedeiro está presente e o saneamento é precário • Os reservatórios incluem primatas, marsupiais e roedores; os caramujos são hospedeiros intermediários • Moradores (e turistas), especialmente as crianças, correm risco ao nadar ou banhar-se em águas contaminadas por cercárias livre-natantes • Depois de penetrar na pele, os parasitos entram no sistema circulatório, migram para a circulação portal no fígado e transformam-se em adultos; machos e fêmeas adultos migram para a veia mesentérica inferior, próximo à porção inferior do cólon, depositando ovos, que circulam para o fígado e são eliminados nas fezes.
Doença	• A penetração através da pele provoca coceira, reação alérgica e dermatite • A migração para pulmões e fígado causa tosse e hepatite, respectivamente • A deposição de ovos pelos vermes adultos produz febre, mal-estar, dor abdominal e sensibilidade no fígado; a inflamação e o espessamento da parede do intestino estão relacionados à resposta inflamatória aos ovos depositados, havendo dor abdominal, diarreia e fezes sanguinolentas • Infecções crônicas com hepatosplenomegalia
Diagnóstico	• Detecção de ovos característicos nas fezes
Tratamento, controle e prevenção	• A droga de escolha é o praziquantel; a oxamniquina é alternativa; o tratamento interrompe a produção de ovos, mas não alivia a resposta do hospedeiro aos ovos depositados • A implementação de medidas adequadas de saneamento e controle das fezes humanas reduz a incidência de infecções

CASO CLÍNICO

Esquistossomíase

Ferrari[4] descreveu um caso de neuroesquistossomose causada por Schistosoma mansoni *em um brasileiro de 18 anos. O paciente foi hospitalizado por causa de uma recente manifestação de paraplegia. Ele estava em boas condições de saúde até 33 dias antes da internação, quando começou a sentir dor lombar progressiva com irradiação para os membros inferiores. Durante esse período, ele foi avaliado três vezes em outra instituição, onde as radiografias das regiões torácica inferior, lombar e sacral da coluna vertebral mostraram-se normais. O paciente recebeu drogas anti-inflamatórias, que produziram alívio apenas transitório de seus sintomas. Quatro semanas após o início da dor, a doença progrediu para a forma aguda, com impotência sexual, retenção fecal e urinária e paraparesia, que evoluiu para paraplegia. A essa altura, a dor havia desaparecido e sido substituída por acentuado comprometimento da sensibilidade nos membros inferiores. Quando da internação, o paciente apresentou histórico de infecção por esquistosoma. O exame neurológico revelou paraplegia flácida, acentuada perda sensorial e ausência de reflexos superficiais e profundos ao nível T11 e em nível inferior. O líquido cefalorraquidiano continha 84 glóbulos brancos/mL (98% de linfócitos, 2% de eosinófilos), 1 hemácia, 82 mg/dL de proteínas totais e 61 mg/dL de glicose. A mielografia, a tomografia computadorizada-mielografia e a ressonância magnética revelaram um discreto aumento de volume do cone medular. O diagnóstico de neuroesquistossomose foi confirmado pela demonstração de ovos viáveis e não viáveis de* S. mansoni *na biópsia da mucosa retal. A concentração, no líquido cefalorraquidiano, de imunoglobulina G contra antígenos solúveis de ovos de* S. mansoni*, determinada por ELISA, foi de 1,53 µg/mL. Ele foi tratado com prednisona e praziquantel. Apesar do tratamento, sua condição permaneceu inalterada 7 meses depois. O* S. mansoni *é a causa de mielorradiculopatia esquistossomótica relatada com mais frequência em todo o mundo. A mielorradiculopatia por esquistossoma está entre as formas mais graves de esquistossomose e o prognóstico depende, em grande parte, do diagnóstico precoce e do tratamento.*

SCHISTOSOMA JAPONICA	
Epidemiologia	• Presente na Indonésia e em parte da China e do Sudeste Asiático • Águas de grandes lagos e rios, onde o caramujo está presente e o saneamento é precário • Os reservatórios incluem cães, gatos, bovinos, cavalos e porcos • Moradores (e turistas), especialmente as crianças, correm risco ao nadar ou banhar-se em águas contaminadas por cercárias livre-natantes • Depois de penetrar na pele, os parasitos entram no sistema circulatório, migram para a circulação portal no fígado e transformam-se em adultos; machos e fêmeas adultos migram para a veia mesentérica superior, próximo ao intestino delgado, e para a veia mesentérica inferior, depositando ovos que circulam para o fígado e são eliminados nas fezes.
Doença	• Infecções semelhantes às provocadas por *S. mansoni*; entretanto, os ovos menores e a maior produção de ovos podem resultar em doença mais grave e na disseminação para outros órgãos, inclusive o cérebro
Diagnóstico	• Detecção de ovos característicos nas fezes
Tratamento, controle e prevenção	• A droga de escolha é o praziquantel • A implementação de medidas adequadas de saneamento e controle das fezes humanas reduz a incidência de infecções

SCHISTOSOMA HAEMATOBIUM	
Epidemiologia	• Presente em toda a África; também no Chipre, no sul de Portugal e na Índia • Águas de grandes lagos e rios, onde o caramujo hospedeiro está presente e o saneamento é precário • Os reservatórios incluem macacos, babuínos e chimpanzés • Moradores (e turistas), especialmente as crianças, correm risco ao nadar ou banhar-se em águas contaminadas por cercárias livre-natantes • Depois de penetrar na pele, os parasitos entram no sistema circulatório, migram para os plexos vesical, prostático e uterino da circulação venosa e transformam-se em adultos; grandes ovos são produzidos e depositados na parede da bexiga, bem como em tecidos uterinos e prostáticos

SCHISTOSOMA HAEMATOBIUM (Cont.)	
Doença	• Assim como se observa com outros esquistossomos, os estágios iniciais da doença consistem em dermatite, reações alérgicas, febre e mal-estar • A doença progride para sintomas urinários, incluindo hematúria, disúria e em relação à frequência urinária • Infecções crônicas associadas a carcinoma de bexiga
Diagnóstico	• Detecção de ovos característicos na urina; os ovos não são encontrados nas fezes
Tratamento, controle e prevenção	• A droga de escolha é o praziquantel

REFERÊNCIAS

1. Echenique-Elizondo M, Amondarain J, Lirón de Robles C. Fascioliasis: an exceptional cause of acute pancreatitis. *JOP*. 2005;6:36-39.
2. Stunell H, Buckley O, Geoghegan T, Torreggiani WC. Recurrent pyogenic cholangitis due to chronic infestation with *Clonorchis sinensis* (2006: 8b). *Eur Radiol*. 2006;16:2612-2614.
3. Singh TN, Kananbala S, Devi KS. Pleuropulmonary paragonimiasis mimicking pulmonary tuberculosis—a report of three cases. *Indian J Med Microbiol*. 2005;23:131-134.
4. Ferrari TC. Spinal cord schistosomiasis. a report of 2 cases and review emphasizing clinical aspects. *Medicine (Baltimore)*. 1999;78:176-190.

Cestódeos

DADOS INTERESSANTES

- As infecções por tênia, nos Estados Unidos, são relativamente incomuns, sendo que as mais frequentes são causadas por *Hymenolepis nana* (tênia do camundongo) e *Diphyllobothrium latum* (tênia do peixe).
- As tênias adultas podem ter tamanhos que variam de alguns centímetros (*H. nana*) a mais de 10 m de comprimento (*D. latum* e *Taenia saginata*)
- As tênias adultas consistem de uma cabeça e um corpo longo e segmentado, ou proglótides, onde a cabeça é a menor unidade e as proglótides mais distais, as maiores.
- Os ovos de *Echinococcus* depositados no solo podem permanecer infectantes por até um ano
- As infecções humanas por *Echinococcus multilocularis* podem permanecer assintomáticas por 5 a 15 anos, mas aquelas não tratadas agravam-se e são fatais.

Os cestódeos são vermes de corpo achatado, semelhantes a fitas (razão pela qual são chamados de **"vermes de fita"**) que têm uma cabeça (**escólex**) apresentando ventosas e ganchos, para aderirem à parede do intestino e um corpo longo e segmentado (**proglótides**). Estes vermes são hermafroditas, de modo que, à medida que eles se desenvolvem, os segmentos mais próximos da cabeça são imaturos e as proglótides mais distais são gravídicas (cheias de ovos). Essas proglótides gravídicas se desprendem do verme e são eliminadas nas fezes. As características morfológicas das proglótides e dos ovos são utilizadas para distinguir esses vermes, em seu diagnóstico. Seu tamanho impressiona – a *T. saginata* e o *D. latum* podem medir até 10 metros de comprimento, enquanto o *H. nana* e o *Dipylidium caninum* têm apenas alguns centímetros. O ciclo de vida das tênias geralmente envolve pelo menos dois hospedeiros, sendo que os vermes adultos desenvolvem-se no hospedeiro primário e as formas larvais, no hospedeiro intermediário. As doenças humanas geralmente limitam-se a sintomas intestinais, exceto nos casos em que o homem for hospedeiro secundário acidental.

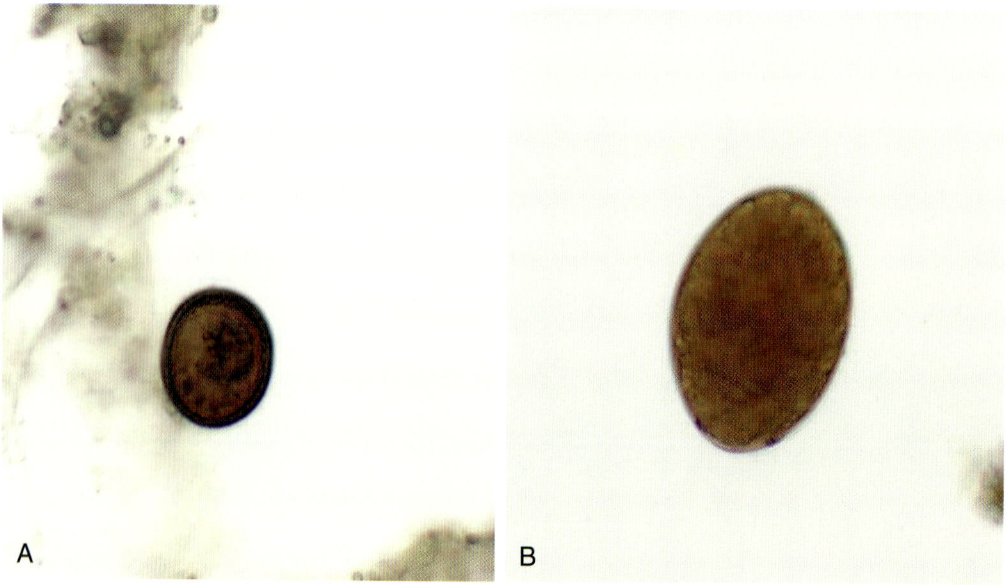

Ovos de (A) *Taenia* e (B) *Diphyllobothrium*.

Local da Infecção	Tênia	Hospedeiro Primário	Hospedeiro Intermediário	Tratamento
Cestódeos Intestinais	*Taenia saginata* ("tênia bovina")	**Humanos**	Bovinos	Praziquantel, niclosamida
	Taenia solium ("tênia suína")	**Humanos**	Suínos	Praziquantel, niclosamida
	Diphyllobothrium latum (tênia do peixe)	**Humanos**	Copépodes (1º estágio), peixes (2º estágio).	Praziquantel, niclosamida
	Hymenolepis nana ("tênia anã")	Camundongos; **os humanos são hospedeiros acidentais.**	Besouros	Praziquantel, niclosamida
	Hymenolepis diminuta ("tênia do rato")	Ratos; **os humanos são hospedeiros acidentais**.	Besouros	Praziquantel, niclosamida
	Dipylidium caninum ("tênia do cão")	Cães; **os humanos são hospedeiros acidentais.**	Pulgas	Praziquantel, niclosamida
Cestódeos Teciduais	*Taenia solium* ("cisticercose")	**Humanos**	**Os humanos são hospedeiros acidentais**	Praziquantel, niclosamida
	Echinococcus granulosus (doença hidática cística unilocular)	Cães	Ovinos, bovinos, caprinos, suínos; **os humanos são hospedeiros acidentais.**	Albendazol
	Echinococcus multilocularis (doença hidática alveolar)	Lobos, raposas, cães (incomum).	Roedores; **os humanos são hospedeiros acidentais.**	Albendazol

CESTÓDEOS INTESTINAIS

TAENIA SAGINATA E *TAENIA SOLIUM*

Epidemiologia	• *T. saginata* no Leste Europeu, Leste da África e América Latina. • *T. solium* no Leste Europeu, Índia, Ásia, África Subsaariana, América Latina e nos Estados Unidos. • Os animais (bovinos, *T. saginata*; suínos, *T. solium*) são infectados quando os ovos ou proglótides (segmentos de tênia com ovos maduros) são ingeridos; os ovos eclodem no intestino liberando oncosferas (larvas) que migram para os músculos, onde se desenvolvem, transformando-se em cisticercos; a infecção humana se manifesta após a ingestão de **carne bovina ou suína** crua ou mal cozida. • No intestino humano, os cisticercos transformam-se em vermes adultos. • Os vermes adultos liberam proglótides cheias de ovos que são liberadas nas fezes, podendo sobreviver no ambiente por dias ou meses.
Doenças	• **Assintomática** ou **branda,** com dor abdominal, perda de apetite, perda de peso, mal estar no estômago e indigestão crônica. • As infecções por *T. saginata* geralmente são mais sintomáticas devido ao comprimento da tênia (até 10 m; a *T. Solium* tem 3 m). • **Cisticercose** – os seres humanos podem apresentar a doença após a ingestão de ovos de *T. solium*; a cisticercose não ocorre com os ovos da *T. saginata*; o ciclo de vida é semelhante ao que se verifica com os hospedeiros animais. • Os sintomas da cisticercose são determinados pelo local de encistamento das larvas; os mais graves manifestam-se no cérebro ou nos olhos; há uma acentuada reação inflamatória às larvas, quando elas morrem nos tecidos.
Diagnóstico	• Detecção de proglótides características ou ovos nas fezes • Estes vermes podem ser diferenciados pela morfologia das proglótides, mas seus ovos são idênticos. • A cisticercose é diagnosticada pela presença de larvas encistadas nos tecidos
Tratamento, prevenção, controle	• O tratamento se faz com praziquantel; a niclosamida é uma alternativa • A prevenção consiste no cozimento adequado das carnes bovina e suína, em regiões nas quais a doença é endêmica • Manutenção de boas condições sanitárias

CASO CLÍNICO

Neurocisticercose

Chatel e colaboradores[2] descreveram um caso de Neurocisticercose em um italiano que viajou para a América Latina. O paciente tinha 49 anos e um histórico de 30 dias de permanência nesta região (El Salvador, Colômbia e Guatemala), 3 meses antes de apresentar febre e mialgia. Os resultados do exame clínico e dos testes laboratoriais de rotina foram normais, exceto pelos níveis elevados de creatina fosfoquinase e uma eosinofilia branda. Ele recebeu tratamento anti-inflamatório para controle dos sintomas, melhorou rapidamente e recebeu alta com um diagnóstico de polimiosite. Dois anos depois, ele foi internado com cefaleia retro-ocular e hemianopsia direita recorrente. Um exame neurológico revelou reflexo de Babinski do lado esquerdo, sem disfunções motoras ou sensoriais. Os testes de laboratório se mostraram normais, inclusive um exame parasitológico de fezes que foi negativo. Análise cerebral com imagem, por ressonância magnética, revelou a presença de vários cistos (de 4 a 15 mm de diâmetro) intraparenquimatosos, subaracnóideos e intraventriculares com edema focal perilesional e realce em forma de anel. Uma resposta específica de anticorpos à cisticercose foi demonstrada por ELISA e imunoblot. O paciente foi tratado com albendazol durante dois ciclos de oito dias cada. Um ano depois, ele estava em bom estado de saúde e a análise cerebral com imagem, por ressonância magnética, revelou uma redução significativa do diâmetro das lesões. Esse caso é um interessante lembrete dos riscos mínimos, porém reais, de os viajantes para o exterior contraírem infecções por Taenia solium.

DIPHYLLOBOTHRIUM LATUM	
Epidemiologia	• Distribuição mundial, particularmente na Europa oriental e ocidental, na Ásia e Estados Unidos • Distribuição geográfica mais ampla relacionada ao transporte regional ou internacional de peixe • Infecção associada à ingestão de **peixe** cru ou mal cozido; o congelamento por sete dias ou o cozimento adequado matam o parasito • Os seres humanos ingerem peixe mal cozido contendo larvas nos tecidos; as larvas desenvolvem-se e transformam em adultos no intestino delgado, atingindo até 10 m de comprimento; os ovos imaturos desprendem-se das proglótides e são eliminados nas fezes • Os ovos que contaminam ambientes de água doce requerem 2 a 4 semanas para transformarem-se em larvas autônomas (coracídios), que são ingeridas por pequenos crustáceos (copépodes), os quais, por sua vez, são ingeridos por peixes grandes, de modo que as larvas migram para sua carne, onde transformam-se em larvas plerocercoides infecciosas
Doenças	• A maioria das infecções é **assintomática** • Os **sintomas** incluem dor epigástrica, cólica abdominal, náusea, vômito e perda de peso • **Deficiência de vitamina B_{12}**, com anemia e sintomas neurológicos
Diagnóstico	• Detecção de proglótides características ou ovos nas fezes
Tratamento, prevenção e controle	• O tratamento se faz com praziquantel; a niclosamida é uma alternativa • A prevenção consiste no cozimento adequado do peixe, em regiões nas quais a doença é endêmica

CASO CLÍNICO

Difilobotríase

Lee e colaboradores[1] relataram um caso de difilobotríase em uma menina. Esta, que tinha sete anos, se apresentou a um ambulatório médico depois de evacuar uma cadeia de proglótides de tênia com 42 cm de comprimento. Ela não tinha histórico de ingestão de peixe cru, exceto certa vez, quando comeu salmão com sua família, cerca de sete meses antes. O salmão havia sido pescado em rio da região. Ela não se queixava de nenhum desconforto gastrintestinal, sendo que todos os parâmetros hematológicos e bioquímicos do sangue foram normais. Os exames de fezes revelaram a presença de ovos de D. latum. *O verme foi identificado como sendo este, com base nas características biológicas das proglótides: forma externa ampla e delgada, espiral do útero, número de alças uterinas e posição do orifício genital. Praziquantel em dose única de 400 mg foi administrado, mas o exame de fezes permanecia positivo para o verme, uma semana depois. Outra dose de 600 mg foi administrada, sendo que a repetição do exame de fezes, um mês depois, deu resultado negativo. Entre quatro membros da família que comeram peixe cru, apenas dois – a menina e sua mãe – foram infectados. O consumo de salmão cru, especialmente aquele produzido por aquicultura, representa risco de difilobotríase humana.*

Os ciclos de vida e as doenças causadas por *H. nana* (tênia do camundongo ou tênia anã) e por *Hymenolepis diminuta* (tênia do rato) são semelhantes, nos quais os seres humanos servem de hospedeiros primários acidentais, quando ingerem besouros infectados, contidos em farinhas e cereais. Apresentamos, a seguir, um resumo sobre *H. nana*.

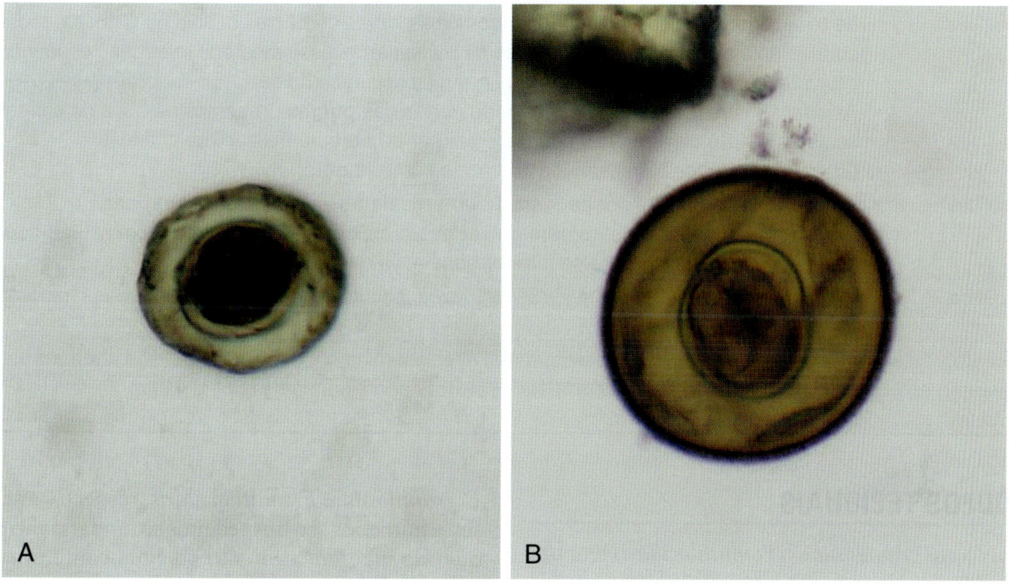

Ovos de (A) *Hymenolepis nana* e (B) *Hymenolepis diminuta*.

HYMENOLEPIS NANA	
Epidemiologia	• Distribuição mundial • É a infecção mais comum, por tênia, na América do Norte; parasito comum de camundongos • Infecções humanas e de camundongos, após a ingestão de ovos contidos em alimentos contaminados; os ovos eclodem no intestino delgado, liberando a larva, que se desenvolve no estágio cisticercoide; estabelecem-se no intestino delgado e amadurecem, tornando-se adultos; os ovos são infectantes no momento em que são eliminados nas fezes; podem ser ingeridos diretamente ou por **besouros** que podem servir de hospedeiros intermediários para seres humanos ou roedores • Os vermes adultos são pequenos < 5 cm) e têm vida curta, embora as autoinfecções (ingestão direta de ovos infectantes eliminados) possam causar hiperinfecções
Doenças	• As infecções causadas por pequenos números de tênias são **assintomáticas** • Os sintomas de uma infecção com um grande número de tênias incluem diarreia, dor abdominal, cefaleia e anorexia
Diagnóstico	• Detecção de ovos característicos nas fezes
Tratamento, prevenção e controle	• O tratamento se faz com praziquantel; a niclosamida é uma alternativa • A prevenção consiste na manutenção das condições sanitárias e higiene pessoal

DIPYLIDIUM CANINUM	
Epidemiologia	• Distribuição mundial • Parasito de cães e gatos, sendo a pulga um hospedeiro intermediário; as infecções humanas são mais comuns em crianças • A ingestão de pulgas contendo larvas cisticercoides infectantes provoca a doença em cães e gatos; as larvas transformam-se em adultos, que eliminam proglótides contendo pacotes de ovos; estes são liberados e ingeridos pelas larvas de pulgas de cão ou gato; a oncosfera contida no ovo é liberada no intestino da pulga e atravessa a parede intestinal, chegando à cavidade do corpo, onde transforma-se em larva cisticercoide • As infecções humanas ocorrem quando partes das **pulgas** presentes na boca do animal são acidentalmente transmitidas quando o animal lambe ou é beijado por crianças • Os vermes adultos têm cerca de 15 cm de comprimento
Doença	• As infecções causadas por pequenos números de tênias são **assintomáticas** • As infecções com grande número de vermes produzem desconforto abdominal, prurido e diarreia; o prurido anal deve-se à mobilidade ativa das proglótides
Diagnóstico	• Detecção de proglótides gravídicas nas fezes; pacotes com ovos embrionados raramente são observados nas fezes
Tratamento, prevenção e controle	• O tratamento se faz com praziquantel; a niclosamida e a paromomicina são alternativas • Os animais domésticos devem ser desverminados, e as pulgas eliminadas

CESTÓDEOS TECIDUAIS

O *Echinococcus granulosus* e o *E. multilocularis* têm um ciclo de vida semelhante que varia, essencialmente, de acordo com seus hospedeiros secundários. Animais carnívoros, como cães, raposas e coiotes, são hospedeiros primários do *Echinococcus*, enquanto os ovinos e pequenos roedores são os hospedeiros secundários de *E. granulosus*, e *E. multilocularis*, respectivamente. Os seres humanos são hospedeiros secundários acidentais, quando ingerem alimento ou água contaminada por ovos de *Echinococcus* contidos nas fezes caninas. A doença humana envolve principalmente o fígado e os pulmões, embora possa ocorrer disseminação para outros órgãos (p.ex., baço, cérebro). Segue-se um resumo sobre *E. granulosus*.

ECHINOCOCCUS GRANULOSUS	
Epidemiologia	• Presente em países criadores de ovinos e bovinos, como Austrália, Nova Zelândia, África Meridional e parte da Europa, América do Sul e América do Norte • Infecção é contraída pelos cães, quando ingerem os órgãos de animais com parasito encistado; os parasitos transformam-se em adultos (com menos de 2,54 cm) no intestino e os ovos são eliminados nas fezes; ovinos, bovinos, caprinos e suínos ingerem ovos que eclodem no intestino delgado • A infecção humana ocorre após ingestão acidental de **ovos contidos em alimentos e água contaminados por fezes caninas**; a oncosfera é liberada e atravessa a parede do intestino humano, entra na circulação e é transportada para outros órgãos do corpo, principalmente o fígado e o pulmão (e com menos frequência para o sistema nervoso central e os ossos)
Doença	• A infecção humana (**equinococose**) caracteriza-se pela formação de um cisto unilocular de crescimento lento semelhante a um tumor (demora 5 a 20 anos para apresentar sintomas) contendo cabeças de tênias (areia hidática) e líquido • O líquido pode ser tóxico, se o cisto se romper
Diagnóstico	• Dados clínicos, radiológicos e epidemiológicos confirmados na cirurgia • Os testes sorológicos auxiliam no diagnóstico, mas em geral não apresentam sensibilidade
Tratamento, prevenção e controle	• A ressecção cirúrgica do cisto, associada à administração de albendazol, é o tratamento de escolha • Se o local não permitir a realização de procedimento cirúrgico, o tratamento se faz com albendazol; o mebendazol e o praziquantel são drogas alternativas • O controle de infecções em cães consiste em evitar que ele coma vísceras de animais, bem como na manutenção de higiene adequada

CASO CLÍNICO

Equinococose

Yeh e colaboradores[3] descreveram o caso de uma mulher de 36 anos, grávida, com 21 semanas de gestação e histórico de 4 semanas de tosse seca não produtiva. A paciente negou ter qualquer sintoma inespecífico e muita exposição ao ambiente, ou contato com doentes. Era a sua primeira gravidez e não havia complicações. Ela não apresentava problema de saúde, não fumava, nem bebia. Era consultora financeira, apreciadora de corrida e ciclismo e havia viajado para a Austrália, Ásia Central e África Subsaariana, no passado. A paciente parecia bem, com ganho de peso adequado para o segundo trimestre de gestação. O exame físico, inclusive a auscultação dos pulmões, foi normal. A tosse não melhorou com o uso, por inalação, de um broncodilatador. Não foram realizados exames de imagem devido a sua gravidez. A paciente teve um parto normal e sem complicações 4 meses depois. Ela continuou com a tosse seca e foi ao médico meses depois do parto, para uma reavaliação da tosse. Na ocasião, o exame físico revelou uma massa de tecido mole com sete cm de diâmetro, adjacente à margem direita do coração. Os exames do tórax, por tomografia computadorizada (TC) de alta resolução, confirmaram a presença de uma estrutura homogênea cheia de líquido e sem septos, aparentemente no mediastino. A ecocardiografia subsequente também confirmou a presença de uma estrutura cística simples, com paredes finas, envolvendo um fluido anecoico, com indentação do átrio direito. Com base nos achados radiográficos e ecocardiográficos, os médicos que cuidaram da paciente pensaram que provavelmente tratava-se de um cisto pericárdico benigno. Como a paciente não apresentava dispneia, ela recusou a cirurgia. Entretanto, devido ao agravamento da tosse nos meses seguintes, ela consultou um cirurgião de tórax para uma ressecção eletiva. Os achados intraoperatórios revelaram, no pulmão direito, um cisto pulmonar intraparenquimatoso, que não estava ligado ao pericárdio ou ao brônquio. O cisto foi removido intacto sem perda significativa do conteúdo. A coloração, com hematoxilina e eosina, das paredes do cisto após corte transversal, revelou uma camada laminada acelular. O exame microscópico do conteúdo cístico demonstrou a presença de protoescólices, com pequenos ganchos e ventosas, sobre um fundo com restos de histiócitos e eosinófilos, configurando uma condição compatível com a presença de E. granulosus. *A TC do abdome realizada após a remoção do cisto torácico não revelou doença hepatobiliar. Análise pós-operatória, para detecção de anticorpos contra* Echinococcus *no soro, deu resultado positivo. Administrou-se praziquantel durante 10 dias e abendazol por um mês, após a cirurgia, sem quaisquer complicações. Após esse período de tratamento, a paciente foi curada da tosse e retornou ao seu nível normal de atividade. A TC de acompanhamento realizada seis meses após a cirurgia não revelou qualquer evidência de doença recidivante.*

REFERÊNCIAS

1. Lee KW, Suhk HC, Pai KS, et al. *Diphyllobothrium latum* infection after eating domestic salmon flesh. *Korean J Parasitol.* 2001;39:319-321.
2. Chatel G, Gulletta M, Scolari C, et al. Neurocysticercosis in an Italian traveler to Latin America. *Am J Trop Med Hyg.* 1999;60:255-256.
3. Yeh WW, Saint S, Weinberger SE. Clinical problem-solving. A growing problem—a 36-year-old pregnant woman at 21 weeks of gestation presented with a 4-week history of a dry, nonproductive cough. *N Engl J Med.* 2007;357:489-494.

27

Artrópodes

Os artrópodes exercem importante papel como vetores de muitas doenças bacterianas, virais e parasitárias. A lista a seguir é um resumo geral das doenças humanas mais frequentemente associadas a vetores artrópodes.

Artrópode	Organismo	Doença
Carrapato	*Anaplasma phagocytophilum*	Anaplasmose humana
	Borrelia burgdorferi	Doença de Lyme
	Borrelia, outras espécies	Febre recorrente endêmica
	Coxiella burnetii	Febre Q
	Ehrlichia chaffeensis	Erliquiose monocítica humana
	Ehrlichia ewingii	Erliquiose granulocítica humana
	Francisella tularensis	Tularemia
	Orbivirus	Febre do carrapato do Colorado
	Rickettsia rickettsii	Febre maculosa das Montanhas Rochosas
Pulga	*Dipylidium caninum*	Dipilidiose
	Rickettsia prowazekii	Tifo epidêmico
	Rickettsia typhi	Tifo murino
	Yersinia pestis	Peste
Piolho	*Bartonella quintana*	Febre das trincheiras
	Borrelia recurrentis	Febre recorrente epidêmica
	Rickettsia prowazekii	Tifo epidêmico
Ácaro	*Orientia tsutsugamushi*	Tifo do mato
	Rickettsia akari	Riquetsiose vesicular
Mosca	*Bartonella bacilliformis*	Bartonelose
	Hymenolepis nana	Tênia anã
	Espécies de *Leishmania*	Leishmaniose
	Onchocerca volvulus	Oncocercose ("cegueira dos rios")
	Trypanosoma brucei	Tripanossomíase africana
	Trypanosoma cruzi	Doença de Chagas
Mosquito	*Alphavirus*	Encefalite equina do Leste Encefalite equina venezuelana Encefalite equina do Oeste
	Espécies de *Brugia*	Filariose da Malásia
	Bunyavirus	Encefalite de La Crosse
	Dirofilaria immitis	Dirofilariose
	Flavivirus	Dengue Encefalite de St. Louis Febre amarela
	Espécies de *Plasmodium*	Malária
	Wuchereria bancrofti	Filariose bancroftiana

QUESTÕES

1. Uma semana depois de voltar das férias no México, um homem de 24 anos apresentou febre alta por 3 dias e, depois, ficou ictérico e fatigado por 1 semana. Os exames laboratoriais revelaram o seguinte: contagem de glóbulos brancos, 3.200/mm^3; hemoglobina, 11,6 g/dL; plaquetas, 112.000/mm^3; provas de função hepática elevadas (aspartato aminotransferase, 2.600 U/L; alanina aminotransferase, 3.100 U/L); bilirrubina, 12,6 mg/dL; creatinina, 1,3 mg/dL. O exame de um esfregaço de sangue específico para malária foi negativo e a sorologia para hepatite apresentou os seguintes resultados: hepatite A, imunoglobulina M positiva e imunoglobulina G negativa; antígeno de superfície da hepatite B negativo; anticorpo contra o cerne do vírus da hepatite B negativo; anticorpo da hepatite C negativo. Seu colega de quarto apresentava saúde excelente, provas de função hepática normais e sorologia negativa para hepatites A, B e C. Qual das seguintes opções protegeria melhor o colega de quarto de ser infectado pelo paciente?
A. Globulina sérica imune
B. Vacina contra hepatite A
C. Globulina hiperimune contra hepatite B
D. Vacina contra hepatite B
E. Nada é necessário

2. A coleta de amostras para o diagnóstico de qual das seguintes doenças apresenta riscos significativos para os médicos?
A. Histoplasmose
B. Coccidioidomicose
C. Borreliose da doença de Lyme
D. Tularemia
E. Amebíase

3. Um homem diabético de 72 anos, morador de Chicago e tomando etanercept para tratamento de psoríase, apresentou febre no 7º dia após uma cirurgia para retirada de um adenocarcinoma do cólon descendente. Atualmente, ele está entubado e tem um cateter venoso central na veia jugular interna, para hiperalimentação. Foram feitas duas culturas de seu sangue, nas quais cresceram leveduras (ver figura a seguir) após 2 dias de incubação em condições aeróbicas. Qual das espécies seguintes é a mais provável de ser este fungo?

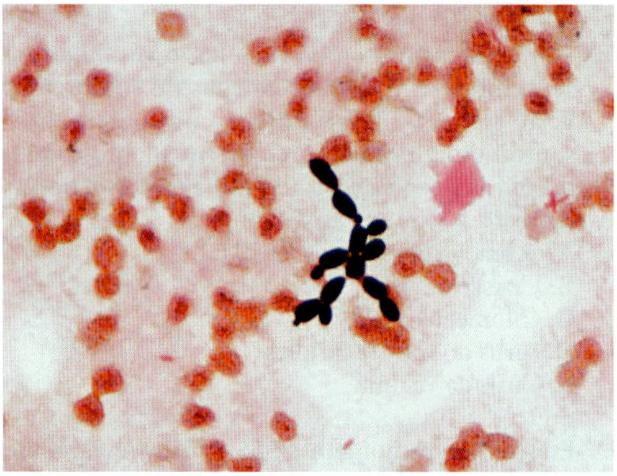

A. *Blastomyces dermatitidis*
B. *Candida parapsilosis*
C. *Cryptococcus neoformans*
D. *Histoplasma capsulatum*
E. *Malassezia furfur*

4. Um paciente portador de lúpus e tratado com prednisona (60 mg/dia durante 6 semanas) apresentou infiltrados pulmonares bilaterais. O microrganismo da figura a seguir foi observado no lavado broncoalveolar do paciente, em coloração álcool-acidorresistente modificada, como bacilos longos, ramificados e parcialmente corados. Qual dos seguintes patógenos tem maior probabilidade de envolvimento neste caso?

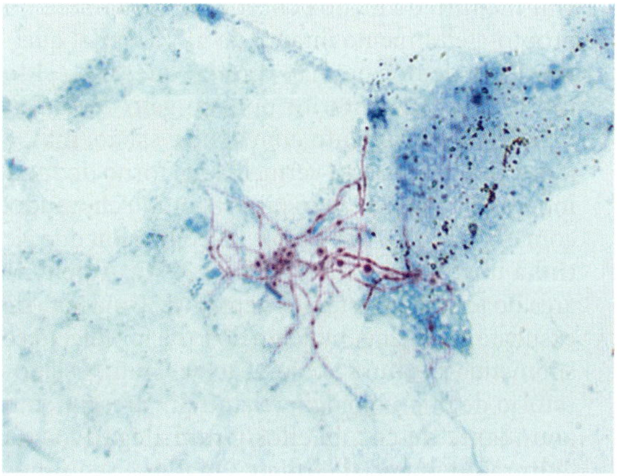

A. *Actinomyces israelii*
B. *Aspergillus fumigatus*

C. *Histoplasma capsulatum*
D. *Mycobacterium avium*
E. *Nocardia farcinica*

5. Um lutador apresentou uma lesão vesicular em seu ombro. Um de seus colegas de equipe teve lesão semelhante no pulso, e um outro apresentou uma lesão com crosta nos lábios. Qual dos vírus a seguir é a causa mais provável dessas lesões?
A. Adenovírus
B. Coxsackievírus
C. Citomegalovírus
D. Vírus do herpes simples
E. Vírus da vacínia

6. Em julho, um homem de 65 anos, previamente saudável e com histórico de 40 anos de tabagismo, apresentou pneumonia bilateral grave. Ele morou a vida toda na Filadélfia, sem ter viajado para longe dali. Um exame de seu escarro apresentou muitos neutrófilos, mas nenhum tipo de microrganismo, tanto na coloração de Gram quanto na coloração álcool-acidorresistente e também em cultura de rotina para fungos e bactérias, desta amostra. Qual dos seguintes microrganismos é a causa mais provável da infecção deste homem?
A. *Klebsiella pneumoniae*
B. *Legionella pneumophila*
C. *Mycobacterium tuberculosis*
D. *Histoplasma capsulatum*
E. Vírus da influenza tipo A

7. Um menino de 6 anos chegou com sua mãe no pronto-atendimento infantil de um hospital queixando-se de dor na mão direita, que tinha sido mordida no dia anterior por um gato de rua. A mãe lavou o ferimento com água e sabão, mas, à noite, notou uma área vermelha em torno do mesmo. No dia seguinte, o menino acordou chorando, com dor na mão. Um exame físico revelou que ele tinha uma temperatura oral de 39ºC. A pele na área do ferimento estava eritematosa. Uma gota de exsudato serossanguinolento do local foi coletada e submetida a cultura e coloração de Gram. O laboratório de microbiologia relatou um crescimento abundante de cocobacilos Gram-negativos na cultura do material clínico. Qual dos seguintes microrganismos é a causa mais provável desta infecção?
A. *Capnocytophaga*
B. *Eikenella*
C. *Escherichia*
D. *Fusobacterium*
E. *Pasteurella*

8. Uma agricultora de 32 anos do Wisconsin foi a seu médico de família em junho com uma queixa de 3 semanas de febre baixa, mialgias, tosse produtiva e lesão cutânea, que surgiram na semana anterior. O médico observou um infiltrado na radiografia torácica e coletou escarro da paciente e uma biópsia da lesão para cultura e coloração (de Gram e álcool-acidorresistente) para observação microscópica. Foram observadas células grandes, redondas e fracamente coradas, algumas com brotamento, na coloração de Gram e coloração com prata do material da biópsia (ver figura a seguir), sendo que o agente etiológico cresceu em cultura após 2 semanas. O diagnóstico mais provável desta infecção é:

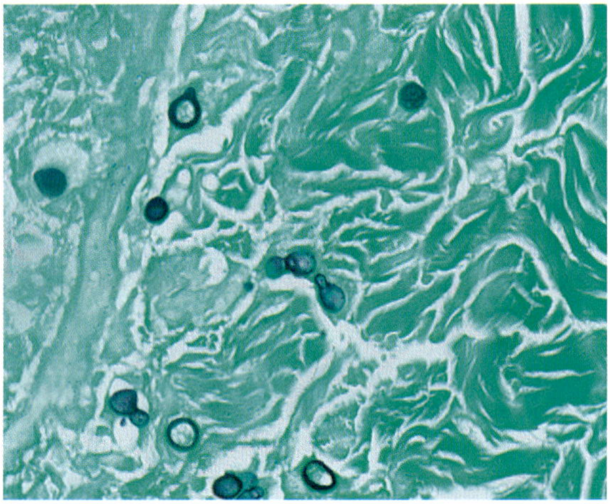

A. *Blastomyces dermatitidis*
B. *Candida albicans*
C. *Histoplasma capsulatum*
D. *Mycobacterium marinum*
E. *Sporothrix schenckii*

9. Um bebê com 14 dias de vida é internado em um hospital com febre, hiperatividade e rigidez no pescoço. No momento do parto, a mãe se queixou de sintomas parecidos com os de uma gripe. Foram coletados sangue e fluido cerebroespinhal para cultura. Nenhum microrganismo foi visto na coloração de Gram, mas pequenas colônias fracamente beta-hemolíticas cresceram em placas de ágar sangue, após 48 horas de incubação. A coloração de Gram destas colônias revelou pequenos cocobacilos Gram-positivos. O microrganismo mais provável de ser a causa desta infecção é:

A. *Escherichia coli*
B. *Listeria monocytogenes*
C. *Neisseria meningitidis*
D. *Streptococcus* do Grupo B
E. *Streptococcus pneumoniae*

10. Ao acordar seu filho de 6 anos para ir à escola, uma mãe observa que ele está claudicante. Ela percebe que seu joelho esquerdo está inchado, vermelho, quente ao toque e o movimento é dolorido. Ele diz que caiu de joelho 2 dias antes, quando brincava com os amigos. A mãe o leva ao pediatra, que remove 15 mL de um líquido turvo do joelho. Uma coloração de Gram e uma cultura do fluido mostraram cocos Gram-positivos agrupados (ver figura a seguir). Qual microrganismo é a causa mais provável dos sintomas do menino?

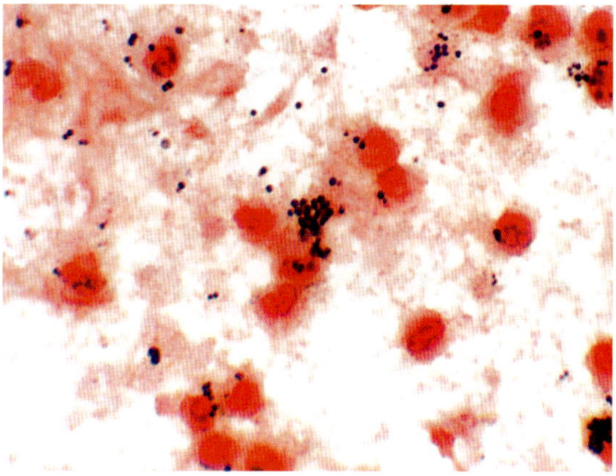

A. *Bacillus cereus*
B. *Enterococcus faecalis*
C. *Staphylococcus epidermidis*
D. *Staphylococcus aureus*
E. *Streptococcus pyogenes*

11. Uma mulher de 28 anos, sexualmente ativa, foi ao ginecologista com um histórico de 3 dias de corrimento denso e esbranquiçado e inflamação vaginal. Uma amostra da secreção vaginal foi examinada microscopicamente e submetida à cultura em meios específicos para bactérias e fungos. Após 2 dias de incubação, foram observados na cultura os microrganismos da figura a seguir. Com base nesta observação, qual é o diagnóstico mais provável desta infecção?

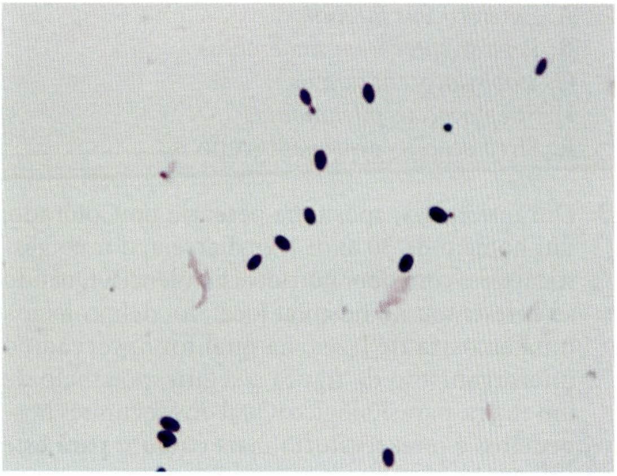

A. Gonorreia
B. Infecção por clamídia
C. Tricomoníase
D. Vaginose bacteriana
E. Candidíase

12. Após um acidente de automóvel, uma mulher de 23 anos precisa de uma esplenectomia de emergência. Sua recuperação pós-cirúrgica ocorre sem intercorrências. No entanto, 4 semanas após a cirurgia ela é trazida, inconsciente e sem responder a estímulos, para o setor de emergência do hospital. Os médicos não conseguem estabilizá-la e ela falece 1 hora após o atendimento. Seu sangue é coletado para cultura, exames químicos e hematológicos. O técnico responsável por analisar o esfregaço de sangue observa uma abundância de bactérias na lâmina (ver figura a seguir). Em 6 horas de incubação, as culturas do sangue também apresentam crescimento bacteriano. Qual das seguintes bactérias é a causa mais provável desta infecção fulminante?

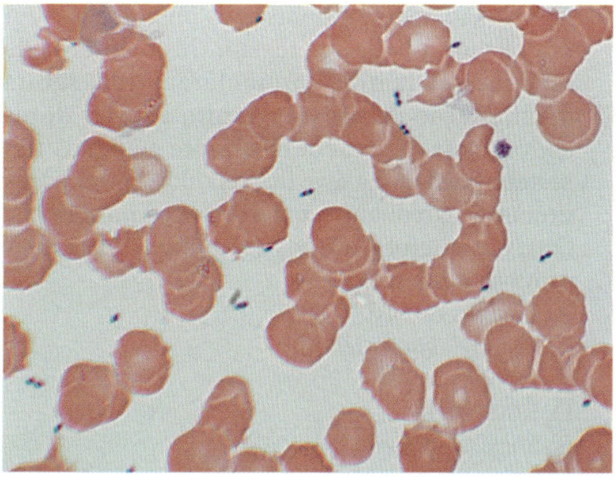

A. *Enterococcus faecium*
B. *Peptostreptococcus anaerobius*
C. *Staphylococcus aureus*
D. *Streptococcus pneumoniae*
E. *Streptococcus pyogenes* (grupo A)

13. Durante 4 dias, após uma pescaria no Colorado, um homem de 36 anos teve diarreia, dor epigástrica, fezes com odor pútrido e flatulência. Quando se apresentou no hospital local, foi dele coletada uma amostra de fezes, na qual foi observado o microrganismo da figura a seguir, por meio de um exame parasitológico. Qual dos seguintes hospedeiros é o reservatório mais comum para este parasito?

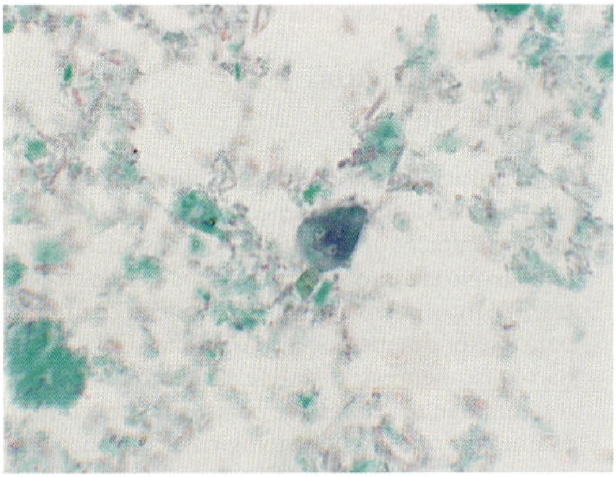

A. Castor
B. Cão
C. Coelho
D. Cobra
E. Truta

14. Aproximadamente 4 horas após uma refeição em um restaurante de sua região, três membros de uma mesma família apresentaram uma súbita manifestação de náusea, vômito e fortes dores abdominais. Ninguém teve febre e apenas um membro da família teve diarreia. Em 24 horas, os sintomas regrediram, sem recorrências posteriores. Qual dos microrganismos a seguir é a causa mais provável deste surto?
A. *Bacillus cereus*
B. *Campylobacter jejuni*
C. Norovírus
D. Rotavírus
E. *Shigella sonnei*

15. Um homem de 52 anos apresenta peritonite após uma ruptura de apêndice. Após a cirurgia de reparo, ele é tratado com clindamicina e ceftazidima. Aproximadamente 5 dias depois, apresenta diarreia intensa, dores abdominais e uma febre de 38,5°C. A diarreia persistiu, tendo piorado nos 5 dias seguintes, com sangue vivo nas fezes e placas brancas observadas na mucosa do cólon (ver figura a seguir). Qual das bactérias seguintes é a causa mais provável dos sintomas deste paciente?

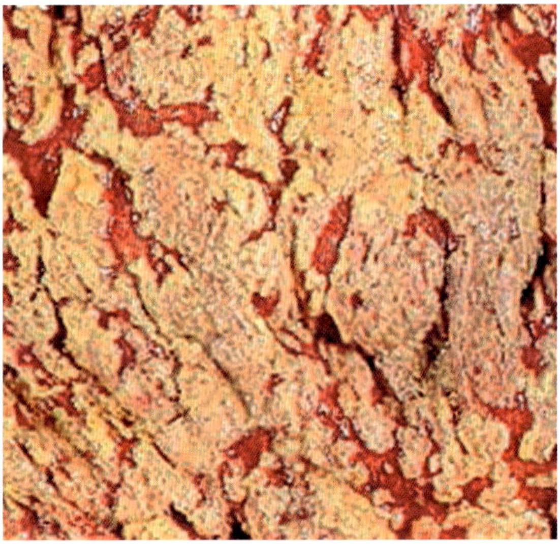

A. *Bacillus cereus*
B. *Clostridium difficile*
C. *Escherichia coli* O157
D. *Shigella sonnei*
E. *Staphylococcus aureus*

16. Uma mulher de 59 anos se apresentou no setor de emergência do hospital com um histórico de 3 dias de inchaço nos olhos, dor de cabeça frontal e febre baixa. Ela respondia muito lentamente às perguntas feitas no exame físico. Os exames laboratoriais mostraram que a paciente tinha uma contagem elevada de glóbulos brancos, com um predomínio de neutrófilos e uma concentração de glicose de 475 mg/dL no sangue. Uma tomografia computadorizada dos seios da face mostrou opacidades nos seios etmoidais. Foi coletada uma amostra do aspirado do seio para análise microscópica e cultivo para bactérias e fungos. Foi observado um fungo no material corado pela prata (ver figura a seguir), tendo ele crescido em cultura após um dia de incubação. Qual dos seguintes fungos é a causa mais provável da infecção desta mulher?

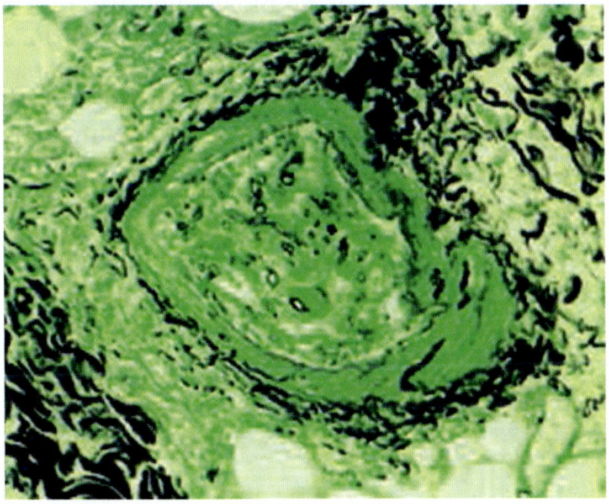

A. *Aspergillus*
B. *Bipolaris*
C. *Curvularia*
D. *Histoplasma*
E. *Rhizopus*

17. Após 2 dias de dor crescente ao urinar, uma estudante universitária de 20 anos vai ao serviço de saúde da faculdade. Ao ser examinada, ela se queixa de febre baixa e sensibilidade no lado esquerdo do corpo. Sua urina é turva e apresenta provas microscópicas da presença de hemácias, piúria e muitas bactérias Gram-positivas. Seu histórico médico pregresso mostra que ela não teve infecções prévias do trato urinário e ela admite ser sexualmente ativa. Qual dos microrganismos a seguir é a causa mais provável da infecção desta mulher?
A. *Candida albicans*
B. *Enterococcus faecalis*
C. *Neisseria gonorrhoeae*
D. *Staphylococcus aureus*
E. *Staphylococcus saprophyticus*

18. Aproximadamente 4 semanas após um transplante de medula óssea, um homem de 42 anos volta ao seu médico com queixas de febre e um escarro produtivo. Estes sintomas haviam se manifestado 5 dias antes. Uma radiografia torácica é feita, observando-se uma lesão cavitária no lobo pulmonar superior direito. Quando o paciente se encontra no setor de radiologia, ele tem uma convulsão. Uma tomografia computadorizada de sua cabeça mostra uma massa na área parietal direita do cérebro. São feitas culturas de escarro, coletado durante a internação e de tecidos do cérebro e pulmão nos quais houve crescimento de bacilos Gram-positivos filamentosos fracamente corados, após 4 dias de incubação. Estes mesmos microrganismos foram também observados em coloração de Gram direta dos tecidos (ver figura a seguir). Eles também se coram fracamente pela técnica de álcool-acidorresistente. Qual dos patógenos seguintes é a causa mais provável desta condição?

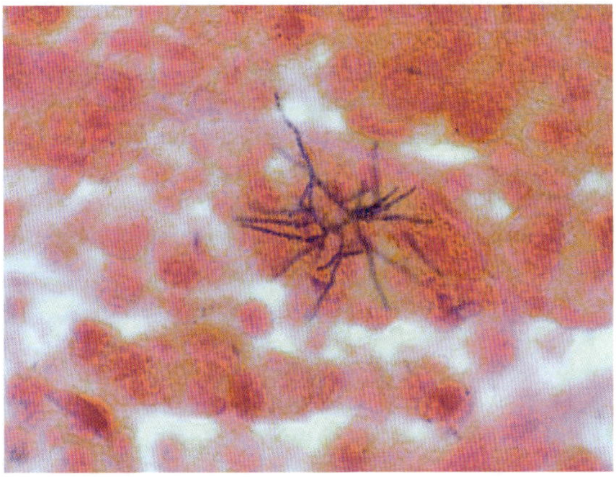

A. *Actinomyces israelii*
B. *Aspergillus fumigatus*
C. *Mycobacterium tuberculosis*
D. *Nocardia abscessus*
E. *Rhodococcus equi*

19. Uma mulher de 26 anos, moradora de Boston, recebeu transfusão de sangue durante o primeiro trimestre de sua gravidez. Ela não tinha um histórico de viagem importante durante a gestação. Ao nascer, seu bebê era pequeno e parecia ter uma cabeça desproporcionalmente pequena (microcefalia). Em 2 dias após o nascimento, o bebê apresentou icterícia, hepatosplenomegalia e erupções petequiais. Foram encontradas, em amostras de sua urina, células contendo corpúsculos de inclusão, em formato de "olho de coruja". Uma radiografia de sua cabeça, quando ele tinha 1 semana de vida, exibiu calcificações intracranianas. O bebê ficou cada vez mais letárgico e apresentou angústia respiratória, que evoluiu para convulsões.

O bebê acabou morrendo. Qual dos seguintes microrganismos é a causa mais provável desta infecção?
A. Citomegalovírus
B. Vírus do herpes simples
C. Vírus da rubéola
D. *Toxoplasma gondii*
E. Vírus da Zika

20. Um menino de 8 anos caiu enquanto brincava, provocando escoriações em sua coxa e quadril. Os ferimentos não pareciam graves, não tendo sido feito nada para limpar ou aplicar pomadas antibióticas de uso tópico na área afetada. O ferimento sobre o quadril piorou após 3 dias, tornando-se inflamado e purulento. Naquela noite, a criança apresentou uma febre alta (40°C), dor de cabeça e erupção difusa. Quando a criança chegou ao hospital, ela estava hipotensiva, reclamava de mialgias graves e tinha diarreia. Um dia depois, sua pele (incluindo a das palmas das mãos e solas dos pés) começou a descamar e ela apresentou anomalias renais e hepáticas. Qual das seguintes bactérias é a causa mais provável da infecção deste menino?
A. *Bacillus cereus*
B. *Bacteroides fragilis*
C. *Clostridium perfringens*
D. *Staphylococcus aureus*
E. *Streptococcus anginosus*

21. Um homem de 34 anos comentou com sua esposa que nos últimos 3 dias não se sentia bem e sua condição piorava. Sua doença começou com uma dor de cabeça, febre branda e sudorese. Com o tempo, estes sintomas ficaram mais evidentes e sua esposa o levou ao médico. O médico notou que o homem tinha uma temperatura de 39°C, pressão arterial de 137/85 mmHg, frequência cardíaca de 82 bpm e frequência respiratória de 25 respirações/min. Este paciente tinha boa saúde e voltou de uma viagem ao México 3 semanas antes desta consulta. Durante sua permanência no México, ele comeu somente em restaurantes de boa qualidade, embora tenha consumido queijo de cabra não pasteurizado. O médico pediu culturas de sangue para este paciente, nas quais, após 3 dias de incubação, cresceram cocobacilos Gram-negativos muito pequenos. Qual das seguintes bactérias é a causa mais provável da infecção deste paciente?
A. *Acinetobacter*
B. *Brucella*
C. *Escherichia*
D. *Francisella*
E. *Haemophilus*

22. Uma mulher de 45 anos foi ao médico porque tinha várias feridas no braço, que surgiram 2 semanas antes. O médico notou que as feridas eram lesões nodulares ulcerativas que acompanhavam a circulação linfática de seu braço. Seus linfonodos axilares também estavam aumentados. Foi aspirada uma amostra de uma das lesões para cultura, onde, após incubação, cresceram algumas células de levedura ovais, fusiformes. Observou-se também um fungo filamentoso branco de crescimento lento, cuja coloração gradativamente escurecia. O aspecto microscópico do fungo é exibido na figura a seguir. Qual dos fungos seguintes é o responsável pela infecção desta mulher?

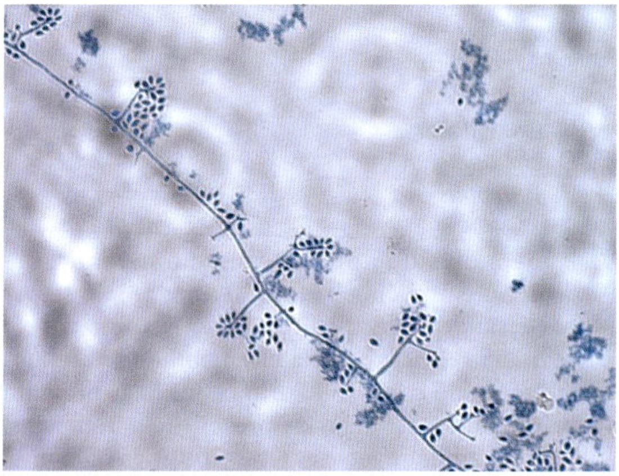

A. *Blastomyces dermatitidis*
B. *Candida albicans*
C. *Cryptococcus neoformans*
D. *Sporothrix schenckii*
E. *Trichophyton rubrum*

23. Um homem de 64 anos se submeteu a uma cirurgia no intestino, devido a um câncer de cólon. Cinco dias após esta intervenção, o paciente teve uma peritonite, para a qual foi tratado com ceftazidima, gentamicina e metronidazol. Embora ele inicialmente tenha respondido a este regime terapêutico, na terceira noite de tratamento, apresentou picos de febre e sensibilidade abdominal. Em razão disso, foi submetido a uma nova cirurgia naquela noite, na qual foram retirados 50 mL de material purulento de sua cavidade abdominal. O material drenado foi submetido a coloração de Gram e cultura, sendo também coletada uma amostra de sangue para cultura. Os microrganismos observados na figura a seguir foram obtidos da cultura de sangue, em condições aeróbia e anaeróbia, e também do material purulento. A causa mais provável desta infecção seria:

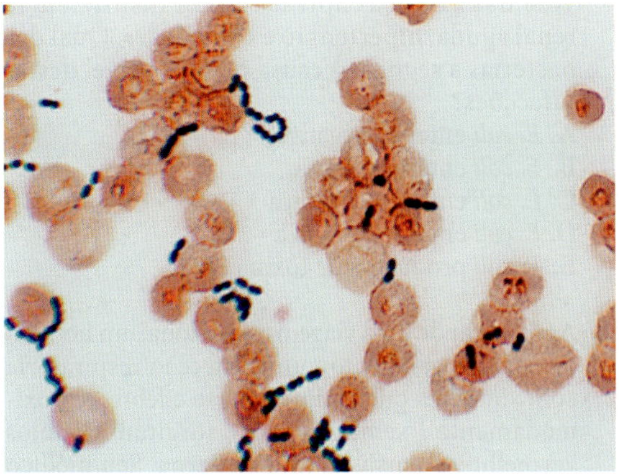

A. *Candida albicans*
B. *Enterococcus faecalis*
C. *Peptostreptococcus anaerobius*
D. *Staphylococcus aureus*
E. *Streptococcus pneumoniae*

24. Um homem homossexual de 19 anos foi internado para avaliação de um histórico de 2 semanas de tosse não produtiva, febre e falta de ar. Uma radiografia torácica foi feita e demonstrou infiltrados pulmonares bilaterais com marcas intersticiais e alveolares. O homem era HIV-positivo e tinha contagem de $CD4^+$ abaixo de 200 células/mm^3. Foi feito um lavado broncoalveolar e retirada uma biópsia do pulmão do paciente. Foram observados microrganismos medindo de 4 a 5 µm em um corte histológico da biópsia, corado com metamina de prata de Gomori (ver figura a seguir). Qual dos fungos seguintes é o responsável pela infecção deste homem?

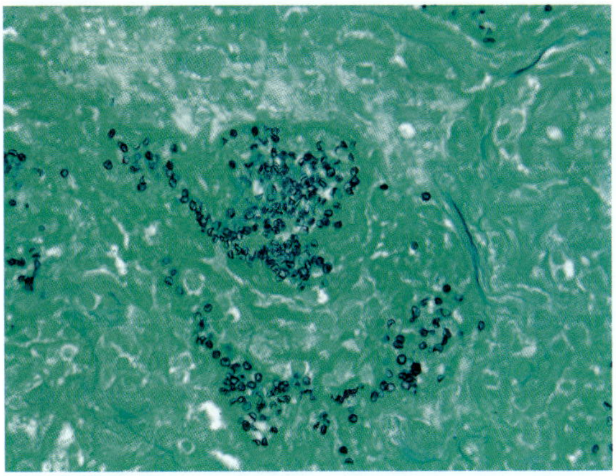

A. *Aspergillus fumigatus*
B. *Candida albicans*
C. *Cryptococcus neoformans*
D. *Histoplasma capsulatum*
E. *Pneumocystis jiroveci*

25. Aproximadamente 36 horas após terem participado de um piquenique em sua região, 14 pessoas tiveram diarreia, a maioria das quais se queixando de dores abdominais, febre baixa e 8 a 10 movimentos intestinais por dia. Dois indivíduos apresentaram fezes sanguinolentas. Embora os sintomas tenham regredido na maioria dos casos em 1 semana, duas crianças e um adulto tiveram que ser hospitalizados. Um outro adulto apresentou dores articulares nas mãos, tornozelos e joelhos, que persistiram por 1 semana. Qual dos seguintes microrganismos é a causa mais provável destes sintomas?
A. *Bacillus cereus*
B. *Campylobacter jejuni*
C. Norovírus
D. *Salmonella* enteritidis
E. *Staphylococcus aureus*

26. Três dias após retornar de um acampamento no México, um homem de 23 anos esteve no pronto-atendimento com dor abdominal, náusea, febre e diarreia sanguinolenta. Amostras de fezes foram coletadas e enviadas ao laboratório para cultura bacteriana e exame parasitológico. As culturas bacterianas foram negativas, mas foi observado um parasito (ver figura a seguir) nas fezes. Qual dos hospedeiros seguintes é o reservatório principal deste parasito?

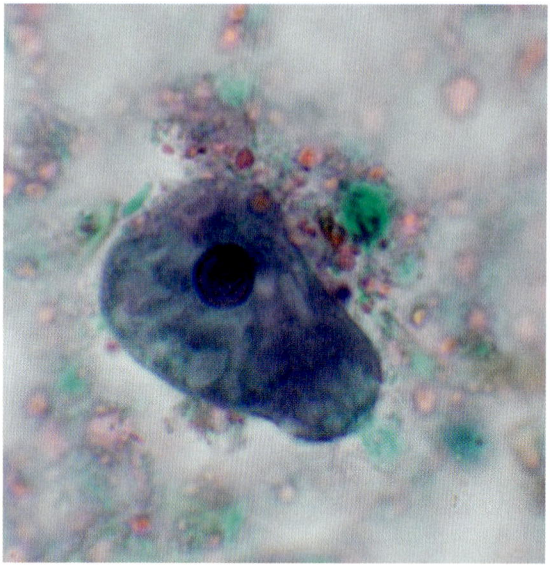

A. Barata
B. Cão
C. Mosca
D. Homem
E. Mosquito

27. Um homem de 74 anos foi hospitalizado devido a um histórico de 3 dias de febre alta, mialgia e calafrios, acompanhados por dor nas costas e eliminação de urina escura nas 12 horas anteriores. Sua temperatura era de 38,5°C, pressão arterial de 120/70 mmHg e frequência respiratória de 30 respirações/min. Os resultados dos exames laboratoriais foram hemoglobina, 131 g/L; hematócrito, 0,41; ureia sérica, 71 mg/dL; bilirrubina total, 4,1 mg/dL; desidrogenase lática, 1.250 U/L e potássio 6,5 mEq/L. Uma urinálise revelou a presença de sangue, mas menos de cinco glóbulos brancos por campo, em objetiva de maior aumento. Em 6 horas de internação no hospital, o paciente sofreu uma parada cardíaca e faleceu. Um exame histopatológico após a morte revelou microabscessos no fígado e na vesícula biliar. Culturas de sangue feitas antes de o paciente falecer apresentaram crescimento, em 6 horas de incubação, de uma bactéria produtora de gases, que também foi encontrada em culturas de tecidos da autópsia. Qual das seguintes bactérias é a causa mais provável da infecção fulminante deste paciente?
A. *Bacteroides fragilis*
B. *Clostridium perfringens*
C. *Escherichia coli*
D. *Pseudomonas aeruginosa*
E. *Staphylococcus aureus*

28. Em setembro de 2000, ocorreu na Pensilvânia um surto de gastrenterite por *Escherichia coli*. A maioria dos pacientes infectados tinha visitado uma fazenda popular, de gado leiteiro, onde tiveram contato com os animais e foram servidos almoço e lanches. Os pacientes apresentaram diarreia após 10 dias da visita à fazenda. Embora a apresentação clínica variasse entre os pacientes, a doença teve início com fortes dores abdominais e diarreia não sanguinolenta. As fezes ficaram intensamente sanguinolentas no 2° ou 3° dia após a manifestação da doença. A maioria dos pacientes ficou assintomática em 1 semana; no entanto, aproximadamente 10% das crianças apresentaram insuficiência renal aguda, hipertensão e convulsões. Qual das bactérias a seguir é a causa mais provável destas infecções?
A. *E. coli* enteroagregativa
B. *E. coli* enteroinvasora
C. *E. coli* enteropatogênica
D. *E. coli* enterotoxigênica
E. *E. coli* produtora de toxina Shiga

29. Após voltar de uma viagem ao Arizona, um homem de 30 anos apresentou uma infecção respiratória com sintomas que incluíam tosse e febre. Aproximadamente 1 semana depois, surgiram nódulos vermelhos e sensíveis em sua perna. Seu médico coletou amostras de escarro para microscopia e cultura. Após 3 dias de incubação, à temperatura ambiente, a cultura destinada a fungos produziu um fungo filamentoso branco. Seu aspecto microscópico é apresentado na figura a seguir. Qual das espécies seguintes é a causa mais provável desta infecção?

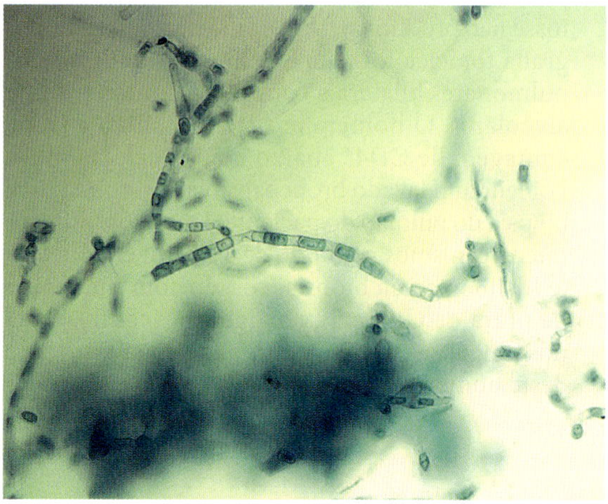

A. *Aspergillus fumigatus*
B. *Blastomyces dermatitidis*
C. *Coccidioides immitis*
D. *Histoplasma capsulatum*
E. *Sporothrix schenckii*

30. Um menino de 5 anos se queixou à sua mãe de dor na garganta ao engolir alimentos. A mãe notou que a garganta do menino estava vermelha e apresentava um exsudato esbranquiçado sobre as tonsilas. No dia seguinte, a criança apresentou uma erupção vermelha difusa no peito. A mãe levou o menino ao pediatra, quando a erupção havia se espalhado para seu pescoço, face e membros. A erupção era mais intensa nas dobras da pele. Qual dos microrganismos a seguir é a causa mais provável desta infecção?
A. *Bordetella pertussis*
B. Vírus do sarampo
C. Vírus da rubéola
D. *Staphylococcus aureus*
E. *Streptococcus pyogenes*

31. Uma funcionária de 23 anos do *Peace Corps*, que morava na África havia 1 ano, apresentou sintomas de náusea, vômito e diarreia, quando visitava sua família em Nova York. Foram dela coletadas amostras de fezes para cultura bacteriana e exame parasitológico. A cultura foi negativa, mas o exame parasitológico revelou o organismo mostrado na figura a seguir. Qual é a fonte de infecção mais provável desta mulher?

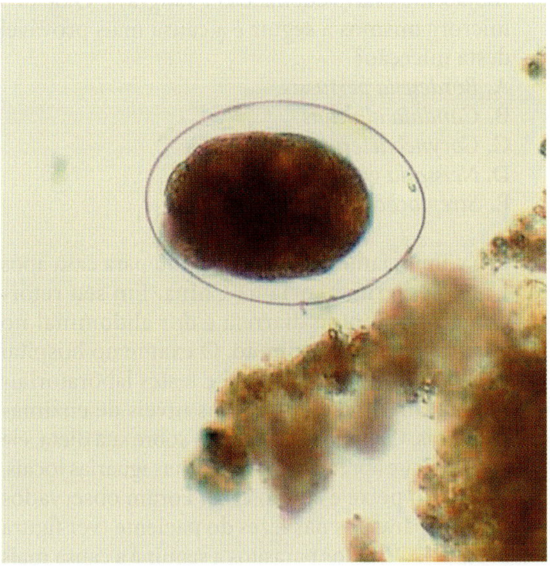

A. Consumo de carne de porco crua
B. Consumo de vegetais crus contaminados
C. Penetração direta de larvas na pele
D. Contato, por via oral, com fezes de cães infectados
E. Contato, por via oral, com fezes de humanos infectados

32. Um carpinteiro de 42 anos sofre uma lesão penetrante no olho, ao ser atingido por uma lasca de madeira. Após 12 horas do acidente, o olho se torna inflamado e dolorido. Quando se dirigia ao pronto-atendimento hospitalar, ele já havia perdido completamente sua visão. Amostra da drenagem do olho é coletada com um *swab* e enviada para análise de Gram e cultura. A análise de Gram revela uma abundância de bacilos Gram-positivos (ver figura seguinte) e, em 12 horas de incubação, sob condições aeróbias, são detectadas colônias grandes e beta-hemolíticas nas placas de ágar sangue. Qual dos microrganismos a seguir é a causa mais provável desta infecção?
A. *Bacillus cereus*
B. *Bacteroides fragilis*
C. *Clostridium perfringens*
D. *Corynebacterium jeikeium*
E. *Nocardia farcinica*

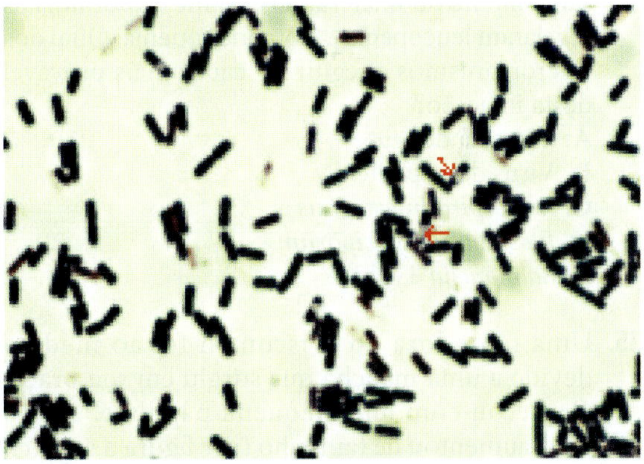

33. Um homem de 24 anos, residente no Quênia, foi a seu médico local queixando-se de que um inchaço que ele tinha na virilha aumentou a ponto de romper e extravasar um fluido turvo. Após obter seu histórico completo, o médico descobriu que o homem, que era sexualmente ativo, tinha inicialmente apresentado uma pequena vesícula indolor que ulcerou e, então, curou rapidamente. Aproximadamente 1 semana depois, os linfonodos que drenavam a área da vesícula aumentaram de tamanho. A região em torno desses linfonodos inchados ficou maior e sensível. Foram esses linfonodos que romperam e liberaram material purulento. O paciente teve febre, dor de cabeça e dores musculares. O médico fez o diagnóstico baseado na apresentação clínica e na cultura do material purulento. Qual dos microrganismos a seguir é a causa mais provável da infecção deste homem?

A. *Chlamydia trachomatis*
B. Vírus do herpes simples
C. *Klebsiella granulomatis*
D. *Neisseria gonorrhoeae*
E. *Treponema pallidum*

34. Uma mulher de 32 anos foi ao médico de família com um histórico de 5 dias de febre, dor de cabeça, dor retro-orbitária, mialgias e erupções cutâneas. Os sintomas surgiram 3 dias após ela ter voltado de uma viagem de 1 mês à Tailândia. As erupções apareceram inicialmente na face, tendo depois se espalhado pelo tronco e extremidades do corpo. Antes de viajar, ela tomou todas as vacinas recomendadas e manteve a profilaxia contra malária, no período da viagem. O exame físico mostrou eritroderma difuso, com eritema de branqueamento e formação de petéquias. Foi observada uma sufusão conjuntival bilateral. Os exames laboratoriais revelaram leucopenia e trombocitopenia. Qual dos microrganismos a seguir é a causa mais provável desta infecção?

A. Vírus da dengue
B. Vírus da hepatite A
C. *Leptospira interrogans*
D. *Plasmodium falciparum*
E. *Salmonella* Typhi

35. Uma moradora do Wisconsin foi ao médico devido a uma mancha que surgiu em seu braço. Começou com uma pequena pápula e, em 10 dias, aumentou de tamanho (ver figura a seguir). Quando ela mostrou a lesão para o médico, a área afetada tinha 30 cm de diâmetro, com bordas vermelhas sem elevação e uma região central clara. A paciente também apresentava dor de cabeça, febre baixa e mialgias. Suas atividades nas semanas que antecederam a erupção e o surgimento dos sintomas incluíram caçadas com seu cão, jardinagem e natação em um lago do local. Qual das alternativas a seguir é a causa mais provável desta infecção?

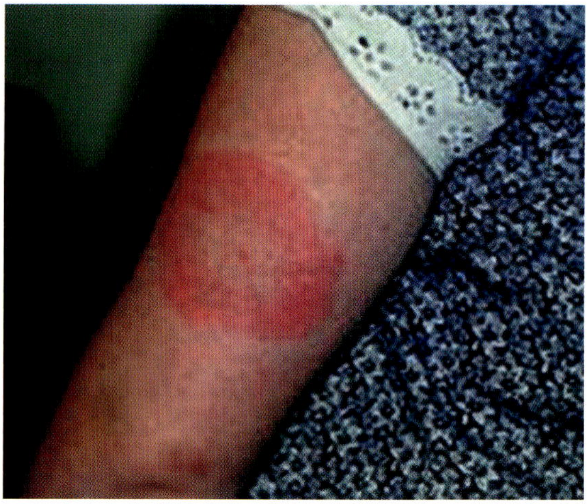

A. *Borrelia burgdorferi*
B. Picada de aranha-marrom reclusa
C. *Malassezia furfur*
D. *Sporothrix schenckii*
E. *Trichophyton rubrum*

36. Uma mulher de 43 anos, sexualmente ativa e HIV-positiva, moradora de St. Petersburgo foi ao médico com um histórico de 4 dias de febre baixa, fadiga e uma forte dor de garganta. Uma membrana cinzenta foi observada em ambas as suas tonsilas, que se estendia pela úvula e palato mole. Também foram observados adenopatia e inchaço cervical. Quando o médico tentou remover a membrana para cultura, ele notou que a mucosa subjacente estava edematosa e sangrava. Qual dos microrganismos a seguir é a causa mais provável desta infecção?

A. *Bordetella pertussis*
B. *Candida albicans*
C. *Corynebacterium diphtheriae*
D. *Neisseria gonorrhoeae*
E. *Streptococcus pyogenes*

37. Um comerciante de 56 anos voltou para casa após 1 ano de permanência na China. Em seu retorno, ele apresentou diarreia e dor abdominal no quadrante superior direito. O exame no hospital revelou um fígado aparente e testes laboratoriais mostraram uma elevação nos níveis de enzimas hepáticas. Quando questionado sobre sua dieta, ele afirmou que apreciou comer muitas iguarias locais, incluindo peixe e agrião crus. Foram observados ovos de parasitos nas fezes do paciente (ver figura a seguir). Qual dos parasitos a seguir é a causa mais provável da doença deste paciente?

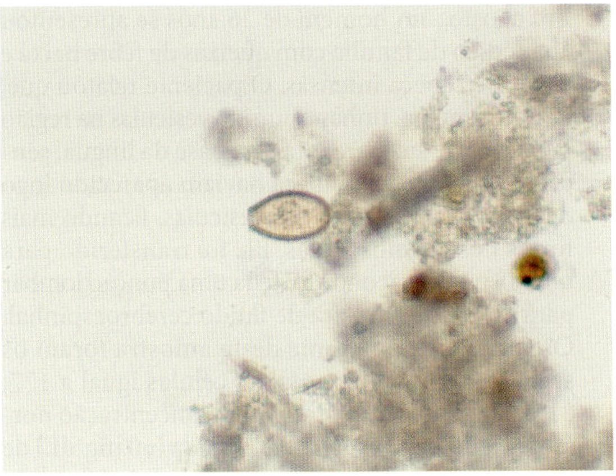

A. *Ancylostoma duodenale*
B. *Fasciola hepatica*
C. *Opisthorchis sinensis* (também conhecido como *Clonorchis sinensis*)
D. *Paragonimus westermani*
E. *Schistosoma mansoni*

38. Uma mulher de 36 anos, com um histórico de doença cardíaca reumática, extraiu alguns dentes muito cariados. Pelo fato de ela ter sido alérgica à penicilina no passado, não foram administrados antibióticos como medida profilática. Aproximadamente 6 semanas após o procedimento, a mulher teve febre, calafrios e suores noturnos. Depois de 2 semanas com estes sintomas, ela foi ao médico, que observou uma perda de peso de 5 kg desde sua última consulta. Qual dos seguintes microrganismos é a causa mais provável da infecção desta paciente?
A. *Candida albicans*
B. *Staphylococcus aureus*
C. *Staphylococcus epidermidis*
D. *Streptococcus mutans*
E. *Streptococcus pneumoniae*

39. Um universitário de 18 anos se apresentou ao serviço de saúde da faculdade com inflamação na garganta, linfonodos cervicais inchados, febre, mal-estar e hepatosplenomegalia. Qual dos seguintes agentes é a causa mais provável desta infecção?
A. Adenovírus
B. Coxsackievírus
C. Vírus Epstein-Barr
D. Metapneumovírus humano
E. *Streptococcus pyogenes*

40. Aproximadamente 4 horas após tomar café da manhã com ovos mexidos, presunto, pão dinamarquês com creme e suco de laranja, um casal apresentou náusea e vômitos. Subitamente, apresentaram dor abdominal grave e diarreia. Marido e esposa foram ao hospital local, onde foram diagnosticados com desidratação, mas sem evidência de febre, manchas na pele ou outros sinais clínicos. Qual dos antibióticos a seguir deveria ser utilizado para tratar esses pacientes?
A. Amoxicilina
B. Ciprofloxacina
C. Oxacilina
D. Vancomicina
E. Nenhum antibiótico

41. Aproximadamente 2 semanas após o nascimento, um bebê apresentou uma secreção líquida nos dois olhos. Alguns dias depois, a secreção ficou purulenta e a conjuntiva eritematosa (ver figura a seguir). A mãe voltou ao hospital com o bebê, e o pediatra solicitou que fossem feitas culturas e coloração de Gram da secreção. Não foi detectado nenhum microrganismo na análise de Gram e as culturas em ágar sangue e ágar chocolate foram negativas. Qual dos seguintes medicamentos deveria ser utilizado para tratar esta infecção?

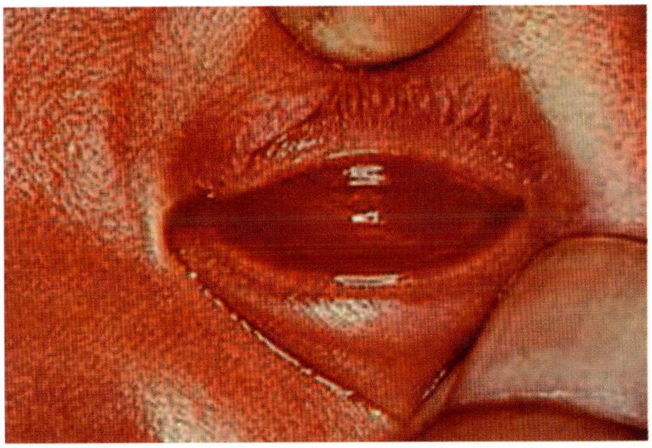

A. Aciclovir
B. Eritromicina
C. Imipenem
D. Penicilina
E. Tetraciclina

42. Aproximadamente 3 dias depois de frequentarem uma festa de casamento em St. Louis, Missouri, 32 convidados ficaram doentes, com sintomas que incluíam diarreia, anorexia, dores abdominais e febre baixa. Culturas para bactérias e patógenos virais foram negativas, mas formas cocoides de 8 a 10 µm de diâmetro foram observadas em amostras de fezes submetidas à coloração álcool-ácido (ver figura a seguir). Qual dos microrganismos seguintes é a causa mais provável desta infecção?

A. *Candida*
B. *Cryptosporidium*
C. *Cyclospora*
D. *Cystoisospora*
E. *Microsporidia*

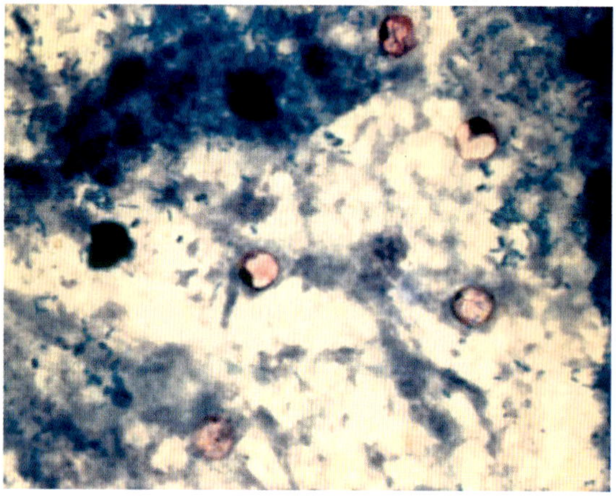

43. Entre o fim de 2001 e início de 2002, quatro bebês residentes em Staten Island, Nova York, tiveram uma infecção pela mesma bactéria. Eles tinham entre 3 e 18 semanas de vida. Todos apresentavam boa saúde e não tiveram qualquer problema em suas gestações. Dois deles foram amamentados com leite materno e os outros dois tiveram uma amamentação artificial. Quando foram ao hospital, todos os bebês estavam irritados, letárgicos e constipados. Dois tinham pupilas de reação lenta ao estímulo e dois foram descritos como tendo perda da expressão facial. Três dos bebês precisaram de respiração por ventilação mecânica. Foram coletadas amostras de sangue, fezes, urina e fluido cerebroespinhal para exames microbiológicos. Qual dos microrganismos a seguir foi o responsável por estes sintomas?

A. *Campylobacter jejuni*
B. *Clostridium botulinum*
C. Vírus do herpes simples
D. Vírus da linfocoriomeningite
E. *Salmonella choleraesuis*

44. Em agosto, um homem de 26 anos se apresentou ao médico de família com queixas de febre baixa e dores de cabeça intensas. O paciente relatou que, havia 1 semana, tinham surgido vesículas na região posterior de sua garganta e na base da língua, sendo que as dores de cabeça haviam aparecido logo depois do surgimento das vesículas, ficando mais fortes nos últimos 5 dias. Ele foi transferido para um hospital local onde foi feita uma punção lombar para coleta de amostra de fluido cerebroespinhal. Os resultados do exame desta amostra foram os seguintes: contagem total de células igual a 177, 81% das quais sendo linfócitos, concentração normal de glicose (54 mg/dL) e elevada (60 mg/dL) de proteínas. Nenhum microrganismo foi observado na coloração de Gram e as culturas para bactérias e fungos foram negativas. Após 2 semanas, as dores de cabeça do paciente reduziram-se gradativamente em intensidade e frequência. Qual dos microrganismos a seguir é a causa mais provável dos sintomas deste paciente?

A. Coxsackievírus A
B. *Cryptococcus neoformans*
C. Vírus do herpes simples
D. *Naegleria fowleri*
E. *Streptococcus pneumoniae*

45. Durante um conflito militar na Somália, os soldados apresentaram uma doença caracterizada por manifestação abrupta de febre com rigidez nucal, dor de cabeça intensa, mialgias, artralgias, letargia, fotofobia e tosse. Houve formação de petéquias pelo corpo, por 4 dias, que sumiram em 1 a 2 dias, com o desaparecimento concomitante dos demais sintomas. A doença foi também marcada por esplenomegalia e hepatomegalia. Após 10 dias de melhora, os sintomas surgiram novamente. O diagnóstico presuntivo da doença desses soldados foi febre recorrente, confirmado posteriormente por sorologia. Qual, entre os listados a seguir, é o mais provável vetor desta doença?

A. Pulga
B. Carrapato
C. Piolho
D. Ácaro
E. Mosquito

46. Três pacientes chegaram a um hospital de uma região pobre com infecções que, depois, foram identificadas como tendo a mesma causa. O primeiro paciente, uma prostituta de 23 anos, apresentou temperatura de 38,5°C, hipotensão, icterícia, estertores pulmonares e dores musculares. O segundo paciente, do sexo masculino, com 38 anos, tinha temperatura de 38,5°C, icterícia, dor fraca no quadrante superior direito e dores musculares. O terceiro paciente, do sexo masculino, com 28 anos, tinha sintomas de gripe, febre baixa e dores musculares. O primeiro e o terceiro pacientes tinham cortado seus pés em vidro em uma viela da cidade, enquanto o segundo cortou sua mão, também no vidro em uma viela. Os pacientes não tiveram contato entre si e nenhum deles teve histórico de viagem de importância para o caso. Dois dos pacientes apresentaram insuficiência renal aguda na segunda semana de internação e um deles teve meningite. Um quarto caso de doença semelhante foi registrado no Serviço de Saúde Pública. Um dado comum sobre os quatro pacientes era o fato de terem nadado num lago reservatório de água da cidade, 7 a 10 dias antes da manifestação dos sintomas. Qual dos microrganismos a seguir é a causa mais provável dessa doença?

A. Vírus da hepatite A
B. *Leptospira interrogans*
C. *Mycobacterium marinum*
D. *Naegleria fowleri*
E. *Vibrio vulnificus*

47. Um homem de 22 anos foi ao pronto-atendimento de saúde, com queixas de dor no olho e visão embaçada, no dia anterior. Ele não se lembrava de ter ferido o olho, mas usava lentes de contato por muito tempo, desde que a dor nos olhos começou. O paciente também admitiu ter limpado suas lentes de contato com água da torneira. O exame oftalmológico revelou ulceração da córnea. As culturas bacterianas do olho foram negativas; no entanto, raspados do olho submetidos à coloração de Giemsa apresentaram um microrganismo (ver figura a seguir). Qual dos seguintes microrganismos é a causa mais provável destes sintomas?

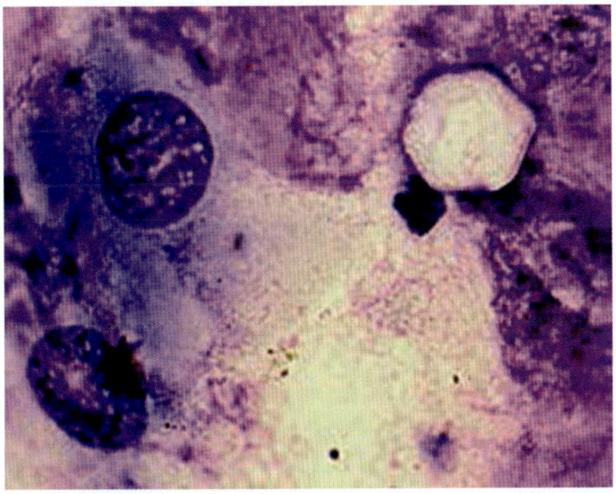

A. *Acanthamoeba*
B. *Dientamoeba*
C. *Entamoeba*
D. *Isospora*
E. *Microsporidia*

48. Uma mulher de 60 anos, residente em Connecticut, foi ao médico com um histórico de 5 dias de febre alta (de até 40ºC), dores de cabeça, mialgias e mal-estar. Ela lembrou que 12 dias antes de a doença se manifestar, ela retirou dois grandes carrapatos de suas pernas. Quando da internação, ela tinha leucopenia e trombocitopenia. No transcorrer de sua doença, ela não apresentou nenhum tipo de lesão na pele. No entanto, a febre era persistente, apesar do tratamento endovenoso com ceftazidima e vancomicina, sendo que ela também ficou cada vez mais confusa e sonolenta. Culturas bacterianas do sangue, fluido cerebroespinhal e das fezes foram negativas. Colorações de Giemsa de seu sangue periférico demonstraram microrganismos intracelulares nos granulócitos. Qual dos microrganismos a seguir é a causa mais provável destes sintomas?

A. *Anaplasma phagocytophilum*
B. *Babesia microti*
C. *Coxiella burnetii*
D. *Plasmodium vivax*
E. *Rickettsia rickettsii*

49. Um universitário de 20 anos foi levado, por sua namorada, ao serviço de saúde da faculdade. O exame físico mostrou que ele estava debilitado, com temperatura de 39ºC, pressão arterial de 104/52 mmHg e frequência cardíaca de 148 bpm. Ele tinha rigidez nucal e petéquias em todo o corpo, com duas áreas arroxeadas. Foi coletado fluido cerebroespinhal. A pressão de abertura foi de 180 mm H_2O, contagem de glóbulos brancos de 4.300/mm^3, com 91% de neutrófilos, glicose 10 mg/dL e proteína 755 mg/dL. Foi feita uma coloração de Gram e cultura do fluido cerebroespinhal, sendo o microrganismo da figura a seguir encontrado em ambas. Qual dos microrganismos seguintes é a causa mais provável dos sintomas deste paciente?

A. *Cryptococcus neoformans*
B. *Haemophilus influenzae*
C. *Listeria monocytogenes*
D. *Neisseria meningitidis*
E. *Streptococcus pneumoniae*

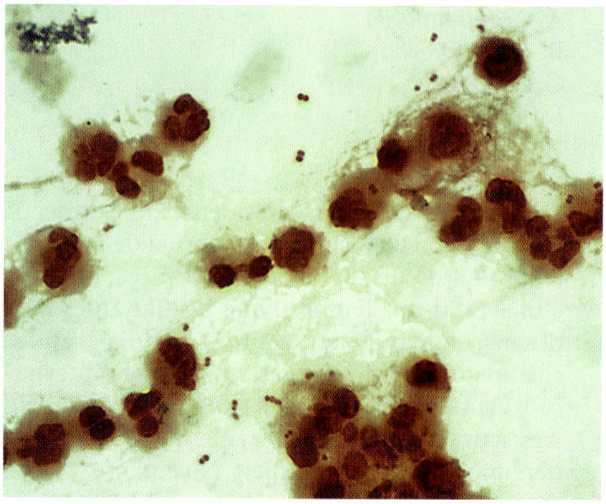

50. Um homem de 61 anos vai ao médico com diarreia, dor abdominal e tosse não produtiva. Ele teve um diagnóstico de mieloma múltiplo 2 anos antes deste episódio e, 1 mês antes da manifestação destes sintomas, ele se submeteu a um transplante de medula óssea. Escarro induzido e sangue foram coletados para cultura bacteriana e amostra de fezes para cultura bacteriana e exames parasitológicos. As culturas do escarro e das fezes foram negativas, mas a cultura de sangue foi positiva para *Escherichia coli*. O exame de ovos e parasitos também foi positivo para um dado organismo (ver figura a seguir). Qual, entre os parasitos seguintes, é a causa mais provável da doença deste paciente?

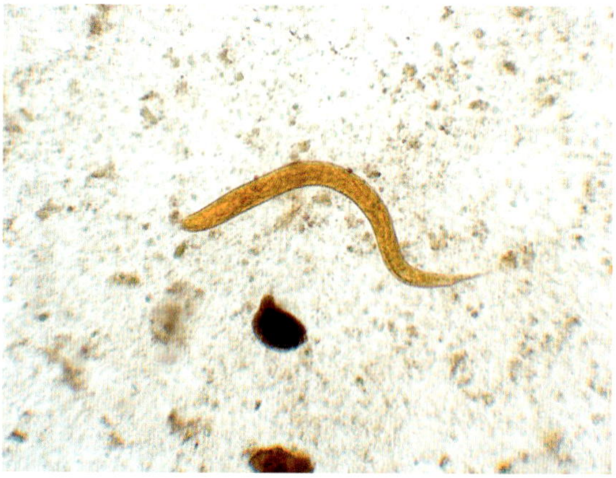

A. *Ancylostoma*
B. *Ascaris*
C. *Necator*
D. *Strongyloides*
E. *Trichinella*

RESPOSTAS

1. Alternativa correta: B. Vacina contra hepatite A.
O paciente apresentou provas sorológicas e clínicas de infecção aguda pelo vírus da hepatite A. Este vírus dissemina-se na população através de contaminação fecal. Embora o soro imune tenha historicamente sido utilizado para controlar a transmissão da doença, atualmente prefere-se utilizar a vacina contra hepatite A.

2. Alternativa correta: D. Tularemia.
A *Francisella tularensis* (agente etiológico da tularemia) é altamente infecciosa, capaz de penetrar na pele intacta. Representa sério risco à saúde, tanto de médicos quanto de técnicos de laboratório. O *Histoplasma* e o *Coccidioides* implicam risco importante para os técnicos de laboratório, quando na forma de bolor; no entanto, a forma de levedura do *Histoplasma* e de esférula dos *Coccidioides,* que estão presentes em amostras clínicas, não são infecciosas. O diagnóstico de infecções por *Borrelia burgdoferi* é feito principalmente por sorologia e a *Entamoeba histolytica* nas amostras de fezes não é considerada um risco para a saúde de quem as manuseia, se este manuseio for feito corretamente.

3. Alternativa correta: B. *Candida parapsilosis.*
Os fungos listados nas alternativas desta questão existem na forma de levedura no paciente; entretanto, apenas a *C. parapsilosis* cresce em culturas de sangue, em 2 dias. Esta levedura também está associada à hiperalimentação parenteral, de modo que seu isolamento deste paciente imunossuprimido não é incomum. A presença de *Malassezia furfur* também está associada à hiperalimentação, mas este fungo não seria isolado em culturas de sangue comuns porque ele requer lipídios para seu crescimento. O *Cryptococcus neoformans* pode ser isolado em cultura de sangue, mas geralmente requer de 3 a 5 dias para que seu crescimento seja detectado. Tanto *Blastomyces dermatitidis* quanto *Histoplasma capsulatum* podem crescer em cultura de sangue, mas devem ser incubados por 2 semanas ou mais.

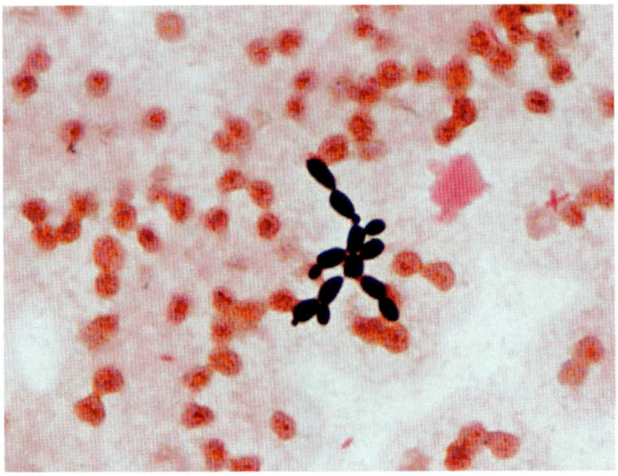

Candida parapsilosis.

4. Alternativa correta: E. *Nocardia farcinica.*
Apenas *Nocardia* e *Mycobacterium* se coram pela técnica álcool-acidorresistência modificada. A *Nocardia* tipicamente forma bacilos longos, ramificados e que coram parcialmente por esta técnica. As micobactérias geralmente são mais curtas, com ramificação mínima e coram uniformemente. *Actinomyces* pode parecer com *Nocardia*, apresentando bacilos longos, ramificados, mas não cora pela técnica de álcool-acidorresistência.

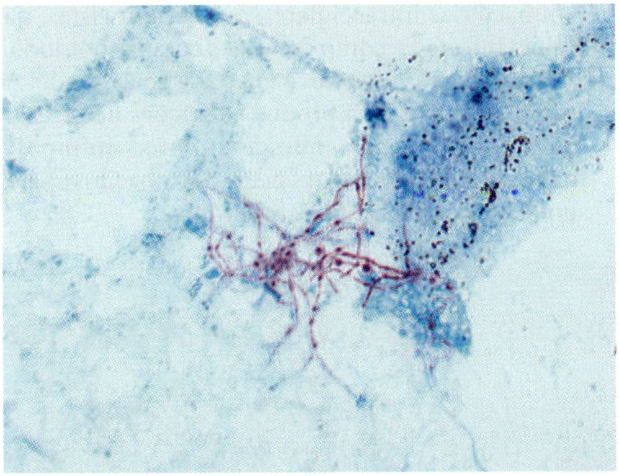

Nocardia farcinica.

5. Alternativa correta: D. Vírus do herpes simples.
As lesões são características do herpes do gladiador e do herpes oral, doenças causadas pelo vírus do herpes simples. A doença é transmitida quando uma vesícula (normalmente orofacial) de uma pessoa entra em contato com a pele de outra. Lesões semelhantes às descritas não são produzidas pelos outros vírus apresentados nesta questão.

6. Alternativa correta: B. *Legionella pneumophila.*
A *L. pneumophila* não se cora muito bem pelo Gram, de modo que a microscopia para esta bactéria normalmente é negativa. Meios de cultura clássicos também não possibilitam o crescimento da *Legionella,* sendo suas culturas também negativas. Para seu cultivo, são necessários meios de cultura especiais, enriquecidos com cisteína e ferro. A *Klebsiella* pode ser vista na coloração de Gram e cresce prontamente em meios de cultura convencionais para bactérias. O *Mycobacterium* cora pela técnica de álcool-ácido. O *Histoplasma* não seria observado na coloração de Gram ou de álcool-ácidorresistência, mas cresceria em meios de cultura para fungos. As infecções pelo vírus da influenza não são normalmente observadas nos meses quentes do ano.

7. Alternativa correta: E. *Pasteurella.*
A *Pasteurella multocida* normalmente está associada a ferimentos por mordida de animais, principalmente gatos. A mordida de gatos é profunda, o que compromete uma limpeza adequada do ferimento. A *Capnocytophaga* também está associada a mordidas de animais, mas são bacilos Gram-negativos longos e finos. O *Fusobacterium* também é longo e fino, mas é um anaeróbio estrito. A *Eikenella* assemelha-se à *Pasteurella,* mas relaciona-se com ferimentos por mordidas humanas e não de animais. A *Escherichia* não está associada a mordidas de animais. Com exceção de *Escherichia,* as outras bactérias mencionadas nesta questão encontram-se na boca de humanos (*Capnocytophaga, Eikenella* e *Fusobacterium*) ou de animais (*Pasteurella*) e normalmente estão associadas a ferimentos por mordida. Apesar de essas bactérias serem Gram-negativas, muitas infecções que elas causam podem ser tratadas com penicilina.

8. Alternativa correta: A. *Blastomyces dermatitidis.*
O *B. dermatitidis* se apresenta como leveduras nos tecidos e geralmente cresce na forma de micélio, após 2 semanas, em cultura. O *Histoplasma capsulatum* tem um padrão de crescimento semelhante, embora suas leveduras geralmente sejam bem menores do que as leveduras de *Blastomyces.* Além disso, a blastomicose é caracterizada por uma tendência em disseminar, produzindo lesões cutâneas características. A infecção por *Sporothrix schenckii* também é caracterizada pelo aparecimento de lesões cutâneas, mas são infecções primárias associadas à introdução do fungo diretamente através de perfurações da pele.

A *Candida albicans* pode causar lesões cutâneas, mas cresceria mais rapidamente em cultura. O *Mycobacterium marinum* geralmente causa lesões cutâneas, mas também se associa a perfurações diretas na pele; além disso, a coloração álcool-acidorresistente seria positiva no caso de infecções por estas bactérias.

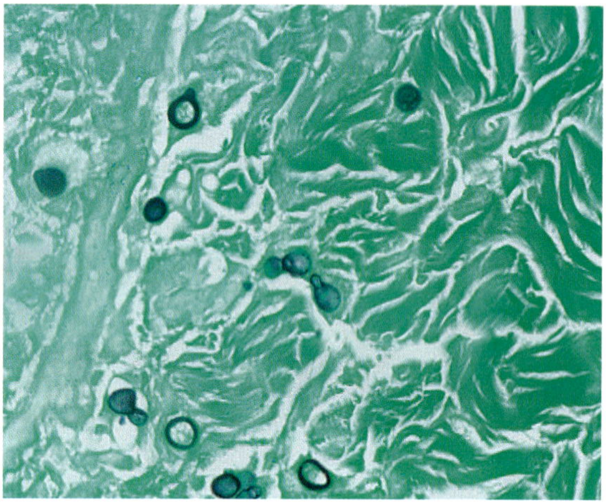

Blastomyces dermatitidis.

9. Alternativa correta: B. *Listeria monocytogenes.*
Embora *L. monocytogenes* seja a causa mais provável da doença neste caso, todas as cinco bactérias listadas podem causar meningite. Meningite por *Escherichia coli* e *Streptococcus* do grupo B (*Streptococcus agalactiae*) se restringe principalmente a bebês com menos de 1 mês; no entanto, *E. coli* é um bacilo Gram-negativo e *S. agalactiae* é um coco Gram-positivo. As outras três bactérias podem causar meningite em todas as faixas etárias, embora a *Neisseria meningitidis* seja mais comum em adultos jovens, enquanto a *Listeria* e o *Streptococcus pneumoniae* sejam observados principalmente entre jovens e muito idosos. Entre as bactérias relacionadas, somente a *Listeria* é um bacilo Gram-positivo pequeno, sendo que ela cresce lentamente, tanto no paciente quanto em cultura.

10. Alternativa correta: D. *Staphylococcus aureus.*
O menino tem artrite séptica. Em uma criança desta idade, sem qualquer ferimento exposto, devido à queda, a causa mais comum de artrite séptica é *S. aureus*. A análise de Gram é compatível com este diagnóstico. O *Staphylococcus epidermidis* é encontrado na pele e se parece com *S. aureus* na coloração de Gram, mas não tem envolvimento com artrite séptica. As outras bactérias também não estão associadas à artrite séptica, a menos que haja ferimentos expostos devido a traumas.

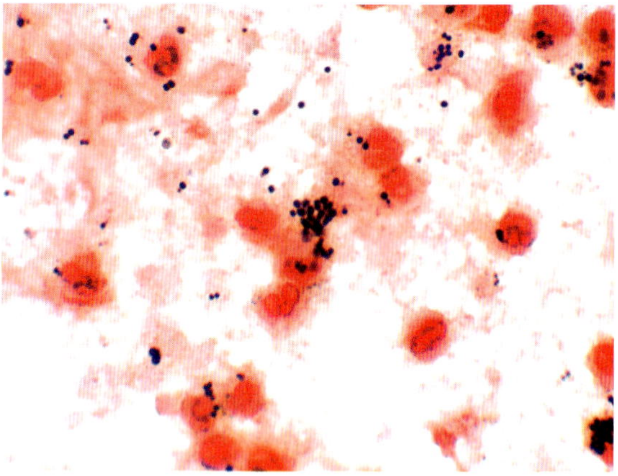

Staphylococcus aureus.

11. Alternativa correta: E. Candidíase.
Os microrganismos observados no exame microscópico são leveduras, de modo que infecção por *Candida* é o diagnóstico mais provável. *Neisseria gonorrhoeae* apareceria como diplococos Gram-negativos. A *Chlamydia trachomatis* consiste em bactérias intracelulares, que seriam vistas, na célula infectada, como inclusões coradas por iodo. A *Trichomonas vaginalis* é um parasito flagelado. A vaginose bacteriana produz alterações no microbioma vaginal, passando de um predomínio de bacilos Gram-positivos (p. ex., lactobacilos) para uma mistura de espécies anaeróbias.

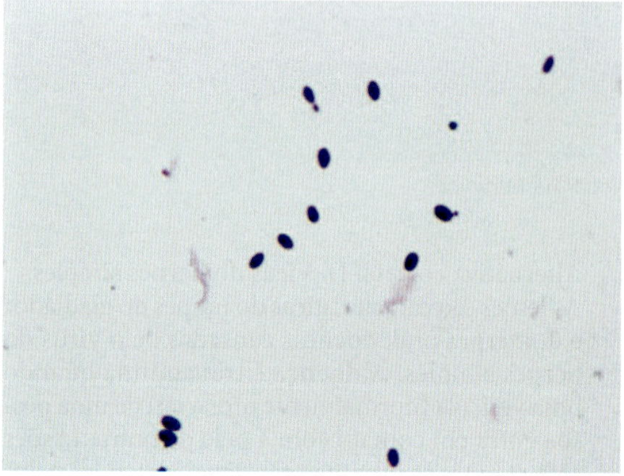

Candidíase.

12. Alternativa correta: D. *Streptococcus pneumoniae.* Pacientes asplênicos correm um risco maior de apresentar infecções graves por organismos que formam cápsulas. O baço é responsável pela produção de anticorpos opsonizantes, necessários para a remoção de organismos encapsulados, tais como *S. pneumoniae, Haemophilus influenzae* e *Neisseria meningitidis.* Na ausência de um baço funcional, a infecção por essas bactérias poderá ser de tal magnitude ao ponto de ser possível observá-las diretamente em amostras de sangue. A grande maioria dessas infecções é causada pelo *S. pneumoniae.* A observação de cocos Gram-positivos aos pares, no sangue, confirma o diagnóstico de infecção por esta bactéria.

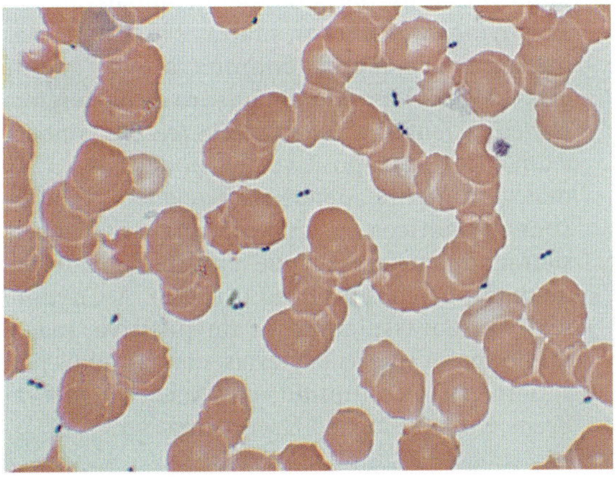

Streptococcus pneumoniae.

13. Alternativa correta: A. Castor.
O microrganismo da figura é a *Giardia lamblia.* A *Giardia* tem distribuição mundial, sendo que os cursos d'água e lagos de áreas montanhosas são contaminados. A circulação no ambiente silvestre é mantida pelos reservatórios animais, tais como castores e ratos-almiscarados. Nestes ambientes, a giardíase é adquirida pelo consumo de água contaminada, tratada de forma inadequada. Os outros animais nas alternativas desta questão (cão, coelho, cobra e truta) não têm sido associados à doença causada por este parasito.

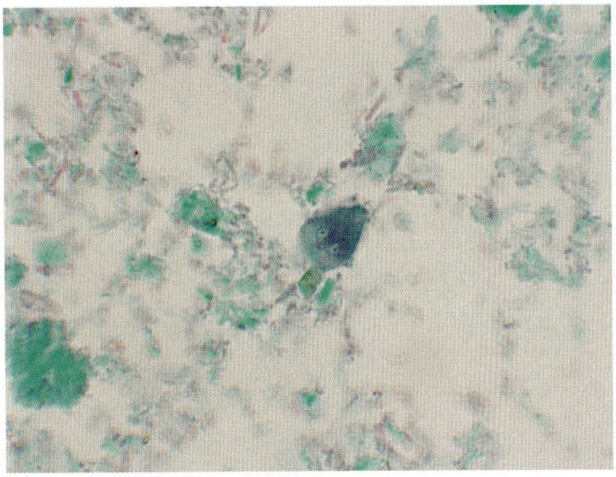

Giardia lamblia.

14. Alternativa correta: A. *Bacillus cereus.*
A manifestação clínica desta doença é compatível com intoxicação alimentar por *B. cereus.* A doença é provocada por uma enterotoxina termoestável. O *B. cereus* é capaz de crescer nos alimentos, liberando esta enterotoxina. Reaquecimento do alimento não inativa a enterotoxina. Como ela já está presente no alimento, o período de incubação entre a ingestão e a manifestação e duração dos sintomas é curto. Os outros microrganismos listados provocam gastrenterite em 1 a 3 dias após a ingestão de alimentos contaminados. O tempo maior para o surgimento dos sintomas ocorre porque a bactéria precisa crescer no intestino antes de invadir a mucosa intestinal ou produzir enterotoxinas. As doenças causadas pelas outras bactérias e vírus da questão são autolimitantes, mas os sintomas podem persistir por até 1 semana.

15. Alternativa correta: B. *Clostridium difficile.*
Todas as bactérias das alternativas desta questão podem causar gastrenterite; no entanto, a informação importante é que os sintomas surgiram depois que o paciente começou a tomar antibióticos. Os antibióticos β-lactâmicos e a clindamicina são os mais frequentemente associados à diarreia causada por *C. difficile.* Os antibióticos eliminam as bactérias normalmente presentes no trato gastrintestinal, permitindo a proliferação de *C. difficile,* que poderia já estar no intestino ou ser adquirido do ambiente hospitalar. A observação de placas brancas sobre a mucosa indica se tratar da forma mais grave da doença, a colite pseudomembranosa. O estágio inicial da infecção por *C. difficile* é referido como "diarreia associada ao uso de antibióticos".

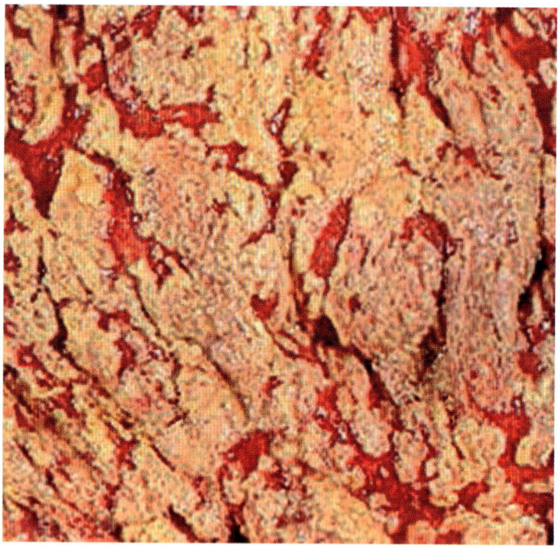

Colite pseudomembranosa causada por *Clostridium difficile*.

16. Alternativa correta: E. *Rhizopus*.
O fungo na figura é filamentoso e não septado (zigomiceto). O único fungo filamentoso não septado, entre as alternativas, é o *Rhizopus*. Outros zigomicetos que causam doenças em humanos incluem *Absidia*, *Cunninghamella*, *Mucor*, *Rhizomucor* e *Saksenaea*. Estes fungos são ubíquos no ambiente, sendo que o contato da maioria das pessoas com eles não tem qualquer consequência. Alguns indivíduos, tais como pacientes com diabetes melito descontrolado, correm um risco maior de serem infectados por estes fungos. A mucormicose rinocerebral (instalação de zigomicetos nos seios paranasais e disseminação para a órbita da face ou cérebro) é uma séria preocupação em pacientes diabéticos e com acidose. Esta doença é fatal, a menos que seja tratada imediatamente.

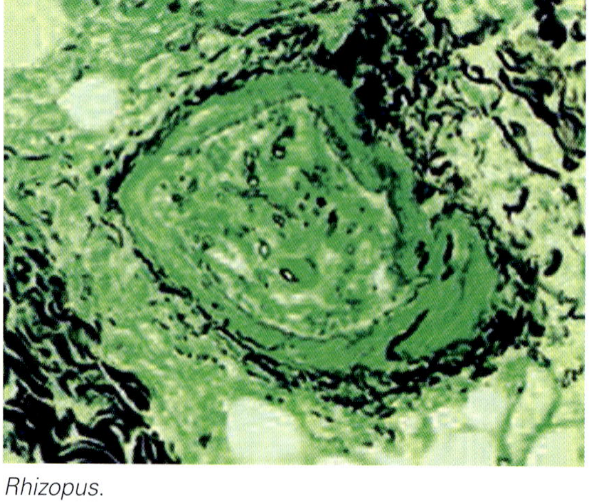

Rhizopus.

17. Alternativa correta: E. *Staphylococcus saprophyticus*.
A doença deste paciente é compatível com uma infecção do trato urinário (ITU). Poderia se restringir à bexiga (cistite) ou mais provavelmente envolver os rins (pielonefrite aguda). Esta última condição é indicada por dores nos lados do corpo (nos rins) e febre. *S. saprophyticus* causa ITUs principalmente nas mulheres jovens e sexualmente ativas. Esta bactéria também pode causar infecção na parte superior do trato urinário, com formação de cálculos, devido à produção de urease pela bactéria, levando a alcalinização da urina e formação de cálculos minerais. A microscopia da coloração de Gram é compatível com uma infecção por *Staphylococcus*. Seria também compatível com *Staphylococcus aureus*, mas as ITUs por estas bactérias são menos comuns, a não ser que elas estejam causando um quadro de bacteremia nestes pacientes. O *Enterococcus faecalis* também é um coco Gram-positivo, que pode causar ITU, mas geralmente apenas em pacientes tratados com antibióticos de largo espectro e que necessitaram de cateteres ou que tenham um histórico de manipulações do trato urinário. A *Candida albicans* cora-se como Gram-positiva, mas é muito maior que as bactérias, com as quais não seriam então confundidas. A *Neisseria gonorrhoeae* é um diplococo Gram-negativo.

18. Alternativa correta: D. *Nocardia abscessus*.
A infecção por *N. abscessus* é tipicamente broncopulmonar, tendo como complicação frequente uma disseminação para o sistema nervoso central ou tecidos subcutâneos. Estas bactérias são Gram-positivas, mas geralmente coram pouco. A *Nocardia* tem ácidos micólicos em sua parede celular, sendo fracamente álcool-acidorresistentes. O *Actinomyces israelii* pode parecer com a *Nocardia*, mas não cora pela técnica de álcool-acidorresistência. O *Mycobacterium tuberculosis* é fortemente álcool-acidorresistente, mas não forma filamentos longos. O *Rhodococcus equi* é parcialmente álcool-acido-rresistente e, de fato, causa doença pulmonar cavitária, mas não dissemina para o cérebro e sua forma é semelhante a cocos (como o nome sugere) ou bacilos curtos. O *Aspergillus fumigatus* é um fungo filamentoso que causa doença pulmonar cavitária.

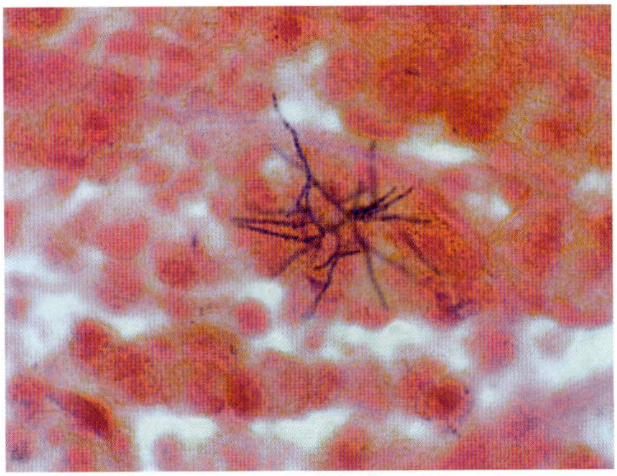

Nocardia abscessus.

19. Alternativa correta: A. Citomegalovírus.
As causas mais frequentes de infecções congênitas são os agentes TORCH (*Toxoplasma*, vírus da rubéola, citomegalovírus e vírus do herpes simples). O citomegalovírus, o único entre estes agentes que forma corpúsculos de inclusão parecidos com olho de coruja, é a causa mais comum de malformações congênitas provocadas por vírus. Provavelmente, a mãe adquiriu uma infecção primária assintomática pelo citomegalovírus através de transfusão sanguínea e transmitiu o vírus para o seu bebê. Bebês infectados com o vírus do herpes simples podem ter lesões do tipo vesículas, mas não teriam calcificações. Aqueles que são infectados pelo vírus da rubéola geralmente sofrem de catarata e surdez. Infecções congênitas pelo vírus da Zika são bem conhecidas, mas esta mulher não morava numa região com registro de casos de transmissão de vírus por mosquitos.

20. Alternativa correta: D. *Staphylococcus aureus.*
Este menino teve síndrome do choque tóxico provocada por *S. aureus*. A síndrome do choque tóxico é caracterizada por disfunção de múltiplos órgãos, descamação da pele e choque. *Bacteroides fragilis* e *Clostridium perfringens* podem causar manifestações graves (mionecrose) que podem ser fatais, mas não seriam encontrados em manchas ou descamações de pele. O *Bacillus cereus* está associado a diarreias e infecções nos olhos, decorrentes de traumas. O *Streptococcus anginosus* relaciona-se com formação focal de abscesso.

21. Alternativa correta: B. *Brucella.*
Este homem teve uma infecção por *Brucella*, provavelmente *Brucella melitensis*, que é uma bactéria associada a derivados de leite. Trata-se de um cocobacilo Gram-negativo de crescimento lento. A *Francisella* e o *Haemophilus* também podem parecer com *Brucella*, na coloração de Gram, embora nenhum deles seja encontrado em queijo de cabra. As infecções por *Francisella* frequentemente acontecem após o contato com carrapatos ou coelhos infectados, e as infecções por *Haemophilus* ocorrem geralmente em pessoas muito jovens ou muito velhas. O *Acinetobacter* e a *Escherichia* não seriam confundidos com a *Brucella* na coloração de Gram.

22. Alternativa correta: D. *Sporothrix schenckii.*
Esta mulher tem uma infecção por um fungo dimórfico, *S. schenckii*. Este fungo vive em solo rico em matéria orgânica. A maioria das infecções que ele provoca ocorre quando é introduzido nos tecidos cutâneos através de pequenos ferimentos, que geralmente acontecem em serviços de jardinagem. Na temperatura do corpo humano, o fungo apresenta-se numa forma de levedura, referida como "forma de charuto". Geralmente poucas leveduras são observadas em amostras clínicas. Em temperaturas de 25 a 30°C, o fungo cresce como um micélio dematiáceo ou pigmentado. O arranjo delicado dos conídios em "roseta" (estruturas de frutificação redondas sobre hifas finas) é característico do *Sporothrix* (sugerindo os perigos de um jardim com rosas). A *Candida* e o *Cryptococcus* são encontrados apenas na forma de levedura e o *Trichophyton* apenas como micélio. O *Blastomyces* é um fungo dimórfico, mas as formas de levedura e de micélio não se parecem com o *Sporothrix*.

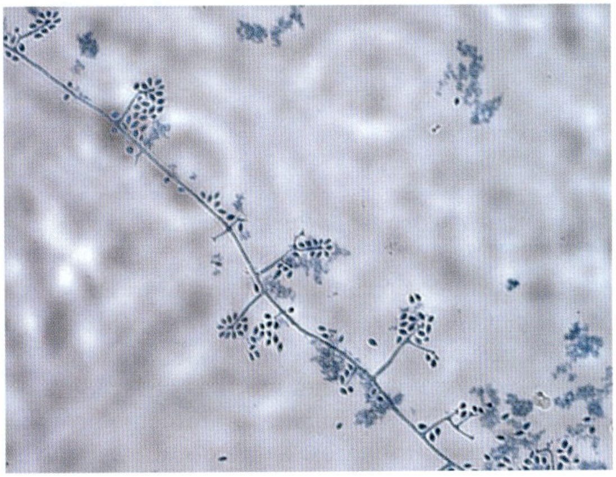

Sporothrix schenckii.

23. Alternativa correta: *Enterococcus faecalis.*
Tem sido demonstrado que microrganismos responsáveis por peritonites são também capazes de provocar doenças no trato intestinal (ou seja, têm fatores de virulência específicos para provocar estas doenças). Embora diferentes espécies de bactérias estejam presentes no intestino, relativamente poucas causam peritonite. Tanto *E. faecalis* quanto *E. faecium*, podem causar peritonite. O resultado da coloração de Gram indica que se trata desta bactéria. Dois outros microrganismos que normalmente causam peritonite são a *Escherichia coli* (que é tratada, de modo eficaz, com ceftazidima) e o *Bacterioides fragilis* (que é tratado com metronidazol). Leveduras, como a *Candida albicans,* também podem ser responsáveis por infecções, nestes casos; no entanto, ela não cresceria anaerobicamente. *Peptostreptococcus anaerobius* está associado a infecções abdominais polimicrobianas, mas esta bactéria não cresceria em condições aeróbias. Os estreptococos e estafilococos são causas comuns de peritonite em casos como este. Como pode ser visto na figura a seguir, *Enterococcus* e *Streptococcus pneumoniae* podem ser confundidos na coloração de Gram.

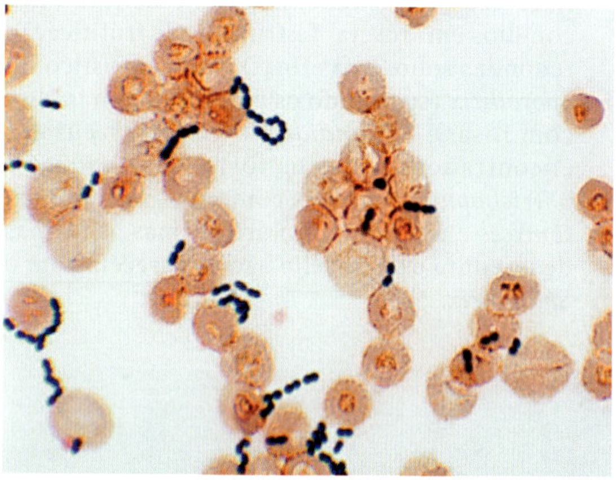
Enterococcus faecalis

24. Alternativa correta: E. *Pneumocystis jiroveci.*
Este paciente teve pneumonia por *Pneumocystis,* uma infecção comum em portadores de HIV/AIDS. O *P. jiroveci,* como todas as leveduras, se cora pela prata. Este fungo deve ser diferenciado da *Candida albicans* e das formas de levedura de outros fungos. A *C. albicans* raramente provoca infecções pulmonares, de modo que esta levedura tem menor probabilidade do que o *P. jiroveci* de ser a causa desta infecção. O *Aspergillus fumigatus* não forma levedura. O *Cryptococcus neoformans* causa infecções pulmonares, principalmente em pacientes imunossuprimidos; no entanto, suas células são ligeiramente maiores e tipicamente envolvidas em uma cápsula. A forma de levedura do *Histoplasma* é menor e geralmente intracelular.

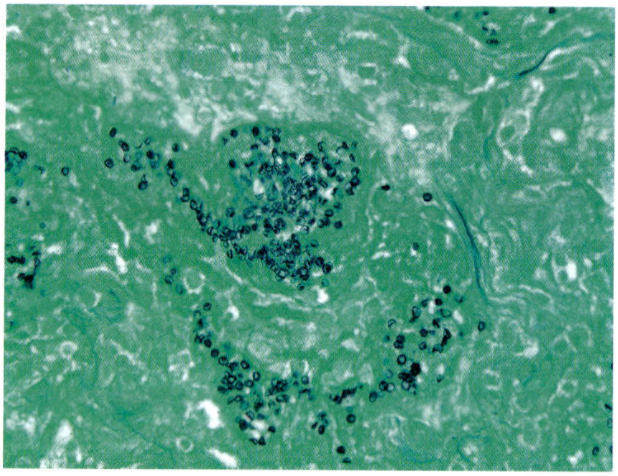
Pneumocystis jiroveci.

25. Alternativa correta: B. *Campylobacter jejuni.*
Todos os microrganismos listados nesta questão podem causar diarreia. *Bacillus cereus* e *Staphylococcus aureus* provocam intoxicações, sendo suas toxinas ingeridas com os alimentos. A manifestação mais comum das doenças causadas por essas duas bactérias é o início rápido dos sintomas (normalmente em 4 horas), diarreia aguda e dores abdominais e melhora em 24 horas. O norovírus é o vírus mais frequentemente associado a casos de diarreia e, entre as bactérias, o *Campylobacter* e a *Salmonella* são as causas mais comuns destas doenças. Embora elas possam provocar sintomas parecidos, a artrite reativa observada em um dos pacientes é uma complicação principalmente de infecções por *Campylobacter.*

26. Alternativa correta: D. *Homem.*
O parasito observado na figura a seguir é a forma de trofozoíto da *Entamoeba histolytica*, o agente etiológico da amebíase. Pacientes infectados com *E. histolytica* apresentam trofozoítos não infecciosos e cistos infeciosos em suas fezes. Os trofozoítos não conseguem sobreviver fora do corpo ou quando passam pelo estômago, quando ingeridos. Portanto, a fonte principal de contaminação da água e do alimento, pelos cistos, é o portador assintomático. Baratas e moscas podem servir como vetores deste parasito, ao transferirem seus cistos das fezes humanas para o alimento ou a

água. Os cães não servem como reservatórios e os mosquitos não têm sido implicados como vetores de tais parasitos.

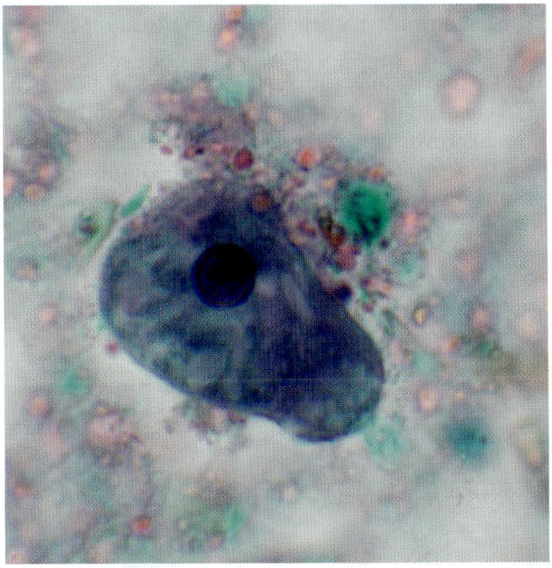

Entamoeba histolytica.

27. Alternativa correta: B. *Clostridium perfringens.*
Hemólise extensiva é uma complicação rara, mas bem conhecida de infecções por *C. perfringens*, que é o caso deste paciente. É surpreendente que esta complicação não seja observada com mais frequência, tendo em vista a variedade de toxinas hemolíticas produzidas por esta bactéria. A mais importante delas é a toxina alfa, uma lecitinase que lisa hemácias, plaquetas, leucócitos e células endoteliais. Esta toxina pode provocar aumento na permeabilidade vascular, hemólise extensiva e sangramento. Embora as outras bactérias listadas nesta questão também produzam toxinas hemolíticas, nenhuma delas foi até agora associada a casos de hemólise extensiva como o deste paciente.

28. Alternativa correta: E. *Escherichia coli* produtora de toxina Shiga.
Todas as cinco categorias de *E. coli* da resposta têm sido implicadas na causa de gastrenterites. As infecções por *E. coli* enterotoxigênica, *E. coli* enteropatogênica e *E. coli* enteroagregativa geralmente estão restritas ao intestino delgado, ao passo que as infecções por *E. coli* produtora de toxina Shiga e *E. coli* enteroinvasora afetam principalmente o cólon. Os pacientes deste caso tinham colite, com ou sem sangue. Dez por cento dos pacientes (crianças) apresentaram síndrome hemolítico-urêmica, que é caracterizada por insuficiência renal aguda, anemia hemolítica microangiopática, trombocitopenia, hipertensão e manifestações no sistema nervoso central. A *E. coli* produtora de toxina Shiga (antes chamada *E. coli* entero-hemorrágica), mas não a *E. coli* enteroinvasora, é frequentemente associada à síndrome hemolítico-urêmica em crianças.

29. Alternativa correta: C. *Coccidioides immitis.*
Este homem tinha coccidioidomicose. Este fungo é endêmico nos estados do sudoeste dos Estados Unidos, com casos frequentes de infecções no Arizona. Na maioria das vezes, o contato com o fungo resulta em infecções assintomáticas; entretanto, muitas infecções podem progredir para doenças pulmonares e meningite. No ambiente, se desenvolve a forma de micélio deste fungo dimórfico, que é altamente contagiosa. Os artroconídios (esporos em forma de barril vistos na figura a seguir) podem se dispersar com facilidade e serem levados a centenas de quilômetros pelo vento. A inalação destes esporos pode provocar infecção. A forma do fungo que é observada nos pacientes é de uma esférula com paredes espessas, cheia de endósporos. Nenhuma das outras alternativas corresponde a fungos produtores de artroconídios.

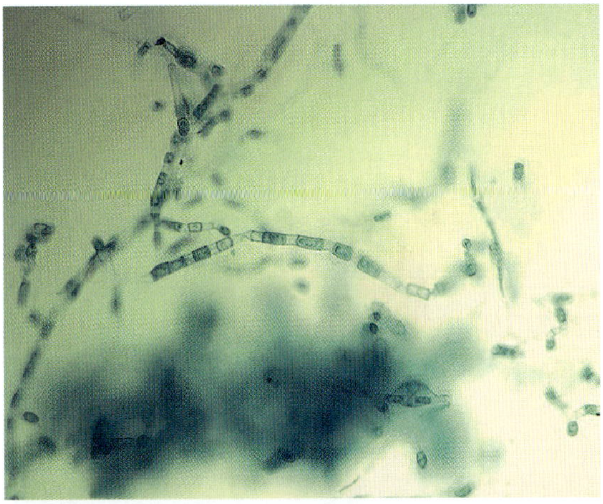

Coccidioides immitis.

30. Alternativa correta: E. *Streptococcus pyogenes.*
Esta é a manifestação clássica da escarlatina causada pelo *S. pyogenes* (*Streptococcus* do grupo A). A infecção surge inicialmente como uma faringite, embora possa se manifestar como feridas. A distribuição de manchas, com inflamação mais intensa nas dobras da pele (sinal de Pastia), é característica da escarlatina. A *Bordetella pertussis* causa uma infecção primária na garganta e produz uma

toxina que é responsável pelos sinais sistêmicos da doença (coqueluche ou tosse convulsa); entretanto, uma manifestação clínica caracterizada pelo aparecimento de manchas não é compatível com infecção por *B. pertussis*. Os vírus do sarampo e da rubéola podem se manifestar através de uma infecção no trato respiratório superior, que se espalha como manchas, mas na forma de erupções do tipo maculopapular, e não se parece com a escarlatina. As infecções por *Staphylococcus aureus* também podem se manifestar como erupções, no caso da síndrome do choque tóxico, mas que normalmente descamam-se, e as manifestações clínicas são bem mais graves, com falência múltipla de órgãos.

31. Alternativa correta: C. Penetração direta de larvas na pele.
Esta mulher foi infectada por um ancilostomídeo: *Ancylostoma duodenale* ou *Necator americanus*. Os ovos desses parasitos são indistinguíveis e estão presentes nas fezes de pacientes infectados. Se os ovos forem depositados em solo bem drenado e protegido da luz, eles podem eclodir e produzir larvas. As larvas então penetram na pele (geralmente através de pés descalços), migram para os pulmões e chegam ao intestino delgado. O *Strongyloides* é outro nematoide importante que entra no organismo humano através da pele.

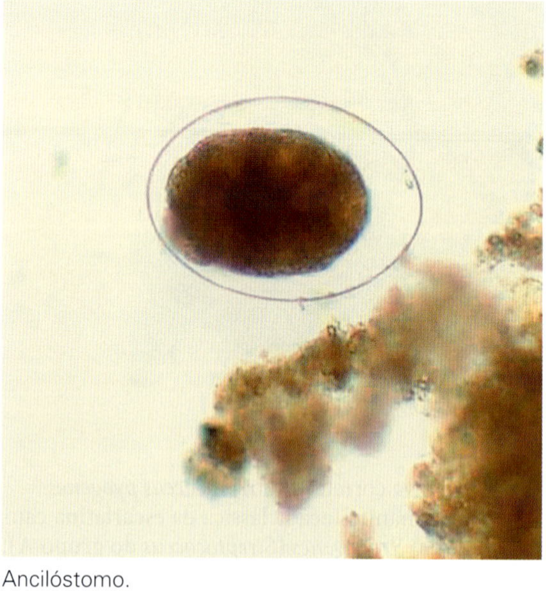

Ancilóstomo.

32. Alternativa correta: A. *Bacillus cereus*.
Tanto *B. cereus* quanto *Clostridium* são bactérias encontradas no ambiente que formam esporos, podem causar doenças de evolução rápida e produzem colônias β-hemolíticas grandes em placas de ágar sangue. No entanto, o *B. cereus* cresce em condições aeróbias e o *C. perfringens* é uma bactéria anaeróbia. O *Corynebacterium jeikeium* é encontrado na pele e, embora possa ser isolado de material clínico do olho, não seria associado a este tipo de infecção. A *Nocardia farcinica* também é encontrada no ambiente e é Gram-positiva, mas não provoca infecções oculares de evolução rápida. O *Bacteroides fragilis* é um bacilo Gram-negativo anaeróbio.

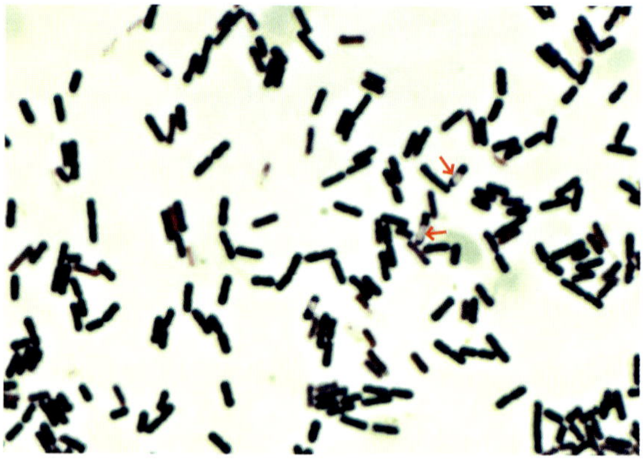

Bacillus cereus. As áreas claras nos bacilos Gram-positivos são esporos não corados (setas).

33. Alternativa correta: A. *Chlamydia trachomatis*.
O paciente tinha linfogranuloma venéreo causado por *C. trachomatis*. Esta infecção é endêmica na África, Ásia e América do Sul, com casos esporádicos na América do Norte, Austrália e Europa. É causada por quatro sorotipos específicos de *C. trachomatis*: sorotipos L1, L2, L2a e L3. Adenopatia ("bulbo"), com formação de lesões é uma característica da doença. O vírus do herpes simples produz uma lesão dolorida no sítio de infecção. Linfonodos inchados e com lesões, observados no linfogranuloma venéreo, não representam uma característica da herpes. A *Klebsiella granulomatis* não é cultivável. A *Neisseria gonorrhoeae* pode ser cultivada em ágar chocolate e em meios especializados (p. ex., Thayer-Martin), mas não se apresenta como descrito no caso deste paciente. O *Treponema pallidum* (agente etiológico da sífilis) produz lesões indolores nos órgãos genitais, mas não nos linfonodos e é uma bactéria que não cresce em cultura. A *C. trachomatis* pode ser cultivada em cultura de tecidos (é um patógeno intracelular); entretanto, o teste mais frequentemente usado para sua identificação é a amplificação do ácido nucleico.

34. Alternativa correta: A. Vírus da dengue.
As infecções pelo vírus da dengue podem variar de assintomáticas até uma febre hemorrágica com risco de morte. A maioria das infecções é caracterizada por um período de incubação de 4 a 7 dias, seguido por uma manifestação aguda de febre, dor de cabeça, dor retro-orbitária, mialgias e manchas na pele. A doença geralmente é autolimitante após um período de 6 ou 7 dias, embora a progressão para a forma hemorrágica da dengue e choque possam ocorrer. As infecções pelo vírus da hepatite A, *Leptospira interrogans*, *Plasmodium falciparum* e *Salmonella typhi* podem, todas, provocar manifestações febris em indivíduos que viajam para os países em desenvolvimento. A hepatite A pode se manifestar inicialmente através de sintomas parecidos com uma gripe moderada, dor de cabeça, mialgias e mal-estar. Em seguida, a urina fica escura e as fezes pálidas, havendo também amarelamento da pele e mucosas. O surgimento de manchas na pele não é característico da doença. As infecções sintomáticas por *L. interrogans* são geralmente caracterizadas por febre alta, mialgia e dor de cabeça. Pode haver sufusão conjuntival. Normalmente, não se observam manchas na pele. A infecção por *P. falciparum* se manifestaria como doença febril, com náusea, vômito e diarreia. É improvável que seja esta doença, dado o histórico de profilaxia para malária. As infecções por *S.* Typhi são caracterizadas por febre, dor de cabeça, mialgias e mal-estar. Embora possam ocorrer manchas na pele, esta não é uma marca característica dessas infecções.

35. Alternativa correta: A. *Borrelia burgdorferi.*
Os sintomas apresentados por esta mulher constituem uma descrição clássica do eritema migratório, que são manchas que aparecem no estágio primário da doença de Lyme. Inicialmente, surgem no local da picada do carrapato e desaparecem após algumas semanas, podendo surgir, em seguida, outros tipos de lesões transitórias. É comum não haver um histórico de picada de carrapato, quando a doença se manifesta, porque a aquisição da bactéria, na maioria das vezes, ocorre pelo contato com o carrapato duro, no estágio de ninfa. Nesse estágio, o carrapato duro tem o tamanho de uma semente de papoula e, provavelmente, não seria percebido. Uma picada de aranha seria caracterizada por uma manifestação inicial mais agressiva, com necrose localizada. A *Malassezia furfur* e o *Trichophyton rubrum* causam manifestações cutâneas localizadas, mas não os sintomas sistêmicos observados nesta mulher. O *Sporothrix* provoca lesões nodulares ulcerativas nos vasos linfáticos (não como as observadas nesta mulher) e sintomas sistêmicos.

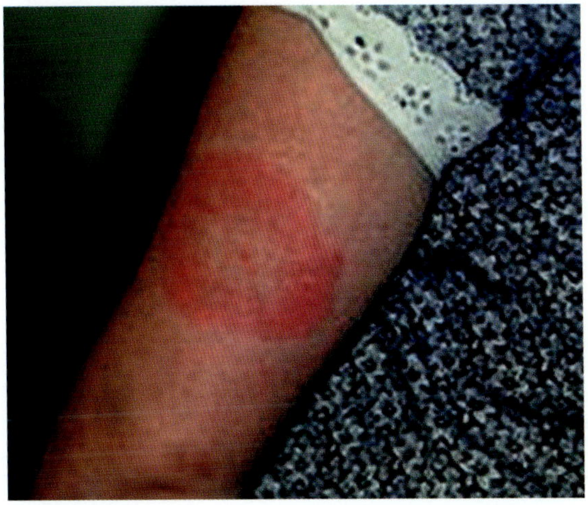

Eritema migratório causado por *Borrelia burgdorferi.*

36. Alternativa correta: C. *Corynebacterium diphtheriae.*
A doença deste paciente é a difteria respiratória, caracterizada por mal-estar repentino, dor de garganta, faringite exsudativa e febre baixa. Forma-se sobre as tonsilas e estruturas adjacentes uma pseudomembrana dura e aderente, consistindo em bactérias, linfócitos, plasmócitos e fibrina. *Bordetella pertussis*, *Neisseria gonorrhoeae* e *Streptococcus pyogenes* podem causar faringite, mas nenhuma destas bactérias forma pseudomembrana. A *Candida albicans* produz aftas na boca, observadas com maior frequência em pacientes imunossuprimidos, como os portadores de HIV/aids. Novamente, a pseudomembrana não seria observada nas infecções por *Candida.* A difteria foi eliminada em muitos países onde há vacinação infantil, mas ainda é observada em alguns países onde a vacinação não é difundida.

37. Alternativa correta: C. *Opisthorchis sinensis* (também conhecido como *Clonorchis sinensis*).
O. sinensis é a fascíola hepática chinesa. O histórico de viagens e a dieta deste paciente indicam que ele pode ter adquirido este verme ou a *Fasciola hepatica*, a fascíola de ovinos. A presença de *O. sinensis* no organismo humano está associada ao consumo de peixe cru infectado e a *F. hepática* com agrião cru. O diagnóstico é feito pelo exame das fezes, em busca dos ovos característicos dos vermes. Os ovos de *O. sinensis* são muito menores que os da *F. hepática.* Os parasitos das outras

alternativas não causam hepatite e seus ovos não seriam confundidos com os de *O. sinensis.*

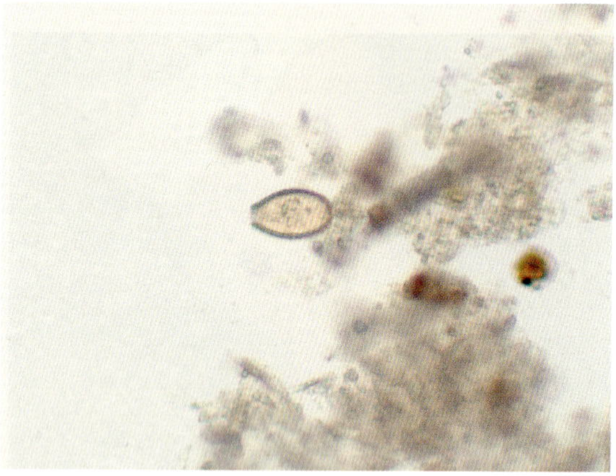

Opisthorchis sinensis.

38. Alternativa correta: D. *Streptococcus mutans.*
Este paciente teve endocardite bacteriana subaguda, que é caracterizada por manifestação discreta e sintomas vagos, sugerindo comprometimento da saúde, que evoluem por semanas ou até meses. O *S. mutans* é um membro do grupo viridans de estreptococos, sendo normalmente encontrado no trato respiratório superior. É capaz de aderir à superfície dos dentes, bem como às válvulas cardíacas que tenham algum tipo de lesão. Sabe-se que pacientes com lesões nas válvulas cardíacas (p. ex., aqueles com doença cardíaca reumática) têm maior risco de apresentar infecções nestas válvulas, a menos que sejam administrados antibióticos como medida profilática antes de procedimentos dentários. Os outros microrganismos das alternativas desta questão são normalmente encontrados no trato respiratório superior e, teoricamente, poderiam ser responsáveis pela endocardite. No entanto, a *Candida albicans* raramente provoca endocardite; o *Staphylococcus aureus* é mais frequentemente associado a doenças de evolução rápida (p. ex., endocardite aguda); o *Staphylococcus epidermidis* está relacionado com doenças subagudas, mas apenas com aquelas que envolvem procedimentos cirúrgicos cardíacos, como a colocação de válvulas cardíacas artificiais; e o *Streptococcus pneumoniae* é uma causa incomum de endocardite e quase sempre na forma aguda.

39. Alternativa correta: C. Vírus Epstein-Barr.
O histórico clínico do paciente é compatível com infecção pelo vírus Epstein-Barr ou mononucleose infecciosa. O adenovírus é uma causa comum de faringite, com ou sem conjuntivite, mas não estaria associado à hepatosplenomegalia. O Coxsackievírus e o metapneumovírus humano são causas comuns de infecções do trato respiratório superior ("resfriados comuns"), e o *Streptococcus pyogenes* é a causa mais frequente de faringite bacteriana, mas nenhum desses microrganismos provocaria hepatosplenomegalia.

40. Alternativa correta: E. Nenhum antibiótico.
A causa mais provável desta intoxicação alimentar é o *Staphylococcus aureus.* A intoxicação alimentar por estafilococos é atribuída à ação de toxinas pré-formadas e presentes nos alimentos. Bactérias viáveis podem não estar no alimento quando de seu consumo, porque o reaquecimento após o preparo pode matar as bactérias sem afetar a toxina termoestável ou sua atividade. Por isso, o tratamento com antibióticos não alteraria a evolução clínica do caso descrito e não é recomendado.

41. Alternativa correta: B. Eritromicina.
Esta criança teve conjuntivite de inclusão causada por *Chlamydia trachomatis.* A bactéria é adquirida ao nascer, durante a passagem pelo canal de parto. Após um período de incubação de 2 a 3 semanas, o bebê apresenta os sintomas descritos neste caso. Peumonite também pode se manifestar. A *C. trachomatis* não tem peptidoglicano em sua parede celular, de modo que os antibióticos β-lactâmicos (p. ex., penicilina, imipenem) são ineficazes no tratamento das infecções que ela causa. A eritromicina e os macrolídeos mais recentes (p. ex., azitromicina) são as drogas de escolha para tratar esta infecção. As tetraciclinas não são recomendadas para bebês e tem sido observada resistência a este antibiótico. O aciclovir é uma droga antiviral usada para tratar infecções pelo vírus do herpes simples, que não é o caso da infecção deste bebê.

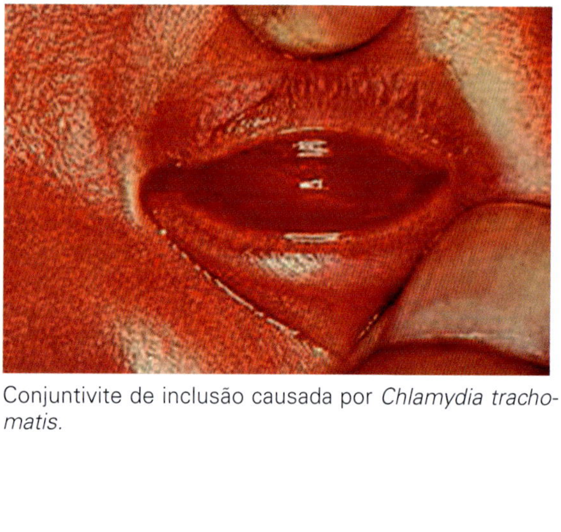

Conjuntivite de inclusão causada por *Chlamydia trachomatis.*

42. Alternativa correta: C. *Cyclospora*.
Entre os microrganismos nas alternativas desta questão, todos são álcool-acidorresistentes, exceto a *Candida*. A maneira mais fácil de identificar os parasitos álcool-acidorresistentes é por meio de seu tamanho: microsporídios têm 1 a 2 μm de diâmetro; *Cryptosporidium* tem 4 a 6 μm; *Cyclospora* tem 8 a 10 μm; e *Cystoisospora* tem 10 a 19 μm de largura e 20 a 30 μm de comprimento.

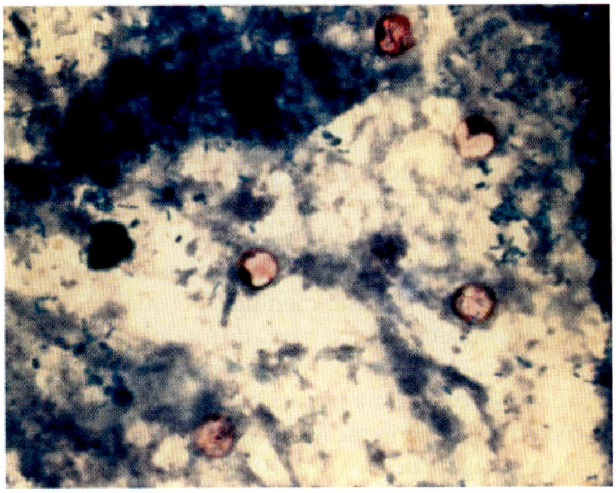
Cyclospora.

43. Alternativa correta: B. *Clostridium botulinum*.
Este caso descreve um surto incomum de botulismo infantil, porque nenhuma das crianças tinha histórico de ingestão de mel ou outro alimento contaminado. O consumo de mel não é recomendado para bebês com menos de 6 meses, porque pode estar contaminado por esporos de *C. botulinum*. Os bebês viviam em uma área onde havia construções e tiveram contato com pó contaminado por estes esporos. *C. botulinum* é isolado frequentemente de amostras de solo. Embora a epidemiologia deste surto seja incomum, o tipo de manifestação clínica é conhecido e deveria ter sido um alerta para a equipe médica. O botulismo deve ser considerado como suspeita em casos de bebês com menos de 1 ano, constipados e sem força para mamar, deglutir ou chorar. Fraqueza muscular progressiva e insuficiência respiratória são sintomas da doença em fase avançada. Todos os sintomas observados nesses bebês foram efeitos da toxina botulínica, que compromete a neurotransmissão nas sinapses colinérgicas periféricas ao bloquear a liberação do neurotransmissor acetilcolina. Embora todos os patógenos das outras alternativas desta questão possam provocar doenças em recém-nascidos, nenhum deles seria responsável por um quadro clínico como este.

44. Alternativa correta: A. Coxsackievírus A.
Este paciente teve meningite asséptica. Os enterovírus, incluindo os coxsackievírus, são a causa mais comum de meningite viral no verão. As bolhas na garganta e na boca do paciente indicam infecção prévia por coxsackievírus A. O diagnóstico específico de infecção por coxsackievírus A é feito, na maioria das vezes, por métodos moleculares, como a PCR dos ácidos nucleicos virais. Se bactérias como *Streptococcus pneumoniae* fossem responsáveis pela infecção deste paciente, a progressão da doença teria sido mais rápida e os resultados da análise do fluido cerebrospinal teriam sido diferentes (ou seja, predomínio de leucócitos polimorfonucleares, baixa concentração de glicose e alta concentração de proteínas). O *Cryptococcus neoformans* pode causar um quadro clínico semelhante; no entanto, sem tratamento esta levedura teria sido observada na coloração de Gram e crescido tanto em meio de cultura para bactérias, quanto para fungos. O vírus do herpes simples pode provocar a formação de vesículas e meningite asséptica, como pode ser observado neste paciente; no entanto, este diagnóstico é menos provável senão o paciente teria ficado muito mais doente. A *Naegleria fowleri* pode causar meningoencefalite primária; entretanto, a doença é rapidamente fatal e a ameba poderia ser observada no fluido cerebrospinal, mediante um exame meticuloso.

45. Alternativa correta: C. Piolho.
Estes soldados tiveram febre recorrente epidêmica transmitida por piolho, causada pela *Borrelia recurrentis*. Esta bactéria é transmitida por piolhos infectados, sendo os humanos seus únicos reservatórios. Os piolhos ingerem a *B. recurrentis* ao sugarem sangue, quando picam as pessoas, sendo que as bactérias se multiplicam na hemolinfa do parasito. A infecção é transmitida quando o piolho é esmagado na superfície da pele (as bactérias não estão presentes na saliva ou fezes do piolho). Pulgas, ácaros e mosquitos não são infectados com *B. recurrentis*. Os carrapatos moles são os vetores da febre recorrente endêmica, e os carrapatos duros são os vetores da doença de Lyme.

46. Alternativa correta: B. *Leptospira interrogans*.
A leptospirose é geralmente uma infecção assintomática. No caso dos pacientes que apresentam sinais clínicos desta doença, os sintomas geralmente se manifestam de 1 a 2 semanas após o contato com as bactérias. A doença manifesta-se inicialmente como uma gripe, com febre e mialgias. Esses sintomas podem diminuir após 1 semana ou evoluir para quadros mais críticos,

como meningite ou manifestações generalizadas como dor de cabeça, erupções na pele, colapso vascular, trombocitopenia, hemorragia e disfunção hepática e renal. Os reservatórios de *Leptospira* são roedores, particularmente os ratos, bem como cães e animais de fazenda. As bactérias podem colonizar os túbulos renais dos animais infectados e estar presentes na urina. As infecções humanas são geralmente adquiridas pelo contato com água contaminada (p. ex., água parada e lagos).

47. Alternativa correta: A. *Acanthamoeba*.
Espécies de *Acanthamoeba* podem causar ceratites bem graves, difíceis de tratar e que, frequentemente, levam à enucleação dos olhos. As ceratites normalmente ocorrem como consequência de traumas nos olhos sofridos antes do contato com o solo, poeira ou água contaminada. No caso deste paciente, o trauma ocular provavelmente está relacionado com o uso de lentes de contato, que podem provocar escoriações na superfície da córnea. O uso de água contaminada, para limpar as lentes, pode introduzir a ameba nestas lesões. Os outros parasitos das alternativas desta questão não provocam infecções nos olhos.

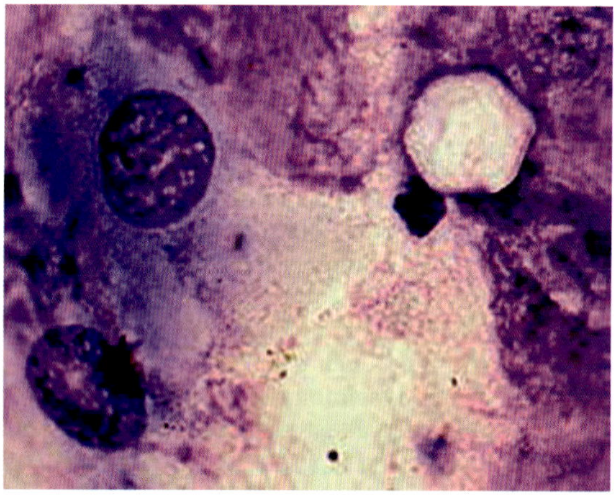

Acanthamoeba.

48. Alternativa correta: A. *Anaplasma phagocytophilum.*
A *A. phagocytophilum* (anteriormente chamada de *Ehrlichia phagocytophila*) é o agente etiológico da anaplasmose humana (antes denominada erliquiose granulocítica humana). Clinicamente, é difícil diferenciar as infecções por *A. phagocytophilum* das infecções por *Rickettsia rickettsii*, embora manchas na pele sejam observadas, com menos frequência, nas infecções por *A. phagocytophilum*. Além disso, os carrapatos são vetores tanto de *A. phagocytophilum* quanto de *R. rickettsii*, o agente etiológico da febre maculosa das Montanhas Rochosas. A observação de bactérias intracelulares (p. ex., mórula) nos granulócitos do sangue periférico é útil para distinguir as infecções por essas bactérias. Células do sangue infectadas são observadas com mais frequência na anaplasmose humana do que na erliquiose monocítica. Apesar desta diferenciação, os testes de escolha para o diagnóstico da anaplasmose são a amplificação de ácido nucleico e a sorologia. A *Coxiella burnetii* é uma bactéria intracelular associada a estas e que geralmente causa infecções por via respiratória (embora os carrapatos possam ser responsáveis por algumas infecções). A *Babesia microti* e o *Plasmodium vivax* causam infecções no sangue, mas infectam hemácias e não granulócitos.

49. Alternativa correta: D. *Neisseria meningitidis.*
Todos os microrganismos das alternativas desta questão podem causar meningite. O quadro clínico sugere meningite bacteriana, de modo que é improvável que o *Cryptococcus neoformans* tenha causado meningite em uma pessoa previamente saudável. Além disso, a coloração de Gram não é compatível com *Cryptococcus* (um fungo). As causas mais comuns de meningite entre universitários são a *N. meningitidis* e o *Streptococcus pneumoniae.* A *N. meningitidis* é um diplococo Gram-negativo com os cocos de lados adjacentes achatados e unidos lado a lado, e o *S. pneumoniae* é um diplococo Gram-positivo com as células unidas pelas suas extremidades. A coloração de Gram e a apresentação clínica deste paciente são compatíveis com *N. meningitidis.* O *Haemophilus influenzae* é um bacilo Gram-negativo que provoca meningite em crianças não vacinadas de 3 a 5 anos. A *Listeria monocytogenes* é um bacilo Gram-positivo que causa meningite em crianças muito jovens e em idosos.

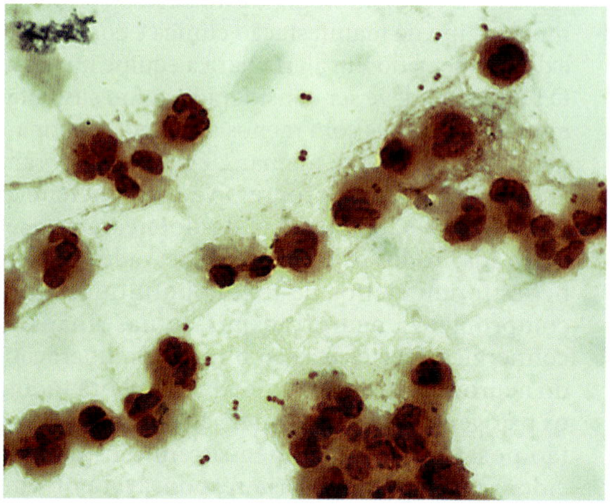

Neisseria meningitidis.

50. Alternativa correta: D. *Strongyloides*.
Este paciente tem uma infecção por *Strongyloides stercoralis*. As larvas do parasito são capazes de penetrar na pele, entrar no sistema circulatório e ir para os pulmões. Os vermes são expelidos pela tosse, deglutidos e depois se transformam em adultos no intestino delgado. Os ovos são depositados na mucosa intestinal, onde eclodem e liberam as larvas. As larvas, e não os ovos, são detectadas nas amostras de fezes. Autoinfecções podem ocorrer em pacientes imunossuprimidos. Neste caso, as larvas presentes nas fezes se transformam em larvas filariformes infectantes, que penetram na mucosa intestinal, chegando ao sistema circulatório, de onde migram para os pulmões e, em seguida, para o intestino delgado. As autoinfecções são caracterizadas por perfuração do intestino, quando as larvas penetram na parede intestinal chegando ao sistema circulatório, e a pneumonite ocorre quando os vermes migram para os pulmões. A passagem pela parede intestinal é a provável razão da bacteremia pela *Escherichia*. Os ancilóstomos têm o mesmo ciclo de desenvolvimento, mas os ovos, e não as larvas, é que são encontrados nas fezes. Larvas de *Ascaris* ou *Trichinella* não seriam observadas em amostras clínicas.

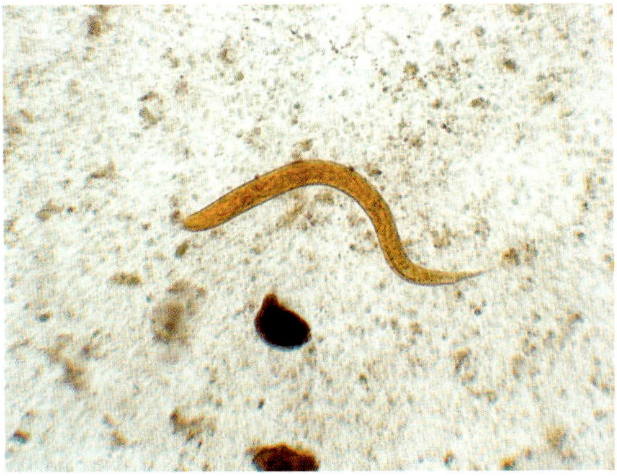

Strongyloides stercoralis.

ÍNDICE

Páginas com números seguidos por *f* indicam figuras, por *q* indicam quadros e por *t* indicam tabelas.